AF808391

Die ersten, einfachsten Grundbegriffe und Lehren der höheren Analysis und Curvenlehre.

Bearbeitet

von

D. C. L. Lehmus, Dr. Phil.

Neue, vermehrte, ganz umgearbeitete Ausgabe.

Mit drei Kupfertafeln.

Berlin, 1827.
Gedruckt und verlegt
bei G. Reimer.

Inhalt.

Erster Abschnitt.

Zweiter Abschnitt.

Dritter Abschnitt.

Vierter Abschnitt.

Erster Abschnitt.

Von den Functionen.

§. 1. In jeder Gleichung zwischen zweien oder mehreren noch unbestimmten, also durch allgemeine Zeichen (Buchstaben) ausgedrückten Zahlen, ist der Werth einer derselben bestimmt, wenn man den übrigen beliebige Werthe beilegt. Diese eine kann also, wenn die übrigen beliebig gewählt wurden, nicht auch nach Willkühr angenommen werden, sondern ihr zugehöriger Werth ist abhängig von der Wahl der Werthe für die übrigen Buchstaben, und diese Abhängigkeit ist durch die Gleichungen selbst bestimmt. Jede solche Abhängigkeit wird durch das Wort Function ausgedrückt, und das Zeichen für dieses Wort ist einer der Buchstaben F, f, φ.

Ist z. B. die Gleichung gegeben:

$$3x + 5xy = 2x^2 + 7y;$$

so ist $y = Fx$, d. h. der Werth von y ist abhängig von dem Werth, welchen man dem Buchstaben x beilegen will, oder: y ist eine Function von x. Eben so ist auch $x = fy$, d. h. der Werth von x ist abhängig von dem

Werth, welchen man dem Buchstaben y beilegen will, oder: x ist eine Function von y.

Ist die Gleichung:

$$a^2 = 5bx + x^2 \text{ gegeben, so ist}$$

$$a = F(b, x);\ b = f(a, x);\ x = \varphi(a, b);$$

d. h. a ist eine Function von b und x; b eine von a und x; x eine von a und b; oder a ist bestimmt, wenn b und x; b ist bestimmt, wenn a und x; x wenn a und b gegeben oder willkührlich gewählt sind.

Die Buchstaben, deren Werthe willkührlich gewählt werden, nennt man die urvariablen oder unabhängig variablen; die, deren Werthe von dieser Wahl abhängig sind, die abhängig variablen, diejenigen Buchstaben der Gleichung aber, welche bestimmte, bleibende Zahlenwerthe bezeichnen, man mag für die urvariablen wählen, welche man will, heißen constant.

Die constanten Werthe sollen gewöhnlich durch die ersten Buchstaben des Alphabets, die Urvariable (in diesem Buche ist durchaus nur von einer urvariablen die Rede) durch x und die abhängig Variable durch u, v, w, y oder z angezeigt werden.

Wird y als eine Funktion von x betrachtet, und diese Abhängigkeit durch $y = \varphi x$ bezeichnet, und es soll nun der Werth der abhängig veränderlichen y angedeutet werden, welchen sie dann annimmt, wenn für die urvariable x der bestimmte Werth a gesetzt wird, so schreibt man bloß φa. Soll der Werth von y angezeigt werden, der entsteht, wenn man Null für x setzt, so schreibt man bloß φ.

Beispiele. 1) Ist $ay + bx = c$ gegeben,

also $y = \varphi x = \frac{c - bx}{a}$; so ist:

$$\varphi h = \frac{c - bh}{a};$$

$$\varphi \frac{1}{b} = \frac{c - 1}{a};$$

$$\varphi \quad = \frac{c}{a}.$$

2) Ist $3v^2 + 12y = 5x$ gegeben,

also $y = Fx = -2 \pm \sqrt{4 + \frac{5}{3}x}$; so ist:

$F(3) = +1$ oder -5;

$F \quad = 0$ so wie auch -4;

3) Ist $by = a^x$ gegeben,

also $y = fx \quad = \frac{a^x}{b}$; so ist:

$$f(1) = \frac{a}{b};$$

$$f \quad = \frac{1}{b};$$

4) Ist $3y - 2 = 5 \operatorname{Cos} x$ gegeben,

also $y = \varphi x = \frac{2 + 5 \operatorname{Cos} x}{3}$; so ist:

$\varphi(90^\circ) \quad = \frac{2}{3}$;

$\varphi(180^\circ) = -1$;

$\varphi \quad = \frac{7}{3}$.

§. 2. Man theilt die Functionen ein, in: algebraische, transcendente, entwickelte, unentwickelte, rationale, irrationale, ganze, gebrochene, ächt gebrochene, unächt gebrochene und ähnliche.

Eine Function $y = \varphi x$ zwischen zwei veränderlichen Größen, der urvariablen x und der abhängig veränderlichen y, heißt **algebraisch**, wenn die Gleichung, aus welcher

$y = \varphi x$ als entwickelt angesehen werden muß, selbst algebraisch ist.

Z. B. $x^2 + ax = y^2 + by$.

Kann aus $y = \varphi x$; eine der beiden veränderlichen, oder beide, nicht algebraisch entwickelt werden, so heißt die Function eine transcendente.

Z. B. $xy = a \operatorname{Sin} x$; oder auch

$y = x + a \log y$ so wie auch

$y \operatorname{Sin} x + x \log y = b$.

Eine Function $y = \varphi x$ heißt entwickelt, wenn y abgesondert erscheint, also aus der Gleichung $y = \varphi x$ entwickelt ist.

Eine Function $y = \varphi x$ heißt unentwickelt, wenn in ihr y noch nicht abgesondert dargestellt ist.

Eine Function $y = \varphi x$ heißt rational, in Beziehung auf x, wenn in ihr keine andere Potenzen von x oder von Verbindungen constanter Größen mit x, als solche, deren Exponenten ganze Zahlen sind, vorkommen.

Z. B. $a = \frac{y + bx^2}{y^2 + cx}$.

Eine Function $y = \varphi x$ heißt irrational, in Beziehung auf x, wenn in ihr Potenzen vorkommen, deren Exponenten gebrochen und deren Wurzeln durch x bestimmt sind.

Z. B. $y = \sqrt{ax - x^2}$

und $ay + b\sqrt[3]{x} = c$.

Eine Function $y = \varphi x$ heißt ganz, in Beziehung auf x, wenn in ihr x nicht in einem Nenner mit einem positiven Exponenten, oder im Zähler mit einem negativen Exponenten verbunden erscheint.

Eine Function $y = \varphi x$ heißt in Beziehung auf x gebrochen, wenn sie x in einem Nenner mit einem positiven Exponenten, oder im Zähler mit einem negativen Exponenten enthält; ächt, wenn, nachdem lauter positive Exponenten erzeigt sind, der höchste Exponent von x im Zähler kleiner ist als der im Nenner; unächt, wenn er größer ist.

Functionen heißen ähnlich, wenn sie in der Form der Verbindung übereinstimmen.

Eine ganze rationale Function heißt in Beziehung auf x vom nten Grad, wenn in ihr die ganze positive Zahl n der höchste Exponent von x ist; im Allgemeinen sagt man: eine ganze rationale Function zwischen x und y ist vom nten Grade, wenn in keinem Gliede derselben die Anzahl der veränderlichen Factoren größer wie n, sondern höchstens = n ist.

§. 3. Lehrsatz. Bezeichnet x eine veränderliche Größe, so wird, für jeden Werth von x, die Reihe $a + bx + cx^2 + \ldots$ gleich Null, wenn jeder der constanten Coefficienten a, b, c u. s. w. einzeln gleich Null ist.

Beweis. Ist jeder der Coefficienten gleich Null, so wird, für jeden Werth von x, jedes Glied der Reihe, also auch die Summe aller Glieder gleich Null.

§. 4. Aufgabe. Jede gebrochene rationale Function von x, in eine nach den ganzen steigenden Potenzen von x fortlaufende Reihe zu verwandeln.

Auflösung. Ist φx die gegebene Function, so sind die constanten Werthe der unbekannten Größen A, B, C, D u. s. w. der Bedingung gemäß zu bestimmen, daß, für jeden Werth von x; die Reihe $A + Bx + Cx^2 + Dx^3 + \ldots$ mit φx einerlei werde. Um die nöthigen Gleichungen zur Bestimmung dieser unbekannten Größen A, B u. s. w. zu erhalten, bringe man die Bedingungs-Gleichung

$$\varphi x = A + Bx + Cx^2 + \ldots$$

auf die Form

$$\alpha + \beta . x + \gamma . x^2 + \delta . x^3 + \ldots = 0;$$

setze nach §. 3. jeden der entstehenden Coefficienten α, β, γ u. s. w. gleich Null, und entwickle aus diesen Gleichungen $\alpha = 0$; $\beta = 0$; u. s. w., in welchen α, β, γ u. s. w. als Functionen von A, B, C u. s. w. erscheinen, die gesuchten Werthe für A, B, C u. s. w.

Beispiele. 1. $\varphi x = \frac{a^3 - x^3}{a - x}$;

Aus $\frac{a^3 - x^3}{a - x} = A + Bx + Cx^2 + Dx^3 + \ldots$

folgt die nach §. 3. geordnete Gleichung:

$$Aa - a^3 + (aB - A)x + (aC - B)x^2 + (aD - C + 1)x^3 + (aE - D)x^4 + (aF - E)x^5 + \ldots = 0,$$

und hieraus dann nach §. 3:

α oder $Aa - a^3 = 0$;

β oder $aB - A = 0$;

γ oder $aC - B = 0$;

δ oder $aD - C + 1 = 0$

u. s. w.

Aus diesen Gleichungen ergiebt sich sehr leicht

$A = a^2$

$B = a$

$C = 1$

$D = 0$

$$E = 0$$
$$F = 0$$

u. s. w. und also ist

$$\frac{a^3 - x^3}{a - x} = a^2 + ax + x^2;$$

wie sich auch unmittelbar durch Division ergiebt.

2) $\varphi x = \frac{32 + x^5}{2 + x}$.

Aus $\frac{32 + x^5}{2 + x} = A + Bx + Cx^2 + Dx^3 + Ex^4 + Fx^5 + \ldots$

folgt:

$$2A - 32 + (2B + A)x + (2C + B)x^2 + (2D + C)x^3 + (2E + D)x^4 + (2F + E - 1)x^5 + \ldots = 0.$$

Dann aus

$$2A - 32 = 0$$
$$2B + A = 0$$
$$2C + B = 0$$
$$2D + C = 0$$

u. s. w.

$A = 16$; $B = -8$; $C = 4$; $D = -2$; $E = 1$; $F = 0$; $G = 0$ u. s. w., also

$$\frac{32 + x^5}{2 + x} = 16 - 8x + 4x^2 - 2x^3 + x^4.$$

3) $\varphi x = \frac{x}{1 + x}$.

Es entsteht

$$\frac{x}{1 + x} = x - x^2 + x^3 - x^4 + x^5 - x^6 + \ldots$$

4) $\varphi x = \frac{x}{1 + x^2}$.

Es entsteht

$$\frac{x}{1 + x^2} = x - x^3 + x^5 - x^7 + \ldots$$

5) $\varphi x = \frac{a+x}{b+x}$.

Es entsteht

$$\frac{a+x}{b+x} = \frac{a}{b} - \frac{a-b}{b^2}x + \frac{a-b}{b^3}x^2 - \frac{a-b}{b^2}x^3 + \ldots$$

§. 5. **Aufgabe.** Aus der unentwickelten Function

$$ax + bx^2 + cx^3 + \ldots = \alpha y + \beta y^2 + \gamma y^3 + \ldots$$

soll man y durch eine nach den steigenden Potenzen von x fortlaufende Reihe entwickeln, also die Coefficienten A, B, C..., der Bestimmung gemäß bestimmen, daß

$$y = Ax + Bx^2 + Cx^3 + \ldots \text{ wird.}$$

Auflösung. Man setze für y den Ausdruck

$$Ax + Bx^2 + Cx^3 + \ldots$$

in die Gleichung

$$ax + bx^2 + cx^3 + \ldots = \alpha y + \beta y^2 + \gamma y^3 + \ldots$$

ordne sie dann nach den Potenzen von x und setze jeden der entstehenden Coefficienten gleich Null, so ergeben sich die nöthigen Gleichungen zu Bestimmung der constanten aber unbekannten Coefficienten A, B, C u. s. w.

Beispiele. 1) Aus

$$x - \frac{x^2}{(2)} + \frac{x^3}{(3)} - \frac{x^4}{(4)} + \frac{x^5}{(5)} - \frac{x^6}{(6)} + \ldots$$

$$= y - y^2 + y^3 - y^4 + y^5 - y^6 + \ldots$$

[wo (5) die Facultät 1.2.3.4.5 bezeichnet] erhält man

$$y = \varphi x = x + \frac{x^2}{(2)} + \frac{x^3}{(3)} + \frac{x^4}{(4)} + \frac{x^5}{(5)} + \ldots,$$

und auch

$$x = fy = y - \frac{y^2}{2} + \frac{y^3}{3} - \frac{y^4}{4} + \frac{y^5}{5} - \ldots.$$

2) Aus $x = \frac{1}{10}y - \frac{2}{10^3}y^2 + \frac{2^2}{10^5}y^3 - \frac{2^3}{10^7}y^4 \ldots$ erhält man

$$y = \varphi x = 10x + 2x^2 + \tfrac{2}{5}x^3 + \tfrac{2}{25}x^4 \ldots$$

§. 6. Zusatz. Soll, aus $y = a + bx + cx^2 + dx^3 + \ldots$ der Werth von x durch eine nach den Potenzen von y fortlaufende Reihe bestimmt werden, so ergeben sich, wenn man

$$x = \varphi y = \alpha + \beta y + \gamma y^2 + \delta y^3 + \ldots$$

für x in $y = a + bx + cx^2 + \ldots$

substituirt, zu Bestimmung der constanten unbekannten Coefficienten α, β, γ u. s. w. lauter unendliche Reihen, und man gelangt nicht zum verlangten Ziel. Man kann aber in solchen Fällen x, ganz nach §. 5. in eine nach den Potenzen von $y - a$ fortlaufende Reihe umformen. Setzt man nemlich, der Kürze wegen, $y - a = z$; so hat man

$$z = bx + cx^2 + dx^3 + \ldots$$

und wird nun

$$x = Fz = Az + Bz^2 + Cz^3 + \ldots$$

verlangt, so bestimmen sich die constanten unbekannten Coefficienten A, B, C u. s. w., so wie im vorigen §.

Beispiel. Es sey

$$y = 1 + \frac{x}{1} + \frac{x^2}{(2)} + \frac{x^3}{(3)} + \frac{x^4}{(4)} + \frac{x^5}{(5)} \ldots\ldots$$

gegeben, so findet man

$$x = \frac{y-1}{1} - \frac{(y-1)^2}{2} + \frac{(y-1)^3}{3} - \frac{(y-1)^4}{4} + \ldots\ldots$$

§. 7. Aufgabe. Eine ächt gebrochene rationale Function von x; Fx, deren Nenner ein Product mehrerer ganzen rationalen Functionen von x ist, in eine Summe so vieler ächt gebrochenen rationalen Functionen von x zu zerlegen, als der Nenner Factoren hat, welche Factoren die Nenner dieser Partialbrüche werden sollen.

Auflösung. 1stens wenn der Nenner von Fx aus zwei Factoren y, z besteht.

Es sei y vom nten; z vom mten, also der Nenner des Bruchs Fx vom n + mten Grad, folglich da Fx eine ächt gebrochene rationale Function bezeichnet, sein Zähler p höchstens von n + m — 1ten Grade.

Man setze die beiden Zähler der verlangten zwei Partialbrüche = v; w; und zwar v als Zähler zu y vom n — 1ten; w als Zähler zu z vom m — 1ten Grad, so daß also v von der Form

$$a + bx + cx^2 + \ldots\ldots + t.x^{n-1}$$

und w von der

$$\alpha + \beta.y + \gamma.y^2 + \ldots\ldots + \varrho.x^{n-1} \text{ ist,}$$

so sind die n Coefficienten a, b, ... bis t und die m; α, β, γ .... bis ϱ die zu bestimmenden constanten oder unbekannten Größen, so daß also n + m Gleichungen zu ihrer Bestimmung erforderlich sind.

Die Bedingungs-Gleichung ist aber

$$\frac{p}{y.z} = \frac{v}{y} + \frac{w}{z}; \text{ oder}$$

$$v.z + w.y - p = 0;$$

und da v vom n — 1ten; z vom mten, also vz vom n + m — 1ten; ferner w vom m — 1ten; y vom nten, also w.y auch vom n + m — 1ten; und p ebenfalls nach der Voraussetzung höchstens von n + m — 1 Grade ist, so liefert die Gleichung

$$vz + wy - p = 0$$

im Allgemeinen n + m Glieder, welche die aufeinander folgenden Potenzen von x; nemlich x^0; x^1; x^2 .... x^{n+m-1} als Factoren enthalten. Wird dann nach §. 3. jeder der n + m Coefficienten der Potenzen von x gleich Null gesetzt, so hat man die erforderlichen n + m Gleichung, aus welchen die $n+m$ unbekannten aber constanten, d. h. für jeden Werth von x gültigen Coefficienten a, b bis t und α, β bis ϱ zu entwickeln sind.

2tens wenn der Nenner von Fx aus mehreren Factoren u, $v \ldots y$, z besteht.

Nimmt man einen der Factoren des Nenners, etwa z, besonders, und bezeichnet das Product der übrigen durch Q, den Grad des Productes Q durch n, den des Factors z durch m; so ergeben sich, ganz nach No. 1., eben so viele Gleichungen als constante unbekannte Coefficienten, wenn man den Zähler q zum Nenner Q vom $n-1$ten; den r zum Nenner z vom $m-1$ten Grad wählt. Da nun jeder der Factoren der besonders gewählte sein kann, so ergiebt sich hieraus die Regel:

Man nehme den Zähler jedes Partialbruchs um einen Grad niedriger als sein Nenner ist, ordne dann die Bedingungsgleichung, und setze nach §. 3. jeden der Coefficienten gleich Null, so ergeben sich so viele Gleichungen, als unbekannte constante Coefficienten, welche also aus ihnen zu entwickeln sind.

Beispiele. 1) $\frac{3+2x}{(2x-3)(5x-4)}$ in 2 Partialbrüche zu zerlegen.

Aus $\frac{3+2x}{(2x-3)(5x-4)} = \frac{a}{2x-3} + \frac{b}{5x-4}$

folgt $3+2x = a(5x-4) + b(2x-3)$, oder

$$(3+4a+3b).x^0 + (2-5a-2b).x^1 = 0$$

und hieraus

$$3+4a+3b = 0$$

$2-5a-2b = 0$; aus welchen Gleichungen sich

$a = \frac{12}{7}$ und $b = -\frac{23}{7}$ ergiebt, so daß also

$$\frac{3+2x}{(2x-3)(5x-4)} = \frac{1}{7}\cdot\left[\frac{12}{2x-3} - \frac{23}{5x-4}\right] \text{ ist.}$$

2) $\frac{x}{x^2+11x+30}$ in 2 Partialbrüche zu zerlegen. Hier ist der Nenner $= (x+6)(x+5)$; also

$$\frac{x}{x^2+11x+30} = \frac{a}{x+6} + \frac{b}{x+5} \text{ gesetzt, giebt}$$

$$x = a(x+5) + b(x+6), \text{ oder}$$

$$(-5a-6b).x^0 + (1-a-b)x^1 = 0, \text{ folglich}$$

$$-5a-6b = 0 \text{ und}$$

$$1-a-b = 0.$$

Aus diesen 2 Gleichungen folgt

$$a = 6;\; b = -5; \text{ und daher ist}$$

$$\frac{x}{x^2+11x+30} = \frac{6}{x+6} - \frac{5}{x+5}.$$

3) $\frac{x}{a^3-x^3}$ in 2 Partialbrüche zu zerlegen. Es ist $a^3 - x^3 = (a-x)(a^2+ax+x^2)$; also

$$\frac{x}{a^3-x^3} = \frac{\alpha}{a-x} + \frac{\beta+\gamma x}{a^2+ax+x^2} \text{ gesetzt,}$$

so entsteht die geordnete Gleichung

$$(\alpha a^2 + a\beta).x^0 + [\alpha a - \beta + a\gamma - 1]x^1 + (\alpha-\gamma)x^2 = 0,$$

und werden ihre 3 Coefficienten, jeder gleich Null gesetzt, so erhält man

$$\alpha = \frac{1}{3a};\; \beta = -\frac{1}{3};\; \gamma = \frac{1}{3a};$$

folglich

$$\frac{x}{a^3-x^3} = \frac{1}{3a}\cdot\left[\frac{1}{a-x} + \frac{x-a}{a^2+ax+x^2}\right].$$

4) $\frac{1}{x(x+1)(x+2)}$ in 3 Partialbrüche zu zerlegen.

Aus $\frac{1}{x(x+1)(x+2)} = \frac{a}{x} + \frac{b}{x+1} + \frac{c}{x+2}$

erhält man

$$\frac{1}{x(x+1)(x+2)} = \frac{1}{2} \cdot \left[\frac{1}{x} - \frac{2}{x+1} + \frac{1}{x+2}\right].$$

5) $\frac{4+3x}{x(x-1)(x^2+1)}$ in 3 Partialbrüche zu zerlegen.

Aus $\frac{4+3x}{x(x-1)(x^2+1)} = \frac{a}{x} + \frac{b}{x-1} + \frac{c+dx}{x^2+1}$

ergiebt sich:

$$\frac{4+3x}{x(x-1)(x^2+1)} = \frac{1}{2}\left[-\frac{8}{x} + \frac{7}{x-1} + \frac{x-7}{x^2+1}\right].$$

§. 8. Aufgabe. Die Zerlegung einer ächt gebrochenen rationalen Function in ihre Partialbrüche auf einen kürzeren Weg, als der in §. 7. angegebene ist, auszuführen.

Auflösung. Ist φx der Zähler und sind u, v ... ... y, z die Factoren des Nenners; bezeichnet ferner ψx das Product, u . v . w ... bis y; F x eine ganze rationale Function von x, welche um einen Grad niedriger ist als ψx, und f x eine die einen Grad niedriger wie z ist, so ist die Bedingungsgleichung

$$\frac{\varphi x}{z \, . \, \psi x} = \frac{Fx}{\psi x} + \frac{fx}{z}; \text{ oder}$$

$$\varphi x = z \, . \, Fx + fx \, . \, \psi x.$$

Da nun diese Gleichung für jeden Werth, welchen man der veränderlichen Größe x beilegen mag, gültig bleiben muß, so fragt es sich bloß, ob nicht Werthe für x aufzufinden und anzugeben sind, die sie (jene Gleichung) zu einer leichten Bestimmung der constanten aber unbekannten Coefficienten, der Potenzen von x in dem Ausdruck für f x, geschickt machen.

Diese Werthe von x sind aber die, für welche die durch z bezeichnete Function von x, gleich Null wird;

denn setzt man einen dieser Werthe gleich a, so verwandelt sich die Gleichung

$$\varphi x = z . F x + f x . \psi x$$

in die einfache:

$$\varphi a = f a . \psi a.$$

Ist nun z vom ersten Grad, so ist fx vom Grade Null, d. h. eine constante aber unbekannte Größe A; und wird z zu Null, für $x = a$; so hat man

$$\varphi a = A . \psi a; \text{ also}$$

$$A = . \frac{\varphi a}{\psi a}.$$

Ist aber z vom 2ten Grade, also fx vom ersten, d. h. von der Form $A + Bx$, in welcher A und B constante aber unbekannte Größen sind, so giebt es zwei Werthe für x, welche z zu Null machen, und diese ergeben sich durch Auflösung der quadratischen Gleichung $z = 0$. Bezeichnen a und b diese Werthe, so hat man sowohl

$$\varphi a = (A + Ba) . \psi a; \text{ als auch}$$

$$\varphi b = (A + Bb) . \psi b,$$ aus welchen Gleichungen A und B zu entwickeln sind.

Ist z vom 3ten oder von einem noch höhern Grad, so ergeben sich die Werthe für x, welche z zu Null machen, durch die Auflösung höherer Gleichungen, und es entstehen schon für die cubischen Gleichungen so verwickelte Formen, daß für solche Fälle keine Erleichterungen eintreten.

Der Inhalt dieses §. liefert also folgende Gesetze.

1) Ist z vom ersten Grade, also von der Form $\alpha + \beta x$ und daher

$\frac{\varphi x}{(\alpha + \beta x) \psi x}$ in $\frac{F x}{\psi x} + \frac{A}{\alpha + \beta x}$ zu zerlegen, so wird $\alpha + \beta x$

zu Null, für $x = -\frac{\alpha}{\beta}$, und man hat

$$A = \frac{\varphi\left(-\frac{\alpha}{\beta}\right)}{\psi\left(-\frac{\alpha}{\beta}\right)}.$$

2) Ist z vom 2ten Grade, also von der Form $\alpha + \beta x + \gamma x^2$; und demnach $\frac{\varphi x}{(\alpha + \beta x + \gamma x^2)\psi x}$ in $\frac{F x}{\psi x} + \frac{A + B x}{\alpha + \beta x + \gamma x^2}$ zu zerlegen, so wird $\alpha + \beta x + \gamma x^2$ zu Null,

$$\text{für } x = \frac{-\beta + \sqrt{\beta^2 - 4\alpha\gamma}}{2\gamma} \text{ und auch,}$$

$$\text{für } x = \frac{-\beta - \sqrt{\beta^2 - 4\alpha\gamma}}{2\gamma};$$

und setzt man der Kürze wegen, a und b für diese Ausdrücke, so hat man zu Bestimmung der unbekannten Größen A und B die beiden Gleichungen

$$\varphi a = (A + B a)\psi a \text{ und}$$
$$\varphi b = (A + B b)\psi b.$$

Jeder Partialbruchs Zähler läßt sich auf diese leichte Art finden, wenn sein Nenner nur vom ersten oder zweiten Grad ist.

Beispiele. 1) $\frac{3 + 2x}{(2x - 3)(5x - 4)} = \frac{a}{2x - 3} + \frac{b}{5x - 4}$; liefert

$$(3 + 2x) = a(5x - 4) + b(2x - 3);$$

und hieraus folgt, für $2x - 3 = 0$; also

$$x = \tfrac{3}{2};$$

$$3 + 2 \cdot \tfrac{3}{2} = a \cdot (5 \cdot \tfrac{3}{2} - 4); \text{ folglich}$$

$$a = \tfrac{12}{7};$$

ferner, für $5x - 4 = 0$; also $x = \frac{4}{5}$; $3 + 2 \cdot \frac{4}{5} = b \cdot (2 \cdot \frac{4}{5} - 3)$; folglich $b = -\frac{23}{7}$ wie in §. 7. Beisp. 1.

2) $\frac{x}{x^2+11x+30} = \frac{b}{x+6} + \frac{b}{x+5}$; giebt

$$a = \frac{-6}{-6+5} = 6$$

$$b = \frac{-5}{-5+6} = -5. \text{ S. Beisp. 2. §. 7.}$$

3) $\frac{x}{a^3 - x^3} = \frac{x}{a-x} + \frac{\beta + \gamma x}{a^2 + ax + x^2}$, giebt

$$\alpha = \frac{a}{a^2 + a^2 + a^2} = \frac{1}{3a},$$

ferner: $\sqrt{-1}$ durch i bezeichnet, zur Bestimmung von β und γ die beiden Gleichungen

$$a.\frac{-1+i\sqrt{3}}{2} = \left[\beta + a\gamma.\frac{-1+i\sqrt{3}}{2}\right].\left[a - a.\frac{-1+i\sqrt{3}}{2}\right] \text{ und}$$

$$a.\frac{-1-i\sqrt{3}}{2} = \left[\beta + a\gamma.\frac{-1-i\sqrt{3}}{2}\right].\left[a - a.\frac{-1-i\sqrt{3}}{2}\right];$$

oder reducirt:

$$\frac{-3+i\sqrt{3}}{6} = \beta + a\gamma.\frac{-1+i\sqrt{3}}{2} \text{ und}$$

$\frac{-3-i\sqrt{3}}{6} = \beta + a\gamma.\frac{-1-i\sqrt{3}}{2}$ und hieraus durch Addition $-1 = 2\beta - a\gamma$; durch Subtraction

$\frac{i\sqrt{3}}{3} = a\gamma.i\sqrt{3}$; also

$$\gamma = \frac{1}{3a};\ \beta = -\tfrac{1}{3} \text{ wie Beisp. 3. §. 7.}$$

4) $\frac{1}{x(x+1)(x+2)} = \frac{a}{x} + \frac{b}{x+1} + \frac{c}{x+2}$.

Hier hat man sogleich

$$a = \frac{1}{1.2} = \tfrac{1}{2}$$

$$b = \frac{1}{-1.(-1+2)} = -1$$

$$c = \frac{1}{-2.(-2+1)} = \tfrac{1}{2}$$

wie in Beisp. 4. §. 7.

5) $\frac{4+3x}{x(x-1)(x^2+1)} = \frac{a}{x} + \frac{b}{x-1} + \frac{c+dx}{x^2+1}$.

Es ergiebt sich hier unmittelbar

$$a = \frac{4+3\;0}{(0-1)(0^2+1)} = -4$$

$$b = \frac{4+3.1}{1.(1^2+1)} = \tfrac{7}{2},$$

und zur Bestimmung von c und d die beiden Gleichungen

$$4+3.i = [c+di]i.(i-1) \text{ und}$$

$$4-3.i = [c-di](-i).[-i-1]$$

oder, reducirt

$$\frac{i-7}{2} = c+di \text{ und}$$

$$\frac{-i-7}{2} = c-di.$$

Die Summe beider Gleichungen liefert

$$-7 = 2c;$$

die Differenz aber

$$i = 2di \text{ und also ist}$$

$$c = -\tfrac{7}{2};\; d = \tfrac{1}{2};$$

wie in Beisp. 5. §. 7.

§. 9. Zusatz. Sind außer einfachen oder auch quadratischen Factoren, auch cubische oder höhere im Nenner der in Partialbrüche zu zerlegenden rationalen ächt gebrochenen Function, so kann die Arbeit durch Anwendung beider Methoden in §. 7. und 8. erleichtert werden, wenn man die Zähler deren Nenner einfache oder quadratische Functionen von x sind, nach §. 7. oder nach §. 8; die aber, deren Nenner von höhern Graden sind, nach §. 7. bestimmt.

Beispiele.

1) $\frac{3+2x}{(x-1)(x-2)(x^3+2x^2+1)} = \frac{a}{x-1} + \frac{b}{x-2} + \frac{c+dx+ex^2}{x^3+2x^2+1};$

Man erhält nach §. 8.

$$a = \frac{3+2.1}{(1-2).(1^3+2.1^2+1)} = -\tfrac{5}{4};$$

$$b = \frac{3+2.2}{(2-1).(2^3+2.2^2+1)} = \tfrac{7}{17};$$

und dann nach §. 7. den Coefficienten von x^0;

$$-62+136.c;$$

den von x^1 aber: $-193+2.68d-3.68.c$;

den von x^2; $284+68.c-3.68d+2\ 68.e$;

den von x^3; $28-3.68.e+68d$;

den von x^4; $-57+68.e$.

Setzt man diese gleich Null, und wählt diejenigen 3, welche die leichteste Entwicklung gewähren, so erhält man $c = \frac{31}{68}$; $d = \frac{143}{68}$; $e = \frac{57}{68}$; und also ist

$$\frac{3+2x}{(x-1)(x-2)[x^3+2x^2+1]} =$$

$$\frac{1}{68}.\left[-\frac{85}{x-1}+\frac{28}{x-2}+\frac{31+143x+57x^2}{1+2x^2+x^3}\right].$$

2) Für $\frac{3+2x-5x^2}{[2+5x+3x^2][1-2x+x^2-4x^3]}$

erhält man auf denselben Weg

$$\frac{1}{214}\left[\frac{124+231x}{2+5x+3x^2}+\frac{259-425x+308x^2}{1-2x+x^2-4x^3}\right].$$

§. 10. Zusatz. Sind die Factoren des Nenners einer in seine Partialbrüche zu zerlegenden rationalen ächt gebrochenen Function alle einander gleich, also dieser Nenner eine Potenz, etwa $(Fx)^n$, so ist, wenn man den Zähler $= \varphi x$ setzt, der Bruch $\frac{\varphi x}{(Fx)^n}$ auf die bisherige Art nicht in n Brüche zu zerlegen, von welchen jeder Fx zum Nenner hat, denn wollte man die Zähler = u, v, w, setzen, so hätte man die Bedingungsgleichung

$$\frac{\varphi x}{(F x)^n} = \frac{u}{F x} + \frac{v}{F x} + \frac{w}{F x} + \ldots.$$

oder $u + v + w + \ldots.$ durch $f x$ bezeichnet, die $\frac{\varphi x}{(F x)^n} = \frac{f x}{F x}$; und diese kann nur statt finden, wenn $\frac{\varphi x}{(F x)^n}$ mit $(F x)^{n-1}$ gehoben werden kann, in welchem Falle dann die ganze Arbeit unnöthig ist. Es kann indessen in solchen Fällen der Bruch $\frac{\varphi x}{(F x)^n}$ in anders geformte Partialbrüche zerlegt werden, und hiervon handelt der folgende §.

§. 11. **Aufgabe.** Die Werthe der Coefficienten in den ganzen rationalen Functionen von x; u, v, w ... y; der Bedingung gemäß zu bestimmen, daß die rationale ächt gebrochene Function $\frac{\varphi x}{(F x)^n}$ der Summe

$$\frac{u}{(F x)^n} + \frac{v}{(F x)^{n-1}} + \frac{w}{(F x)^{n-2}} + \ldots + \frac{y}{F x}$$

gleich wird.

Auflösung. Aus der Bedingungsgleichung

$$\frac{\varphi x}{(F x)^n} = \frac{u}{(F x)^n} + \frac{v}{(F x)^{n-1}} + \ldots + \frac{y}{F x};$$ folgt

$$\varphi x = u + v . F x + w (F x)^2 + \ldots + y (F x)^{n-1}.$$

Ist nun $F x$ selbst vom mten Grade, also $(F x)^n$ vom $n . m$ten Grade, und man nimmt u, v, w u. s. w. bis y, jede dieser n Functionen, vom $m - 1$ten Grade, so hat man für jede: m zu bestimmende constante aber noch unbekannte Coefficienten, und es ist daher die Anzahl aller unbekannten Coefficienten $= n . m$; der höchste Exponent von x in φx ist aber, weil die Function ächt gebrochen ist, $= n . m - 1$, und rechts erscheint der höchste Exponent von x in $y . (F x)^{n-1}$ und ist ebenfalls $= n . m - 1$.

Es liefert daher die Gleichung

$$\varphi x = u + v F x + \ldots + y (F x)^{n-1};$$

allemal n . m Gleichungen zu Bestimmung der n . m unbekannten Coefficienten.

Beispiele. 1) $\frac{3+x}{(5-x)^2} = \frac{a}{(5-x)^2} + \frac{b}{5-x}$.

Es entsteht die geordnete Gleichung

$$(a + 5b - 3) . x^0 - (b + 1) x^1 = 0; \text{ also}$$

$$a + 5b - 3 = 0$$

$$b + 1 = 0; \text{ daher}$$

$$a = 8; \; b = -1; \text{ folglich}$$

$$\frac{3+x}{(5-x)^2} = \frac{8}{(5-x)^2} - \frac{1}{5-x}.$$

2) $\frac{5+6x-2x^2}{(3+2x)^3} = \frac{\alpha}{(3+2x)^3} + \frac{\beta}{(3+2x)^2} + \frac{\gamma}{3+2x}$.

Hier entsteht

$$(\alpha+3\beta+9\gamma-5) x^0 + (2\beta+12\gamma-6) x^1 + (4\gamma+2) x^2 = 0$$

und dann, wenn die Coefficienten gleich Null gesetzt werden,

$$\alpha = -\tfrac{17}{2}; \; \beta = 6; \; \gamma = -\tfrac{1}{2}.$$

Es ist also

$$\frac{5+6x-2x^2}{(3+2x)^2} = \tfrac{1}{2}\left[\frac{-17}{(3+2x)^3} + \frac{12}{(3+2x)^2} - \frac{1}{3+2x}\right].$$

3) $\frac{4-x+2x^2}{(2-x)^3} = \frac{10}{(2-x)^3} - \frac{7}{(2-x)^2} + \frac{2}{2-x}$.

4) $\frac{2+3x}{(4-x)^3} = \frac{14}{(4-x)^3} - \frac{3}{(4-x)^2}$.

5) $\frac{1+x+x^2+3x^3}{[1-x+5x^2]^2} = \frac{a+bx}{[1-x+5x^2]^2} + \frac{c+dx}{1-x+5x^2}$.

Man erhält hier $a = \frac{17}{25}$; $b = \frac{18}{25}$; $c = \frac{8}{25}$; $d = \frac{3}{5}$; und also ist

$$\frac{1+x+x^2+3x^3}{[1-x+5x^2]^2} = \tfrac{1}{25}\left[\frac{17+18x}{[1-x+5x^2]^2} + \frac{8+15x}{1-x+5x^2}\right].$$

§. 12. **Aufgabe.** Die Werthe der Coefficienten in den ganzen rationalen Functionen von x; u, v, w ... y, der Bedingung gemäß zu bestimmen, daß die rationale ächt gebrochene Function $\frac{\varphi x}{(Fx)^n}$ der Summe

$\frac{u}{(Fx)^n} + \frac{v}{(Fx)^{n-1}} + \ldots + \frac{y}{Fx}$ gleich wird, jedoch auf einen leichtern Weg als den in §. 11.

Auflösung. Aus der Bedingungsgleichung folgt

$$\varphi x = u + v.Fx + w.Fx^2 + \ldots + y(Fx)^{n-1}.$$

Ist nun Fx vom mten Grade; also u = fx vom m — 1ten, und bezeichnen $\alpha, \beta, \gamma \ldots \rho$ die m Werthe von x, welche Fx zu Null machen, so erhält man zu Bestimmung der m unbekannten Coefficienten in fx die m Gleichungen

$$\varphi\alpha = f\alpha$$
$$\varphi\beta = f\beta$$
u. s. w.
$$\varphi\varrho = f\varrho.$$

Ferner entspringt aus der Bedingungsgleichung

$$\frac{\varphi x - u}{Fx} \text{ oder } \varphi' x = v + wFx + \ldots$$

und aus ihr, v durch f'x ausgedrückt, ergeben sich zu Bestimmung der m unbekannten Coefficienten in f'x die m Gleichungen

$$\varphi'\alpha = f'\alpha$$
$$\varphi'\beta = f'\beta$$
u. s. w.
$$\varphi'\varrho = f'\varrho.$$

Eben so erhält man, aus

$$\frac{\varphi' x - v}{Fx} \text{ oder } \varphi'' x = w + \ldots + y(Fx)^{n-2}$$

zu Bestimmung der m unbekannten Coefficienten in $w = f''x$, die m Gleichungen

$$\varphi''\alpha = f''\alpha$$
$$\varphi''\beta = f''\beta$$
u. s. w.
$$\varphi''\varrho = f''\varrho$$
u. s. w.

Dieser bequeme Weg ist (siehe §. 8.) nur dann einzuschlagen, wenn Fx vom 1sten oder 2ten Grade ist; ist Fx vom 3ten oder höhern Graden, so muß §. 11. in Anwendung gebracht werden.

Bei der Bestimmung der Coefficienten in y gilt die für y entsprechende Formel für jeden Werth von x, nicht bloß für die durch α, $\beta \ldots \varrho$ bezeichneten Werthe, so daß, also wenn A, B, C etc. die gesuchten Coefficienten, a, b, c etc. aber die von Fx, also die gegebenen bezeichnen, die Gleichung

$$a + bx + cx^2 + \ldots = A + Bx + Cx^2 + \ldots$$

entstehen muß, woraus nach §. 3.

$$A = a;\ B = b;\ C = c \text{ u. s. w.}$$

folgt.

§. 13. Zusatz. Die Ausdrücke $\varphi'\alpha$, $\varphi'\beta \ldots \varphi'\varrho$; $\varphi''\alpha$, $\varphi''\beta \ldots \varphi''\varrho$ u. s. w. im vorigen §. erscheinen im Allgemeinen alle in der unbestimmten Form $\frac{0}{0}$; sie müssen indessen in jeden besondern Fall bestimmte Werthe annehmen, d. h. der den Zähler und Nenner zu Null machende Factor muß gehoben werden können, weil für v, w u. s. w nach §. 11. bestimmte constante Coefficienten statt finden, die in diesen Formen enthalten sein müssen.

So wie also, wenn

$\varphi x = \frac{x^2 - x - 6}{x^2 + x - 12}$ gegeben ist, hiernach der Zahlenwerth dieser Function für jeden Zahlenwerth von x zu bestimmen ist, für $x = 3$ aber; $\varphi 3 = \frac{0}{0}$ entsteht, und daraus der Schluß gezogen werden kann, daß $\frac{x^2 - x - 6}{x^2 + x - 12}$ durch den Zähler und Nenner zugleich zu Null machenden Factor $x - 3$ muß gehoben werden können, wodurch, nachdem dieses geschehen, für $\frac{x^2 - x - 6}{x^2 + x - 12}$ der gleiche Bruch $\frac{x + 2}{x + 4}$ sich ergiebt, aus welchen für $\varphi(3)$ sogleich sein Werth $\frac{5}{7}$ hervorgeht, so müssen auch die erwähnten Ausdrücke

$$\varphi' \alpha \text{ bis } \varphi' \varrho$$
$$\varphi'' \alpha \text{ bis } \varphi'' \varrho$$
u. s. w.

nothwendig bestimmte Resultate liefern. Man erhält dieselben, wenn man wirklich, ehe man für x die bestimmten Werthe $\alpha, \beta \ldots . \varrho$ setzt, mit Fx in $\varphi x - u$; dann in $\varphi' x - v$ u. s. w. dividirt, welche Divisionen nothwendig aufgehen werden, und dann erst in den erhaltenen Quotienten $\varphi' x$; $\varphi'' x$ u. s. w. die Werthe $\alpha, \beta \ldots . \varrho$ substituirt.

Beispiele zu §. 12 und 13.

$$1) \quad \frac{3 + x}{(5 - x)^2} = \frac{a}{(5 - x)^2} + \frac{b}{5 - x};$$

Hier ergiebt sich $a = 3 + 5 = 8$;

$$b = \frac{3 + x - (3 + 5)}{5 - x} = \frac{x - 5}{-(x - 5)} = -1;$$

wie in §. 11. Beisp. 1.

$$2) \quad \frac{5 + 6x - 2x^2}{(3 + 2x)^3} = \frac{\alpha}{(3 + 2x)^3} + \frac{\beta}{(3 + 2x)^2} + \frac{\gamma}{3 + 2x},$$

Hier entsteht $\alpha = 5 + 6.(-\tfrac{3}{2}) - 2.(-\tfrac{3}{2})^2 = -\tfrac{17}{2}$;

$$\beta = \frac{5+6x-2x-(-\frac{17}{2})}{3+2x} \text{ (für } = -\tfrac{3}{2} \text{ verstanden)}$$

$$= \tfrac{9}{2} - x \text{ (für } x = -\tfrac{3}{2} \text{ verstanden)}$$

$$= 6;$$

$$\gamma = \frac{\frac{9}{2}-x-6}{3+2x} = \frac{-(3+2x)}{2(3+2x)} = -\tfrac{1}{2};$$

wie in Beisp. 2. §. 11.

$$3) \quad \frac{1+x+x^2+3x^3}{[1-x+5x^2]^2} = \frac{a+bx}{[1-x+5x^2]^2} + \frac{c+dx}{1-x+5x^2}.$$

Es wird $1 - x + 5x^2$ zu Null, für

$$x = \frac{1+i.\sqrt{19}}{10}; \text{ und auch für}$$

$$x = \frac{1-i.\sqrt{19}}{10} \text{ (unter } i \text{ den Ausdruck } \sqrt{-1}$$

verstanden); folglich

$$a + b.\frac{1+i.\sqrt{19}}{10} = \frac{752+72.i\sqrt{19}}{1000} \text{ und}$$

$$a + b.\frac{1-i.\sqrt{19}}{10} = \frac{752-72.i.\sqrt{19}}{1000}$$

und aus der Summe und Differenz dieser beiden Gleichungen entsteht sogleich

$$a = \tfrac{17}{25}; \; b = \tfrac{18}{25};$$

denn hat man ferner

$$c + dx = \frac{1+x+x^2+3x^3 - \frac{17+18x}{25}}{1+x+5x^2} = \frac{8+15x}{25},$$

$$\text{also } c = \tfrac{8}{25}; \; d = \tfrac{15}{25};$$

wie in Beisp. 5. §. 11.

§. 14. Zusatz. Es erhellet aus dem Gebrauch, daß die Regeln §. 8. und 12. nur für einfache Factoren Erleichterung gewähren, für quadratische bestimmen sich die zugehörigen Zähler gewöhnlich aus §. 7. und 11. leichter.

§. 15. Zusatz. Soll eine rationale unächt gebrochene Function in ihre Partialbrüche zerlegt werden, so theile man dieselbe durch wirkliche theilweise Division in die Summe einer ganzen rationalen und einer ächt gebrochenen rationalen Function, und verfahre mit letzterer so wie bisher.

Beispiel. $p = \frac{6 - 8x + 23x^2 - 10x^3}{2.(10x^2 - 23x + 12)}$ in seine Partialbrüche zu zerlegen. Die wirkliche Division liefert $p = -\frac{x}{2} + \frac{3 + 2x}{10x^2 - 23x + 12}$; und hieraus folgt, weil $10x^2 - 23x + 12 = (2x - 3)(5x - 4)$ ist, nach §. 7. Beisp. 1.

$$p = -\frac{x}{2} + \frac{12}{7(2x - 3)} - \frac{23}{7(5x - 4)}.$$

§. 16. Lehrsatz. Wenn $\frac{F(nx)}{Fx} = \frac{\varphi(nx)}{\varphi x}$ ist, so ist $\frac{Fx}{\varphi x}$ eine von x unabhängige, also eine constante Größe.

Beweis. Aus der Voraussetzung $\frac{F(nx)}{Fx} = \frac{\varphi(nx)}{\varphi x}$ folgt: $\frac{F(nx)}{\varphi(nx)} = \frac{Fx}{\varphi x}$. Bezeichnet man nun $\frac{Fx}{\varphi x}$ durch fx, so ist $f(nx) = \frac{F(nx)}{\varphi(nx)}$; und aus $\frac{F(nx)}{\varphi(nx)} = \frac{Fx}{\varphi x}$ erhält man

$$f(nx) = fx,$$

d. h. fx ist eine von x unabhängige Größe, weil der Werth derselben unverändert bleibt, wenn man auch an die Stelle von x ein vielfaches von x, nemlich nx setzt. Da nun fx den Quotienten $\frac{Fx}{\varphi x}$ bezeichnet, so ist also auch $\frac{Fa}{\varphi x}$ eine constante Größe, wenn obige Voraussetzung statt findet.

Beispiele. 1) Ist $Fx = ax$; also $F(nx) = a.nx$
und $\varphi x = bx$; also $\varphi(nx) = b.nx$,
so ist $\frac{F(nx)}{Fx} = n$ und auch $\frac{\varphi(nx)}{\varphi x} = n$; folglich
$\frac{F(nx)}{Fx} = \frac{\varphi(nx)}{\varphi x}$; daher
$\frac{Fx}{\varphi x}$ eine constante Größe und zwar hier $= \frac{a}{b}$.

2) Ist $Fx = ab + cx^2 - ac - bx^2$; also
$F(nx) = ab + cn^2 x^2 - ac - bn^2 x^2$; und
$\varphi x = a - x^2$; also $\varphi(nx) = a - n^2 x^2$;
so ist $\frac{F(nx)}{Fx} = \frac{a - n^2 x^2}{a - x^2}$ und auch
$\frac{\varphi(nx)}{\varphi x} = \frac{a - n^2 x^2}{a - x^2}$; folglich
$\frac{F(nx)}{Fx} = \frac{\varphi(nx)}{\varphi x}$; daher
$\frac{Fx}{\varphi x}$ eine constante Größe und zwar hier $= b - c$.

§. 17. Aufgabe. Für jede nach den steigenden ganzen Potenzen von x geordnete ins Unendliche fortgehende Reihe

$$a + bx + cx^2 + \ldots + \alpha x^n + \beta x^{n+1} + \ldots + \varrho x^m + \ldots$$

diejenigen Werthe für x zu bestimmen, die irgend ein Glied dieser Reihe, etwa $\alpha\ x^n$ größer machen, als die absolute Summe aller darauf folgenden Glieder.

Auflösung. Bezeichnet A die absolute Summe

$$\beta x^{n+1} + \ldots + \varrho . x^m + \ldots \text{ in infin.}$$

und ist unter allen Coefficienten

$$\beta, \ldots \varrho; \ldots$$

keiner größer wie ϱ, so ist (den Fall ausgenommen, in welchen alle diese Coefficienten gleich groß sind)

$\beta . x^{n+1} + \ldots . + \varrho . x^m + \ldots . < \varrho x^{n+1} + \ldots . + \varrho x^m \ldots .$

oder

$$A < \varrho x^{n+1} [1 + x + x^2 + \ldots .].$$

Es ist aber bekanntlich

$$\frac{1}{1-x} = 1 + x + x^2 + \ldots . \text{ in infin.}$$

folglich

$$A < \frac{\varrho x^{n+1}}{1-x};$$

und dividirt man diese Ungleichung in die Gleichung

$$\alpha . x^n = \alpha . x^n, \text{ so entsteht}$$

$$\frac{\alpha . x^n}{A} > \frac{\alpha(1-x)}{\varrho x}.$$

Denkt man sich nun x so gewählt, daß $\frac{\alpha(1-x)}{\varrho x} >$ oder $= 1$ wird, so ist dann auch:

$$\frac{\alpha . x^n}{A} > 1; \text{ folglich}$$

$$\alpha . x^n > A; \text{ oder}$$

$$\alpha . x^n > \beta . x^{n+1} + \gamma . x^{n+2} + \ldots . + \varrho x^m + \ldots . \text{ in infin.}$$

Es genügen also alle die Werthe für x der Aufgabe, welche $\frac{\alpha(1-x)}{\varrho x} \geqq 1$ machen, und aus dieser Bestimmung erhält man

$$x < \text{höchstens} = \frac{\alpha}{\alpha + \varrho}.$$

Ist die Reihe

$$a + bx + \ldots . \alpha . x^n + \beta . x^{n+1} + \ldots . + \varrho x^m + \ldots .$$

endlich, so wird, wenn für $x \leqq \frac{\alpha}{\alpha + \varrho}$; αx^n größer wird, als die absolute Summe aller folgenden ins Unendliche fortgehenden Glieder, um so mehr $\alpha . x^n$ größer sein, als ein Theil derselben.

Beispiel. Die Reihe sei

$$1 + x + \frac{x^2}{(2)} + \frac{x^3}{(3)} + \ldots . + \frac{x^n}{(n)} + \frac{x^{n+1}}{(n+1)} + \ldots .$$

und es sollen die Werthe für x angegeben werden, für welche $\frac{x^n}{(n)}$ größer wird, wie die absolute Summe aller folgenden Glieder, so hat man

$$\alpha = \frac{1}{(n)} \text{ und } \varrho = \frac{1}{(n+1)};$$

und folglich zu Bestimmung der verlangten Werthe von x die Vergleichung

$$x \leqq \frac{\frac{1}{(n)}}{\frac{1}{(n)} + \frac{1}{(n+1)}}$$

oder reducirt

$$x \leqq \frac{n+1}{n+2}.$$

Wenn also etwa das 5te Glied dieser Reihe die Summe aller folgenden an Größe übertreffen soll, so muß $x \leqq \frac{5}{6}$ genommen werden, und je kleiner man x unter $\frac{5}{6}$ wählt, um desto mehr übertrifft das 5te Glied die absolute Summe aller folgenden.

§. 18. Zusatz. Mit Hülfe des vorigen §. kann man auch, wenn für einen bestimmten Zahlenwerth des x, eine Reihe berechnet werden soll, angeben, wie viel Glieder man mindestens berechnen muß, damit die absolute Summe aller folgenden, weniger Einfluß auf das verlangte Resultat habe, als das letzte berechnete, so daß man also dieses doppelt nehmen könnte, um ein Resultat zu erhalten, dessen Größe das Verlangte nie ganz erreichen kann.

Beispiel. Es soll

$$\varphi x = 1 + x + \frac{x^2}{(2)} + \frac{x^3}{(3)} + \ldots + \frac{x^n}{(n)} + \ldots$$

für $x = \frac{9}{10}$ berechnet werden.

Es sei $\frac{x^n}{(n)}$ das Glied, welches für $x = \frac{9}{10}$ größer ist, als die absolute Summe aller folgenden, so hat man nach dem Beispiel des vorigen §.

$$\frac{9}{10} \leqq \frac{n+1}{n+2} \text{ und hieraus}$$

$n \geqq 8$. Berechnet man also mindestens 9 Glieder, und nimmt das letzte berechnete doppelt, so ist diese Summe größer wie die verlangte, aber um so weniger von ihr verschieden, je mehr man Glieder (jedoch nicht unter Neune) berechnet hat.

Zweiter Abschnitt.

Die Differential- oder Ableitungs-Rechnung.

§. 19. **Erklärung.** Bezeichnet x die urvariable; $y = \varphi x$ die abhängig veränderliche, und es erleidet x eine Aenderung (ein Zu- oder Abnehmen), so ändert sich auch y; bezeichnet nun $\triangle x$ den Unterschied zweier Werthe von x; $\triangle y$ den Unterschied der zugehörigen Werthe von y, so heißt $\triangle x$ die Differenz von x;
$\triangle y$ oder $\varphi(x + \triangle x) - \varphi x$ die Differenz von y und
$\frac{\triangle y}{\triangle x}$ oder $\frac{\varphi(x + \triangle x) - \varphi x}{(x + \triangle x) - x}$ oder auch $\frac{y + \triangle y - y}{x + \triangle x - x}$ der Differenzen-Quotient, welcher durch P ausgedrückt werden soll.

Derjenige Werth, welchen der Differenzen-Quotient $\frac{\triangle y}{\triangle x}$ oder P, für $\triangle x = 0$; also auch $\triangle y = 0$ annimmt, heißt Differenzial-Quotient, oder erste Ableitung der ursprünglichen oder Stammfunction $y = \varphi x$; und soll vorläufig durch y' oder auch $\varphi' x$ bezeichnet werden. Die erste Ableitung von y' oder $\varphi' x$ soll eben so durch y'' oder $\varphi''x$ ausgedrückt werden, und der zweite Differential-Quotient oder die zweite Ableitung von $y = \varphi x$ heißen. Die erste Ableitung der zweiten Ableitung heißt dritte Ableitung, oder dritter Differential-Quotient in Beziehung auf die Stammfunction $y = \varphi x$ und wird durch y''' oder $\varphi'''x$ ausgedrückt u. s. w.

Die Differential- oder Ableitungs-Rechnung beschäftigt sich mit der Bestimmung der Ableitungen einer gegebenen Function und mit der Aufsuchung allgemeiner Regeln für dieses Geschäft.

§. 20. Aufgabe. Es bezeichne y oder φx eine algebraische Function von x; man soll die Ableitungen derselben bestimmen.

Auflösung. Man setze nach §. 19. in φx für x die Summe $x + \Delta x$; und für y die $y + \Delta y$; subtrahire hiervon y oder φx, dividire den Rest wirklich mit Δx, entwickle dann P oder $\frac{\Delta y}{\Delta x}$ und setze in dem erhaltenen Resultat Null für Δx, also auch für Δy, so hat man y' oder $\varphi' x$. Nimmt man dieselbe Arbeit mit $y' = \varphi' x$ vor, so ergiebt sich $y'' = \varphi'' x$ u. s. w.

Beispiele. 1) Es sei $y = \varphi x = a + bx + cx^2$; so ist

$$y + \Delta y = \varphi(x + \Delta x) = a + b(x + \Delta x) + c(x + \Delta x)^2$$
$$= a + bx + b\Delta x + cx^2 + 2cx\Delta x + c(\Delta x)^2.$$

Subtrahirt man hiervon

y oder $\varphi x = a + bx + cx^2$; so bleibt

$\Delta y = \varphi(x + \Delta x) - \varphi x = (b + 2cx)\Delta x + c(\Delta x)^2$; dividirt man diesen Rest wirklich durch Δx; so entsteht

$$\frac{\Delta y}{\Delta x} = \frac{\varphi(x + \Delta x) - \varphi x}{\Delta x} = b + 2cx + c.\Delta x,$$

und setzt man in diesem Resultat Null für Δx; so erhält man die verlangte erste Ableitung von y oder $a + bx + cx^2$; d. h.

$$y' = \varphi' x \text{ gleich } b + 2cx.$$

Dann eben so:

$$y'' = \varphi'' x = 2c$$

und nun finden weiter keine Ableitungen mehr statt.

2) $y = \frac{a}{b + x}$.

Hier entsteht

$$y + \Delta y = \frac{a}{b + x + \Delta x}; \text{ dann}$$

$$\Delta y = \frac{a}{b + x + \Delta x} - \frac{a}{b + x}; \text{ oder}$$

$$\Delta y = \frac{-a\Delta x}{(b + x + \Delta x)(b + x)}; \text{ also}$$

$$P = \frac{\Delta y}{\Delta x} = \frac{-a}{(b + x + \Delta x)(b + x)}; \text{ folglich}$$

$$y' = \varphi' x = \frac{-a}{(b + x)^2}.$$

Ferner, auf demselben Weg

$$y'' = \varphi'' x = \frac{2a}{(b + x)^3}$$

$$y''' = \varphi''' x = -\frac{2.3.a}{(b + x)^4}$$

u. s. w.

Die Arbeit wird etwas leichter, wenn man die Function $y = \frac{a}{b + x}$ durch Wegschaffung des Nenners in die unentwickelte

$$(b + x)y = a$$

verwandelt; dann entsteht

(b

$$(b+x+\Delta x)(y+\Delta y)=a \text{ oder}$$

$$(b+x)y+y\Delta x+(b+x)\Delta y+\Delta x\Delta y=a$$

und hiervon

$$(b+x)y=a \text{ subtrahirt,}$$

so bleibt

$$y\Delta x+(b+x)\Delta y+\Delta x\Delta y=0;$$

und hieraus erhält man

$$P=\frac{\Delta y}{\Delta x}=-\frac{y+\Delta y}{b+x}; \text{ folglich}$$

$$y'=\varphi' x=-\frac{y}{b+x};$$

oder nach Substitution des Werthes für y,

$$y'=\varphi' x=-\frac{a}{(b+x)^2}$$

u. s. w.

3) $y=\sqrt{a+bx-cx^2}$.

Hier wird

$$y+\Delta y=\sqrt{a+b(x+\Delta x)-c(x+\Delta x)^2}$$

also

$$\Delta y=\sqrt{a+b(x+\Delta x)-c(x+\Delta x)^2}-\sqrt{a+bx-cx^2},$$

daher

$$P=\frac{\Delta y}{\Delta x}=\frac{\sqrt{a+b(x+\Delta x)-c(x+\Delta x)^2}-\sqrt{a+bx-cx^2}}{\Delta x}$$

$$=\frac{a+b(x+\Delta x)-c(x+\Delta x)^2-(a+bx-cx^2)}{\Delta x[\sqrt{a+b(x+\Delta x)-c(x+\Delta x)^2}+\sqrt{a+bx-cx^2}]}$$

$$=\frac{b\Delta x-2cx\Delta x-c(\Delta x)^2}{\Delta x[\sqrt{a+b(x+\Delta x)-c(x+\Delta x)^2}+\sqrt{a+bx-cx^2}]}$$

$$=\frac{b-2cx-c\Delta x}{\sqrt{a+b(x+\Delta x)-c(x+\Delta x)^2}+\sqrt{a+bx-cx^2}}$$

folglich

$$y'=\varphi' x=\frac{b-2cx}{2\sqrt{a+bx-cx^2}}.$$

Auch hier wird die Ausführung leichter, wenn man die Function zuvor in eine unentwickelte rationale verwandelt, nemlich etwa in

$$y^2 + cx^2 = a + bx;$$

dann entsteht

$$(y + \Delta y)^2 + c(x + \Delta x)^2 = a + b(x + \Delta x)$$

und wenn hiervon die Stammfunction

$$y^2 + cx^2 = a + bx$$

subtrahirt wird, so bleibt:

$$2y\Delta y + (\Delta y)^2 + 2cx\Delta x + c(\Delta x)^2 = b\Delta x;$$

woraus

$$P = \frac{\Delta y}{\Delta x} = \frac{b - 2cx - c\Delta x}{2y + \Delta y}$$

und dann, für $\Delta x = 0$; also auch $\Delta y = 0$;

$$y' = \varphi' x = \frac{b - 2cx}{2y}$$

$$= \frac{b - 2cx}{2\sqrt{a + bx - cx^2}} \text{ folgt.}$$

Eben so ergiebt sich

$$y'' = \varphi'' x = -\frac{b^2 + 4ac}{4 . y^3} \text{ u. s. w.}$$

4) Es ist die unentwickelte Function

$$3x^2y + 2y^3 = 5xy^2 \text{ gegeben,}$$

in welcher y als Function der urvariablen x betrachtet werden soll, man soll zu $y = \varphi x$ die erste Ableitung $y' = \varphi' x$ bestimmen.

Es entsteht

$$3(x+\Delta x)^2.(y+\Delta y)+2.(y+\Delta y)^3=5(x+\Delta x)(y+\Delta y)^2;$$

löst man die Klammern auf, subtrahirt dann $3x^2y + 2y^3 = 5xy^2$, und entwickelt $\frac{\Delta y}{\Delta x}$, so erhält man

$$P = \frac{\Delta y}{\Delta x}$$

$$= \frac{5y^2 + 10y\Delta y + 5(\Delta y)^2 - 3\Delta y\Delta x - 6x\Delta y - 3y(\Delta x)^2 - 6xy}{3x^2 + 6y^2 + 6y\Delta y + 2(\Delta y)^2 - 10xy - 5x\Delta y}$$

und hieraus

$$y' = \varphi' x = \frac{5y^2 - 6xy}{3x^2 + 6y^2 - 10xy}.$$

§. 21. Zusatz. Obgleich auf den im vorigen §. angegebenen Weg die Ableitungen jeder algebraischen Function gefunden werden können, so ist das Verfahren doch ermüdend, weshalb in dem folgenden 1sten Kapitel einfache Regeln zu Bestimmung der Ableitungen algebraischer Functionen, in dem 3ten aber für transcendente Functionen angegeben und bewiesen werden sollen. Zugleich soll aber auch eine characteristische, allgemeiner übliche Zeichensprache für die aufeinander folgenden Ableitungen eingeführt werden, und zwar folgende:

Ist $y = \varphi x$; so soll

$\frac{\partial \varphi x}{\partial x}$ oder $\frac{\partial y}{\partial x}$ die 1ste;

$\frac{\partial^2 \varphi x}{\partial x^2}$ oder $\frac{\partial^2 y}{\partial x^2}$ die 2te;

$\frac{\partial^3 \varphi x}{\partial x^3}$ oder $\frac{\partial^3 y}{\partial x^3}$ die 3te u. s. w. endlich

$\frac{\partial^n \varphi x}{\partial x^n}$ oder $\frac{\partial^n y}{\partial x^n}$ die nte Ableitung von y als Function der urvariablen x andeuten. Insofern nun die Bestimmung der nten Ableitung aus der n—1sten ganz durch dieselbe Operation erfolgt, welche die 1ste Ableitung aus der gegebenen Stammfunction liefert, so sind bloß Regeln zu Bestimmung der ersten Ableitung erforderlich.

Des zweiten Abschnitts
1stes Kapitel.

Regeln zur Bestimmung der Ableitungen für algebraische Functionen.

§. 22. Lehrsatz. Die erste Ableitung einer Summe ist gleich der Summe der Ableitungen der Summanden; oder, wenn y, z, u, v u. s. w. Functionen von x bezeichnen, und es ist

$$y = z + u + v + \ldots\ldots, \text{ so ist auch}$$

$$\frac{\partial y}{\partial x} = \frac{\partial z}{\partial x} + \frac{\partial u}{\partial x} + \frac{d v}{d x} \text{ u. s. w.}$$

Beweis. Wird $x + \Delta x$ für x, also auch $y + \Delta y$ für y; $u + \Delta u$ für u; $v + \Delta v$ für v u. s. w. in

$$y = z + u + v + \ldots\ldots$$

gesetzt, so entsteht

$$y + \Delta y = z + \Delta z + u + \Delta u + v + \Delta v + \ldots\ldots$$

und subtrahirt man hievon nach §. 20. die Stammfunction

$$y = z + u + v + \ldots\ldots, \text{ so bleibt}$$

$$\Delta y = \Delta z + \Delta u + \Delta v + \ldots\ldots$$

Dividirt man jetzt diese Gleichung mit Δx, so erhält man:

$$\frac{\Delta y}{\Delta x} = \frac{\Delta z}{\Delta x} + \frac{\Delta u}{\Delta x} + \frac{\Delta v}{\Delta x} + \ldots\ldots$$

und hieraus, wenn man die Werthe dieser Differenzen-Quotienten für $\Delta x = 0$ nimmt

$$\frac{\partial y}{\partial x} = \frac{\partial z}{\partial x} + \frac{\partial u}{\partial x} + \frac{\partial v}{\partial x} + \ldots\ldots$$

§. 23. Zusatz. Ist einer der Summanden, etwa z, constant, so entsteht bloß

$$\frac{\partial y}{\partial x} = \frac{\partial u}{\partial x} + \frac{\partial v}{\partial x} + \ldots\ldots$$

und subtrahirt man diese Gleichungen von der

$$\frac{\partial y}{\partial x} = \frac{\partial z}{\partial x} + \frac{\partial u}{\partial x} + \frac{\partial v}{\partial x} + \ldots\ldots$$

so erhält man

$$\frac{\partial z}{\partial x} = \text{Null; d. h.}$$

die 1ste Ableitung einer constanten Größe ist gleich Null.

§. 24. **Lehrsatz.** Die 1ste Ableitung eines Products von n Factoren ist gleich einer Summe von n Gliedern, von welchen jedes die Ableitung eines andern dieser Factoren multiplicirt mit dem Product der übrigen ausdrückt; oder, wenn y, u, v, w ..... ϱ, z Functionen von x bezeichnen, und es ist

$$y = u.v.w\ldots\ldots\varrho.z, \text{ so ist}$$

$$\frac{\partial y}{\partial x} = v.w\ldots\ldots\varrho.z.\frac{\partial u}{\partial x} + u.w\ldots\ldots\varrho.z.\frac{\partial v}{\partial x} + \ldots\ldots$$

$$\ldots\ldots + u.v\ldots\ldots\varrho.\frac{\partial z}{\partial x}.$$

Beweis. 1) Für 2 Factoren.

Ist $y = u.v$ und wird in dieser Function $x + \Delta x$ für x; also $y + \Delta y$ für y; $u + \Delta u$ für u; $v + \Delta v$ für v gesetzt, so entsteht

$$y + \Delta y = (u + \Delta u)(v + \Delta v);$$

und subtrahirt man hievon $y = u.v$, so bleibt

$$\Delta y = u.\Delta v + v\Delta u + \Delta u.\Delta v \text{ folglich}$$

$$\frac{\Delta y}{\Delta x} = (u + \Delta u)\frac{\Delta v}{\Delta x} + v.\frac{\Delta u}{\Delta x}; \text{ oder auch}$$

$$\frac{\Delta y}{\Delta x} = u.\frac{\Delta v}{\Delta x} + (v + \Delta v).\frac{\Delta u}{\Delta x},$$

also, Null für Δx und die übrigen Aenderungen gesetzt:

$$\frac{\partial y}{\partial x} = u.\frac{\partial v}{\partial x} + v.\frac{\partial u}{\partial x}.$$

2) **Für jede beliebige Anzahl von Factoren.**

Nimmt man das zu beweisende Gesetz, für n — 1 Factoren u, v, w ..... ϱ als erwiesen an, setzt also

$$\frac{\partial(u.v.w....\varrho)}{\partial x} = v.w....\varrho.\frac{\partial u}{\partial x} + u.w....\varrho.\frac{\partial v}{\partial x} + ...$$

$$.... + u.v.w....\frac{\partial \varrho}{\partial x},$$ so wird nach 1)

$$\frac{\partial(u.v.w....\varrho.z)}{\partial x} = \frac{z.\partial(u.v.w....\varrho)}{\partial x} + u.v.w....\varrho.\frac{\partial z}{\partial x},$$

und substituirt man in diese Gleichung die vorausgesetzte, so entsteht

$$\frac{\partial y}{\partial x} = v.w....\varrho.z.\frac{\partial u}{\partial x} + u.w....\varrho.z.\frac{\partial v}{\partial x} + ...$$

$$.... + u.v.w....z.\frac{\partial \varrho}{\partial x} + u.v.w....\varrho.\frac{\partial z}{\partial x}.$$

Das Gesetz ist also für n Factoren dann wahr, wenn es für n — 1 Factoren wahr ist; da es nun für 2 Factoren erwiesen ist, so gilt es auch für 3, also auch für 4 u. s. w.

§. 25. **Zusatz.** Ist einer der Factoren constant, so fällt nach §. 23. das Glied, in welchem seine Ableitung Factor ist, als Null ganz weg. Z. B.

$\frac{\partial(ax)}{\partial x} = a.\frac{\partial x}{\partial x} = a.$ Ist $a = 1$, so ist also

$\frac{\partial x}{\partial x} = 1.$

§. 26. **Lehrsatz. Die 1ste Ableitung eines Quotienten ist gleich dem Nenner multiplicirt mit der ersten Ableitung des Zählers, weniger dem Zähler multiplicirt mit der 1sten Ableitung des Nenners, und diese Differenz dividirt durch das Quadrat des Nenners, oder, wenn y, u, v Functionen der urvariablen x be-**

zeichnen, und es ist $y = \frac{u}{v}$, so ist

$$\frac{\partial y}{\partial x} = \frac{v \cdot \frac{\partial u}{\partial x} - u \cdot \frac{\partial v}{\partial x}}{v^2}.$$

1ster Beweis. Geht x in $x + \triangle x$, also u in $u + \triangle u$; v in $v + \triangle v$; y in $y + \triangle y$ über, so wird $y + \triangle y = \frac{u + \triangle u}{v + \triangle v}$; folglich

$$\triangle y = \frac{u + \triangle u}{v + \triangle v} - \frac{u}{v} = \frac{v \cdot \triangle u - u \cdot \triangle v}{v \cdot (v + \triangle v)}; \text{ also}$$

$$\frac{\triangle y}{\triangle x} = \frac{v \cdot \frac{\triangle u}{\triangle x} - u \cdot \frac{\triangle v}{\triangle x}}{v \cdot (v + \triangle v)}; \text{ folglich}$$

$$\frac{\partial y}{\partial x} = \frac{v \cdot \frac{\partial u}{\partial x} - u \cdot \frac{\partial v}{\partial x}}{v^2}.$$

2ter Beweis. Aus $y = \frac{u}{v}$; folgt $u = y\,v$ und hieraus, nach §. 24.,

$\frac{\partial u}{\partial x} = y \cdot \frac{\partial v}{\partial x} + v \cdot \frac{\partial y}{\partial x}$; oder $\frac{u}{v}$ für y geschrieben.

$$\frac{\partial u}{\partial x} = \frac{u}{v} \cdot \frac{\partial v}{\partial x} + v \cdot \frac{\partial y}{\partial x} \text{ und}$$

entwickelt man hieraus die 1ste Abtheilung $\frac{\partial y}{\partial x}$, so erhält man

$$\frac{\partial y}{\partial x} = \frac{v \cdot \frac{\partial u}{\partial x} - u \cdot \frac{\partial v}{\partial x}}{v^2}.$$

§. 27. Zusatz. Ist der Zähler u constant, etwa $= a$; so ist $\frac{\partial \frac{a}{v}}{\partial x} = - \frac{a}{v^2} \cdot \frac{\partial v}{\partial x}$.

Ist der Nenner v constant, etwa $= c$; so ist

$$\frac{\partial \frac{u}{c}}{\partial x} = \frac{1}{c} \cdot \frac{\partial u}{\partial x}.$$

§. 28. Lehrsatz. Die erste Abtheilung einer Potenz y, deren Wurzel w eine Function der urvariablen x, deren Exponent n aber constant ist, ist gleich dem Product dreier Factoren, von welchen der erste der Exponent n, der 2te die Wurzel w mit dem um Eins verminderten ursprünglichen Exponenten n; der 3te die erste Ableitung der Wurzel w ist; oder: wenn $y = w^n$; so ist

$$\frac{\partial y}{\partial x} = n \cdot w^{n-1} \cdot \frac{\partial w}{\partial x}.$$

Beweis. 1stens wenn der Exponent n eine ganze positive Zahl ist.

Geht x in $x + \triangle x$; also w in $w + \triangle w$ und y in $y + \triangle y$ über, so wird aus $y = w^n$; dann
$y + \triangle y = (w + \triangle w)^n$; folglich

$$\triangle y = (w + \triangle w)^n - w^n$$

oder, nach dem für positive ganze Exponenten als streng erwiesen vorauszusetzenden binomischen Satz:

$$\triangle y = n . w^{n-1} . \triangle w + n_2 . w^{n-2} . (\triangle w)^2 + n_3 . w^{n-3} . (\triangle w)^3 + \ldots + (\triangle w)^n; \text{ also}$$

$$\frac{\triangle y}{\triangle x} = n . w^{n-1} . \frac{\triangle w}{\triangle x} + \triangle w \left[n_2 . w^{n-2} . \frac{\triangle w}{\triangle x} + n_3 . w^{n-3} . \triangle w . \frac{\triangle w}{\triangle x} + \ldots + (\triangle w)^{n-2} . \frac{\triangle w}{\triangle x} \right]$$

und hieraus, für $\triangle x$ also auch $\triangle w$ und $\triangle y$ gleich Null:

$$\frac{\partial y}{\partial x} = n \cdot w^{n-1} \cdot \frac{\partial w}{\partial x}.$$

2tens wenn der Exponent n eine positive gebrochene Zahl $\frac{p}{q}$ ist.

Aus $y = w^{\frac{p}{q}}$ folgt $y^q = w^p$ und hieraus

$(y+\Delta y)^q = (w+\Delta w)^p$; oder:

$$y^q + q \cdot y^{q-1} \cdot \Delta y + q_2 \cdot y^{q-2} \cdot (\Delta y)^2 + \ldots + (\Delta y)^q$$
$$= w^p + p \cdot w^{p-1} \cdot \Delta w + p_2 \cdot w^{p-2} \cdot (\Delta w)^2 + \ldots + (\Delta w)^p.$$

Subtrahirt man hiervon $y^q = w^p$ und dividirt den Rest mit Δx, so entsteht

$$q \cdot y^{q-1} \cdot \frac{\Delta y}{\Delta x} + \Delta y \left[q_2 \cdot y^{q-2} \cdot \frac{\Delta y}{\Delta x} + \ldots (\Delta y)^{q-2} \cdot \frac{\Delta y}{\Delta x}\right]$$
$$= p \cdot w^{p-1} \cdot \frac{\Delta w}{\Delta x} + \Delta w \left[p_2 \cdot w^{p-2} \cdot \frac{\Delta w}{\Delta x} + \ldots (\Delta w)^{p-2} \cdot \frac{\Delta w}{\Delta x}\right],$$

und setzt man nun Δx, also auch Δw und Δy gleich Null, so erhält man

$$q \cdot y^{q-1} \cdot \frac{\partial y}{\partial x} = p \cdot w^{p-1} \cdot \frac{\partial w}{\partial x};$$ also,

$w^{\frac{p}{q}}$ für y geschrieben,

$$\frac{\partial y}{\partial x} = \frac{p}{q} \cdot w^{\frac{p}{q}-1} \cdot \frac{\partial w}{\partial x}.$$

3tens wenn der Exponent n eine negative, ganze oder gebrochene Zahl $-\frac{p}{q}$ ist.

Aus $y = w^{-\frac{p}{q}}$ folgt, $y^q \cdot w^p = 1$; folglich auch $(y+\Delta y)^q \cdot (w+\Delta w)^p = 1$.

Lößt man die Klammern auf, subtrahirt dann $y^q \cdot w^p = 1$ und dividirt mit Δx; so entsteht:

$$w^p \cdot \left[q \cdot y^{q-1} \cdot \frac{\Delta y}{\Delta x} + q_2 \cdot y^{q-2} \cdot \Delta y \cdot \frac{\Delta y}{\Delta x} + \ldots + (\Delta y)^{q-1} \cdot \frac{\Delta y}{\Delta x}\right]$$
$$+ \left[p \cdot w^{p-1} \cdot \frac{\Delta w}{\Delta x} + p_2 \cdot w^{p-2} \cdot \Delta w \cdot \frac{\Delta w}{\Delta x} + \ldots\right.$$
$$\left.\ldots + (\Delta w)^{p-1} \cdot \frac{\Delta w}{\Delta x}\right] [y+\Delta y]^q = 0$$

und hieraus

$$w^p \cdot q \cdot y^{q-1} \cdot \frac{\partial y}{\partial x} + p \cdot w^{p-1} \cdot \frac{\partial w}{\partial x} \cdot y^q = 0.$$

Setzt man in diese Gleichung $w^{-\frac{p}{q}}$ für y und entwickelt dann $\frac{\partial y}{\partial x}$, so entsteht:

$$\frac{\partial y}{\partial x} = -\frac{p}{q} \cdot w^{-\frac{p}{q}-1} \cdot \frac{\partial w}{\partial x}.$$

§. 29. Zusatz. Ist die urvariable selbst, die Wurzel, also $w = x$; so folgt aus $y = x^n$; $\frac{\partial y}{\partial x} = n \cdot x^{n-1} \cdot \frac{\partial x}{\partial x}$; oder weil (§. 25.) $\frac{\partial x}{\partial x} = 1$ ist:

$$\frac{\partial (x^n)}{\partial x} = n \cdot x^{n-1}.$$

§. 30. Zusatz. Die in §. 22. bis 29. als allgemein gültig erwiesenen Gesetze:

$$\text{I.} \quad \frac{\partial(u+v+w+\ldots)}{\partial x} = \frac{\partial u}{\partial x} + \frac{\partial v}{\partial x} + \frac{\partial w}{\partial x} + \ldots.$$

$$\text{II.} \quad \frac{\partial(u.v.w\ldots z)}{\partial x} = v.w\ldots z.\frac{\partial u}{\partial x} + u.w\ldots z.\frac{\partial v}{\partial x} + u.v\ldots z.\frac{\partial u}{\partial x} + \ldots,$$

$$\text{III.} \quad \frac{\partial \frac{u}{v}}{\partial x} = \frac{v.\frac{\partial u}{\partial x} - u.\frac{\partial v}{\partial x}}{v^2},$$

$$\text{IV.} \quad \frac{\partial(w^n)}{\partial x} = n.w^{n-1}.\frac{\partial w}{\partial x},$$

sind die Grundformeln zu Bestimmung der Ableitungen aller algebraischen Functionen, und es ist nothwendig, daß der Anfänger sich mit ihrem Gebrauch vollkommen vertraut mache, um sie mit Fertigkeit in Anwendung bringen zu können.

Ob nun gleich, wenn $y = \varphi x$ ist, in dem Bilde oder Operationszeichen für die zugehörige erste Ableitung oder den ersten Differenzial-Quotienten, nemlich in $\frac{\partial y}{\partial x}$, der

Zähler ∂y von dem Nenner ∂x nicht getrennt werden kann, weil jeder für sich die zu Null gewordene Differenz also Null andeutet, folglich die, aus der Gleichung

$$\frac{\partial y}{\partial x} = \varphi' x,$$

auf den gewöhnlichen algebraischen Weg abgeleitete Gleichung:

$$\partial y = \varphi' x . \partial x$$

nichts weiter darstellt, als: Null = Null, so erlaubt man es sich doch, da, wo man nicht zu besorgen hat, in Irrungen zu gerathen, den Nenner ∂x wegzulassen, und die 4 Grundgesetze folgender Gestalt auszudrücken;

I. $\partial(u + v + w \ldots .) = \partial u + \partial v + \partial w + \ldots .$

II. $\partial(u . v . w \ldots z) = v . w \ldots z . \partial u + u . w \ldots z . \partial v + \ldots$

III. $\partial\left(\frac{u}{v}\right) = \frac{v . \partial u - u . \partial v}{v^2}$

IV. $\partial(u^n) = n . u^{n-1} . \partial u,$

und in ihnen, unter ∂u, ∂v, ∂w, $\partial(u + v + \ldots .)$; $\partial(u . v . w \ldots .)$ u. s. w. die ersten Ableitungen, also das zu verstehen, was eigentlich die Bilder $\frac{\partial u}{\partial x}$; $\frac{\partial v}{\partial x}$; $\frac{\partial w}{\partial x}$; $\frac{\partial(u + v + \ldots)}{\partial x}$; $\frac{\partial(u . v \ldots)}{\partial x}$ u. s. w. darstellen. Bei dieser Zeichensprache (der man sich, wenn nur von einer urvariablen die Rede ist, gewöhnlich bedienen kann), ist dann ∂x einerlei mit $\frac{\partial x}{\partial x}$ oder 1, d. h. die erste Ableitung der urvariablen ist der Einheit gleich.

§. 31. Anmerkung. Manche Mathematiker haben es für besser gehalten, sich unter ∂x nicht die vollkommen zu Null gewordene Differenz $\triangle x$, sondern nur die beinahe zu Null gewordene Differenz $\triangle x$, also eine unendlich kleine Größe vorzustellen. Sie betrachten dann auch ∂y nicht als die vollkommen zu Null gewordene Differenz $\triangle y$, sondern als die beinahe zu Null gewordene Differenz $\triangle y$, und nennen diese in ihren Augen unendlich kleinen Dinger ∂x, ∂y Differentiale, woher die Rechnung selbst die Differenzial-Rechnung heißt. Allein dieser Ansicht mangelt alle Evidenz, denn

1stens erscheinen dann die 4 Grundgesetze (§. 30.) nur näherungsweise wahr. Z. B. das 2te §. 24., wo aus

$$\frac{\triangle y}{\triangle x} = (u + \triangle u)\frac{\triangle v}{\triangle x} + v . \frac{\triangle u}{\triangle x};$$

nur dann vollkommen

$\frac{\partial y}{\partial x} = u . \frac{\partial v}{\partial x} + v . \frac{\partial u}{\partial x}$ folgt, wenn $\triangle u$, also auch $\triangle x$, $\triangle v$, $\triangle y$ absolut Null sind.

2tens ist auch schon der Schluß sehr unrichtig, daß, wenn ∂x unendlich klein gedacht wird, dann auch ∂y unendlich klein sein müsse, denn nimmt man z. B. die Function

$y = 10000 . x^5$, so wird aus ihr:

$y + \triangle y = 10000 . (x + \triangle x)^5$; also

$$\triangle y = 10000 . [5 . x^4 . \triangle x + 10 x^3 (\triangle x)^2 + 10 x^2 (\triangle x)^3 + 5 . x (\triangle x)^4 + (\triangle x)^5],$$

folglich, wenn $\triangle x = 0{,}000001$ gesetzt wird,

$\triangle y > 10000 . 5 . x^4 . 0{,}000001$ oder

$$\triangle y > \frac{x^4}{20};$$

also, wenn etwa x gleich 10 wäre,

$\triangle y > 500.$

§. 32. Beispiele zu den 4 Grundformeln.

1) $y = \varphi x = a + bx + cx^2.$

Hier ist (nach I.)

$$\partial y = \partial \varphi x = \partial (a + bx + cx^2) = \partial a + \partial (bx) + \partial (cx^2);$$

aber $\partial a = 0$; (§. 23.)

$\partial (bx) = b \partial x + x \partial b$; (§. 24.)

$= b . 1 + x . 0$; (§. 25. und 23.)

$= b$;

$$\partial(cx^2) = c.\partial(x^2) + x^2.\partial c; \text{ (§. 24.)}$$
$$= c.2x\partial x + x^2.0; \text{ (§. 29. und 23.)}$$
$$= 2cx; \text{ (§. 25.) folglich}$$
$$\partial y = b + 2cx \text{ (Beisp. 1. §. 20.).}$$

2) $z = \varphi x = \frac{a}{b+x}$.

Hier ist (nach III.)

$$\partial y = \partial \varphi x = \partial\left(\frac{a}{b+x}\right) = \frac{(b+x)\partial a - a\partial(b+x)}{(b+x)^2}$$

aber $\partial a = 0$; und

$$\partial(b+x) = \partial b + \partial x = 0 + 1 = 1; \text{ also}$$
$$\partial y = \frac{-a}{(b+x)^2}. \text{ (Beisp. 2. §. 20.)}$$

3) $y = \sqrt{a + bx - cx^2}$; hier ist

$$\partial y = \partial(a + bx - cx^2)^{\frac{1}{2}} =$$
$$\tfrac{1}{2}(a + bx - cx^2)^{\frac{1}{2}-1}.\partial(a + bx - cx^2) \text{ (IV.)}$$
$$= \tfrac{1}{2}.(a + bx - cx^2)^{-\frac{1}{2}}[\partial a + \partial(bx) - \partial(cx^2)]$$
$$= \frac{b - 2cx}{2\sqrt{a + bx - cx^2}}, \text{ oder}$$

die ursprüngliche Function rational gemacht, und etwa in die Form

$$y^2 + cx^2 = a + bx \text{ gebracht;}$$
$$\partial(y^2) + \partial(cx^2) = \partial a + \partial(bx); \text{ oder}$$
$$2y\partial y + 2cx\partial x = b\partial x; \text{ also}$$
$$\frac{\partial y}{\partial x} = \frac{b - 2cx}{2y}; \text{ wofür man}$$
$$\partial y = \frac{b - 2cx}{2\sqrt{a + bx - cx^2}} \text{ schreiben kann.}$$

(Beisp. 3. §. 20.)

4) $3x^2y + 2y^3 = 5.x.y^2$; hier entsteht

$$3\partial(x^2y) + 2.\partial(y^3) = 5\partial(x.y^2) \text{ oder}$$

$3.x^2.\partial y + 3y.2x\partial x + 2.3.y^2.\partial y = 5.x.2y\partial y + 5y^2.\partial x$, also

$$\frac{\partial y}{\partial x} \text{ oder } \partial y = \frac{5y^2 - 6xy}{3x^2 + 6y^2 - 10xy} \text{ (Beisp. 4. §. 20.).}$$

5) Zu $y = x^n$ die Ableitungen anzugeben. Man erhält

$$\frac{\partial y}{\partial x} \text{ oder } \partial y = n \cdot x^{n-1}$$

$$\frac{\partial^2 y}{\partial x^2} \text{ oder } \partial^2 y = n(n-1) \cdot x^{n-2}$$

$$\frac{\partial^3 y}{\partial x^3} \text{ oder } \partial^3 y = n(n-1)(n-2)\, x^{n-3}$$

u. s. w.

6) $y = \varphi x = \frac{a^2 + 3b^2x^2 + 3abx}{3b^3(a+bx)^3}$; hier entsteht

$$\partial y = -\frac{x^2}{(a+bx)^4}.$$

7) $y = \varphi x = \frac{2(2a+bx)}{b^2 \cdot \sqrt{a+bx}}$. Hier erhält man

$$\partial y = \frac{x}{(a+bx)^{\frac{3}{2}}}.$$

8) $y = \varphi x = \frac{3 \cdot \sqrt[3]{(a+bx)^2}}{2b}$. Hier ergiebt sich

$$\partial y = \frac{1}{\sqrt[3]{a+bx}}.$$

9) $y = \left[\frac{(a+bx)^2}{5} - \frac{2a(a+bx)}{3} + a^2\right] \frac{2 \cdot \sqrt{a+bx}}{b^3}$;

hier folgt

$$\partial y = \frac{x^2}{\sqrt{a+bx}}.$$

10) $y = \left[\frac{(a+bx)^4}{9} - \frac{4a(a+bx)^3}{7} + \frac{6a^2(a+bx)^2}{5} - \frac{4a^3(a+bx)}{3} + a^4\right] \frac{2\sqrt{a+bx}}{b^5}$;

hier entsteht

$$\partial y = \frac{x^4}{\sqrt{a+bx}}.$$

Des zweiten Abschnitts
2tes Kapitel.

Herleitung allgemeiner Entwickelungs-Formeln und Gesetze.

§. 33. Aufgabe. Jede Function $y = \varphi x$ der urvariablen x in eine nach den ganzen steigenden Potenzen von x fortlaufende Reihe

$$a + bx + cx^2 + dx^3 + \ldots\ldots$$

zu verwandeln, in welcher die zu bestimmenden Coefficienten a, b, c ..... unabhängig von x sind.

Auflösung. Soll

$$\varphi x = a + bx + cx^2 + dx^3 + \ldots\ldots + px^n + \ldots\ldots$$

sein, so müssen auch die Ableitungen der Reihe, denen der Function selbst, für jeden Werth von x gleich sein. Dies giebt die Gleichungen

$$\partial \varphi x = \varphi' x = b + 2cx + 3dx^2 + \ldots\ldots + pn.x^{n-1} \ldots\ldots$$

$$\partial^2 y = \varphi'' x = 2c + 3.2dx + \ldots\ldots + pn(n-1).x^{n-2} \ldots\ldots$$

$$\partial^3 y = \varphi''' x = 2.3.d + \ldots\ldots + pn(n-1)(n-2).x^{n-3} \ldots\ldots$$

. . . .

$$\partial^n y = \varphi^n x = p.n.(n-1)(n-2) \ldots\ldots 3.2.1 + \ldots\ldots$$

und aus ihnen folgen, für $x = 0$ die:

$$\varphi = a$$
$$\varphi' = b$$
$$\varphi'' = 2c$$
$$\varphi''' = 2.3.d$$
$$\varphi'''' = (4).e$$
u. s. w.
$$\varphi^n = (n).p$$
u. s. w.

woraus man sogleich

$$a = \varphi$$
$$b = \varphi'$$
$$c = \frac{\varphi''}{(2)}$$
$$d = \frac{\varphi'''}{(3)}$$
u. s. w.

$p = \frac{\varphi^n}{(n)}$ erhält; welches die verlangten constanten Werthe der Coefficienten der Reihe sind. Man hat also

$$\varphi x = \varphi + \frac{x\varphi'}{1} + \frac{x^2 . \varphi''}{(2)} + \frac{x^3 . \varphi'''}{(3)} + \ldots . \frac{x^n . \varphi^n}{(n)} + \ldots$$

welche Reihe die Maclaurinsche heißt.

Beispiele. 1) $y = \varphi x = (a + x)^n$.

Hier entsteht

$$\varphi' x = n . (a + x)^{n-1}$$
$$\varphi'' x = n . (n - 1) . (a + x)^{n-2}$$
$$\varphi''' x = n . (n - 1)(n - 2) . (a + x)^{n-3}$$
u. s. w.
$$\varphi^m x = n . (n - 1)(n - 2) \ldots . (n - (m - 1))(a + x)^{n-m}$$
u. s. w.

Folglich

$$\varphi = a^n$$
$$\varphi' = n . a^{n-1}$$
$$\varphi'' = n . (n - 1) . a^{n-2}$$
$$\varphi''' = n . (n - 1)(n - 2) . a^{n-3}$$
u. s. w.
$$\varphi^m = n . (n - 1)(n - 2) \ldots . (n - (m - 1)) . a^{n-m}$$
u. s. w.

daher

$$(a+x)^n = a^n + n \cdot a^{n-1} \cdot x + n_2 \cdot a^{n-2} \cdot x^2 + \ldots$$
$$\ldots + n_m \cdot a^{n-m} \cdot x^m + \ldots$$

wodurch der binomische Satz ganz allgemein erwiesen ist.

2tens $y = \varphi x = \frac{a}{b+x}$.

Hier ist

$$\varphi' x = \frac{-a}{(b+x)^2}$$
$$\varphi'' x = \frac{2a}{(b+x)^3}$$
$$\varphi''' x = \frac{-2.3.a}{(b+x)^4}$$

u. s. w.

folglich

$$\varphi = \frac{a}{b}$$
$$\varphi' = -\frac{a}{b^2}$$
$$\varphi'' = +\frac{2a}{b^3}$$
$$\varphi''' = -\frac{2.3.a}{b^4}$$

u. s. w.

also

$$\frac{a}{b+x} = \frac{a}{b} - \frac{a}{b^2} x + \frac{a}{b^3} x^2 - \frac{a}{b^4} x^3 \ldots$$

3tens $\varphi x = \frac{a^3 - x^3}{a - x}$.

Hier ist $\varphi' x = \frac{a^3 - 3ax^2 + 2x^3}{(a-x)^2}$

$$\varphi'' x = \frac{2a^3 - 6a^2x + 6ax^2 - 2x^3}{(a-x)^3} = 2$$

$\varphi''' x = 0$; $\varphi'''' x = 0$ u. s. w.

also

$$\varphi = a^2$$
$$\varphi' = a$$
$$\varphi'' = 2;$$
$$\varphi''' = 0;\ \varphi'''' = 0 \text{ u. s. w.}$$

also, wie auch die Division ergiebt,

$$\frac{a^3-x^3}{a-x} = a^2 + ax + x^2.$$

§. 34. Zusatz. Nach der Maclaurinschen Reihe läßt sich im Allgemeinen jede Function irgend einer urvariablen, deren Ableitungen man zu bestimmen im Stande ist, in eine nach den Potenzen von x fortlaufende Reihe verwandeln, aber nicht in jeden besondern Fall, und zwar in allen denen Fällen nicht, in welchen die Ableitungen für $x=0$ die Form $\frac{1}{0}$ oder unendlich groß annehmen.

Z. B. $y = \varphi x = \frac{1}{x}$.

Hier entsteht $\varphi' x = -\frac{1}{x^2}$

$$\varphi'' x = \frac{2}{x^3}$$

$$\varphi''' x = -\frac{2.3}{x^4}$$

u. s. w.

also wird φ, φ', φ'' u. s. w. gleich $\pm \frac{1}{0}$ und die Maclaurinsche liefert ein unbestimmtes Resultat. Es ist indessen in solchen Fällen leicht, die Function in eine Reihe zu verwandeln, die nach den Potenzen einer Summe fortläuft, deren einer Summand die gewählte urvariable, der andere constant ist. Soll z. B. $y = \varphi x = \frac{1}{x}$ in eine Reihe nach den Potenzen von $x + a$ verwandelt werden, so setze man $x + a = z$; also $x = z - a$; betrachte a als constant, z als urvariabel, also $y = \varphi x = \frac{1}{x}$; als Function von z; und setze also

$$y = Fz = \frac{1}{z-a}, \text{ so wird}$$

$$F'z = -\frac{1}{(z-a)^2};$$

$$F''z = +\frac{3}{(z-a)^3};$$

$$F'''z = -\frac{2.3}{(z-a)^4};$$

$$F''''z = +\frac{2.3.4}{(z-a)^5}; \text{ u. s. w.}$$

folglich

$$F = -\frac{1}{a}$$

$$F' = -\frac{1}{a^2}$$

$$F'' = -\frac{2}{a^3}$$

$$F''' = -\frac{2.3}{a^4}$$

$$F'''' = -\frac{2.3.4}{a^5} \text{ u. s. w.}$$

also

$$y = Fz = \frac{1}{z-a} = -\frac{1}{a} - \frac{z}{a^2} - \frac{z^2}{a^3} - \frac{z^3}{a^4} - \ldots\ldots$$

oder, $x + a$ für z gesetzt,

$$\frac{1}{x} = -\frac{1}{a}\left[1 + \frac{x+a}{a} + \left(\frac{x+a}{a}\right)^2 + \left(\frac{x+a}{a}\right)^3 \ldots\right].$$

Wählt man etwa a gleich -1; so hat man:

$$\frac{1}{x} = 1 - (x-1) + (x-1)^2 - (x-1)^3 + (x-1)^4 \ldots\ldots$$

§. 35. **Aufgabe.** In einer gegebenen Function y der urvariablen u; in $y = \varphi u$ wird u als die Summe zweier Summanden y, k betrachtet, also $x + k$ für u geschrieben; man soll $y = \varphi(x + k)$ in eine nach den Potenzen von k fortlaufende Reihe umformen, deren Coefficienten bloß von dem andern Summanden x abhängig sind.

Auflösung. Nach der Maclaurinschen Reihe kann man, wenn a, b, c, u. s. w. von u unabhängige oder constante Größen bezeichnen, im Allgemeinen

$$y = \varphi u = a + bu + cu^2 + \ldots\ldots$$

setzen, und hieraus erhält man:

$$\varphi' u = b + 2cu + 3du^2 + \ldots\ldots$$

$$\varphi'' u = 2c + 2.3.du + \ldots\ldots$$

u. s. w.

Setzt man dann $x + k$ für u, so hat man

$$y = \varphi(x+k) = a + b(x+k) + c(x+k)^2 \ldots\ldots$$

$$\varphi'(x+k) = b + 2c(x+k) + 3d(x+k)^2 \ldots\ldots$$

$$\varphi''(x+k) = 2c + 2.3.d(x+k) + \ldots\ldots$$

u. s. w.

Betrachtet man nun die Reihe

$$a + b(x+k) + c(x+k)^2 + \ldots\ldots$$

als Function von k, setzt also

$$Fk = a + b(x+k) + c(x+k)^2 + \ldots\ldots$$

so erhält man hieraus

$$F'k = b + 2c(x+k) + 3d(x+k)^2 + \ldots\ldots$$

$$F''k = 2c + 2.3.d(x+k) + \ldots\ldots$$

u. s. w.

und folglich ist $\varphi\,(x+k) = Fk$

$$\varphi'\,(x+k) = F'k$$

$$\varphi''\,(x+k) = F''k$$

$$\varphi'''(x+k) = F'''k$$

u. s. w.

daher, wenn man Null für k schreibt,

$$\varphi\, x = F$$

$$\varphi'\, x = F'$$

$$\varphi''x = F''$$

$$\varphi'''x = F'''$$

u. s. w.

Es ist aber, nach §. 33.,

$$Fk = F + \frac{kF'}{1} + \frac{k^2 . F''}{(2)} + \frac{k^3 . F'''}{(3)} + \ldots .$$

und werden in diese Gleichung die obigen Werthe geschrieben, so entsteht

$$y = \varphi\,(x + k) = \varphi x + \frac{k\,\varphi' x}{1} + \frac{k^2 . \varphi'' x}{(2)} + \frac{k^3 . \varphi''' x}{(3)} + \ldots .$$

welche Reihe die Verlangte ist, und (nach ihrem Erfinder) die Taylorsche Reihe heißt. Sie ist für die gesammte Analysis von der größten Wichtigkeit, und kann als das allgemeinste Grundprinzip aller Entwicklung angesehen werden.

Beispiele.

1) Es sei $y = \varphi u = u^n$; so ist

$$\varphi' u = n . u^{n-1}$$

$$\varphi'' u = n . (n-1) . u^{n-2}$$

$$\varphi''' u = n . (n-1)(n-2) . u^{n-3} \text{ u. s. w.}$$

folglich x für u gesetzt

$$\varphi\, x = x^n$$

$$\varphi' x = x^{n-1}$$

$$\varphi'' x = n\,(n-1)\,x^{n-2} \text{ u. s. w.}$$

also

$$\varphi(x + k) = (x + k)^n = x^n + n . x^{n-1} . k + n_2 . x^{n-2} . k^2 + n_3 . x^{n-3} . k^3 +$$

wie in Beisp. 1. §. 33.

2) Es sei $y = \varphi u = \frac{1}{u}$; so ist

$$\varphi' u = -\frac{1}{u^2}$$

$$\varphi'' u = +\frac{2}{u^3}$$

$$\varphi''' u = -\frac{2.3}{u^4} \text{ u. s. w.}$$

also x für u gesetzt

$$\varphi x = \frac{1}{x}$$

$$\varphi' x = -\frac{1}{x^2}$$

$$\varphi'' x = +\frac{2}{x^3} \text{ u. s. w.}$$

daher

$$\varphi(x+k) = \frac{1}{x+k} = \frac{1}{x} - \frac{k}{x^2} + \frac{k^2}{x^3} - \frac{k^3}{x^4} \ldots.$$

§. 36. Aufgabe. Es sei $y = \varphi x$ und die Ableitungen dieser Function bekannt; wenn nun aber umgekehrt, y als die urvariable, x als die abhängig variable betrachtet, also $x = Fy$ gesetzt wird, so sollen durch $\varphi' x$, $\varphi'' x$, $\varphi''' x$ u. s. w. die Ableitungen $F'y$, $F''y$, $F'''y$ u. s. w. ausgedrückt werden.

Auflösung. Bezeichnet k die Differenz von x; r die zugehörige von y; so hat man: aus $y = \varphi x$; und $x = Fy$, dann $y + r = \varphi(x+k)$; $x + k = F(y+r)$ oder, wenn man die Taylorsche Reihe in Anwendung bringt,

$$y + r = \varphi x + \frac{k\varphi' x}{1} + \frac{k^2 \varphi x''}{(2)} + \frac{k^3 \varphi''' x}{(3)} + \ldots.$$

$$x + k = Fy + \frac{rF'y}{1} + \frac{r^2 F''y}{(2)} + \frac{r^3 F'''y}{(3)} + \ldots.$$

also, von der ersten Gleichung $y = \varphi x$; von der zweiten $x = Fy$ subtrahirt

$$r = \frac{k\varphi' x}{1} + \frac{k^2 \varphi'' x}{(2)} + \frac{k^3 . \varphi''' x}{(3)} + \ldots.$$

$$k = \frac{rF'y}{1} + \frac{r^2 F''y}{(2)} + \frac{r^3 . F'''y}{(3)} + \ldots.$$

Eliminirt man aus diesen beiden Gleichungen k oder r, etwa r, so entsteht, nach gehöriger Ordnung

$$0 = (\varphi' x . F' y - 1) . k + \frac{\varphi'' x F' y + (\varphi' x)^2 . F'' y}{2} . k^2$$
$$+ \frac{\varphi''' x . F' y + 3 \varphi' x . \varphi'' x . F'' y + (\varphi' x)^3 . F''' y}{6} . k^3$$
$+$ u. s. w.

und hieraus, da k willkührlich ist, nach §. 3.

1) $\varphi' x . F' y - 1 = 0$;

2) $\varphi'' x . F' y + (\varphi' x)^2 . F'' y = 0$;

3) $\varphi''' x . F' y + 3 \varphi' x . \varphi'' x . F'' y + (\varphi' x)^3 . F''' y = 0$

u. s. w.

aus welchen Gleichungen sich folgende Gesetze ergeben:

I. $F' y = \frac{1}{\varphi' x}$ oder
$$\frac{\partial y}{\partial x} = \frac{1}{\frac{\partial y}{\partial x}} .$$

II. $F'' y = - \frac{\varphi'' x}{(\varphi' x)^3}$, oder
$$\frac{\partial^2 x}{\partial y^2} = - \frac{\partial^2 y}{\partial x^2} : \left(\frac{\partial y}{\partial x}\right)^3 ;$$

III. $F''' y = \frac{3 . (\varphi'' x)^2 - \varphi' x . \varphi''' x}{(\varphi' x)^5}$, oder
$$\frac{\partial^3 x}{\partial y^3} = \left[3 . \left(\frac{\partial^2 y}{\partial x^2}\right)^2 - \frac{\partial y}{\partial x} . \frac{\partial^3 y}{\partial x^3}\right] : \left(\frac{\partial y}{\partial x}\right)^5$$
u. s. w.

Beispiel. Es sei $y = \varphi x = 5 x - 2 x^3$

so ist
$$\varphi' x = \frac{\partial y}{\partial x} = 5 - 6 x^2$$
$$\varphi'' x = \frac{\partial^2 y}{\partial x^2} = - 12 x$$
$$\varphi''' x = \frac{\partial^3 y}{\partial x^3} = - 12 .$$

Betrachtet man nun x als Function von y, denkt sich also, aus
$$y = 5 x - 2 x^3$$

den Werth für x durch y ausgedrückt, also x entwickelt, und x = Fy gesetzt, so hat man

$$F'y = \frac{\partial x}{\partial y} = \frac{1}{5-6x^2}$$

$$F''y = \frac{\partial^2 x}{\partial y^2} = \frac{12x}{(5-6x^2)^3}$$

$$F'''y = \frac{\partial^3 x}{\partial y^3} = 180.\frac{2x^2+1}{(5-6x^2)^5}$$

u. s. w.

§. 37. Aufgabe. Es sei $y = \varphi x$ gegeben, in Beziehung auf die urvariable v sei aber x abhängig veränderlich, also $x = Fv$; so ist auch y von v abhängig, d. h. $y = fv$; man soll zwischen den Ableitungen der 3 Functionen φx, Fv, fv die nöthigen Gleichungen darstellen, aus welchen die Ableitungen einer derselben, durch die Ableitungen der andern beiden, bestimmt werden können.

Auflösung. Bezeichnen r, k, t die zusammengehörigen Differenzen oder Aenderungen der Variablen v, x, y, so ist

$$y+t = \varphi(x+k) = \varphi x + \frac{k\,\varphi' x}{1} + \frac{k^2\,\varphi'' x}{(2)} + \frac{k^3\,\varphi''' x}{(3)} + \ldots.$$

$$x+k = F(v+r) = Fv + \frac{r\,F'v}{1} + \frac{r^2.F''v}{(2)} + \frac{r^3.F'''v}{(3)} + \ldots.$$

$$y+t = f(v+r) = fv + \frac{r.f'v}{1} + \frac{r^2.f''v}{(2)} + \frac{r^3.f'''v}{(3)} + \ldots.$$

folglich $z = \varphi x$ von der 1sten; $x = Fv$ von der 2ten; $y = fv$ von der 3ten Gleichung subtrahirt

$$t = \frac{k\,\varphi' x}{1} + \frac{k^2\,\varphi'' x}{(2)} + \frac{k^3.\varphi''' x}{(3)} + \ldots.$$

$$k = \frac{r.F'v}{1} + \frac{r^2.F''v}{(2)} + \frac{r^3.F'''v}{(3)} + \ldots.$$

$$t = \frac{r.f'v}{1} + \frac{r^2.f''v}{(2)} + \frac{r^3.f'''v}{(3)} + \ldots.$$

Setzt man nun die Werthe für t einander gleich, und substituirt aus der 2ten Gleichung den Werth für k, so ergiebt sich:

$$0 = (\varphi'x.F'v - f'v)r + \tfrac{1}{2}[\varphi'xF''v + \varphi''x.(F'v)^2 - f''v]r^2 + \ldots$$

und hieraus nach §. 3. die verlangten Gleichungen:

$$\varphi'x\,.\,F'v - f'v = 0$$

$$\varphi'x\,.\,F''v + \varphi''x\,.\,(F'v)^2 - f''v = 0 \quad \text{u. s. w.}$$

welche sich auch durch

$$\frac{\partial y}{\partial x} \cdot \frac{\partial x}{\partial v} - \frac{\partial y}{\partial v} = 0;$$

$$\frac{\partial y}{\partial x} \cdot \frac{\partial^2 x}{\partial v^2} + \frac{\partial^2 y}{\partial x^2} \cdot \left(\frac{\partial x}{\partial v}\right)^2 - \frac{\partial^2 y}{\partial v^2} = 0$$

u. s. w.

ausdrücken lassen.

§. 38. **1ster Zusatz.** Sind $y = \varphi x$ und $x = Fv$ nebst ihren Ableitungen gegeben, und man soll durch sie die Ableitungen von $y = fv$ bestimmen, so erhält man aus den Gleichungen in §. 37.

I. $f'v = \varphi'x\,.\,F'v$ oder

$$\frac{\partial y}{\partial v} = \frac{\partial y}{\partial x} \cdot \frac{\partial x}{\partial v};$$

II. $f''v = \varphi'x\,.\,F''v + \varphi''x\,.\,(F'v)^2$ oder

$$\frac{\partial^2 y}{\partial v^2} = \frac{\partial y}{\partial x} \cdot \frac{\partial^2 x}{\partial v^2} + \frac{\partial^2 y}{\partial x^2} \cdot \left(\frac{\partial x}{\partial v}\right)^2;$$

u. s. w.

Beispiele. 1) Ist $y = \varphi x$ durch $y = 3x^2 - 2x$; und $x = Fv$ durch die unentwickelte Gleichung

$$x^2 + 3xv = 4v^2 \text{ gegeben,}$$

so erhält man

$$\varphi'x = \frac{\partial y}{\partial x} = 6x - 2$$

$$\varphi''x = \frac{\partial^2 y}{\partial x^2} = 6.$$

Ferner, aus der Function der urvariablen v;
$x^2 + 3xv = 4v^2$; entsteht

$$2x.\frac{\partial x}{\partial v} + 3x.\frac{\partial v}{\partial v} + 3v.\frac{\partial x}{\partial v} = 8v.\frac{\partial v}{\partial v};$$

also, da $\frac{\partial v}{\partial v} = 1$ ist,

$$F'v = \frac{\partial x}{\partial v} = \frac{8v - 3x}{2x + 3v};$$ und hieraus

$$F''v = \frac{\partial^2 x}{\partial v^2} =$$

$$\frac{(2x+3v)\left(8.\frac{\partial v}{\partial v} - 3.\frac{\partial x}{\partial v}\right) - (8v - 3x)\left(2.\frac{\partial x}{\partial v} + 3.\frac{\partial v}{\partial v}\right)}{(2x+3v)^2}$$

oder: 1 für $\frac{\partial v}{\partial v}$ und $\frac{8v-3x}{3v+2x}$ für $\frac{\partial x}{\partial v}$ geschrieben,

$$F''v = \frac{\partial^2 x}{\partial v^2} = 50.\frac{x^2 + 3xv - 4v^2}{(2x+3v)^2}$$

$$= 50.\frac{(x-v)(x+4v)}{(2x+3v)^3}$$

folglich, da y nun auch von v abhängig, also $y = fv$ ist:

$$f'v = \frac{\partial y}{\partial v} = \frac{2(3x-1)(8v-3x)}{3v+2x}$$

$$f''v = \frac{\partial^2 y}{\partial v^2} = \frac{100(3x-1)(x-v)(x+4v)}{(2x+3v)^3} + 6.\left(\frac{8v-3x}{3v+2x}\right)^2.$$

Anmerk. In diesem Beispiel gelangt man leichter zum Ziel, wenn man aus $x^2 + 3xv = 4v^2$ wirklich x als Function von v entwickelt und in $y = 3x^2 - 2x$ substituirt. Aus $x^2 + 3xv = 4v^2$ entsteht nemlich $x = v$; und auch $x = -4v$, und dann hat man

$$y = fv = \begin{cases} 3v^2 - 2v \text{ oder} \\ 48v^2 + 8v; \end{cases}$$

woraus sogleich

$$f'v = \frac{\partial y}{\partial v} = \begin{cases} 6v - 2 \text{ oder} \\ 96v + 8; \end{cases}$$

und

$$f''v = \frac{\partial^2 y}{\partial v^2} = \begin{cases} 6 \text{ oder} \\ 96 \end{cases}$$

folgt, welche Resultate die für f'v und f''v als Functionen von x und v entwickelten Formeln ebenfalls liefern, wenn man $+v$ und dann auch $-4v$ für x schreibt.

2) Es sei $y=\varphi x$ und $x=Fv=n.v$ gegeben, so ist auch $y=fv$; also

$$\frac{\partial y}{\partial v}=\frac{\partial y}{\partial x}\cdot\frac{\partial x}{\partial v} \text{ oder } \frac{\partial y}{\partial v}=n.\frac{\partial y}{\partial x}.$$

Setzt man wirklich nv für x, so entsteht hieraus

$$\frac{\partial(\varphi n v)}{\partial v}=n.\frac{\partial(\varphi n v)}{\partial(n v)}.$$

§. 39. 2ter Zusatz. Sind $y=\varphi x$ und $y=fv$ nebst ihren Ableitungen gegeben, und man soll durch sie die Ableitungen von $x=Fv$ bestimmen, so erhält man aus den Gleichungen in §. 37.

I. $F'v=\frac{f'v}{\varphi' x}$; oder

$$\frac{\partial x}{\partial v}=\frac{\partial y}{\partial v}:\frac{\partial y}{\partial x};$$

II. $F''v=\frac{f''v.(\varphi' x)^2-(f'v)^2.\varphi'' x}{(\varphi' x)^3}$; oder

$$\frac{\partial^2 x}{\partial v^2}=\left[\frac{\partial^2 y}{\partial v^2}\cdot\left(\frac{\partial y}{\partial x}\right)^2-\left(\frac{\partial y}{\partial x}\right)^2\cdot\frac{\partial^2 y}{\partial x^2}\right]:\left[\frac{\partial y}{\partial x}\right]^3;$$

u. s. w.

Beispiel.

Ist $y=\varphi x$ durch $y^2+xy=5x^2$;
$y=fv$ durch $2y^2+3vy=7v^2$ gegeben; so findet man

$$\varphi' x=\frac{\partial y}{\partial x}=\frac{10x-y}{x+2y};$$

$$\varphi'' x=\frac{\partial^2 y}{\partial x^2}=42.\frac{y^2+xy-5x^2}{(x+2y)^3}=0;$$

ferner

$$f'x=\frac{\partial y}{\partial v}=\frac{14v-3y}{3v+4y},$$

$$f''x=\frac{\partial^2 y}{\partial v^2}=130\,\frac{2y^2+3vy-7v^2}{(3v+4y)^3}=0;$$

folglich $x = Fv$ gesetzt

$$F'v = \frac{\partial x}{\partial v} = \frac{(14v - 3y)(x + 2v)}{(3v + 4y)(10x - y)};$$

$$F''v = \frac{\partial^2 x}{\partial v^2} = 0.$$

Auch hier gelangt man leichter zum Ziel, wenn man aus beiden gegebenen Gleichungen y entwickelt und die Werthe gleichsetzt: man erhält aus $y = \varphi x$;

$$y = \frac{-1 \pm \sqrt{21}}{2} . x = a . x;$$

und aus $y = fv$;

$$y = \frac{-3 \pm \sqrt{65}}{4} . v = b . v;$$

folglich $ax = bv$; also

$$x = Fv = \frac{b}{a} v; \text{ demnach}$$

$$F'v = \frac{\partial x}{\partial v} = \frac{b}{a};$$

woraus, wenn man die Werthe für b und a substituirt, folgende 4 Resultate hervorgehen:

$$F'v = \begin{cases} + \frac{1}{2} . \frac{\sqrt{65} - 3}{\sqrt{21} - 1}; \\ - \frac{1}{2} . \frac{\sqrt{65} - 3}{\sqrt{21} + 1}; \\ - \frac{1}{2} . \frac{\sqrt{65} + 3}{\sqrt{21} - 1}; \\ + \frac{1}{2} . \frac{\sqrt{65} + 3}{\sqrt{21} + 1}. \end{cases}$$

§. 40. 3ter Zusatz. Sind $x = Fv$ und $y = fv$ nebst ihren Ableitungen gegeben, und man soll durch sie die Ableitungen von $y = \varphi x$ bestimmen, so erhält man aus den Gleichungen in §. 37.

I. $\varphi' x = \frac{f'v}{F'v}$; oder

$$\frac{\partial y}{\partial x} = \frac{\partial v}{\partial v} : \frac{\partial x}{\partial v};$$

II. $\varphi''x = \frac{F'v.f''v - F''v.f'v}{(F'v)^3}$; oder

$$\frac{\partial^2 y}{\partial x^2} = \left[\frac{\partial x}{\partial v}\cdot\frac{\partial^2 y}{\partial v^2} - \frac{\partial y}{\partial v}\cdot\frac{\partial^2 x}{\partial v^2}\right] : \left(\frac{\partial x}{\partial v}\right)^3;$$

u. s. w.

Beispiel. Ist $x = Fv = av^2 - bv^3$ und
$y = fv = 3av - 2bv^2$

gegeben, so hat man

$$F'v = \frac{\partial x}{\partial v} = 2av - 3bv^2;$$

$$F''v = \frac{\partial^2 x}{\partial v^2} = 2a - 6bv;$$

ferner $$f'v = \frac{\partial y}{\partial v} = 3a - 4bv;$$

$$f''v = \frac{\partial^2 y}{\partial v^2} = -4b;$$

folglich, $y = \varphi x$ gesetzt:

$$\varphi' x = \frac{\partial y}{\partial x} = \frac{3a - 4bv}{v.(2a - 3bv)};$$

$$\varphi'' x = \frac{\partial^2 y}{\partial x^2} = -\frac{6.(a - bv)(a - 2bv)}{v^3.(2a - 3bv)^3}.$$

§. 41. 4ter Zusatz. Ist $y = \varphi x$; $x = Fv$; $v = \psi w$; also auch $y = fw$; und man verlangt die Gleichungen zwischen den Ableitungen dieser Functionen, so folgt

1) aus $y = \varphi x$ und $x = Fv$; daß auch $y = \mathfrak{F}v$; folglich

$$\frac{\partial y}{\partial x}\cdot\frac{\partial x}{\partial v} - \frac{\partial y}{\partial v} = 0 \text{ (§. 37.)}$$

also $$\frac{\partial y}{\partial v} = \frac{\partial y}{\partial x}\cdot\frac{\partial x}{\partial v} \text{ ist;}$$

und aus $\frac{\partial y}{\partial x}\cdot\frac{\partial^2 x}{\partial v^2} + \frac{\partial^2 y}{\partial x^2}\cdot\left(\frac{\partial x}{\partial v}\right)^2 - \frac{\partial^2 y}{\partial v^2} = 0$; erhält man

$$\frac{\partial^2 y}{\partial v^2} = \frac{\partial y}{\partial x}\cdot\frac{\partial^2 x}{\partial v^2} + \frac{\partial^2 y}{\partial x^2}\cdot\left(\frac{\partial x}{\partial y}\right)^2.$$

2) Aus $y = \mathfrak{F}v$; $v = \psi w$; und $y = fw$; eben so

$$\frac{\partial y}{\partial w} = \frac{\partial y}{\partial v} \cdot \frac{\partial v}{\partial w}; \text{ und}$$

$$\frac{\partial^2 y}{\partial w^2} = \frac{\partial y}{\partial v} \cdot \frac{\partial^2 v}{\partial w^2} + \frac{\partial^2 y}{\partial v^2} \cdot \left(\frac{\partial v}{\partial w}\right)^2$$

Substituirt man nun in diese beiden Gleichungen die Werthe für $\frac{\partial y}{\partial v}$ und $\frac{\partial^2 y}{\partial v^2}$, so erhält man

$$\text{I. } \frac{\partial y}{\partial w} = \frac{\partial y}{\partial x} \cdot \frac{\partial x}{\partial v} \cdot \frac{\partial v}{\partial w};$$

$$\text{II. } \frac{\partial^2 y}{\partial w^2} = \frac{\partial y}{\partial x} \cdot \frac{\partial x}{\partial v} \cdot \frac{\partial^2 v}{\partial w^2} + \left[\frac{\partial y}{\partial x} \cdot \frac{\partial^2 x}{\partial v^2} + \frac{\partial^2 y}{\partial x^2} \cdot \left(\frac{\partial x}{\partial v}\right)^2\right] \cdot \left(\frac{\partial v}{\partial w}\right)^2,$$

welches die verlangten Vergleichungen zwischen den 1sten und 2ten Ableitungen sind.

Beispiel. Ist $x = Fv$ durch $x = 3v^3$;
$v = \psi w$ durch $v^2 + 3v = 2w$;
$y = fw$ durch $y = 1 + w^2$

gegeben, und werden zu $y = \varphi x$ die 1sten beiden Ableitungen verlangt, so hat man

$$\frac{\partial x}{\partial v} = 9v^2; \quad \frac{\partial^2 x}{\partial v^2} = 18.v;$$

$$\frac{\partial v}{\partial w} = \frac{2}{2v+3}; \quad \frac{\partial^2 v}{\partial w^2} = \frac{-8}{(2v+3)^3};$$

$$\frac{\partial y}{\partial w} = 2w; \quad \frac{\partial^2 y}{\partial w^2} = 2;$$

und die obigen Gleichungen liefern:

$$\frac{\partial y}{\partial x} = \frac{(2v+3)w}{9v^2}$$

$$\frac{\partial^2 y}{\partial x^2} = \frac{(2v+3)^2.v - 4w(v+3)}{162.v^6}.$$

Es ergiebt sich in diesem Beispiel auch durch Substitutionen in den Stammfunctionen:

$$y = \varphi x = 1 + \frac{6x\sqrt[3]{3} + x\sqrt[3]{x} + 9\sqrt[3]{9x^2}}{12\sqrt[3]{3}}; \text{ und}$$

$$\frac{\partial y}{\partial x} = \frac{2x + 9\sqrt[3]{3x^2} + 9\sqrt[3]{9x}}{18.\sqrt[3]{3x^2}}$$

$$\frac{\partial^2 y}{\partial x^2} = \frac{2x - 9\sqrt[3]{9x}}{54x.\sqrt[3]{3x^2}}.$$

Des zweiten Abschnitts
3tes Kapitel.

Von den transcendenten Functionen.

A. Goniometrische.

§. 42. **Aufgabe.** Es bezeichnen x einen Kreisbogen für den Halbmesser = 1; man soll zu $\varphi x = \text{Sin}\, x$ die erste Ableitung, also $\varphi' x = \frac{\partial \text{Sin}\, x}{\partial x}$ bestimmen.

Auflösung. Bezeichnet man $\varphi' x = \frac{\partial \text{Sin}\, x}{\partial x}$ durch fx, so folgt aus der goniometrischen Formel

$$\text{Sin}\, 3x = 3\,\text{Sin}\, x - 4(\text{Sin}\, x)^3,$$

wenn man die erste Ableitung nach x nimmt,

$$\frac{\partial \text{Sin}\,(3x)}{\partial x} = 3\frac{\partial \text{Sin}\, x}{\partial x} - 4.3(\text{Sin}\, x)^2.\frac{\partial \text{Sin}\, x}{\partial x};$$

oder, weil (§. 38. Beisp. 2.)

$$\frac{\partial \text{Sin}(3x)}{\partial x} = 3.\frac{\partial \text{Sin}\,(3x)}{\partial (3x)} = 3.f(3x) \text{ ist},$$

$$3.f(3x) = 3.fx - 4.3.(\varphi x)^2.fx; \text{ also}$$

$$\frac{f(3x)}{fx} = 1 - 4(\varphi x)^2.$$

Nun ist aber auch

$$\frac{\text{Cos}\,(3x)}{\text{Cos}\, x} = 1 - 4(\text{Sin}\, x)^2; \text{ oder}$$

Cos x durch F x ausgedrückt:

$$\frac{F(3x)}{Fx} = 1 - 4(\varphi x)^2;$$ folglich

$$\frac{F(3x)}{Fx} = \frac{f(3x)}{fx};$$ demnach nach §. 16.

$\frac{fx}{Fx}$ eine constante Größe, welche a heißen mag.

Aus $\frac{fx}{Fx} = a$ folgt nun, wenn man die Werthe substituirt,

$\frac{\varphi' x}{\operatorname{Cos} x} = a$; und hieraus $\varphi' x = \frac{\partial \operatorname{Sin} x}{\partial x} = a . \operatorname{Cos} x$; in welchem Resultat a constant, aber noch unbekannt ist.

§. 43. **Aufgabe.** Es bezeichnen x einen Kreisbogen für den Halbmesser $= 1$; man soll zu $F x = \operatorname{Cos} x$ die erste Ableitung, also $F' x = \frac{\partial \operatorname{Cos} x}{\partial x}$ bestimmen.

Auflösung. Es ist $(\operatorname{Sin} x)^2 + (\operatorname{Cos} x)^2 = 1$; also, die erste Ableitung hiervon nach x genommen:

$$2 \operatorname{Sin} x . \frac{\partial \operatorname{Sin} x}{\partial x} + 2 \operatorname{Cos} x . \frac{\partial \operatorname{Cos} x}{\partial x} = 0;$$

oder $a \operatorname{Cos} x$ für $\frac{\partial \operatorname{Sin} x}{\partial x}$ nach §. 42. geschrieben, und $\frac{\partial \operatorname{Cos} x}{\partial x}$ entwickelt:

$$F' x = \frac{\partial \operatorname{Cos} x}{\partial x} = - a \operatorname{Sin} x.$$

§. 44. **Aufgabe.** Man soll den constanten, aber noch unbekannten Factor a (§. 42. und 43.) bestimmen.

Auflösung.

Aus $\varphi x = \operatorname{Sin} x$ folgt (nach §. 42.)

$\varphi' x = a \operatorname{Cos} x$; hieraus (nach §. 43.)

$\varphi'' x = - a^2 \operatorname{Sin} x$; ferner

$\varphi''' x = - a^3 \operatorname{Cos} x$

$\varphi'''' x = a^4 \operatorname{Sin} x$

u. s. w. und also ist

$$\begin{aligned}
\varphi &= 0 \\
\varphi' &= +a \\
\varphi'' &= 0 \\
\varphi''' &= -a^3 \\
\varphi^{IV} &= 0 \\
\varphi^{V} &= +a^5 \\
&\text{u. s. w.}
\end{aligned}$$

Nach der Maclaurinschen Reihe (§. 33.) hat man hier also

$$\varphi x = \operatorname{Sin} x = \frac{ax}{1} - \frac{a^3 x^3}{(3)} + \frac{a^5 . x^5}{(5)} \text{ u. s. w.}$$

folglich

$$\frac{\operatorname{Sin} x}{x} = a\left[1 - \frac{a^2 x^2}{(3)} + \frac{a^4 x^4}{(5)} - + \ldots\right].$$

Nun ist aber im ersten Quadranten für jeden noch so kleinen Werth von x, nur $x = 0$ ausgeschlossen:

$$\frac{\operatorname{Sin} x}{x} < 1 \text{ und}$$

$$\frac{\operatorname{tang} x}{x} > 1; \text{ oder } \frac{\operatorname{Sin} x}{x} > \operatorname{Cos} x.$$

Es fällt also $\frac{\operatorname{Sin} x}{x}$ immer zwischen die Gränzen $\operatorname{Cos} x$ und 1, und da bekanntlich diese Gränzen, wenn $x = 0$ ist, zusammenfallen, so ist also $\frac{\operatorname{Sin} x}{x}$ gleich 1, wenn x gleich Null ist.

Aus $\frac{\operatorname{Sin} x}{x} = a . \left[1 - \frac{a^2 x^2}{(3)} + \ldots\right]$

folgt daher, wenn man Null für x schreibt,

$$1 = a.$$

§. 45. Zusatz. Nach §. 42. 43. und 44. ist also nun

1) $\frac{\partial \operatorname{Sin} x}{\partial x} = \operatorname{Cos} x$

2) $\frac{\partial \operatorname{Cos} x}{\partial x} = - \operatorname{Sin} x.$

Ist x wieder abhängig von einer andern urvariablen v, etwa $x = \varphi v$; so ist nach §. 38.

$$\frac{\partial \operatorname{Sin} \varphi v}{\partial v} = \operatorname{Cos}(\varphi v) . \varphi' v \text{ und}$$

$$\frac{\partial \operatorname{Cos}(\varphi v)}{\partial v} = -\operatorname{Sin}(\varphi v) . \varphi' v; \text{ oder,}$$

x für v geschrieben,

$$\text{I.} \quad \frac{\partial \operatorname{Sin}(\varphi x)}{\partial x} = \operatorname{Cos}(\varphi x) . \frac{\partial \varphi x}{\partial x};$$

$$\text{II.} \quad \frac{\partial \operatorname{Cos}(\varphi x)}{\partial x} = -\operatorname{Sin}(\varphi x) . \frac{\partial \varphi x}{\partial x}.$$

§. 46. **Aufgabe.** Die ersten Ableitungen der übrigen goniometrischen Function zu bestimmen.

Auflösung. Es ist $\operatorname{tang} \varphi x = \frac{\operatorname{Sin} \varphi x}{\operatorname{Cos} \varphi x}$; also

$$\frac{\partial \operatorname{tg} \varphi x}{\partial x} = \frac{\operatorname{Cos} \varphi x . \frac{\partial \operatorname{Sin}(\varphi x)}{\partial x} - \operatorname{Sin} \varphi x . \frac{\partial \operatorname{Cos} \varphi x}{\partial x}}{(\operatorname{Cos} \varphi x)^2}$$

oder, die Werthe aus §. 45. substituirt,

$$\frac{\partial \operatorname{tg} \varphi x}{\partial x} = \frac{(\operatorname{Cos} \varphi x)^2 . \frac{\partial \varphi x}{\partial x} + (\operatorname{Sin} \varphi x)^2 . \frac{\partial \varphi x}{\partial x}}{(\operatorname{Cos} \varphi x)^2}$$

$$= \frac{1}{(\operatorname{Cos} \varphi x)^2} . \frac{\partial \varphi x}{\partial x}; \text{ oder auch}$$

$$\text{III.} \quad \frac{\partial \operatorname{tg} \varphi x}{\partial x} = [\operatorname{Sec} \varphi x]^2 . \frac{\partial \varphi x}{\partial x}.$$

Auf ähnlichem Wege erhält man

$$\text{IV.} \quad \frac{\partial \operatorname{Cotg} \varphi x}{\partial x} = -(\operatorname{Cosec} \varphi x)^2 . \frac{\partial \varphi x}{\partial x};$$

$$\text{V.} \quad \frac{\partial \operatorname{Sec} \varphi x}{\partial x} = \operatorname{tg} \varphi x . \operatorname{Sec} \varphi x . \frac{\partial \varphi x}{\partial x};$$

$$\text{VI.} \quad \frac{\partial \operatorname{Cosec} \varphi x}{\partial x} = -\operatorname{Cotg} \varphi x . \operatorname{Cosec} \varphi x . \frac{\partial \varphi x}{\partial x};$$

$$\text{VII.} \quad \frac{\partial \operatorname{Sinv} \varphi x}{\partial x} = \operatorname{Sin} \varphi x . \frac{\partial \varphi x}{\partial x};$$

$$\text{VIII.} \quad \frac{\partial \operatorname{Cosinv} \varphi x}{\partial x} = -\operatorname{Cos} \varphi x . \frac{\partial \varphi x}{\partial x};$$

für welche 8 Formeln man (nach §. 30.) bloß

$$\partial \operatorname{Sin} \varphi x = \operatorname{Cos} \varphi x \,.\, \partial \varphi x$$

u. s. w. schreiben kann.

§. 47. **Aufgabe.** Es sollen die ersten Ableitungen bestimmt werden, welche sich ergeben, wenn man eine der goniometrischen Functionen, als die urvariable, und den zugehörigen Bogen für den Halbmesser $= 1$ als die abhängig variable betrachtet.

Auflösung. Der Ausdruck Arc Sin x bezeichne den Kreisbogen für den Halbmesser $= 1$, dessen Sinus gleich x ist; eben so Arc tg x den, dessen Tang $= x$ ist u. s. w.

Drückt man nun die Größe irgend eines Kreisbogens durch y; die des zugehörigen Sinus durch z aus, so ist $y = Fz$; und nach §. 45. 1.

$\frac{\partial z}{\partial y} = \operatorname{Cos} y = \sqrt{1 - \operatorname{Sin} y^2} = \sqrt{1 - z^2}$; also

nach §. 36. I.

$$F'z = \frac{\partial y}{\partial z} = \frac{1}{\sqrt{1 - z^2}}.$$

Ist nun $z = \varphi x$; so folgt aus $y = Fz$ und $z = \varphi x$ nach §. 38. I.

$\frac{\partial y}{\partial x} = \frac{\partial y}{\partial z} \cdot \frac{\partial z}{\partial x}$: oder, nach der im Anfang der Auflösung angegebenen Bezeichnungsweise, wenn zugleich der Werth für $\frac{\partial y}{\partial z}$ substituirt wird,

$$\frac{\partial \operatorname{Arc} \operatorname{Sin} z}{\partial x} = \frac{1}{\sqrt{1 - z^2}} \cdot \frac{\partial z}{\partial x};$$

oder, φx für z geschrieben,

$$\frac{\partial \operatorname{Arc} \operatorname{Sin} \varphi x}{\partial x} = \frac{1}{\sqrt{1 - (\varphi x)^2}} \cdot \frac{\partial \varphi x}{\partial x}.$$

wofür, nach §. 30.,

$$\text{I.}\quad \partial \operatorname{Arc\,Sin} \varphi x = \frac{\partial \varphi x}{\sqrt{1-(\varphi x)^2}};$$

geschrieben werden kann.

Eben so ergeben sich die nachstehenden Formeln:

$$\text{II.}\quad \partial \operatorname{Arc\,Cos} \varphi x = -\frac{\partial \varphi x}{\sqrt{1-(\varphi x)^2}}.$$

$$\text{III.}\quad \partial \operatorname{Arc\,tg} \varphi x = \frac{\partial \varphi x}{1+(\varphi x)^2}.$$

$$\text{IV.}\quad \partial \operatorname{Arc\,Cotg} \varphi x = -\frac{\partial \varphi x}{1+(\varphi x)^2}.$$

$$\text{V.}\quad \partial \operatorname{Arc\,Sec} \varphi x = \frac{\partial \varphi x}{\varphi x.\sqrt{(\varphi x)^2-1}}.$$

$$\text{VI.}\quad \partial \operatorname{Arc\,Cosec} \varphi x = -\frac{\partial \varphi x}{\varphi x\sqrt{(\varphi x)^2-1}}.$$

$$\text{VII.}\quad \partial \operatorname{Arc\,Sinv} \varphi x = \frac{\partial \varphi x}{\sqrt{\varphi x(2-\varphi x)}}.$$

$$\text{VIII.}\quad \partial \operatorname{Arc\,Cosinv} \varphi x = -\frac{\partial \varphi x}{\sqrt{\varphi x(2-\varphi x)}}.$$

§. 48. **Beispiele zu den Ableitungsformeln §. 45. bis §. 47.**

1) $\varphi x = \operatorname{Cos} x + \operatorname{Sec} x$; hier wird

$$\varphi' x = -\operatorname{Sin} x + \operatorname{tg} x . \operatorname{Sec} x$$

$$= -\operatorname{Sin} x + \frac{\operatorname{Sin} x}{\operatorname{Cos} x^2};\ \text{oder}$$

$$\varphi' x = \operatorname{Sin} x . \operatorname{tg} x^2.$$

2) $\varphi x = \frac{x - \operatorname{Sin} x \operatorname{Cos} x + 2 \operatorname{Sin} x^3 \operatorname{Cos} x}{8}$;

hier entsteht

$$\varphi' x = \tfrac{1}{8}[1 - \operatorname{Sin} x . \partial \operatorname{Cos} x - \operatorname{Cos} x . \partial \operatorname{Sin} x$$
$$+ 2 \operatorname{Sin} x^3 . \partial \operatorname{Cos} x + 2 \operatorname{Cos} x . 3 \operatorname{Sin} x^2 . \partial \operatorname{Sin} x]$$
$$= \tfrac{1}{8}[1 + \operatorname{Sin} x^2 - \operatorname{Cos} x^2 - 2 \operatorname{Sin} x^4 + 6 \operatorname{Cos} x^2 \operatorname{Sin} x^2]$$
$$= \tfrac{1}{4}[\operatorname{Sin} x^2 - \operatorname{Sin} x^4 + 3 \operatorname{Cos} x^2 \operatorname{Sin} x^2]$$
$$= \operatorname{Sin} x^2 \operatorname{Cos} x^2;\ \text{oder}$$

$$\varphi' x = \left[\frac{\operatorname{Sin} 2x}{2}\right]^2.$$

3) $\varphi x = 7 \operatorname{Sin} x^5 - 5 \operatorname{Sin} x^7$;

man erhält

$$\varphi' x = 35 \operatorname{Sin} x^4 . \operatorname{Cos} x^3.$$

4) $\varphi x = \frac{\operatorname{Sin} x}{8} - \frac{\operatorname{Sin} 3x}{48} - \frac{\operatorname{Sin} 5x}{80}$;

hier ergiebt sich

$$\varphi' x = \frac{\operatorname{Cos} x}{8} - \frac{\operatorname{Cos} 3x . 3}{48} - \frac{\operatorname{Cos} 5x . 5}{80}$$
$$= \tfrac{1}{16} [2 \operatorname{Cos} x - (\operatorname{Cos} 3x + \operatorname{Cos} 5x)]$$
$$= \tfrac{1}{8} (\operatorname{Cos} x - \operatorname{Cos} 4x . \operatorname{Cos} x)$$
$$= \frac{\operatorname{Cos} x}{8} . (1 - \operatorname{Cos} 4x)$$
$$= \frac{\operatorname{Cos} x}{8} . 2 (\operatorname{Sin} 2x)^2$$
$$= \operatorname{Sin} x^2 . \operatorname{Cos} x^3.$$

5) $\varphi x = -\tfrac{1}{3} \operatorname{Sec} x . \operatorname{Cosec} x^3 - \tfrac{8}{3} \operatorname{Cotg} 2x.$

Es entsteht

$$\varphi' x = \operatorname{Sec} x^2 . \operatorname{Cosec} x^4.$$

6) $\varphi x = x - \operatorname{Sin} x \operatorname{Cos} x$;

hier folgt:

$$\varphi' x = 2 (\operatorname{Sin} x)^2.$$

7) $\varphi x = x + \operatorname{Cotg} x - \tfrac{1}{3} \operatorname{Cotg} x^3$,

man erhält

$$\varphi' x = (\operatorname{Cotg} x)^4.$$

8) $\varphi x = \frac{3 (\operatorname{Cos} 2x)^2 + 2}{30} (\operatorname{Sin} 2x)^3$.

Es ergiebt sich

$$\varphi' x = (\operatorname{Sin} 2x)^2 . (\operatorname{Cos} 2x)^3$$

9) $\varphi x = \frac{2}{\sqrt{3}} . \operatorname{Arc} \operatorname{tg} \frac{2x + 1}{\sqrt{3}}$;

hier wird

$$\varphi' x = \frac{2}{\sqrt{3}} \cdot \frac{\partial \frac{2x+1}{\sqrt{3}}}{1 + \left(\frac{2x+1}{\sqrt{3}}\right)^2}$$

$$= \tfrac{2}{3} \cdot \frac{2}{\frac{3 + 4x^2 + 4x + 1}{3}}; \text{ oder}$$

$$\varphi' x = \frac{1}{1 + x + x^2}.$$

10) $\varphi x = \frac{1}{\sqrt{b}} . \operatorname{Arc Cos} \frac{a - 2bx}{a};$

es entsteht

$$\varphi' x = \frac{1}{\sqrt{x(a - bx)}}.$$

11) $\varphi x = \frac{1}{\sqrt{a(a+b)}} . \operatorname{Arc tg} \left[\operatorname{tg} x . \sqrt{1 + \frac{b}{a}} \right];$

hier findet man

$$\varphi' x = \frac{1}{a + b (\operatorname{Sin} x)^2}.$$

§. 49. **Aufgabe.** Man soll, wenn x einen Kreisbogen für den Halbmesser = 1 bezeichnet, sowohl Sin x als Cos x in eine nach den Potenzen von x fortlaufende Reihe verwandeln.

Auflösung. Nach §. 44. ist; Sin x = φx gesetzt

$\varphi = 0$; $\varphi' = +1$; $\varphi'' = 0$;

$\varphi''' = -1$; $\varphi^{IV} = 0$; $\varphi^{V} = +1$ u. s. w.

also nach §. 33.

$$\operatorname{Sin} x = \frac{x}{1} - \frac{x^3}{(3)} + \frac{x^5}{(5)} - \frac{x^7}{(7)} + \frac{x^9}{(9)} - + \ldots$$

und wenn man hievon die erste Ableitung nimmt:

$$\operatorname{Cos} x = 1 - \frac{x^2}{(2)} + \frac{x^4}{(4)} - \frac{x^6}{(6)} + \frac{x^8}{(8)} - + \ldots$$

§. 50. **Zusatz.** Behandelt man die im vorigen §. für Sin x durch x dargestellte Reihe nach §. 5., so entsteht

$$x = \frac{\operatorname{Sin} x}{1} + \frac{\operatorname{Sin} x^3}{2.3} + \frac{3 \operatorname{Sin} x^5}{2.4.5} + \frac{3.5 \operatorname{Sin} x^7}{2.4.6.7} + \frac{3.5.7 \operatorname{Sin} x^9}{2.4.6.8.9} + \ldots$$

und hieraus ergiebt sich für $\operatorname{Sin} x = \frac{1}{2}$; also

$$x = \frac{30}{360} \cdot 2\pi = \frac{\pi}{6};$$

$$\pi = 6\left[\frac{1}{2} + \frac{1}{2.3.2^3} + \frac{3}{2.4.5.2^5} + \frac{3.5}{2.4.6.7.2^7} + \ldots\right]$$
$$= 3{,}14159\ldots$$

B. Logarithmische oder Exponential-Functionen.

§. 51. **Aufgabe.** Es sei $y = \varphi x = a^x$, wobei a als constant anzusehen ist; man soll $\varphi' x = \frac{\partial \varphi x}{\partial x}$ bestimmen.

Auflösung. Aus $\varphi x = a^x$ folgt $\varphi(2x) = a^{2x} = (a^x)^2$ oder $\varphi(2x) = (\varphi x)^2$; also

$$\frac{\partial \varphi(2x)}{\partial x} = 2 . \varphi x . \frac{\partial \varphi x}{\partial x}; \text{ oder}$$

$$2. \frac{\partial \varphi(2x)}{\partial (2x)} = 2 . \varphi x . \frac{\partial \varphi x}{\partial x};$$

folglich, wenn $\frac{\partial \varphi x}{\partial x}$ durch $f x$ bezeichnet wird,

$$f(2x) = \varphi x . f x, \text{ demnach}$$

$$\frac{f(2x)}{f x} = \varphi x.$$

Aus $\varphi(2x) = (\varphi x)^2$ ergiebt sich aber auch:

$$\frac{\varphi(2x)}{\varphi x} = \varphi x, \text{ und also ist}$$

$$\frac{f(2x)}{f x} = \frac{\varphi(2x)}{\varphi x}; \text{ folglich}$$

$$\frac{f x}{\varphi x} = \text{constant} = b; \text{ also}$$

$$f x = b \varphi x \text{ oder}$$

$$\frac{\partial \varphi x}{\partial x} = b \varphi x, \text{ oder auch}$$

$$\frac{\partial (a^x)}{\partial x} = b . a^x.$$

§. 52. **Aufgabe.** Die constante Größe b im vorigen §. zu bestimmen.

Auflösung. Betrachtet man in $y = \varphi x = a^x$; a als Basis eines Logarithmensystems, so ist

$$x = Fy = \overset{a}{\log} y;$$

also, weil $\frac{\partial y}{\partial x} = b \,.\, a^x = b \,.\, y$ ist, so ist, nach §. 36. I.,

$$\frac{\partial x}{\partial y} = \frac{1}{b.y}; \text{ oder}$$

$$F'y = \frac{\partial \overset{a}{\log} y}{\partial y} = \frac{1}{b.y} \text{ oder}$$

$$\frac{1}{b} = m \text{ gesetzt}$$

$$F'y = \frac{\partial \overset{a}{\log} y}{\partial y} = \frac{m}{y}; \text{ folglich}$$

$$F''y = -\frac{m}{y^2}$$

$$F'''y = +\frac{2m}{y^3}$$

$$F''''y = -\frac{2.3.m}{y^4}$$

$$F^{v}y = +\frac{2.3.4.m}{y^5}$$

u. s. w.

also nach der Taylorschen Reihe

$$F(y+k) = \overset{a}{\log}(y+k) =$$

$$\overset{a}{\log} y + k\frac{m}{y} - \frac{k^2}{2}\cdot\frac{m}{y^2} + \frac{k^3}{3}\cdot\frac{m}{y^3} - \frac{k^4}{4}\cdot\frac{m}{y^4} \ldots$$

und k negativ genommen

$$F(y-k) = \overset{a}{\log}(y-k) =$$

$$\overset{a}{\log} y - k\,.\,\frac{m}{y} - \frac{k^2}{2}\cdot\frac{m}{y^2} - \frac{k^3}{3}\cdot\frac{m}{y^3} - \frac{k^4}{4}\cdot\frac{m}{y^4} \ldots$$

folglich

$$\overset{a}{\log}\frac{y+k}{y-k} = \overset{a}{\log}(y+k) - \overset{a}{\log}(y-k) =$$

$$2m\left[\frac{k}{y} + \frac{k^3}{3.y^3} + \frac{k^5}{5.y^5} + \frac{k^7}{7.y^7} + \ldots\right]$$

und setzt man 1 für y;

$$\overset{a}{\log}\frac{1+k}{1-k} = 2m\left[k + \frac{k^3}{3} + \frac{k^5}{5} + \frac{k^7}{7}\ldots\right].$$

Schreibt man in diese Gleichung z für $\frac{1+k}{1-k}$, so erhält man

$$\text{(I)}\quad \overset{a}{\log} z = 2m\left[\frac{z-1}{z+1} + \tfrac{1}{3}\left(\frac{z-1}{z+1}\right)^3 + \tfrac{1}{5}\left(\frac{z-1}{z+1}\right)^5\ldots\right]$$

und hieraus, wenn man die Basis a an die Stelle von z setzt,

$$1 = 2m\left[\frac{a-1}{a+1} + \tfrac{1}{3}\left(\frac{a-1}{a+1}\right)^3 + \tfrac{1}{5}\left(\frac{a-1}{a+1}\right)^5\ldots\right]$$

also

$$\text{(II)}\quad b = \frac{1}{m} = 2\left[\frac{a-1}{a+1} + \tfrac{1}{3}\left(\frac{a-1}{a+1}\right)^3 + \tfrac{1}{5}\left(\frac{a-1}{a+1}\right)^5\ldots\right].$$

Für a = 10 wird hieraus

$$b = \frac{1}{m} = 2{,}302585092994\ \ldots.$$

und folglich

$$m = 0{,}434294481903\ \ldots.$$

Man nennt m den **Model des Logarithmen-Systems**, dessen **Basis** a ist. Für das Briggische System ist also der Model

$$= 0{,}434294481903\ \ldots.$$

Allgemein hat man nun also in §. 51.

$$\frac{\partial(a^x)}{\partial x} = 2\left[\frac{a-1}{a+1} + \tfrac{1}{3}\left(\frac{a-1}{a+1}\right)^3 + \tfrac{1}{5}\left(\frac{a-1}{a+1}\right)^5\ldots\right].a^x \text{ oder}$$

$$1)\quad \frac{\partial(a^x)}{\partial x} = \frac{a^x}{m};\ \text{und}$$

$$2)\quad \frac{\partial \overset{a}{\log} x}{\partial x} = \frac{m}{x}.$$

§. 53. Aufgabe. Es ist der Model m eines Logarithmen-Systems gegeben; man soll die zugehörige Basis a durch m ausdrücken.

Auflösung. Aus $y = \varphi x = a^x$ folgt

$$\frac{\partial y}{\partial x} = \varphi' x = \frac{a^x}{m}; \text{ und dann}$$

$$\varphi'' x = \frac{a^x}{m^2}$$

$$\varphi''' x = \frac{a^x}{m^3}$$

$$\varphi^{IV} x = \frac{a^x}{m^4}$$

u. s. w.

also $\varphi = 1$; $\varphi' = \frac{1}{m}$; $\varphi'' = \frac{1}{m^2}$; $\varphi''' = \frac{1}{m^3}$ u. s. w., daher nach der Maclaurinschen Reihe:

$$a^x = 1 + \frac{x}{m} + \frac{x^2}{(2) . m^2} + \frac{x^3}{(3) . m^3} + \ldots .$$

und hieraus, für $x = 1$;

$$\text{(III)}. \; a = 1 + \frac{1}{m} + \frac{1}{(2) . m^2} + \frac{1}{(3) . m^3} + \ldots .$$

Nach dieser Reihe (III) läßt sich, wenn m gegeben ist, a berechnen, so wie aus (II) §. 52. m zu berechnen ist, wenn a als gegeben betrachtet wird.

§. 54. Zusatz. Dasjenige System, dessen Model m gleich 1 ist, heißt das natürliche und man pflegt die Log aus demselben durch logn oder ln (logarithmus naturalis) anzudeuten. Die Basis dieses Systems wird gewöhnlich durch e bezeichnet.

Für dieses System hat man also

1) $\frac{\partial (e^x)}{\partial x} = e^x$

2) $\frac{\partial (\ln x)}{\partial x} = \frac{1}{x}$

3) $e^x = 1 + \frac{x}{1} + \frac{x^2}{(2)} + \frac{x^3}{(3)} + \frac{x^4}{(4)} + \ldots.$

4) $e = 1 + \frac{1}{1} + \frac{1}{(2)} + \frac{1}{(3)} + \frac{1}{(4)} + \ldots.$

$= 2{,}718281828459 \ldots.$

§. 55. Aufgabe. Man soll Reihen darstellen, nach welchen sich die natürlichen Logarithmen aller Zahlen leicht berechnen lassen.

Auflösung. Aus (I) §. 52. folgt

$$\ln z = 2 \cdot \left[\frac{z-1}{z+1} + \tfrac{1}{3}\left(\frac{z-1}{z+1}\right)^3 + \tfrac{1}{5}\left(\frac{z-1}{z+1}\right)^5 \ldots.\right].$$

Setzt man $\frac{1+x}{x}$ für z, so entsteht hieraus:

(I) $\ln(x+1) = \ln x + 2 \cdot \left[\frac{1}{2x+1} + \tfrac{1}{3}\left(\frac{1}{2x+1}\right)^3 + \ldots.\right]$

wonach sich der logn jeder Zahl aus dem, der um Eins geringeren, um desto schneller berechnen läßt, je größer die Zahl ist.

Setzt man $\frac{x^2}{x^2-1}$ für z, so ergiebt sich aus der ersten Reihe

(II) $\ln(x+1)$

$= 2\ln x - \ln(x-1) - 2 \cdot \left[\frac{1}{2x^2-1} + \tfrac{1}{3}\left(\frac{1}{2x^2-1}\right)^3 + \ldots\right]$

wonach sich der natürliche Log jeder ganzen Zahl aus denen der beiden nächst niedrigern ganzen Zahlen sehr schnell berechnen läßt.

Es kommt also nur darauf an, die natürlichen Log der beiden ersten ganzen Zahlen 2 und 3 bestimmen zu können. Aus (II) folgt für $x = 2$;

$$\ln 3 = 2\ln 2 - 2\left[\frac{1}{7} + \frac{1}{3.7^3} + \frac{1}{5.7^5} + \ldots.\right]$$

und für $x = 3$;

$$3\ln 2 = 2\ln 3 - 2\left[\frac{1}{17} + \frac{1}{3.17^3} + \frac{1}{5.17^5} + \ldots.\right]$$

und aus beiden Gleichungen folgt

$$\ln 2 = 4\left[\frac{1}{7} + \frac{1}{3.7^3} + \ldots\right] + 2.\left[\frac{1}{17} + \frac{1}{3.17^3} + \ldots\right]$$

$$\ln 3 = 6\left[\frac{1}{7} + \frac{1}{3.7^3} + \ldots\right] + 4.\left[\frac{1}{17} + \frac{1}{3.17^3} + \ldots\right].$$

Nun hat man ferner:

$$\ln 4 = 2.\ln 2$$

$$\ln 5 = 4\ln 2 - \ln 3 - 2.\left[\frac{1}{31} + \frac{1}{3.31^3} + \ldots\right]$$

$$\ln 6 = \ln 2 + \ln 3$$

$$\ln 7 = 2\ln 6 - \ln 5 - 2.\left[\frac{1}{71} + \frac{1}{3.71^3} + \ldots\right]$$

$$\ln 8 = 3\ln 2$$

$$\ln 9 = 2\ln 3$$

$$\ln 10 = \ln 2 + \ln 5$$

$$\ln 11 = 2\ln 10 - \ln 9 - 2.\left[\frac{1}{199} + \frac{1}{3.199^3} + \ldots\right]$$

u. s. w.

§. 56. Aufgabe. Aus den berechneten natürlichen Logarithmen die jedes andern Systems, zu welchem die Basis a gegeben ist, zu bestimmen.

Auflösung. Bezeichnet m den Model zur Basis a, so ist nach §. 52.

$$\overset{a}{\log} z = 2m\left[\frac{z-1}{z+1} + \tfrac{1}{3}\left(\frac{z-1}{z+1}\right)^3 + \ldots\right]$$

und hieraus

$$\ln z = 2.\left[\frac{z-1}{z+1} + \tfrac{1}{3}\left(\frac{z-1}{z+1}\right)^3 + \ldots\right]$$

also

1) $\frac{\overset{a}{\log} z}{\ln z} = m$; folglich, a für z geschrieben,

2) $\frac{1}{\ln a} = m$; daher

$$\frac{\overset{a}{\log} z}{\ln z} = \frac{1}{\ln a}; \text{ also}$$

$$\overset{a}{\log} z = \frac{1}{\ln a}.\ln z.$$

z. B. fürs Briggische System, d. h. für a = 10; ist

$$\log br\, z = m \,.\, \ln z$$
$$= 0{,}43429 \ldots \ln z \quad (\S.\ 52.).$$

§. 57. **Zusatz.** Setzt man in die Formeln 1, 2, §. 52. $\frac{1}{\ln a}$ für m, und bringt zugleich §. 38. in Anwendung, so hat man

$$\text{I.} \quad \frac{\partial (a^{\varphi x})}{\partial x} = \ln a \,.\, a^{\varphi x} \,.\, \varphi' x$$

$$\text{II.} \quad \frac{\partial (\overset{a}{\log} \varphi x)}{\partial x} = \frac{\varphi' x}{\ln a \,.\, \varphi x};$$ und

hieraus, für a = e; d. h. fürs natürliche System

$$\text{III.} \quad \frac{\partial (e^{\varphi x})}{\partial x} = e^{\varphi x} \,.\, \varphi' x$$

$$\text{IV.} \quad \frac{\partial (\ln \varphi x)}{\partial x} = \frac{\varphi' x}{\varphi x}.$$

§. 58. **Beispiele.** 1) $Fx = \ln(x + \sqrt{x^2 - 1})$. Es entsteht

$$\frac{\partial F x}{\partial x} = \frac{\partial (x + \sqrt{x^2 - 1})}{\partial x} : (x + \sqrt{x^2 - 1})$$
$$= \left[1 + \frac{2x}{2\sqrt{x^2 - 1}}\right] : (x + \sqrt{x^2 - 1}).$$

oder

$$F' x = \frac{1}{\sqrt{x^2 - 1}}.$$

2) $Fx = \ln(1 + x + \sqrt{2x + x^2})$;

Man erhält:

$$F' x = \frac{1}{\sqrt{2x + x^2}}.$$

3) $Fx = \ln .\sqrt{\frac{1 + \operatorname{Sin} x}{1 - \operatorname{Sin} x}}$.

Es entsteht:

$$F' x = \operatorname{Sec} x.$$

4) $Fx = \ln \frac{1+\sqrt{1-x^2}}{1-\sqrt{1-x^2}}$;

Hier erhält man:

$$F'x = \frac{-2}{x\sqrt{1-x^2}}.$$

5) $Fx = \ln \sqrt[4]{\frac{1+x}{1-x}} + \frac{1}{2} \operatorname{Arc} \operatorname{tg} x$;

Es ergiebt sich:

$$F'x = \frac{1}{1-x^4}.$$

6) $Fx = \frac{1}{2\sqrt{2}} \cdot \left[\ln \frac{1+x\sqrt{2}+x^2}{\sqrt{1+x^4}} + \operatorname{Arc} \operatorname{tg} \frac{x\sqrt{2}}{1-x^2}\right]$;

Man findet:

$$F'x = \frac{1}{1+x^4}.$$

7) $Fx = \frac{1}{3} . \ln \frac{\sqrt{1+x+x^2}}{1-x} + \frac{1}{\sqrt{3}} \operatorname{Arc} \operatorname{tg} \frac{x\sqrt{3}}{2+x}$;

Man erhält:

$$F'x = \frac{1}{1-x^3}.$$

8) $Fx = \frac{1}{6} \ln \frac{(1+x)^2}{1-x+x^2} + \frac{1}{\sqrt{3}} \operatorname{Arc} \operatorname{tg} \frac{2x-1}{\sqrt{3}}$;

Es entsteht:

$$F'x = \frac{1}{1+x^3}.$$

9) Es sei $Fx = \varphi x^{fx}$; man soll $F'x$ bestimmen.

Man erhält $\ln Fx = fx . \ln \varphi x$; also

$$\frac{F'x}{Fx} = fx . \frac{\varphi' x}{\varphi x} + f'x \ln \varphi x; \text{ daher}$$

$$F'x = \varphi x^{fx}\left[fx . \frac{\varphi' x}{\varphi x} + f'x \ln \varphi x\right].$$

Ist $\varphi x = fx = x$; so entsteht

$$\partial[x^x] = x^x[1 + \ln x].$$

C. Anhang zu den transcendenten Functionen.

§. 59. Die Summe der Glieder einer Reihe wird bequem dadurch angezeigt, daß man vor das allgemeine Glied das Summenzeichen $\int$ setzt. So ist z. B. §. 49.

$\mathrm{Sin}\, x = \int\left[\pm \frac{x^{2n+1}}{(2n+1)}\right]$; für n gleich 0 bis ∞; + für ein gerades, — für ein ungerades n;

$e^x = 1 + \int \frac{x^n}{(n)}$; für $n = 1$ bis ∞; (§. 54. 3.)

$\ln(x+1) = \ln x + 2\int\left[\frac{1}{(2n+1)(2x+1)^{2n+1}}\right]$; für $n = 0$ bis ∞ (§. 55. I.).

§. 60. Setzt man in §. 54. 3., wenn unter i der imaginäre Ausdruck $\sqrt{-1}$ verstanden wird, xi für x, so entsteht

$$e^{xi} = 1 + \frac{xi}{1} - \frac{x^2}{(2)} - \frac{x^3.i}{(3)} + \frac{x^4}{(4)} + \frac{x^5.i}{(5)} - \frac{x^6}{(6)} - \frac{x^7.i}{(7)} + + - - \ldots\ldots \text{ in inf.}$$

oder:

$$e^{xi} = 1 - \frac{x^2}{(2)} + \frac{x^4}{(4)} - \frac{x^6}{(6)} + \ldots\ldots\ldots \text{ in inf.}$$

$$+ i.\left[\frac{x}{1} - \frac{x^3}{(3)} + \frac{x^5}{(5)} - \frac{x^7}{(7)} + \ldots\ldots \text{ in inf.}\right]$$

oder auch, nach §. 49.,

$$\text{(I)} \quad e^{xi} = \mathrm{Cos}\, x + i\,.\,\mathrm{Sin}\, x.$$

Eben so erhält man, $-ix$ für x gesetzt,

$$\text{(II)} \quad e^{-xi} = \mathrm{Cos}\, x - i\,\mathrm{Sin}\, x$$

und aus (I) und (II) ergiebt sich dann noch

$$\text{(III)} \quad \mathrm{Cos}\, x = \frac{e^{xi} + e^{-xi}}{2}$$

$$\text{(IV)} \quad \mathrm{Sin}\, x = \frac{e^{xi} - e^{-xi}}{2,i}.$$

§. 61. Die vier Formeln §. 60. setzen in Stand manche unendliche Reihe so umzuformen, daß sich ihr Summe durch einen einfachen Ausdruck angeben läßt, wi aus folgenden Beispielen erhellet.

1) Man soll

$$P = x\,\mathrm{Sin}\,\alpha + \frac{x^2\,\mathrm{Sin}\,2\alpha}{(2)} + \frac{x^3\,\mathrm{Sin}\,3\alpha}{(3)} + \ldots\ \text{in inf.}$$

bestimmen, d. h. den Werth von $\int\left[\frac{x^n\,\mathrm{Sin}\,n\alpha}{(n)}\right]$ durch ein Formel darstellen, unter x einen ächten Bruch verstanden

Nach IV. ist $\mathrm{Sin}\,n\alpha = \frac{e^{n\alpha i} - e^{-n\alpha i}}{2i}$; also

$$\int\left[\frac{x^n\,\mathrm{Sin}\,n\alpha}{(n)}\right] = \int\left[\frac{x^n}{(n)}\;\frac{e^{n\alpha i} - e^{-n\alpha i}}{2i}\right]$$

$$= \frac{1}{2i}\left[\int\frac{x^n.\,e^{n\alpha i}}{(n)} - \int\frac{x^n.\,e^{-n\alpha i}}{(n)}\right]$$

$$= \frac{1}{2i}\left[\int\frac{(x\,e^{\alpha i})^n}{(n)} - \int\frac{(x\,e^{-\alpha i})^n}{(n)}\right].$$

Es ist aber nach §. 54. 3.

$$e^x - 1 = \frac{x}{1} + \frac{x^2}{(2)} + \ldots\ldots = \int\frac{x^n}{(n)};\ \text{also}$$

$$\int\frac{(x\,e^{\alpha i})^n}{(n)} = e^{x.e^{\alpha i}} - 1;\ \text{und}$$

$$\int\frac{(x\,e^{-\alpha i})^n}{(n)} = e^{x e^{-\alpha i}} - 1;\ \text{also}$$

$$P = \frac{1}{2i}\left[e^{x.e^{\alpha i}} - e^{x.e^{-\alpha i}}\right]$$

$$= \frac{e^{x.(\mathrm{Cos}\,\alpha + i\,\mathrm{Sin}\,\alpha)} - e^{x.(\mathrm{Cos}\,\alpha - i\,\mathrm{Sin}\,\alpha)}}{2i};\ (§.60.\ (I)\ \text{u.}\ (II)$$

$$= e^{x\,\mathrm{Cos}\,\alpha}.\frac{e^{x\,\mathrm{Sin}\,\alpha.i} - e^{-x\,\mathrm{Sin}\,\alpha.i}}{2i};\ \text{daher nach §. 60. IV}$$

$$= e^{x\,\mathrm{Cos}\,\alpha}.\,\mathrm{Sin}(x\,\mathrm{Sin}\,\alpha);\ \text{oder}$$

$\int\left[\frac{x^n\,\mathrm{Sin}\,n\alpha}{(n)}\right]$ von $n = 1$ bis $n = \infty$ verstanden

$$= e^{x\,\mathrm{Cos}\,\alpha}.\,\mathrm{Sin}(x\,\mathrm{Sin}\,\alpha).$$

2) Auf ähnlichem Weg erhält man

$$Q = 1 + x \operatorname{Cos}\alpha + \frac{x^2 \operatorname{Cos} 2\alpha}{(2)} + \frac{x^3}{(3)} \operatorname{Cos} 3\alpha + \ldots \text{ in inf.}$$
$$= e^{x \operatorname{Cos}\alpha} . \operatorname{Cos}(x \operatorname{Sin}\alpha).$$

Ist z. B. $x = \frac{1}{2}$; $\alpha = \frac{\pi}{6}$; so ist

$$P = \int \left[\frac{x^n \operatorname{Sin} n\alpha}{(n)}\right] = e^{\frac{\sqrt{3}}{4}} . \operatorname{Sin}\tfrac{1}{4} = e^{\frac{\sqrt{3}}{4}} . \operatorname{Sin} 14^0\, 19'\, 26''$$

also

$$\ln P = \frac{\sqrt{3}}{4} + \ln \operatorname{Sin} 14^0\, 19'\, 26'' \text{ daher}$$
$$P = 0{,}3814694 \ldots\ldots \text{ und}$$
$$Q = 1{,}493961 \ldots\ldots$$

3) Es bezeichne x einen ächten Bruch; man soll

$$P = x \operatorname{Sin}\alpha + x^2 \operatorname{Sin} 2\alpha + x^3 \operatorname{Sin} 3\alpha + \ldots \text{ in inf.}$$
$$= \int (x^n \operatorname{Sin} n\alpha) \text{ bestimmen.}$$

Es ist

$$P = \int \left(x^n . \frac{e^{n\alpha i} - e^{-n\alpha i}}{2i}\right)$$
$$= \frac{1}{2i}\left[\int (x . e^{\alpha i})^n - \int (x e^{-\alpha i})^n\right].$$

Da nun aber

$$z + z^2 + z^3 + \ldots + \text{ in inf.} = \int (z^n) = \frac{z}{1-z} \text{ ist,}$$

so folgt

$$P = \frac{1}{2i}\left[\frac{x e^{\alpha i}}{1 - x . e^{\alpha i}} - \frac{x e^{-\alpha i}}{1 - x e^{-\alpha i}}\right]$$
$$= \frac{x}{2i} . \frac{e^{\alpha i} - e^{-\alpha i}}{1 + x^2 - x\,[e^{\alpha i} + e^{-\alpha i}]}$$
$$= x . \frac{\frac{e^{\alpha i} - e^{-\alpha i}}{2i}}{1 + x^2 - 2x . \frac{e^{\alpha i} + e^{-\alpha i}}{2}}$$
$$= x . \frac{\operatorname{Sin}\alpha}{1 + x^2 - 2x \operatorname{Cos}\alpha}.$$

4) Auf ähnlichem Weg erhält man, unter x ebenfalls einen ächten Bruch verstanden,

$$1 + x \operatorname{Cos} \alpha + x^2 \operatorname{Cos} 2\alpha + x^3 \operatorname{Cos} 3\alpha + \ldots\ldots \text{ in inf.}$$
$$= \frac{1 - x \operatorname{Cos} \alpha}{1 + x^2 - 2x \operatorname{Cos} \alpha}.$$

5) Es bezeichne x einen ächten Bruch; man soll

$$P = 1 + x \operatorname{Cos} \alpha + \frac{x^2 \operatorname{Cos} 2\alpha}{2} + \frac{x^3 \operatorname{Cos} 3\alpha}{3} + \ldots + \text{ in inf.}$$
$$= 1 + \int \left[\frac{x^n \operatorname{Cos} n\alpha}{n}\right] \text{ bestimmen.}$$

Es ist $\int \left(\frac{x^n \operatorname{Cos} n\alpha}{n}\right) = \int \left[\frac{x^n}{n} \cdot \frac{e^{n\alpha i} + e^{-n\alpha i}}{2}\right]$

$$= \tfrac{1}{2} \cdot \left[\int \frac{[x e^{\alpha i}]^n}{n} + \int \frac{(x e^{-\alpha i})^n}{n}\right].$$

Nun ist aber in §. 52.

$$\overset{a}{\log}(y - k) = \overset{a}{\log} y - \left[\frac{k m}{y} + \frac{k^2 m}{2 y^2} + \frac{k^3 m}{3 . y^3} + \ldots\right]$$
$$= \overset{a}{\log} y - m . \int \frac{k^n}{n . y^n};$$

und hieraus, 1 für y; 1 für m und $x e^{\alpha i}$ für k gesetzt:

$$\ln [1 - x e^{\alpha i}] = - \int \frac{(x e^{\alpha i})^n}{n}; \text{ also}$$

$$\int \frac{(x e^{\alpha i})^n}{n} = - \ln (1 - x e^{\alpha i}); \text{ und eben so}$$

$$\int \frac{(x e^{-\alpha i})^n}{n} = - \ln (1 - x e^{-\alpha i}); \text{ folglich}$$

$$P = 1 - \tfrac{1}{2} \ln (1 - x e^{\alpha i}) - \tfrac{1}{2} \ln (1 - x e^{-\alpha i})$$
$$= 1 - \tfrac{1}{2} \ln \left[1 + x^2 - 2x \frac{e^{\alpha i} + e^{-\alpha i}}{2}\right]$$
$$= 1 - \tfrac{1}{2} \ln [1 + x^2 - 2x \operatorname{Cos} \alpha].$$

Des zweiten Abschnitts
4tes Kapitel.

Bestimmung der Werthe gebrochener Functionen von x, für diejenigen Werthe von x, welche Zähler und Nenner zugleich zu Null machen.

§. 62. **Aufgabe.** Es sei $Fx = \frac{\varphi x}{fx}$; und es werde $\varphi a = 0$ und auch $fa = 0$; man soll Fa bestimmen.

Auflösung. Nach der taylorschen Reihe hat man

$$F(x+k) = \frac{\varphi(x+k)}{f(x+k)} = \frac{\varphi x + k\varphi' x + \frac{k^2}{2}\varphi'' x + \ldots}{fx + kf'x + \frac{k^2}{2}f''x + \ldots}$$

also, nach der Voraussetzung daß $\varphi a = 0$ und auch $fa = 0$ ist,

$$F(a+k) = \frac{\varphi(a+k)}{f(a+k)} = \frac{k\varphi' a + \frac{k^2}{2}\varphi'' a + \ldots}{kf'a + \frac{k^2}{2}f''a + \ldots}$$

oder, nachdem mit k gehoben ist:

$$F(a+k) = \frac{\varphi' a + \frac{k}{2}\varphi'' a + \ldots}{f'a + \frac{k}{2}f''a + \ldots};$$

und hieraus für $k = 0$;

$$\text{I.} \quad Fa = \frac{\varphi' a}{f'a}.$$

Wird auch sowohl $\varphi' a$ als $f'a$ gleich Null, so folgt

$$F(a+k) = \frac{\frac{k}{2}\varphi'' a + \frac{k^2}{(3)}\varphi''' a + \ldots}{\frac{k}{2}f''a + \frac{k^2}{(3)}.f'''a + \ldots}$$

und hieraus, nachdem mit k gehoben ist,

$$F(a+k) = \frac{\frac{1}{2}\varphi'' a + \frac{k}{(3)}\varphi''' a + \ldots}{\frac{1}{2}f''a + \frac{k}{(3)}.f'''a + \ldots}.$$

also, $k = 0$ gesetzt,

$$\text{II.}\quad Fa = \frac{\varphi'' a}{f'' a}.$$

Wird auch $\varphi'' a$ sowohl wie $f'' a$ gleich Null, so findet man Fa aus

$$\text{III.}\quad Fa = \frac{\varphi''' a}{f''' a}$$

u. s. w.

§. 63. Zusatz. Hat die Function, bei welcher eine hieher gehörige Untersuchung erforderlich ist, nicht die Form eines Quotienten, so gebe man ihr dieselbe, und verfahre dann ganz nach §. 62.

$$\text{Z. B.}\quad \frac{1}{x^2} - \frac{1}{x} = \frac{1-x}{x^2}.$$

§. 64. Beispiele.

1) $Fx = \frac{\varphi x}{fx} = \frac{a^n - x^n}{a^m - x^m}$;

Fa zu bestimmen.

Es ist $\varphi' x = -n x^{n-1}$

$f' x = -m . x^{m-1}$;

also $\varphi' a = -n . a^{n-1}$

$f' a = -m . a^{m-1}$; folglich

$$Fa = \frac{-n . a^{n-1}}{-m a^{m-1}} = \frac{n}{m} a^{n-m}.$$

2) $Fx = \frac{\varphi x}{fx} = \frac{a^x - b^x}{\ln(1-x)}$;

F zu bestimmen.

Es ist $\varphi' x = \ln a . a^x - \ln b . b^x$

$f' x = \frac{-1}{1-x}$;

also $\varphi' = \ln a - \ln b$

$f' = -1$; folglich

$$F = \frac{\ln a - \ln b}{-1} = \ln \frac{b}{a}.$$

3) $Fx = (a - x) \operatorname{tg} \frac{\pi x}{2a}$ für $x = a$ zu bestimmen.

Man setze

$$Fx = \frac{\varphi x}{fx} = \frac{a - x}{\operatorname{Cotg} \frac{\pi x}{2a}}; \text{ so entsteht}$$

$$\varphi' x = -1$$

$$f' x = -\left(\operatorname{Cosec} \frac{\pi x}{2a}\right)^2 \cdot \frac{\pi}{2a}; \text{ also}$$

$$\varphi' a = -1$$

$$f' a = -\frac{\pi}{2a}; \text{ daher}$$

$$Fa = \frac{2a}{\pi}.$$

4) $Fx = \operatorname{tg} 2x \,.\, \operatorname{Cotg}\left(\frac{\pi}{4} + x\right)$ für

$x = \frac{\pi}{4}$ zu bestimmen.

Man hat

$$Fx = \frac{\varphi x}{fx} = \frac{\operatorname{Cotg}\left(\frac{\pi}{4} + x\right)}{\operatorname{Cotg} 2x} \text{ und}$$

$$\varphi' x = -\left[\operatorname{Cosec}\left(\frac{\pi}{4} + x\right)\right]^2$$

$$f' x = -(\operatorname{Cosec} 2x)^2 \,.\, 2; \text{ also}$$

$$\varphi\left(\frac{\pi}{4}\right) = -1$$

$$f'\left(\frac{\pi}{4}\right) = -2; \text{ folglich}$$

$$F\left(\frac{\pi}{4}\right) = \frac{1}{2}.$$

5) $Fx = \frac{\varphi x}{fx} = \frac{\operatorname{Sin}(\alpha + \beta) \operatorname{Sin}(\alpha + x) - \operatorname{Sin}\beta \,.\, \operatorname{Sin} x}{\operatorname{Sin}(\alpha + \beta + x)}$;

$F(\pi - \alpha - \beta)$ zu bestimmen.

Es entsteht

$$\varphi' x = \operatorname{Sin}(\alpha + \beta) \operatorname{Cos}(\alpha + x) - \operatorname{Sin}\beta \operatorname{Cos} x$$

$$f' x = \operatorname{Cos}(\alpha + \beta + x); \text{ also}$$

$$\varphi'(\pi-\alpha-\beta) = -\operatorname{Sin}(\alpha+\beta)\operatorname{Cos}\beta + \operatorname{Sin}\beta\operatorname{Cos}(\alpha+\beta)$$
$$= -\operatorname{Sin}\alpha;$$
$f'(\pi-\alpha-\beta) = -1$; daher
$F(\pi-\alpha-\beta) = \operatorname{Sin}\alpha$.

6) $Fx = \frac{1}{\ln x} - \frac{1}{x-1}$.

Man soll $F(1)$ bestimmen.

Es ist $Fx = \frac{\varphi x}{fx} = \frac{x-1-\ln x}{(x-1)\ln x}$; also

$$\varphi' x = 1 - \frac{1}{x}$$
$f'x = (x-1).\frac{1}{x} + \ln x$; folglich
$$\varphi'(1) = 0$$
$f'(1) = 0$; daher
$$\varphi'' x = \frac{1}{x^2}$$
$f''x = \frac{1}{x^2} + \frac{1}{x}$; also
$$\varphi''(1) = 1$$
$f''(1) = 2$; demnach
$$F(1) = \tfrac{1}{2}.$$

7) $Fx = \frac{\varphi x}{fx} = \frac{\operatorname{Sin} x - x \operatorname{Cos} x}{\operatorname{Sin} x^3}$;

F zu bestimmen.

Man erhält $\varphi' x = x \operatorname{Sin} x$
$f'x = 3 \operatorname{Sin} x^2 . \operatorname{Cos} x$, also
$$\frac{\varphi' x}{f' x} = \frac{x}{3 \operatorname{Sin} x \operatorname{Cos} x};$$
welcher Quotient für $x = 0$ noch unbestimmt ist. Man setze daher aufs Neue

$Fx = \frac{\varphi x}{fx} = \frac{x}{3 \operatorname{Sin} x \operatorname{Cos} x}$; so folgt
$$\varphi' x = 1$$
$f'x = -3 \operatorname{Sin} x^2 + 3 \operatorname{Cos} x^2$ und hieraus

$$\varphi' = 1$$
$$f' = 3; \text{ also}$$
$$F = \tfrac{1}{3}.$$

8) $Fx = \frac{x + x \operatorname{Cos} x^2 - \frac{1}{2}\operatorname{Sin} 2x}{\operatorname{Sin} x^3}$.

Man erhält $F = \frac{7}{9}$.

Des zweiten Abschnitts
5tes Kapitel.

Von den größten und kleinsten Werthen der Functionen.

§. 65. **Erklärung.** Wenn, in Beziehung auf irgend eine Function von x, φx; für einen äußerst kleinen Werth von k

$\varphi a > \varphi(a+k)$ und zugleich auch
$\varphi a > \varphi(a-k)$ wird, so ist

φa ein **größter Werth der Function**, ein **Größtes** oder ein **Maximum**.

Ist aber

$\varphi a < \varphi(a+k)$ und zugleich auch
$\varphi a < \varphi(a-k)$; so ist auch

φa ein **kleinster Werth der Function**, ein **Kleinstes** oder ein **Minimum**.

Im Allgemeinen soll ein solcher Werth der Function durch M ausgedrückt werden.

§. 66. **Lehrsatz.** Keiner der Werthe von x, für welchen $\varphi' x$ einen endlichen positiven oder negativen Werth annimmt, ist $= a$; d. h. für keinen solchen Werth wird $\varphi x = M$.

Beweis. Nach der Taylorschen Reihe ist

$$\varphi(x+k) = \varphi x + k\varphi' x + \frac{k^2}{(2)}\varphi'' x + \frac{k^3}{(3)}\varphi''' x \ldots \text{ und}$$

$$\varphi(x-k) = \varphi x - k\varphi' x + \frac{k^2}{(2)}\varphi'' x - \frac{k^3}{(3)}\varphi''' x \ldots$$

Denkt man sich nun, nach §. 17., k so klein, daß $k\varphi' x$ größer wird, wie die absolute Summe aller folgenden Glieder, so ist das positive oder negative Zeichen dieses Gliedes $k\varphi' x$ auch zugleich die Bezeichnung der Summe N dieses Gliedes und aller folgenden. Man hat also, für alle die Werthe von x, welche für $\varphi' x$ einen endlichen, positiven oder negativen Werth liefern:

$$\varphi(x+k) = \varphi x \pm N \text{ und}$$

$$\varphi(x-k) = \varphi x \mp N; \text{ d. h.}$$

$\varphi(x+k)$ größer oder kleiner wie φx und

$\varphi(x-k)$ kleiner oder größer wie φx,

und solche Werthe von x geben also kein M.

§. 67. Lehrsatz. Diejenigen Werthe a der veränderlichen Größe x, für welche die erste Ableitung der Function $= 0$ wird, können die Function selbst $= M$ machen.

Beweis. Für $\varphi' a = 0$ ist

$$\varphi(a+k) = \varphi a + \frac{k^2}{(2)}\varphi'' a + \frac{k^3}{(3)}\varphi''' a \ldots\ldots$$

$$\varphi(a-k) = \varphi a + \frac{k^2}{(2)}\varphi'' a - \frac{k^3}{(3)}\varphi''' a \ldots\ldots$$

Setzt man nun die Summe

$$\frac{k^2}{(2)}\varphi'' a + \frac{k^3}{(3)}\varphi''' a + \ldots\ldots = P \text{ und die}$$

$$\frac{k^2}{(2)}\varphi'' a - \frac{k^3}{(3)}\varphi''' a - \ldots\ldots = Q,$$

und denkt sich k so klein, daß das erste Glied jeder dieser beiden Summen größer wird als die absolute Summe aller übrigen Glieder, so hat man, wenn $\varphi'' a$ einem positiven endlichen Werth erhält,

$$\varphi(a+k) = \varphi a + P \text{ und}$$
$$\varphi(a-k) = \varphi a + Q.$$

Erhält aber $\varphi''a$ einen negativen endlichen Werth, so ist

$$\varphi(a+k) = \varphi a - P \text{ und}$$
$$\varphi(a-k) = \varphi a - Q.$$

Im 1sten Fall ist dann also

$$\varphi(a+k) > \varphi a \text{ und zugleich}$$
$$\varphi(a-k) > \varphi a.$$

Im 2ten Fall aber

$$\varphi(a+k) < \varphi a \text{ und zugleich}$$
$$\varphi(a-k) < \varphi a.$$

Folglich im 1sten Fall φa ein Minimum im 2ten φa ein Maximum.

Es entspringt hieraus folgende Regel:

Man setze, um die Werthe für x zu finden, für welche $\varphi x = M$ werden kann, $\varphi x = 0$. Ergiebt sich hieraus $x = a$ und wird zugleich $\varphi''a =$ einem positiven endlichen Werth, so ist φa ein Minimum; wird aber $\varphi''a =$ einem negativen endlichen Werth, so ist φa ein Maximum.

Wird aber $\varphi''a$ gleich Null oder unendlich groß, so bleibt es noch unbestimmt, ob φa überhaupt $= M$ ist.

§. 68. Lehrsatz. Wenn aus $\varphi' x = 0$, für x sich der Werth a ergeben hat, und es ist nun $\varphi''a = 0$; so ist nur dann $\varphi a = M$, wenn $\varphi'''a = 0$ und $\varphi^{IV}a =$ einem endlichen Werth wird.

Beweis. Es ergiebt sich hier

$$\varphi(a+k) = \varphi a + \frac{k^3}{(3)}\varphi'''a + \frac{k^4}{(4)}\varphi''''a \ldots .$$
$$\varphi(a-k) = \varphi a - \frac{k^3}{(3)}\varphi'''a + \frac{k^4}{(4)}\varphi^{IV}a \ldots .$$

und es erhellet, wie in §. 66. und 67., daß, wenn $\varphi'''a = 0$ ist, $\varphi a = M$ sein kann, und zwar $\varphi a =$ Minimum von $\varphi^{IV}a$ positiv; und $\varphi a =$ Maximum, wenn $\varphi^{IV}a$ negativ sich ergiebt. Ist $\varphi'''a$ gleich einem endlichen Werth, so findet kein M statt.

Wird $\varphi''''a = 0$, so hängt die Beurtheilung eben so von der 5ten und 6ten Ableitung für $x = a$ ab, u. s. w.

§. 69. Zusatz. Wird $\varphi''a = \infty$, so kann die Bestimmung, ob $\varphi a = M$ und ob $\varphi a =$ Max. oder $=$ Min. ist, nur dadurch erfolgen, daß man speciell untersucht, ob $\varphi(a+k)$ und $\varphi(a-k)$ beide kleiner oder beide größer sind, wie φa. Derselbe Fall tritt ein für diejenigen Werthe von x, welche sich aus $\varphi'x = \infty$ ergeben, denn auch solche können nach §. 66. die Function zu einem M machen.

§. 70. Beispiele.

1) $\varphi x = (b-x)x$. Es entsteht

$$\varphi'x = b - 2x;\ \text{also}$$

$b - 2a = 0$ gesetzt

$$a = \frac{b}{2}.$$

Da nun $\varphi''x = -2$; also auch

$$\varphi''a = -2 \text{ ist, so ist}$$

$$\varphi\left(\frac{b}{2}\right) = \frac{b^2}{4} \text{ ein Maximum.}$$

2) $\varphi x = \frac{x-1}{x^2+1}$. Hier erhält man

$$\varphi' x = \frac{1+2x-x^2}{(1+x^2)^2}$$

$$\varphi'' x = 2 \cdot \frac{1-3x-3x^2+x^3}{(1+x^2)^3}.$$

Es wird aber

$$\varphi' a = \frac{1+2a-a^2}{(1+a^2)^2} = 0 \text{ für}$$

$$a = 1 \pm \sqrt{2} \text{ und}$$

$$\varphi''(1+\sqrt{2}) = -\frac{3\sqrt{2}-4}{4}$$

$$\varphi''(1-\sqrt{2}) = +\frac{3\sqrt{2}+4}{4}; \text{ daher ist}$$

$$\varphi(1+\sqrt{2}) = \frac{\sqrt{2}-1}{2} \text{ ein Max. und}$$

$$\varphi(1-\sqrt{2}) = -\frac{\sqrt{2}+1}{2} \text{ ein Min.}$$

3) $\varphi x = \frac{3x-5}{x^2-1}$; hier erhält man

$$\varphi' x = \frac{10x-3x^2-3}{(x^2-1)^2};$$

$$\varphi'' x = 2 . \frac{3x^3-15x^2+9x-5}{(x^2-1)^3}.$$

Es wird aber

$$\varphi' a = \frac{3a-5}{a^2-1} = 0; \text{ für}$$

$$a = 3 \text{ und auch } a = \tfrac{1}{3}; \text{ und}$$

$$\varphi''(3) = -\tfrac{1}{8}$$

$$\varphi''(\tfrac{1}{3}) = +\tfrac{81}{8}; \text{ daher ist}$$

$$\varphi\ 3 = \tfrac{1}{2} \text{ ein Max und}$$

$$\varphi(\tfrac{1}{3}) = \tfrac{9}{2} \text{ ein Min.}$$

4) $\varphi x = \frac{x}{b^x}$. Hier findet man

$$\varphi' x = \frac{1-x . \ln b}{b^x}$$

$$\varphi'' x = \ln b . \frac{x \ln b - 2}{b^x}; \text{ und}$$

$$\varphi' a = \frac{1-a \ln b}{b^a} \text{ wird } = 0, \text{ für}$$

$$a = \frac{1}{\ln b}. \text{ Da nun}$$

$$\varphi''\left(\frac{1}{\ln b}\right) = \ln b . \frac{-1}{\frac{\ln b}{\sqrt{b}}} = -\frac{\ln b}{e}$$ (s. §. 54.) ist,

so ist also

$$\varphi\left(\frac{1}{\ln b}\right) = \frac{1}{e \ln b}$$ ein Max.

5) Es sind zwei Puncte A, B und eine gerade Linie CD (Fig. 55.) gegeben; man soll in CD den Punct E bestimmen, für welchen die Summe AE + BE = M wird. Wird CD von der verlängerten Richtung BA in F getroffen, und setzt man FA = b; FB = a; $\angle$BFD = α; FE = x; so ist

$$AE = \sqrt{b^2 + x^2 - 2bx \operatorname{Cos}\alpha}$$

$$BE = \sqrt{a^2 + x^2 - 2ax \operatorname{Cos}\alpha};$$ folglich

AE + BE oder

$$\varphi x = \sqrt{a^2 + x^2 - 2ax \operatorname{Cos}\alpha} + \sqrt{b^2 + x^2 - 2bx \operatorname{Cos}\alpha}$$

und hieraus

$$\varphi' x = \frac{x - a \operatorname{Cos}\alpha}{\sqrt{a^2 + x^2 - 2ax \operatorname{Cos}\alpha}} + \frac{x - b \operatorname{Cos}\alpha}{\sqrt{b^2 + x^2 - 2bx \operatorname{Cos}\alpha}};$$

$$\varphi'' x = \frac{a^2 \operatorname{Sin}\alpha^2}{(a^2 + x^2 - 2ax \operatorname{Cos}\alpha)^{\frac{3}{2}}} + \frac{a^2 \operatorname{Sin}\alpha^2}{(b^2 + x^2 - 2bx \operatorname{Cos}\alpha)^{\frac{3}{2}}}.$$

Es wird aber $\varphi' x = 0$; für

$$x = \frac{2ab \operatorname{Cos}\alpha}{a+b};$$

und da für diesen Werth $\varphi'' x$ positiv wird, so ist also:

$$\varphi \frac{2ab \operatorname{Cos}\alpha}{a+b} = \sqrt{(a+b)^2 - 4ab \operatorname{Cos}\alpha^2}$$ ein Minim.

Fällt man die Normalen AG; BK, so ist

$$EG = \frac{2ab \operatorname{Cos}\alpha}{a+b} - b \operatorname{Cos}\alpha = \frac{a-b}{a+b} . b \operatorname{Cos}\alpha$$ und

$$EK = a \operatorname{Cos}\alpha - \frac{2ab \operatorname{Cos}\alpha}{a+b} = \frac{a-b}{a+b} a \operatorname{Cos}\alpha,$$ folglich,

da AG = b Sin α und BK = a Sin α, so hat man

$$AG : GE = BK : KE, \text{ also}$$
$$\triangle AGE \sim \triangle BKE; \text{ folglich}$$
$$\angle AEG = \angle BEK \text{ und}$$
$$\operatorname{tg} AEG = \operatorname{tg} BEK = \frac{a+b}{a-b} \cdot \operatorname{tg} \alpha.$$

Anmerk. Die Auflösung wird leichter, wenn man AG, GK, BK als gegeben betrachtet und GE sucht.

6) Es sind zwei Puncte A, B (Fig. 55.) und eine gerade Linie CD gegeben; man soll in CD den Punct E bestimmen, für welchen $\angle AEB = M$ wird.

Setzt man $FA = b$; $FB = a$; $\angle BFD = \alpha$, so hat man

$$\operatorname{tg} BAE = \frac{x \operatorname{Sin} \alpha}{x \operatorname{Cos} \alpha - b}$$
$$\operatorname{tg} ABE = \frac{x \operatorname{Sin} \alpha}{a - x \operatorname{Cos} \alpha};$$

folglich den Bogen für den Halbmesser 1 zum Winkel AEB

oder $\varphi x = \pi - \operatorname{Arc} \operatorname{tg} \frac{x \operatorname{Sin} \alpha}{x \operatorname{Cos} \alpha - b} - \operatorname{Arc} \operatorname{tg} \frac{x \operatorname{Sin} \alpha}{a - x \operatorname{Cos} \alpha}$,

und hiezu

$$\varphi' x = \operatorname{Sin} \alpha \left[\frac{b}{x^2 + b^2 - 2bx \operatorname{Cos} \alpha} - \frac{a}{x^2 + a^2 - 2ax \operatorname{Cos} \alpha} \right]$$
$$\varphi'' x = 2 \operatorname{Sin} \alpha \left[\frac{b(b \operatorname{Cos} \alpha - x)}{(x^2 + b^2 - 2bx \operatorname{Cos} \alpha)^2} - \frac{a(x - a \operatorname{Cos} \alpha)}{(a^2 + x^2 - 2ax \operatorname{Cos} \alpha)^2} \right].$$

Nun wird aber $\varphi' x$ gleich Null, für

$$x = \sqrt{ab} \text{ und}$$
$$\varphi''(\sqrt{ab}) = - \frac{2(a-b) \operatorname{Sin} \alpha}{(a + b - 2 \operatorname{Cos} \alpha . \sqrt{ab})^2 . \sqrt{ab}}; \text{ daher ist}$$
$$\varphi(\sqrt{ab}) \text{ ein Maxim.};$$

und man erhält leicht:

$$\operatorname{Cos} AEB = \frac{2\sqrt{ab} - (a+b) \operatorname{Cos} \alpha}{a + b - 2\sqrt{ab} . \operatorname{Cos} \alpha}.$$

7) Innerhalb eines gegebenen Winkels α ist ein Punct P gegeben; man soll durch P eine gerade Linie le=

gen, welche mit den Schenkeln des Winkels α ein Dreieck abschneidet, welches ein M ist.

Es sei CDF (Fig. 56.) der gegebene Winkel α, P der gegebene Punct, PG ∦ FD; DG = a; GP = b; GK = x; so ist, wenn RK die verlangte Linie vorstellt, und $\triangle RDK = \varphi x$ gesetzt wird:

$$\triangle RDK : PGK = DK^2 : GK^2; \text{ oder}$$

$$\varphi x : \tfrac{1}{2} b x \operatorname{Sin}\alpha = (a+x)^2 : x^2; \text{ also}$$

$$\varphi x = \frac{b \operatorname{Sin}\alpha}{2} \cdot \frac{(a+x)^2}{x}; \text{ daher}$$

$$\varphi' x = \frac{b \operatorname{Sin}\alpha}{2} \cdot \frac{x^2 - a^2}{x^2}; \text{ und}$$

$$\varphi'' x = \frac{b \operatorname{Sin}\alpha}{2} \cdot \frac{+2a^2}{x^3}.$$

Es wird aber $\varphi' x = 0$; für $x = a$ und

$$\varphi'' a = + \frac{b \operatorname{Sin}\alpha}{a}; \text{ daher}$$

$$\varphi a = 2ab \operatorname{Sin}\alpha \text{ ein Min.}$$

8) $\varphi x = a^2 x^2 - x^4$. Hier wird

$$\varphi' x = 2a^2 x - 4x^3$$

$$\varphi'' x = 2a^2 - 12x^2$$

und $\varphi' x$ wird zu Null,

1) für $x = 0$
2) für $x = a\sqrt{\tfrac{1}{2}}$
3) für $x = -a\sqrt{\tfrac{1}{2}}$.

Das erste Resultat liefert ein Kleinstes, jedes der beiden andern ein Größtes.

9) Für welchen Werth von x wird

$$\varphi x = a^2 \operatorname{Cos} x + b^2 x \operatorname{Cotg} x + c^2 x \operatorname{Cosec} x$$

ein Größtes oder Kleinstes?

Es wird

$$\varphi' x = \frac{-a^2 \operatorname{Sin} x^3 - b^2 x + b^2 \operatorname{Sin} x \operatorname{Cos} x - c^2 x \operatorname{Cos} x + c^2 \operatorname{Sin} x}{\operatorname{Sin} x^2}$$

und der Zähler von $\varphi' x$ wird offenbar zu Null, für $x = 0$ Es wird aber auch zugleich der Nenner von φx gleich Null für $x = 0$, man untersuche daher nach §. 62. was für $x = 0$ aus dem Bruch $\varphi' x$ wird. Es entsteht $\frac{-3a^2 \operatorname{Sin} x \operatorname{Cos} x - 2b^2 \operatorname{Sin} x + c^2 x}{2 \operatorname{Cos} x}$ für $x = 0$ gültig, und dieses Resultat ist wirklich $=$ Null, daher kann φx für $x = 0$ ein Max. oder Min. sein. Um zu erfahren, was von beiden es ist, so bilde man $\varphi'' x$; es entsteht:

$$\varphi'' x = \frac{-a^2 \operatorname{Sin} x^3 \operatorname{Cos} x - 2b^2 \operatorname{Sin} x + 2b^2 x \operatorname{Cos} x + c^2 x + c^2 x \operatorname{Cos} x^2 - 2c^2 \operatorname{Sin} x \operatorname{Cos} x}{\operatorname{Sin} x^3}$$

und φ'' wird $= \frac{0}{0}$ also unbestimmt. Es ist aber nach §. 62. für $x = 0$ gültig

$$\varphi'' x = \frac{4a^2 \operatorname{Sin} x^3 - 3a^2 \operatorname{Sin} x - 2b^2 x + 2c^2 x \operatorname{Cos} x + 3c^2 \operatorname{Sin} x}{3 \operatorname{Sin} x \operatorname{Cos} x}$$

und φ'' wird noch $= \frac{0}{0}$. Wendet man daher §. 62. noch einmal an, so entsteht für $x = 0$ gültig

$$\varphi'' x = \frac{12a^2 \operatorname{Sin} x^2 \operatorname{Cos} x - 3a^2 \operatorname{Cos} x - 2b^2 + 2c^2 x \operatorname{Sin} x + c^2 \operatorname{Cos} x}{-3 \operatorname{Sin} x^2 + 3 \operatorname{Cos} x^2}$$

also $\varphi'' = \frac{-3a^2 - 2b^2 + c^2}{3}$, und es wird daher

$\varphi x = a^2 \operatorname{Cos} x + b^2 x \operatorname{Cotg} x + c^2 x \operatorname{Cosec} x$, für $x = 0$ ein Max., wenn $\frac{-3a^2 - 2b^2 + c^2}{3}$ negativ, ein Min, wenn $\frac{-3a^2 - 2b^2 + c^2}{3}$ positiv sich ergiebt. (Hienach ist §. 62. und 63. meiner angewandten Mathematik zu verbessern.)

Mehrere Beispiele siehe in: Uebungs-Aufgaben zur Lehre vom Größten und Kleinsten von Lehmus. Berlin 1823, bei Reimer.

Dritter Abschnitt.

Die Integral- oder Zurückleitungs-Rechnung.

§. 71. Erklärung. Integriren oder Zurückleiten heißt: zu einer gegebenen nten Ableitung, die vorhergehende, also n—1te Ableitung; also auch: zu einer gegebenen 1sten Ableitung die zugehörige Stammfunction zu bestimmen. Das gewöhnliche Zeichen ist $\int$, welches vor die Ableitung gesetzt wird; soll zur nten Ableitung die Stammfunction angedeutet werden, so bedient man sich der Wiederholungs-Exponenten, schreibt daher $\int^n$ vor die nte Ableitung.

So ist z. B. $\int \varphi' x = \varphi x$

$$\int^2 \varphi'' x \text{ oder } \int(\int \varphi'' x) = \varphi x$$

u. s. w.

§. 72. Das Geschäft des Integrirens oder Zurückleitens kann nicht auf so einfache Regeln gebracht werden, wie das der Bestimmung der Ableitungen zu einer gegebenen Function. Im Allgemeinen läßt sich für die Bestimmung der Stammfunction zu einer gegebenen Ableitungsformel

formel bloß folgendes angeben: man suche der gegebenen Ableitung durch algebraische Umformung, etwa durch Zerlegung in Partialbrüche, oder durch Einführung einer andern urvariablen, eine solche Form zu geben, daß die ihr zugehörige zunächst vorhergehende Ableitung nach den in der Differential-Rechnung dargestellten Formeln, unmittelbar als bekannt erscheint.

Beispiel 1. Es sei $\varphi' x = \frac{a \partial x}{b + c x^2}$; man soll

$$\varphi x = \int \frac{a \partial x}{b + c x^2} \text{ bestimmen.}$$

Die gegebene Ableitung hat Aehnlichkeit mit der Form §. 47. III.

$$\partial \operatorname{Arc} \operatorname{tg} \varphi x = \frac{\partial \varphi x}{1 + (\varphi x)^2};$$

Man forme daher dieselbe, um diese Gestalt ganz hervorzubringen, folgender Gestalt um:

$$\frac{a \partial x}{b + c x^2} = \frac{a}{b} \cdot \frac{\partial x}{1 + \frac{c}{b} x^2}$$

$$= \frac{a}{b} \cdot \frac{\partial x}{1 + \left(x \sqrt{\frac{c}{b}}\right)^2} = \frac{a}{b} \cdot \frac{\sqrt{\frac{b}{c}} \cdot \partial \left(x \sqrt{\frac{c}{b}}\right)}{1 + \left(x \sqrt{\frac{c}{b}}\right)^2}$$

$$= \frac{a}{\sqrt{bc}} \cdot \frac{\partial \left(x \sqrt{\frac{c}{b}}\right)}{1 + \left(x \sqrt{\frac{c}{b}}\right)^2}$$

$$= \frac{a}{\sqrt{bc}} \cdot \partial \left[\operatorname{Arc} \operatorname{tg} x \sqrt{\frac{c}{b}}\right]$$

$$= \partial \left[\frac{a}{\sqrt{bc}} \operatorname{Arc} \operatorname{tg} x \sqrt{\frac{c}{b}}\right];$$

so hat man

$$\varphi' x = \partial \varphi x = \partial \left[\frac{a}{\sqrt{bc}} \operatorname{Arc tg} x \sqrt{\frac{c}{b}}\right],$$

folglich

$$\varphi x = \int \frac{a \partial x}{b + c x^2} = \frac{a}{\sqrt{bc}} \operatorname{Arc tg} x \sqrt{\frac{c}{b}}.$$

Beispiel 2. Es sei $\varphi' x$ oder $\partial \varphi x = \frac{a \partial x}{b + cx}$ gegeben, man soll $\varphi x = \int \frac{a \partial x}{b + cx}$ bestimmen.

Die gegebene Ableitung hat Aehnlichkeit mit der §. 57. IV.

$$\partial (\ln \varphi x) = \frac{\varphi' x}{\varphi x} = \frac{\partial \varphi x}{\varphi x}.$$

Um diese Gestalt vollkommen zu erzeugen, setze man

$$b + cx = y; \text{ also}$$

$$x = fy = \frac{y - b}{c}; \text{ so ist}$$

$$\partial x = \frac{\partial y}{c}; \text{ also}$$

$$\frac{a \partial x}{b + cx} = \frac{a}{c} \cdot \frac{\partial y}{y} = \frac{a}{c} \partial (\ln y)$$

$$= \partial \left[\frac{a}{c} \ln y\right]$$

$$= \partial \left[\frac{a}{c} \ln (b + cx)\right]; \text{ folglich}$$

$$\varphi' x = \partial \varphi x = \partial \left[\frac{a}{c} \ln (b + cx)\right];$$

daher

$$\varphi x = \int \frac{a \partial x}{b + cx} = \frac{a}{c} \ln (b + cx).$$

§. 72. Da, wenn eine gegebene Function constante Summanden enthält, diese in der 1sten Ableitung wegfallen (§. 23.), so kann man also nicht mit Sicherheit schließen, daß, wenn

$$\varphi' x = \frac{a \partial x}{b + cx} \text{ ist;}$$

dann nothwendig

$$\varphi x = \frac{a}{c} \ln(b + cx)$$ sein müßte,

sondern es kann auch:

$$\varphi x = \frac{a}{c} \ln(b + cx) \pm$$ irgend einer unveränderlichen Größe C sein.

Diese constante Größe, deren Bestimmung in jeden besondern Fall nach Anleitung des folgenden §. erfolgen muß, soll immer durch C angezeigt werden.

§. 74. Lehrsatz. Zu jeder Ableitung gehören unzählig viele Stammfunctionen, welche aber nur um ein constantes Glied verschieden sein können, oder: wenn $\varphi' x = f' x$ ist, so ist nothwendig $\varphi x - f x = \text{Const.}$

Beweis. Es ist $\varphi x = \varphi + x\varphi' + \frac{x^2}{2}\varphi'' + \ldots$

und $$f x = f + x f' + \frac{x^2}{2} f'' + \ldots$$

Da nun, nach der Voraussetzung

$\varphi' x = f' x$; so ist auch

$\varphi'' x = f'' x$

u. s. w.

folglich auch $\varphi' = f'$,

$\varphi'' = f''$;

u. s. w.

daher $x\varphi' + \frac{x^2}{2}\varphi'' + \ldots = x f'' + \frac{x^2}{2} f'' + \ldots$ also

$$\varphi x - f x = \varphi - f, \text{ oder}$$

$$\varphi x - f x = \text{Const.}$$

Die Bestimmung der Const. muß in jedem besondern Fall aus der Natur der Aufgabe erfolgen. Ist etwa $\int \varphi' x = \varphi x + C$; und φx gefunden, und man weiß, daß für $x = a$; die gesuchte Stammfunction den Werth P annimmt, so hat man $P = \varphi a + C$ und hieraus $C = P - \varphi a$; also vollständig

$$\int \varphi' x = \varphi x + P - \varphi a.$$

Beispiel zum Lehrsatz.

Ist $\varphi x = \operatorname{Arc tg} \frac{x\sqrt{3}}{2-x}$ und

$$fx = \operatorname{Arc tg} \frac{2x-1}{\sqrt{3}};$$

so wird sowohl $\varphi' x$ als $f' x = \frac{\sqrt{3}}{2(x^2-x+1)}$, daher ist $\varphi x - fx$ nothwendig constant, wie groß ist $\varphi x - fx$ oder

$$\operatorname{Arc tg} \frac{x\sqrt{3}}{2-x} - \operatorname{Arc tg} \frac{2x-1}{\sqrt{3}}?$$

Man erhält aus der Formel

$$\operatorname{Arc tg} a - \operatorname{Arc tg} b = \operatorname{Arc tg} \frac{a-b}{1+ab};$$

hier das Resultat: $\operatorname{Arc tg} \frac{1}{\sqrt{3}} = \operatorname{Arc}$ zu $30° = \frac{\pi}{6}$.

§. 75. Zusammenstellung der Elementar-Integral-Formeln, welche sich unmittelbar oder durch eine höchst einfache Umformung aus der Ableitungs-Rechnung ergeben.

I. $\int a = a\int 1 = a\int \partial x = ax + C$ (§. 25.)

II. $\int(\varphi' x \pm f' x) = \int \varphi' x \pm \int f' x = \varphi x \pm fx + C$ (§. 22.)

III. $\int \varphi x f' x + \int fx . \varphi' x = \int(\varphi x f' x + fx \varphi' x)$
$= \varphi x . fx + C$ (§. 24.)

IV. $\int \varphi x . f' x = \varphi x . fx - \int fx . \varphi' x + C$ (aus III.)

V. $\int \varphi x . Fx . \partial x = \varphi x \int Fx . \partial x - \int(\varphi' x \int F \partial x) + C$
(aus III. $Fx . \partial x$ für $f' x$ geschrieben)

VI. $\int \frac{fx . \varphi' x - \varphi x f' x}{(fx)^2} = \frac{\varphi x}{fx} + C$ (§. 26.)

VII. $\int(\varphi x)^n . \varphi' x = \frac{(\varphi x)^{n+1}}{n+1} + C$ (§. 28.)

$$\text{VIII.}\ \int \operatorname{Cos}\varphi x\,.\,\varphi' x = \begin{cases} +\ \ \operatorname{Sin}\varphi x + C \\ -\operatorname{Cosinv}\varphi x + C \end{cases} \quad (\S.\ 45.)$$

$$\text{IX.}\ \int \operatorname{Sin}\varphi x\,.\,\varphi' x = \begin{cases} -\ \operatorname{Cos}\varphi x + C \\ \mp \operatorname{Sinv}\varphi x + C \end{cases} \quad (\S.\ 45.)$$

$$\text{X.}\ \int (\operatorname{Sec}\varphi x)^2\,.\,\varphi' x = \operatorname{tg}\varphi x + C \quad (\S.\ 46.)$$

$$\text{XI.}\ \int (\operatorname{Cosec}\varphi x)^2\,.\,\varphi' x = -\operatorname{Cotg}\varphi x + C \quad (\S.\ 46.)$$

$$\text{XII.}\ \int \operatorname{tg}\varphi x \operatorname{Sec}\varphi x\,.\,\varphi' x = \operatorname{Sec}\varphi x + C \quad (\S.\ 46.)$$

$$\text{XIII.}\ \int \operatorname{Cot}\varphi x\,.\operatorname{Cosec}\varphi x\,.\,\varphi' x = -\operatorname{Cosec}\varphi x + C \quad (\S.\ 46.)$$

$$\text{XIV.}\ \int \frac{\varphi' x}{\sqrt{1-(\varphi x)^2}} = \begin{cases} +\operatorname{Arc}\operatorname{Sin}\varphi x + C \\ -\operatorname{Arc}\operatorname{Cos}\varphi x + C \end{cases} \quad (\S.\ 47.)$$

$$\text{XV.}\ \int \frac{\varphi' x}{1+(\varphi x)^2} = \begin{cases} +\operatorname{Arc}\operatorname{tg}\varphi x + C \\ -\operatorname{Arc}\operatorname{Cotg}\varphi x + C \end{cases} \quad (\S.\ 47.)$$

$$\text{XVI.}\ \int \frac{\varphi' x}{\varphi x\sqrt{(\varphi x)^2-1}} = \begin{cases} +\ \operatorname{Arc}\operatorname{Sec}\varphi x + C \\ -\operatorname{Arc}\operatorname{Cosec}\varphi x + C \end{cases} \quad (\S.\ 47.)$$

$$\text{XVII.}\ \int \frac{\varphi' x}{\sqrt{\varphi x(2-\varphi x)}} = \begin{cases} +\ \operatorname{Arc}\operatorname{Sinv}\varphi x + C \\ -\operatorname{Arc}\operatorname{Cosinv}\varphi x + C \end{cases} \quad (\S.\ 47.)$$

$$\text{XVIII.}\ \int a^{\varphi x}\,.\,\varphi' x = \frac{a^{\varphi x}}{\ln a} + C \quad (\S.\ 57.)$$

$$\text{XIX.}\ \int e^{\varphi x}\,.\,\varphi' x = e^{\varphi x} + C \quad (\S.\ 57.)$$

$$\text{XX.}\ \int \frac{\varphi' x}{a \pm b\varphi x} = \pm \frac{1}{b} \ln\,[a \pm b\varphi x] \quad (\S.\ 72.)$$

§. 76. Beispiele zu den 20 Formeln im vor. §.

1) $\int (a + b\sqrt{x})\,\partial x = ax + \frac{2}{3} b x \sqrt{x} + C$

2) $\int x \operatorname{Cos} x\,\partial x = x \operatorname{Sin} x + \operatorname{Cos} x + C$

3) $\int (\operatorname{Cosec} x - x \operatorname{Cotg} x \operatorname{Cosec} x)\,\partial x$

$$= \int \frac{\operatorname{Sin} x\,\partial x - x \operatorname{Cos} x\,\partial x}{\operatorname{Sin} x^2} = \frac{x}{\operatorname{Sin} x} + C$$

4) $\int (a + b x^{n+1})^p\,.\,x^n\,\partial x =$

$$\int (a + b x^{n+1})^p\,.\,\frac{\partial (a + b x^{n+1})}{b(n+1)} = \frac{(a + b x^{n+1})^{p+1}}{b(n+1)(p+1)} + C$$

$$5)\ \int \frac{x^{m-1}\,\partial x}{[\mathrm{Cos}\, n x^m]^2} = \frac{1}{nm} \int [\mathrm{Sec}\, n x^m]^2 . \partial [n x^m]$$

$$= \frac{1}{nm} . \mathrm{tg}\, n x^m + C$$

$$6)\ \int \frac{\partial x}{1-\mathrm{Cos}\, x} = \int \frac{\partial x}{2\left(\mathrm{Sin}\frac{x}{2}\right)^2} = \int \left(\mathrm{Cosec}\frac{x}{2}\right)^2 . \partial\left(\frac{x}{2}\right)$$

$$= -\mathrm{Cotg}\frac{x}{2} + C$$

$$7)\ \int \frac{\mathrm{Sin}\, x\, \mathrm{Cos}\, x\, \partial x}{[1-2\,\mathrm{Sin}\, x^2]^2} = \int \frac{\frac{1}{2}\mathrm{Sin}\, 2x . \partial x}{(\mathrm{Cos}\, 2x)^2}$$

$$= \tfrac{1}{4} \int \mathrm{tg}\, 2x . \mathrm{Sec}\, 2x\, \partial (2x) = \frac{\mathrm{Sec}\, 2x}{4} + C$$

$$8)\ \int \frac{\partial x}{\sqrt{a-bx^2}} = \frac{1}{\sqrt{b}} \int \frac{\partial\left(x\sqrt{\frac{b}{a}}\right)}{\sqrt{1-\left(x\sqrt{\frac{b}{a}}\right)^2}}$$

$$= \frac{1}{\sqrt{b}}\ \mathrm{Arc\,Sin}\frac{x\sqrt{b}}{\sqrt{a}} + C$$

$$9)\ \int a^{\mathrm{Sin}\, x} . \mathrm{Cos}\, x\, \partial x = \frac{a^{\mathrm{Sin}\, x}}{\ln a} + C$$

$$10)\ \int \mathrm{tg}\, x\, \partial x = \int \frac{\mathrm{Sin}\, x\, \partial x}{\mathrm{Cos}\, s} = -\int \frac{\partial\, \mathrm{Cos}\, x}{\mathrm{Cos}\, x}$$

$$= -\ln \mathrm{Cos}\, x + C = \ln \mathrm{Sec}\, x + C$$

$$11)\ \int \frac{\partial x}{x \ln x} = \int \frac{\frac{\partial x}{x}}{\ln x} = \int \frac{\partial \ln x}{\ln x}$$

$$= \ln(\ln x) + C = \ln^2 x + C$$

$$12)\ \int \frac{\partial x}{a + b\,\mathrm{Sin}\, x^2} = \frac{1}{a} \int \frac{\partial x}{1 + \frac{b}{a}\mathrm{Sin}\, x^2}$$

$$= \frac{1}{a} \int \frac{\partial x}{\mathrm{Cos}\, x^2 + \frac{a+b}{a}\mathrm{Sin}\, x^2}$$

$$= \frac{1}{a} \int \frac{\mathrm{Sec}\, x^2 . \partial x}{1 + \left(\mathrm{tg}\, x . \sqrt{\frac{a+b}{a}}\right)^2}$$

$$= \frac{1}{a}\int \frac{\partial \operatorname{tg} x}{1+\left(\operatorname{tg} x \sqrt{\frac{a+b}{a}}\right)^2}$$

$$= \frac{1}{\sqrt{a(a+b)}}\int \frac{\partial\left(\operatorname{tg} x \sqrt{\frac{a+b}{a}}\right)}{1+\left(\operatorname{tg} x \,.\, \sqrt{\frac{a+b}{a}}\right)^2}$$

$$= \frac{1}{\sqrt{a(a+b)}} \operatorname{Arc tg}\left[\operatorname{tg} x \,.\, \sqrt{\frac{a+b}{a}}\right] + C.$$

§. 77. Zusatz. Die allgemeine, so häufig in Anwendung kommende Integralformel VII.

$$\int \varphi x^n . \varphi' x = \frac{(\varphi x)^{n+1}}{n+1} + C$$

scheint beim ersten Anblick für $n = -1$ die verlangte Stammfunction nicht zu liefern. Bezeichnet indessen a den Werth von x, für welchen das Integral verschwindet, so hat man

$$0 = \frac{(\varphi a)^{n+1}}{n+1} + C; \text{ also}$$

$$C = -\frac{(\varphi a)^{n+1}}{n+1}; \text{ folglich}$$

$$\int \varphi x^n . \varphi' x = \frac{(\varphi x)^{n+1} - (\varphi a)^{n+1}}{n+1}.$$

Insofern nun

$$\frac{(\varphi x)^{n+1} - (\varphi a)^{n+1}}{n+1} \text{ von n abhängig ist,}$$

also $= Fn$ gesetzt werden kann, so läßt sich nach §. 62. der Werth von $F(-1)$ bestimmen. Man erhält

$$\frac{\ln \varphi x \,.\, (\varphi x)^{n+1} - \ln \varphi a \;\; (\varphi a)^{n+1}}{1}$$

für $n = -1$ verstanden; also

$$\ln \varphi x - \ln \varphi a, \text{ daher}$$

$$\int (\varphi x)^{-1} . \varphi' x = \ln \varphi x - \ln \varphi a$$ oder
$$= \ln \varphi x + C$$
(wie in XX. für $a = 0$ und $b = 1$).

§. 78. Zusatz.

Da $\partial \ln [\varphi x] = \frac{\varphi' x}{\varphi x}$ und

$$\partial \ln [-\varphi x] = \frac{-\varphi' x}{-\varphi x} = \frac{\varphi' x}{\varphi x}$$ ist, so ist also

$$P = \int \frac{\varphi' x}{\varphi x} = \ln (\pm \varphi x) + C$$

[oder, unter A die Zahl verstanden, deren logn gleich C ist:

$$P = \int \frac{\varphi' x}{\varphi x} = \ln (\pm \varphi x) + \ln A$$
$$= \ln (\pm A \varphi x)].$$

Wenn nun, für $x = b$; P zu R wird, so hat man

$R = \ln [\pm \varphi b] + \ln A$; also

$C = \ln A = R - \ln (\pm \varphi b)$; folglich

$P = \ln [\pm \varphi x] + R - \ln (\pm \varphi b)$,

daher, man mag + oder − nehmen,

$$P = \int \frac{\varphi' x}{\varphi x} = R + \ln \left(\frac{\varphi x}{\varphi b}\right).$$

Es ist also ganz einerlei, ob man

$$\int \frac{\varphi' x}{\varphi x} = \ln \varphi x + C;$$ oder
$$= \ln (-\varphi x) + C'$$ setzt.

Des dritten Abschnitts 1stes Kapitel.

Elementar-Integrale algebraischer Ableitungs-Formeln.

§. 79. **Aufgabe.** Man soll $\int \frac{\partial x}{\sqrt{a+bx^2}}$ bestimmen.

Auflösung. Setzt man $\sqrt{a+bx^2} = y.x\sqrt{b}$, so wird $x^2 = \frac{a}{b(y^2-1)}$; $\partial x = -\frac{ay\partial y}{bx(y^2-1)^2}$; daher

$$\frac{\partial x}{\sqrt{a+bx^2}} = -\frac{a\partial y}{bx^2(y^2-1)^2.\sqrt{b}} = -\frac{\partial y}{(y^2-1).\sqrt{b}};$$

Es ist aber

$$\frac{1}{y^2-1} = -\tfrac{1}{2}\left[\frac{1}{y+1} - \frac{1}{y-1}\right]; \text{ also}$$

$$\int \frac{\partial x}{\sqrt{a+bx^2}} = \frac{1}{2\sqrt{b}}\left[\int \frac{\partial y}{y+1} - \int \frac{\partial y}{y-1}\right]$$

$$= \frac{1}{2\sqrt{b}} \ln \frac{y+1}{y-1} + C$$

$$= \frac{1}{2\sqrt{b}} \ln \frac{x\sqrt{b}+\sqrt{a+bx^2}}{-x\sqrt{b}+\sqrt{a+bx^2}} + C$$

$$= \frac{1}{2\sqrt{b}} \ln \frac{[x\sqrt{b}+\sqrt{a+bx^2}]^2}{a} + C$$

oder auch

$$= \frac{1}{\sqrt{b}} \ln(x\sqrt{b} + \sqrt{a+bx^2}) + \text{Const.}$$

Ist b negativ, so wird diese Form imaginär, dann hat man aber

$$\int \frac{\partial x}{\sqrt{a-bx^2}} = \frac{1}{\sqrt{b}} \int \frac{\partial\left(x\sqrt{\frac{b}{a}}\right)}{\sqrt{1-\left(x\sqrt{\frac{b}{a}}\right)^2}}$$

$$= \frac{1}{\sqrt{b}} \text{Arc Sin}\left(x\sqrt{\frac{b}{a}}\right) + C \quad \textbf{(XIV)}.$$

Folglich

$$\text{XXI.}\quad \begin{cases} \int \frac{\partial x}{\sqrt{a+bx^2}} = \frac{1}{\sqrt{b}} \ln\left(x\sqrt{b} + \sqrt{a+bx^2}\right) + C \\ \int \frac{\partial x}{\sqrt{a-bx^2}} = \frac{1}{\sqrt{b}} \text{Arc Sin}\left(x\sqrt{\frac{b}{a}}\right) + C \end{cases}$$

Beispiel.

$$\int \text{Sec}\, x = \int \frac{\partial\, \text{tg}\, x}{\text{Sec}\, x} = \int \frac{\partial\, \text{tg}\, x}{\sqrt{1+\text{tg}\, x^2}}$$

$$= \ln\left[\text{tg}\, x + \text{Sec}\, x\right];\ \text{oder auch}$$

$$\int \text{Sec}\, x = \int \frac{\partial\, \text{Sec}\, x}{\text{tg}\, x} = \int \frac{\partial\, \text{Sec}\, x}{\sqrt{-1+\text{Sec}\, x^2}}$$

$$= \ln\left[\text{tg}\, x + \text{Sec}\, x\right] = \ln \frac{1+\text{Sin}\, x}{\text{Cos}\, x} + C$$

$$= \ln \frac{\left(\text{Cos}\frac{x}{2} + \text{Sin}\frac{x}{2}\right)^2}{\text{Cos}\frac{x^2}{2} - \text{Sin}\frac{x^2}{2}} = \ln \frac{\text{Cos}\frac{x}{2} + \text{Sin}\frac{x}{2}}{\text{Cos}\frac{x}{2} - \text{Sin}\frac{x}{2}}$$

$$= \ln \frac{\text{Sin}\left[\frac{\pi}{4} + \frac{x}{2}\right]}{\text{Cos}\left(\frac{\pi}{4} + \frac{x}{2}\right)} = \ln \text{tg}\left(\frac{\pi}{4} + \frac{x}{2}\right) + C.$$

§. 80. **Aufgabe.** $\int\sqrt{a+bx^2}\,.\,\partial x$ zu bestimmen.

Auflösung. Es ist $\int\sqrt{a+bx^2}\,.\,\partial x$

$$= x\sqrt{a+bx^2} - \int x\,.\,\partial\sqrt{a+bx^2}$$

$$= x\sqrt{a+bx^2} - \int \frac{bx^2}{\sqrt{a+bx^2}}\,.\,\partial x$$

$$= x\sqrt{a+bx^2} - \int \frac{a+bx^2-a}{\sqrt{a+bx^2}}\,.\,\partial x$$

$$= x\sqrt{a+bx^2} - \int\sqrt{a+bx^2}\,\partial x + a\int \frac{\partial x}{\sqrt{a+bx^2}};$$

also

$$\int\sqrt{a+bx^2}\,.\,\partial x = \frac{x\sqrt{a+bx^2}}{2} + \frac{a}{2}\int \frac{\partial x}{\sqrt{a+bx^2}},$$

daher nach XXI.

$$\text{XXII.}\left\{\begin{array}{l}\int\sqrt{a+bx^2}\,.\,\partial x \\ = \frac{x\sqrt{a+bx^2}}{2} + \frac{a}{2\sqrt{b}}\ln(x\sqrt{b}+\sqrt{a+bx^2}) + C \\ \int\sqrt{a-bx^2}\,.\,\partial x \\ = \frac{x\sqrt{a-bx^2}}{2} + \frac{a}{2\sqrt{b}}\,\text{Arc Sin}\left(x\sqrt{\frac{b}{a}}\right) + C\end{array}\right\}$$

§. 81. Aufgabe. $\int\frac{\partial x}{a+bx+cx^2}$ zu bestimmen.

Auflösung. 1) Setzt man $x = y - \frac{b}{2c}$, so wird

$$\int\frac{\partial x}{a+bx+cx^2} = \frac{4c}{4ac-b^2}\int\frac{\partial y}{1+\frac{4c^2}{4ac-b^2}\cdot y^2}$$

$$= \frac{2}{\sqrt{4ac-b^2}}\int\frac{\partial\frac{2cy}{\sqrt{4ac-b^2}}}{1+\left[\frac{2cy}{\sqrt{4ac-b^2}}\right]^2}$$

$$= \frac{2}{\sqrt{4ac-b^2}}\,.\,\text{Arctg}\,\frac{2cy}{\sqrt{4ac-b^2}} + C\ [XV]$$

oder, den Werth für y gesetzt,

$$= \frac{2}{\sqrt{4ac-b^2}}\ \text{Arc tg}\ \frac{b+2cx}{\sqrt{4ac-b^2}} + C.$$

Ist $b^2 > 4ac$; oder: sind a und c entgegengesetzt, so wird diese Form imaginär; dann ist aber

2tens $a+bx+cx^2 = c\left[x^2+\frac{b}{c}x+\frac{a}{c}\right]$

$$= c\left[x+\frac{b+\sqrt{b^2-4ac}}{2c}\right]\left[x+\frac{b-\sqrt{b^2-4ac}}{2c}\right];\ \text{oder}$$

$\frac{b+\sqrt{b^2-4ac}}{2c}$ durch k und

$\frac{b-\sqrt{b^2-4ac}}{2c}$ durch r ausgedrückt,

$a+bx+cx^2 = c(x+k)(x+r)$; also

$$\frac{1}{a+bx+cx^2} = \frac{1}{c(x+k)(x+r)}$$

$$= \frac{1}{c(k-r)}\left[\frac{1}{x-r} - \frac{1}{x+k}\right];\ \text{daher}$$

$$\int\frac{1}{a+bx+cx^2} = \frac{1}{c(k-r)}\left[\int\frac{\partial x}{x+r} - \int\frac{\partial x}{x+k}\right]$$

$$= \frac{1}{c(k-r)}\ln\frac{x+r}{x+k} + C$$

$$= \frac{1}{\sqrt{b^2-4ac}}\ln\frac{b+2cx-\sqrt{b^2-4ac}}{b+2cx+\sqrt{b^2-4ac}} + C.$$

Ist $b^2 = 4ac$, so werden beide Formen unbestimmt; dann hat man aber

3tens $a+bx+cx^2 = a+bx+\frac{b^2}{4a}x^2$

$$= \frac{(2a+bx)^2}{4a};\ \text{also}$$

$$\int\frac{\partial x}{a+bx+cx^2} = 4a\int\frac{\partial x}{(2a+bx)^2}$$

$$= \frac{4a}{b}\int(2a+bx)^{-2}.\partial(2a+bx)$$

$$= -\frac{4a}{b(2a+bx)} + C.$$

Es ist daher

$$\text{XXIII.}\int\frac{\partial x}{a+bx+cx^2} = \left\{\begin{array}{l} \frac{2}{\sqrt{4ac-b^2}}\operatorname{Arc\,tg}\frac{b+2cx}{\sqrt{4ac-b^2}} + C \\ \frac{1}{\sqrt{b^2-4ac}}\ln\frac{b+2cx-\sqrt{b^2-4ac}}{b+2cx+\sqrt{b^2-4ac}} + C \\ -\frac{4a}{b(2a+bx)} + C \end{array}\right\}$$

Von diesen drei Ausdrücken liefert der erste ein reelles Resultat, wenn a und c gleiche Zeichen haben, und $4ac > b^2$ ist; der 2te, wenn $b^2 > 4ac$; der 3te ist nur gültig, wenn $b^2 = 4ac$ ist.

Beispiele.

1) $\int\frac{\partial x}{1+x+x^2} = \frac{2}{\sqrt{3}}\operatorname{Arc\,tg}\frac{2x+1}{\sqrt{3}} + C$

2) $\int \frac{\partial x}{1+x-x^2} = -\frac{1}{\sqrt{5}} \ln \frac{2x-1-\sqrt{5}}{2x-1+\sqrt{5}} + C.$

3) $\int \frac{\partial x}{1-2x+x^2} = \frac{1}{1-x} + C.$

§. 82. 1ster Zusatz. Aus XXII. erhält man

1) für $a = 0$;

A. $\int \frac{\partial x}{bx+cx^2} = \frac{1}{b} \ln \frac{cx}{b+cx} + C$

$= \frac{1}{b} \ln \frac{x}{b+cx} + C.$

2) Für $b = 0$; wenn a und c gleiche Zeichen haben,

B. $\int \frac{\partial x}{a+cx^2} = \frac{1}{\sqrt{ac}} \operatorname{Arctg}\left(x\sqrt{\frac{c}{a}}\right) + C.$

3) Für $b = 0$; wenn a und c entgegengesetzt sind,

C. $\int \frac{\partial x}{a-cx^2} = \frac{1}{2\sqrt{ac}} \ln \frac{1+x\sqrt{\frac{c}{a}}}{1-x\sqrt{\frac{c}{a}}} + C$ (§. 78.).

4) Für $c = 0$ erscheinen beide Formen in XXIII. als unabhängig von x. Man hat aber für diesen Fall unmittelbar aus XX.

D. $\int \frac{\partial x}{a+bx} = \frac{1}{b} \ln (a+bx) + C.$

§. 83. 2ter Zusatz. Setzt man in C; $-c$ für c, und schreibt i für $\sqrt{-1}$, so entsteht

$$\int \frac{\partial x}{a+cx^2} = \frac{1}{i.2\sqrt{ac}} \ln \frac{1+ix\sqrt{\frac{c}{a}}}{1-ix\sqrt{\frac{c}{a}}} + C.$$

Hieraus und aus B folgt dann

$$\operatorname{Arc\,tg} x\sqrt{\frac{c}{a}} = \frac{1}{2i} \ln \frac{1+ix\sqrt{\frac{c}{a}}}{1-ix\sqrt{\frac{c}{a}}} + C$$

oder $x\sqrt{\frac{c}{a}}$ durch φx bezeichnet

$$\text{A.}\quad \text{Arc tg}\,\varphi x = \frac{1}{2i}\ln\frac{1+i\varphi x}{1-i\varphi x} + C.$$

Wird in A; fx für $i\varphi x$ geschrieben, so hat man:

$$\text{B.}\quad \ln\frac{1+fx}{1-fx} = 2i\,\text{Arc tg}\,\frac{fx}{i} + C.$$

Aus der Formel $\text{tg}\,2\alpha = \frac{2\,\text{tg}\,\alpha}{1-\text{tg}\,\alpha^2}$ folgt, $\text{tg}\,\alpha = e$ gesetzt,

$$\text{tg}\,2\alpha = \frac{2e}{1-e^2};\ \text{also}$$

$$2\alpha = \text{Arc tg}\,\frac{2e}{1-e^2};\ \text{oder}$$

$$2\,\text{Arc tg}\,e = \text{Arc tg}\,\frac{2e}{1-e^2}.$$

Hiernach kann die Formel A auch folgendergestalt ausgedrückt werden:

$$\text{C.}\quad \text{Arc tg}\,\frac{2\varphi x}{1-\varphi x^2} = \frac{1}{i}\ln\frac{1+i\varphi x}{1-i\varphi x} + C,$$

oder $i\varphi x$ durch fx bezeichnet

$$\text{D.}\quad \ln\frac{1+fx}{1-fx} = i\,\text{Arc tg}\,\frac{2fx}{i(1+fx^2)} + C.$$

Diese 4 Formeln, als Vergleichungen zwischen Kreisbogen und Logarithmen sind sowohl beim Gebrauch allgemeiner Integralformeln, als auch zu Summirung mancher unendlicher Reihen dienlich, z. B.

$$y = \frac{x\,\text{Sin}\,\alpha}{1} + \frac{x^3\,\text{Sin}\,3\alpha}{3} + \frac{x^5\,\text{Sin}\,5\alpha}{5} + \text{in infin.}$$

zu summiren. Setzt man, nach §. 59.,

$$y = \int\frac{x^{2n-1}\,\text{Sin}\,(2n-1)\alpha}{2n-1}\ [\text{für } n = 1 \text{ bis } \infty]$$

und nach §. 60. IV.

$$\frac{e^{(2n-1)\alpha i} - e^{-(2n-1)\alpha i}}{2i} \text{ für Sin}\,(2n-1)\alpha,$$

so hat man

$$y = \int \frac{x^{2n-1}\left[e^{(2n-1)\alpha i} - e^{-(2n-1)\alpha i}\right]}{2i.(2n-1)}$$

und hieraus

$$2iy = \int \frac{(x e^{\alpha i})^{2n-1}}{2n-1} - \int \frac{(x e^{-\alpha i})^{2n-1}}{2n-1}.$$

Es ist aber nach §. 52.

$$\ln \frac{1+k}{1-k} = 2\left(k + \frac{k^3}{3} + \frac{k^5}{5} + \ldots\right)$$

$$= 2.\int \frac{k^{2n-1}}{2n-1} \text{ (für } n=1 \text{ bis } \infty)$$

also

$$\ln \frac{1+x e^{\alpha i}}{1-x e^{\alpha i}} = 2\int \frac{(x e^{\alpha i})^{2n-1}}{2n-1} \text{ und}$$

$$\ln \frac{1+x e^{-\alpha i}}{1-x e^{-\alpha i}} = 2\int \frac{(x e^{-\alpha i})^{2n-1}}{2n-1}$$

folglich

$$2iy = \frac{1}{2} \ln \frac{1+x e^{\alpha i}}{1-x e^{\alpha i}} - \frac{1}{2} \ln \frac{1+x e^{-\alpha i}}{1-x e^{-\alpha i}} \text{ oder}$$

$$2y = \frac{1}{2i} \ln \frac{1+x e^{\alpha i}}{1-x e^{\alpha i}} - \frac{1}{2i} \ln \frac{1+x e^{-\alpha i}}{1-x e^{-\alpha i}}$$

oder, nach Formel B.,

$$2y = \operatorname{Arc\,tg} \frac{x e^{\alpha i}}{i} - \operatorname{Arc\,tg} \frac{x e^{-\alpha i}}{i} + C$$

$$= \operatorname{Arc\,tg} \frac{\frac{x e^{\alpha i}}{i} - \frac{x e^{-\alpha i}}{i}}{1 + \frac{x e^{\alpha i}}{i} \cdot \frac{x e^{-\alpha i}}{i}} + C$$

$$= \operatorname{Arc.tg} \frac{2x \frac{e^{\alpha i} - e^{-\alpha i}}{2i}}{1-x^2} + C$$

$$= \operatorname{Arc.tg} \frac{2x \operatorname{Sin} \alpha}{1-x^2} + C.$$

Da nun für $x=0$ auch $y=0$ wird, so ist auch Const $= 0$; also

$$y = \tfrac{1}{2} \operatorname{Arc\,tg} \frac{2x \operatorname{Sin} \alpha}{1-x^2}.$$

§. 84. Aufgabe. $\int \frac{x\partial x}{a+bx+cx^2}$ zu bestimmen.

Auflösung. Setzt man $a+bx+cx^2=R$; so ist $b\partial x+2cx\partial x=\partial R$; also

$$x\partial x=\frac{\partial R-b\partial x}{2c}; \text{ folglich}$$

$$\int \frac{x\partial x}{R}=\frac{1}{2c}\left[\int \frac{\partial R}{R}-b\int \frac{\partial x}{R}\right]$$

$$=\frac{1}{2c}\left[\ln R-b\int \frac{\partial x}{R}\right] \text{ folglich}$$

$$\text{XXIV. } \int \frac{x\partial x}{a+bx+cx^2}=\frac{\ln(a+bx+cx^2)}{2c}-\frac{b}{2c}\int \frac{\partial x}{a+bx+cx^2}$$

und die Bestimmung kann nun, nach XXIII. erfolgen.

§. 85. Zusatz. Für $c=0$ verschwinden die Nenner. Man hat aber leicht unmittelbar

$$\int \frac{x\partial x}{a+bx}=\frac{1}{b}\int \frac{a+bx-a)\partial x}{a+bx}$$

$$=\frac{1}{b}\left[x-a\int \frac{\partial x}{a+bx}\right];$$

oder, nach §. 82. D.,

$$\int \frac{x\partial x}{a+bx}=\frac{1}{b}\left[x-\frac{a}{b}\ln(a+bx)\right]+C.$$

§. 86. Aufgabe. $\int \frac{\partial x}{x(a+bx+cx^2)}$ zu bestimmen.

Auflösung. Es ist, $a+bx+cx^2$ durch R ausgedrückt,

$$\frac{1}{xR}=\frac{1}{a}\left[\frac{1}{x}-\frac{b+cx}{R}\right]; \text{ also}$$

$$\int \frac{\partial x}{xR}=\frac{1}{a}\left[\ln x-b\int \frac{\partial x}{R}-c\int \frac{x\partial x}{R}\right]$$

$$=\frac{1}{a}\left[\ln x-b\int \frac{\partial x}{R}-c\left[\frac{\ln R}{2c}-\frac{b}{2c}\int \frac{\partial x}{R}\right]\right],$$

siehe XXIV.; also

$$\text{XXV. } \int \frac{\partial x}{x(a+bx+cx^2)}=\frac{1}{2a}\ln\frac{x^2}{a+bx+cx^2}-\frac{b}{2a}\int \frac{\partial x}{a+bx+cx^2}.$$

§. 87. Zusatz. Für $a = 0$ verschwinden die Nenner; es folgt aber leicht

$$\frac{1}{x(bx + cx^2)} = \frac{1}{b^2}\left[\frac{b}{x^2} - \frac{c}{x} + \frac{c^2}{b + cx}\right], \text{ also}$$

$$\int \frac{1}{x(bx + cx^2)} = -\frac{1}{bx} + \frac{c}{b^2} \ln \frac{b + cx}{x} + C.$$

§. 88. Aufgabe. $\int \frac{\partial x}{\sqrt{a + bx + cx^2}}$ zu bestimmen.

Auflösung. Setzt man $x = y - \frac{b}{2c}$, so wird

$$\int \frac{\partial x}{\sqrt{a + bx + cx^2}} = \int \frac{\partial x}{\sqrt{\frac{4ac - b^2}{4c} + cy^2}}; \text{ also nach XXI.}$$

$$\text{XXVI.} \begin{cases} \int \frac{\partial x}{\sqrt{a + bx + cx^2}} \\ \quad = \frac{1}{\sqrt{c}} \ln \left[\frac{b + 2cx}{2\sqrt{c}} + \sqrt{a + bx + cx^2}\right] + C \\ \int \frac{\partial x}{\sqrt{a + bx - cx^2}} = \frac{1}{\sqrt{c}} \text{Arc Sin} \frac{-b + 2cx}{\sqrt{4ac + b^2}} + C. \end{cases}$$

§. 89. Zusatz. Für $c = 0$ verschwinden die Nenner. Es ist aber sogleich unmittelbar

$$\int \frac{\partial x}{\sqrt{a + bx}} = \frac{1}{b} \int (a + bx)^{-\frac{1}{2}} . \partial (a + bx)$$
$$= \frac{2\sqrt{a + bx}}{b} + C.$$

§. 90. Aufgabe. $\int \sqrt{a + bx + cx^2} . \partial x$ zu bestimmen.

Auflösung. Wird $y - \frac{b}{2c}$ für x geschrieben, so entsteht $\int \sqrt{\frac{4ac - b^2}{4c} + cy^2} . \partial y$; also nach §. 80.

$$\text{XXVII.} \quad \int \sqrt{a + bx + cx^2} . \partial x = \frac{(b + 2cx)\sqrt{a + bx + cx^2}}{4c}$$
$$+ \frac{4ac - b^2}{8c} \int \frac{\partial x}{\sqrt{a + bx + cx^2}},$$

wodurch die Bestimmung auf XXVI zurück geführt ist.

§. 91. Zusatz. Für $c = 0$ ist unmittelbar

$$\int \sqrt{a + bx} \, \partial x = \frac{1}{b} \int (a + bx)^{\frac{1}{2}} \partial (a + bx)$$

$$= \frac{2}{3b} (a + bx)^{\frac{3}{2}} + C.$$

§. 92. Aufgabe. Man soll, $a + bx + cx^2$ durch R ausgedrückt, $\int \frac{x \partial x}{\sqrt{R}}$; $\int x \sqrt{R} \, . \, \partial x$; $\int \frac{\partial x}{x \sqrt{R}}$ und $\int \frac{\sqrt{R} \, . \, \partial x}{x}$ bestimmen.

Auflösung. 1) Aus $R = a + bx + cx^2$ folgt

$$x \partial x = \frac{\partial R - b \partial x}{2c}; \text{ also ist}$$

$$\int \frac{x \partial x}{\sqrt{R}} = \frac{1}{2c} \left[\int \frac{\partial R}{\sqrt{R}} - b \int \frac{\partial x}{R} \right]; \text{ folglich}$$

$$\text{XXVIII.} \quad \int \frac{x \partial x}{\sqrt{a + bx + cx^2}} = \frac{\sqrt{a + bx + cx^2}}{c} - \frac{b}{2c} \int \frac{\partial x}{\sqrt{a + bx + cx^2}}.$$

Anmerk. Für $c = 0$ verschwinden die Nenner. Setzt man in diesem Fall $\sqrt{a + bx} = z$; so wird

$$\int \frac{x \partial x}{\sqrt{a + bx}} = \frac{2}{b^2} \int (z^2 - a) \partial z$$

$$= \frac{2}{b^2} (\tfrac{1}{3} z^3 - az) + C; \text{ oder}$$

$$\text{A.} \quad \int \frac{x \partial x}{\sqrt{a + bx}} = \frac{2}{3b^2} (bx - 2a) \sqrt{a + bx} + C.$$

2) Auf demselben Weg entsteht:

$$\int x \sqrt{R} \partial x = \frac{1}{2c} \int (\sqrt{R} \partial R - b \sqrt{R} \, \partial x)$$

$$= \frac{1}{2c} [\tfrac{2}{3} R^{\frac{3}{2}} - b \int \sqrt{R} \, . \, \partial x],$$

also nach XXVII.

XXIX. $\int x\sqrt{a+bx+cx^2}\,.\partial x = \frac{(a+bx+cx^2)^{\frac{3}{2}}}{3c}$

$- \frac{b}{2c}.\int\sqrt{a+bx+cx^2}\,.\partial x.$

Anmerk. Ist $c=0$, so ergiebt sich, wie A;

B. $\int x\sqrt{a+bx}\,.\partial x = \frac{2}{15b^2}(3bx-2a)(a+bx)^{\frac{3}{2}} + C.$

3) Setzt man, wie in §. 81.,

$\frac{b+\sqrt{b^2-4ac}}{2c}$ gleich k und

$\frac{b-\sqrt{b^2-4ac}}{2c}$ gleich r; so ist

$a+bx+cx^2$ oder $R = c(x+k)(x+r)$;

$kr = \frac{a}{c}$; $k+r = \frac{b}{c}$; $k-r = \frac{\sqrt{b^2-4ac}}{c}$; und

$$\int\frac{\partial x}{x\sqrt{R}} = \frac{1}{\sqrt{c}}\int\frac{\partial x}{x\sqrt{(x+k)(x+r)}}.$$

Nun setze man $\sqrt{(x+k)(x+r)} = (x+r)z$; so wird $z^2 = \frac{x+k}{x+r}$; $x = \frac{rz^2-k}{1-z^2}$; $\partial x = \frac{(r-k)2z\partial z}{(1-z^2)^2}$; $x+r = \frac{r-k}{1-z^2}$; und $\int\frac{\partial x}{x\sqrt{R}} = -\frac{2}{\sqrt{c}}.\int\frac{\partial z}{k-rz^2}$; also, nach §. 82. C;

$$\int\frac{\partial x}{x\sqrt{R}} = -\frac{2}{\sqrt{c}}.\frac{1}{2\sqrt{kr}}\ln\frac{1+z\sqrt{\frac{r}{k}}}{1-z\sqrt{\frac{r}{k}}}+C$$

$$= -\frac{1}{\sqrt{a}}\ln\frac{1+z\sqrt{\frac{r}{k}}}{1-z\sqrt{\frac{r}{k}}} + C.$$

Es ist aber $\frac{1+z\sqrt{\frac{r}{k}}}{1-z\sqrt{\frac{r}{k}}} = \frac{\sqrt{k}+z\sqrt{r}}{\sqrt{k}-z\sqrt{r}}$

$$= \frac{k + rz^2 + 2z\sqrt{kr}}{k - rz^2} = \frac{k + r.\frac{x+k}{x+r} + 2z\sqrt{\frac{a}{c}}}{k - r.\frac{x+k}{x+r}}$$

$$= \frac{2kr + (k+r)x + 2\sqrt{\frac{R}{c}}\cdot\sqrt{\frac{a}{c}}}{(k-r)x}$$

$$= \frac{2a + bx + 2\sqrt{aR}}{x.\sqrt{b^2 - 4ac}}; \text{ alſo}$$

$$\int\frac{\partial x}{x\sqrt{R}} = \frac{-1}{\sqrt{a}} \ln \frac{2a + bx + 2\sqrt{aR}}{x} + C.$$

Für $\ln \frac{1 + z\sqrt{\frac{r}{k}}}{1 - z\sqrt{\frac{r}{k}}}$ kann man, nach §. 83. D., auch ſchreiben

$$i \operatorname{Arc tg} \frac{2z\sqrt{\frac{r}{k}}}{i\left[1 + \frac{rz^2}{k}\right]} = i \operatorname{Arc tg} \frac{2z.\sqrt{\frac{a}{c}}}{i[k + rz^2]}$$

$$= i \operatorname{Arc tg} \frac{2z\sqrt{\frac{a}{c}}}{i\left[k + r.\frac{x+k}{x+r}\right]} =$$

$$i \operatorname{Arc tg} \frac{(2x + r)z.\sqrt{\frac{a}{c}}}{i\left[\frac{b}{c}x + 2\frac{a}{c}\right]}$$

$$= i \operatorname{Arc tg} \frac{2\sqrt{\frac{R}{c}}.\sqrt{\frac{a}{c}}}{i\left[\frac{b}{c}x + 2\frac{a}{c}\right]}$$

$$= i \operatorname{Arc tg} \frac{2\sqrt{aR}}{i(bx + 2a)} \text{ und hat alſo auch}$$

$$\int\frac{\partial x}{x\sqrt{R}} = -\frac{i}{\sqrt{a}} \operatorname{Arc tg} \frac{2\sqrt{aR}}{i(bx + 2a)},$$

folglich, wenn a negativ iſt,

$$\int \frac{\partial x}{x\sqrt{-a+bx+cx^2}} = -\frac{1}{\sqrt{a}} \text{Arc tg} \frac{2\sqrt{a}\sqrt{-a+bx+cx^2}}{bx-2a} + C,$$

oder auch $\left[\text{weil } \partial \text{Arc tg}\, \varphi x = -\partial \text{Arc tg} \frac{1}{\varphi x}\right]$

$$= \frac{1}{\sqrt{a}} \text{Arc tg} \frac{bx-2a}{2\sqrt{a}\sqrt{-a+bx+cx^2}} + C.$$

Es ist daher

$$\text{XXX.} \left\{ \begin{aligned} &\int \frac{\partial x}{x\sqrt{a+bx+cx^2}} \\ &= -\frac{1}{\sqrt{a}} \ln \frac{2a+bx+2\sqrt{a}\sqrt{a+bx+cx^2}}{x} + C \\ &\int \frac{\partial x}{x\sqrt{-a+bx+cx^2}} \\ &= \frac{1}{\sqrt{a}} \text{Arc tg} \frac{bx-2a}{2\sqrt{a}.\sqrt{-a+bx+cx^2}} + C \end{aligned} \right\}$$

Anmerk. Für $a = 0$ verschwinden die Nenner. Setzt man in diesem Falle $\sqrt{bx + cx^2} = xz$; so wird

$$x = \frac{b}{z^2 - c}; \ \partial x = \frac{-2bz\partial z}{(z^2-c)^2}; \text{ also}$$

$$\frac{\partial x}{x\sqrt{bx+cx^2}} = -\frac{2}{b}.\partial z; \text{ daher}$$

$$\text{C.} \int \frac{\partial x}{x\sqrt{bx+cx^2}} = -\frac{2\sqrt{bx+cx^2}}{bx} + C.$$

4) Es ist

$$\int \frac{\sqrt{R}.\partial x}{x} = \int \frac{R.\partial x}{x\sqrt{R}} = \int \frac{(a+bx+cx^2)\partial x}{x\sqrt{R}}$$

$$= a\int \frac{\partial x}{x\sqrt{R}} + b\int \frac{\partial x}{\sqrt{R}} + c\int \frac{x\partial x}{\sqrt{R}}$$

$$= a\int \frac{\partial x}{x\sqrt{R}} + b\int \frac{\partial x}{\sqrt{R}} + \sqrt{R} - \frac{b}{2}\int \frac{\partial x}{\sqrt{R}} \text{ (XXVIII.), also}$$

$$\text{XXX.} \int \frac{\sqrt{a+bx+cx^2}.\partial x}{x} = \sqrt{a+bx+cx^2}$$

$$+ a\int \frac{\partial x}{x\sqrt{a+bx+cx^2}} + \frac{b}{2}\int \frac{\partial x}{\sqrt{a+bx+cx^2}}.$$

§. 93. Aufgabe. $\int \frac{\partial x}{a+bx^3}$ zu bestimmen.

Auflösung. Wird $x\sqrt[3]{\frac{b}{a}}$ durch y ausgedrückt, so entsteht $\int \frac{\partial x}{a+bx^3} = \frac{1}{\sqrt[3]{a^2 b}} \int \frac{\partial y}{1+y^3}$.

Es ist aber

$$\frac{1}{1+y^3} = \tfrac{1}{3}\left[\frac{1}{1+y} + \frac{2-y}{1-y+y^2}\right];\ \text{also}$$

$$\int \frac{\partial y}{1+y^3} = \tfrac{1}{3}\int \frac{\partial y}{1+y} + \tfrac{2}{3}\int \frac{\partial y}{1-y+y^2} - \tfrac{1}{3}\int \frac{y\,\partial y}{1-y+y^2}$$

$$= \tfrac{1}{3}\ln(1+y) + \tfrac{2}{3}\int \frac{\partial y}{1-y+y^2} - \tfrac{1}{3}\left[\frac{\ln(1-y+y^2)}{2} + \tfrac{1}{2}\int \frac{\partial y}{1-y+y^2}\right]$$

(siehe XXIV.)

$$= \tfrac{1}{6}\ln\frac{(1+y)^2}{1-y+y^2} + \tfrac{1}{2}\int \frac{\partial y}{1-y+y^2}$$

$$= \tfrac{1}{6}\ln\frac{(1+y)^2}{1-y+y^2} + \tfrac{1}{2}\cdot\frac{2}{\sqrt{3}}\,\text{Arc tg}\,\frac{-1+2y}{\sqrt{3}}\ \text{(siehe XXIII.)},$$

daher, wenn $\sqrt[3]{\frac{b}{a}}$ durch c ausgedrückt wird,

XXXII. $\frac{\partial x}{a+bx^3}$

$$= \frac{1}{6ac}\left[\ln\frac{(1+cx)^2}{1-cx+c^2x^2} + 2\sqrt{3}\,.\,\text{Arc tg}\,\frac{2cx-1}{\sqrt{3}}\right] + C.$$

§. 94. Aufgabe. Man soll $\int \frac{x\,\partial x}{a+bx^3}$; $\int \frac{x^2\,\partial x}{a+bx^3}$ und $\int \frac{\partial x}{x(a+bx^3)}$ bestimmen.

Auflösung. 1) Es ist $x\sqrt[3]{\frac{b}{a}}$ durch y und $\sqrt[3]{\frac{b}{a}}$ durch c bezeichnet

$$\frac{x\,\partial x}{a+bx^3} = \frac{1}{ac^2}\cdot\frac{y\,\partial y}{1+y^3} = \frac{1}{ac^2}\cdot\frac{1+y-1}{1+y^3}\,\partial y$$

$$= \frac{1}{ac^2}\left[\frac{\partial y}{1-y+y^2} - \frac{\partial y}{1+y^3}\right];$$

also, nach §. 93,

$$\int \frac{x \partial x}{a+bx^3} = \frac{1}{ac^2}\left[\int \frac{\partial y}{1-y+y^2} - \tfrac{1}{6}\ln\frac{(1+y)^2}{1-y+y^2} - \tfrac{1}{2}\int\frac{\partial y}{1-y+y^2}\right]$$

$$= \frac{1}{ac^2}\left[\tfrac{1}{6}\ln\frac{1-y+y^2}{(1+y)^2} + \tfrac{1}{2}\cdot\frac{2}{\sqrt{3}}\,\mathrm{Arctg}\,\frac{-1+2y}{\sqrt{3}}\right];$$

daher

$$\text{XXXIII.}\ \int \frac{x \partial x}{a+bx^3}$$

$$= \frac{1}{6ac^2}\left[\ln\frac{1-cx+c^2x^2}{(1+cx)^2} + 2\sqrt{3}\,\mathrm{Arc\,tg}\,\frac{2cx-1}{\sqrt{3}}\right] + C.$$

2) Es ist $\int \frac{x^2 \partial x}{a+bx^3} = \frac{1}{3b}\int\frac{\partial(a+bx^3)}{a+bx^3}$

$$= \frac{1}{3b}\cdot\ln(a+bx^3) + C$$

3) Es ist

$$\int\frac{\partial x}{x(a+bx^3)} = \frac{1}{a}\left[\int\frac{\partial x}{x} - b\int\frac{x^2\partial x}{a+bx^3}\right]$$

$$= \frac{1}{a}\left[\ln x - \tfrac{1}{3}\ln(a+bx^3)\right] + C$$

$$= \frac{1}{3a}\ln\frac{x^3}{a+bx^3} + C.$$

§. 95. **Aufgabe.** Man soll, $a+bx^4$ durch R ausgedrückt,

$$\int\frac{\partial x}{R};\quad \int\frac{x\partial x}{R};\quad \int\frac{x^2\partial x}{R};\quad \int\frac{x^3\partial x}{R}\ \text{und}\ \int\frac{\partial x}{xR}$$

bestimmen.

Auflösung. Setzt man $x\sqrt[4]{\frac{b}{a}} = y$ und $\sqrt[4]{\frac{b}{a}} = c$; so ist

1) $\int\frac{\partial x}{R} = \frac{1}{ac}\int\frac{\partial y}{1+y^4}$;

Nun ist aber

$$\frac{1}{1+y^4} = \frac{1}{(1+y^2)^2 - 2y^2} = \frac{1}{(1+y^2+y\sqrt{2})(1+y^2-y\sqrt{2})}$$

$$= \frac{1}{2\sqrt{2}}\left[\frac{\sqrt{2}+y}{1+y\sqrt{2}+y^2} + \frac{\sqrt{2}-y}{1-y\sqrt{2}+y^2}\right];\ \text{also}$$

$$\int\frac{\partial y}{1+y^4} = \tfrac{1}{2}\int\frac{\partial y}{1+y\sqrt{2}+y^2} + \tfrac{1}{2}\int\frac{\partial y}{1-y\sqrt{2}+y^2}$$
$$+ \frac{1}{2\sqrt{2}}\int\frac{y\,\partial y}{1+y\sqrt{2}+y^2} - \frac{1}{2\sqrt{2}}\int\frac{y\,\partial y}{1-y\sqrt{2}+y^2}.$$

Da nun, nach XXIII.,

$$\int\frac{y\,\partial y}{1+y\sqrt{2}+y^2} = \frac{\ln(1+y\sqrt{2}+y^2)}{2} - \frac{1}{\sqrt{2}}\int\frac{\partial y}{1+y\sqrt{2}+y^2};$$

und

$$\int\frac{y\,\partial y}{1-y\sqrt{2}+y^2} = \frac{\ln(1-y\sqrt{2}+y^2)}{2} + \frac{1}{\sqrt{2}}\int\frac{\partial y}{1-y\sqrt{2}+y^2}$$

ist, so folgt

$$\int\frac{\partial y}{1+y^4} = \frac{1}{4\sqrt{2}}\ln\frac{1+y\sqrt{2}+y^2}{1-y\sqrt{2}+y^2} + \tfrac{1}{4}\int\frac{\partial y}{1+y\sqrt{2}+y^2}$$
$$+ \tfrac{1}{4}\int\frac{\partial y}{1-y\sqrt{2}+y^2}$$
$$= \frac{1}{4\sqrt{2}}\ln\frac{1+y\sqrt{2}+y^2}{1-y\sqrt{2}+y^2} + \frac{1}{2\sqrt{2}}\,\text{Arc tg}\,(1+y\sqrt{2})$$
$$+ \frac{1}{2\sqrt{2}}\,\text{Arc tg}\,(-1+y\sqrt{2}) + C.$$

Es ist aber $\text{Arc tg}\, a + \text{Arc tg}\, b = \text{Arc tg}\,\frac{a+b}{1-ab}$, also

$$\int\frac{\partial y}{1+y^4} = \frac{1}{4\sqrt{2}}\ln\frac{1+y\sqrt{2}+y^2}{1-y\sqrt{2}+y^2} + \frac{1}{2\sqrt{2}}\,\text{Arc tg}\,\frac{y\sqrt{2}}{1-y^2} + C,$$

folglich

$$\int\frac{\partial x}{a+bx^4} = \frac{1}{4ac\sqrt{2}}\left[\ln\frac{1+cx\sqrt{2}+c^2x^2}{1-cx\sqrt{2}+c^2x^2} + 2\,\text{Arc tg}\,\frac{cx\sqrt{2}}{1-c^2x^2}\right] + C,$$

welches Resultat imaginär erscheint, wenn a und b verschiedene Zeichen haben. Dann ist aber

$$\int\frac{\partial x}{a-bx^4} = \frac{1}{ac}\int\frac{\partial y}{1-y^4}$$
$$= \frac{1}{2ac}\left[\int\frac{\partial y}{1+y^2} + \int\frac{\partial y}{1-y^2}\right]$$
$$= \frac{1}{2ac}\left[\text{Arc tg}\, y + \tfrac{1}{2}\ln\frac{1+y}{1-y}\right] + C$$
$$= \frac{1}{4ac}\left[\ln\frac{1+cx}{1-cx} + 2\,\text{Arc tg}\, cx\right] + C,$$

folglich

$$\text{XXXIV.}\left\{\begin{aligned}&\int\frac{\partial x}{a+bx^4}=\\&\frac{1}{4ac\sqrt{2}}\left[\ln\frac{1+cx\sqrt{2}+c^2x^2}{1-cx\sqrt{2}+c^2x^2}+2\,\mathrm{Arc\,tg}\frac{cx\sqrt{2}}{1-c^2x^2}\right]+C\\&\int\frac{\partial x}{a-bx^4}=\\&\frac{1}{4ac}\left[\ln\frac{1+cx}{1-cx}+2\,\mathrm{Arc\,tg}\,cx\right]+C\end{aligned}\right\}$$

2) Es ist

$$\int\frac{x\,dx}{a+bx^4}=\frac{1}{2a}\int\frac{\partial(x^2)}{1+\frac{b}{a}x^4}=\frac{1}{2ac^2}\int\frac{\partial(cx)^2}{1+[(cx^2)]^2};$$ also

$$\int\frac{x\partial x}{a+bx^4}=\frac{1}{2ac^2}.\,\mathrm{Arc\,tg}\,(cx)^2+C;$$ oder auch

$$=\frac{1}{2ac^2}\cdot\frac{1}{2i}\ln\frac{1+ic^2x^2}{1-ic^2x^2}.$$

Ist nun b negativ: so liefert dieser Ausdruck folgenden (§. 83. A.):

$$\int\frac{x\partial x}{a-bx^4}=\frac{1}{2a.\sqrt{-\frac{b}{a}}}\cdot\frac{1}{2i}\ln\frac{1+i.\sqrt{-\frac{b}{a}}.x^2}{1-i.\sqrt{-\frac{b}{a}}.x^2}+C$$

$$=\frac{1}{4a\sqrt{\frac{b}{a}}}\ln\frac{1+x^2\sqrt{\frac{b}{a}}}{1-x^2.\sqrt{\frac{b}{a}}}+C.$$

Es ist daher

$$\text{XXXV.}\left\{\begin{aligned}&\int\frac{x\partial x}{a+bx^4}=\frac{1}{2\sqrt{ab}}\,\mathrm{Arc\,tg}\left(x^2\sqrt{\frac{b}{a}}\right)+C\\&\int\frac{x\partial x}{a-bx^4}=\frac{1}{4\sqrt{ab}}\ln\frac{\sqrt{a}+x^2\sqrt{b}}{\sqrt{a}-x^2\sqrt{b}}+C.\end{aligned}\right\}$$

3) So, wie in 1; ist

$$\int \frac{x^2 \partial x}{a+bx^4} = \frac{1}{ac^3} \int \frac{y^2 \partial y}{1+y^4} \text{ und}$$

$$\int \frac{y^2 \partial y}{1+y^4} = \frac{1}{2} \int \frac{y^2 \partial y}{1+y\sqrt{2}+y^2} + \frac{1}{2} \int \frac{y^2 \partial y}{1-y\sqrt{2}+y^2}$$

$$+ \frac{1}{2\sqrt{2}} \int \frac{y^3 \partial y}{1+y\sqrt{2}+y^2} - \frac{1}{2\sqrt{2}} \int \frac{y^3 \partial y}{1-y\sqrt{2}+y^2}.$$

Wird nun $1+y\sqrt{2}+y^2$ durch P und

$1-y\sqrt{2}+y^2$ durch Q ausgedrückt,

so ist $y^2 = P-1-y\sqrt{2}$; und auch

$y^2 = Q-1+y\sqrt{2}$; also

$$\int \frac{y^3 \partial y}{P} = \int \frac{Py - y - y^2\sqrt{2}}{P} \partial y$$

$$= \frac{y^2}{2} - \int \frac{y \partial y}{P} - \sqrt{2} \int \frac{y^2 \partial y}{P} \text{ und}$$

$$\int \frac{y^3 \partial y}{Q} = \int \frac{Qy - y + y^2\sqrt{2}}{Q} \partial y$$

$$= \frac{y^2}{2} - \int \frac{y \partial y}{Q} + \sqrt{2} \int \frac{y^2 \partial y}{Q}; \text{ also}$$

$$\int \frac{y^2 \partial y}{1+y^4} = \frac{1}{2} \int \frac{y^2 \partial y}{P} + \frac{1}{2} \int \frac{y^2 \partial y}{Q}$$

$$+ \frac{y^2}{4\sqrt{2}} - \frac{1}{2\sqrt{2}} \int \frac{y \partial y}{P} - \frac{\sqrt{2}}{2\sqrt{2}} \int \frac{y^2 \partial y}{P}$$

$$- \frac{y^2}{4\sqrt{2}} + \frac{1}{2\sqrt{2}} \int \frac{y \partial y}{Q} - \frac{\sqrt{2}}{2\sqrt{2}} \int \frac{y^2 \partial y}{Q}$$

$$= \frac{1}{2\sqrt{2}} \left[\int \frac{y \partial y}{Q} - \int \frac{y \partial y}{P} \right]$$

$$= \frac{1}{4\sqrt{2}} \left[\ln \frac{1-y\sqrt{2}+y^2}{1+y\sqrt{2}+y^2} + 2 \operatorname{Arc} \operatorname{tg} \frac{y\sqrt{2}}{1-y^2} \right] + C,$$

also

$$\int \frac{x^2 \partial x}{a+bx^4} = \frac{1}{4ac^3\sqrt{2}} \left[\ln \frac{1-cx\sqrt{2}+c^2x^2}{1+cx\sqrt{2}+c^2x^2} \right.$$

$$\left. + 2 \operatorname{Arc} \operatorname{tg} \frac{cx\sqrt{2}}{1-c^2x^2} \right] + C.$$

Ist b negativ, so wird

$$\int\frac{x^2\partial x}{a-bx^4}=\frac{1}{ac^3}\int\frac{y^2\partial y}{1-y^4}$$

$$=\frac{1}{2ac^3}\left[\int\frac{y^2\partial y}{1+y^2}+\int\frac{y^2\partial y}{1-y^2}\right]$$

$$=\frac{1}{2ac^3}\left[\int\frac{1+y^2-1}{1+y^2}\partial y+\int\frac{1-(1-y^2)}{1-y^2}\partial y\right]$$

$$=\frac{1}{2ac^3}\left[y-\int\frac{\partial y}{1+y^2}-y+\int\frac{\partial y}{1-y^2}\right]$$

$$=\frac{1}{2ac^3}\left[\tfrac{1}{2}\ln\frac{1+y}{1-y}-\text{Arc tg}\,y\right]+C$$

$$=\frac{1}{4ac^3}\left[\ln\frac{1+cx}{1-cx}-2\,\text{Arc tg}\,cx\right]+C,\text{ also}$$

XXXVI.
$$\left\{\begin{aligned}\int\frac{x^2\partial x}{a+bx^4}&=\frac{1}{4ac^3.\sqrt{2}}\left[\ln\frac{1-cx\sqrt{2}+c^2x^2}{1+cx\sqrt{2}+c^2x^2}\right.\\&\qquad\left.+2\,\text{Arctg}\frac{cx\sqrt{2}}{1-c^2x^2}\right]+C\\\int\frac{x^2\partial x}{a-bx^4}&=\frac{1}{4ac^3}\left[\ln\frac{1+cx}{1-cx}-2\text{Arctg}\,cx\right]+C\end{aligned}\right\}$$

4) Es ist $\int\frac{x^3\partial x}{a+bx^4}=\frac{1}{4b}\int\frac{\partial(a+bx^4)}{a+bx^4}$

$$=\frac{\ln(a+bx^4)}{4b}+C.$$

5) Es ist $\frac{1}{x(a+bx^4)}=\frac{1}{a}\left[\frac{1}{x}-\frac{bx^3}{a+bx^4}\right]$; also

$$\int\frac{\partial x}{x(a+bx^4)}=\frac{1}{a}\left[\ln x-\frac{\ln(a+bx^4)}{4}\right]$$

$$=\frac{1}{4a}\ln\frac{x^4}{a+bx^4}+C.$$

§. 96. **Aufgabe.** Man soll $a+bx^2+cx^4$, durch R ausgedrückt, $\int\frac{\partial x}{R}$; $\int\frac{x\partial x}{R}$; $\int\frac{x^2\partial x}{R}$; $\int\frac{x^3\partial x}{R}$ und $\int\frac{\partial x}{xR}$ bestimmen.

Auflösung. Es bezeichnen

e^2 den Ausdruck $\frac{b+\sqrt{b^2-4ac}}{2c}$

h^2 „ „ $\frac{b-\sqrt{b^2-4ac}}{2c}$

k „ „ $\sqrt[4]{\frac{a}{c}}$

$\mathrm{Cos}\,2\alpha$ „ „ $-\frac{b}{2\sqrt{ac}}$; so hat man

1) $R = c(x^2+e^2)(x^2+h^2)$; also

$$\frac{1}{R} = \frac{1}{\sqrt{b^2-4ac}}\left[\frac{1}{x^2+h^2} - \frac{1}{x^2+e^2}\right];\text{ daher}$$

$$\int\frac{\partial x}{R} = \frac{1}{\sqrt{b^2-4ac}}\left[\frac{1}{h}\mathrm{Arc\,tg}\frac{x}{h} - \frac{1}{e}\mathrm{Arc\,tg}\frac{x}{e}\right] + C,$$

welches Resultat imaginär erscheint, wenn $4ac > b^2$ ist. Es ist aber auch

$$\begin{aligned}
R &= c\left(x^4 + \frac{b}{c}x^2 + \frac{a}{c}\right) \\
&= c\left[x^4 + 2k^2x^2 \cdot \frac{b}{2\sqrt{ac}} + k^4\right] \\
&= c[x^4 - 2k^2x^2\,\mathrm{Cos}\,2\alpha + k^4] \\
&= c[x^4 + k^4 - 2k^2x^2(2\,\mathrm{Cos}\,\alpha^2 - 1)] \\
&= c[(x^2+k^2)^2 - (2kx\,\mathrm{Cos}\,\alpha)^2] \\
&= c[x^2 + 2kx\,\mathrm{Cos}\,\alpha + k^2][x^2 - 2kx\,\mathrm{Cos}\,\alpha + k^2],
\end{aligned}$$

folglich

$$\frac{1}{R} = \frac{1}{4ck^3\,\mathrm{Cos}\,\alpha}\left[\frac{2k\,\mathrm{Cos}\,\alpha + x}{x^2+2kx\,\mathrm{Cos}\,\alpha+k^2} + \frac{2k\,\mathrm{Cos}\,\alpha - x}{x^2-2kx\,\mathrm{Cos}\,\alpha+k^2}\right]$$

daher

$$\begin{aligned}
\int\frac{\partial x}{R} = \frac{1}{4ck^3\,\mathrm{Cos}\,\alpha}\Bigg[&2k\,\mathrm{Cos}\,\alpha\int\frac{\partial x}{x^2+2kx\,\mathrm{Cos}\,\alpha+k^2} \\
&+ 2k\,\mathrm{Cos}\,\alpha\int\frac{\partial x}{x^2-2kx\,\mathrm{Cos}\,\alpha+k^2} + \int\frac{x\,\partial x}{x^2+2kx\,\mathrm{Cos}\,\alpha+k^2} \\
&- \int\frac{x\,\partial x}{x^2-2kx\,\mathrm{Cos}\,\alpha+k^2}\Bigg]
\end{aligned}$$

und hieraus durch Anwendung von XXIII. und XXIV.

$$\int\frac{\partial x}{R} = \frac{1}{8ck^3\,\mathrm{Cos}\,\alpha}\Big[\ln\frac{x^2+2kx\,\mathrm{Cos}\,\alpha+k^2}{x^2-2kx\,\mathrm{Cos}\,\alpha+k^2}$$

$$+2\,\mathrm{Cotg}\,\alpha\,\mathrm{Arc\,tg}\frac{x+k\,\mathrm{Cos}\,\alpha}{k\,\mathrm{Sin}\,\alpha}+2\,\mathrm{Cotg}\,\alpha\,\mathrm{Arc\,tg}\frac{x-k\,\mathrm{Cos}\,\alpha}{k\,\mathrm{Sin}\,\alpha}\Big]+C$$

$$=\frac{1}{8ck^3\,\mathrm{Cos}\,\alpha}\Big[\ln\frac{x^2+2kx\,\mathrm{Cos}\,\alpha+k^2}{x^2-2kx\,\mathrm{Cos}\,\alpha+k^2}+2\,\mathrm{Cotg}\,\alpha\,\mathrm{Arctg}\frac{2kx\,\mathrm{Sin}\,\alpha}{k^2-x^2}\Big]+C$$

welches Resultat reell ist, wenn $\frac{b}{2\sqrt{ac}} < 1$; d. h. wenn $b^2 < 4ac$ ist.

In dem besondern Fall, wenn $b^2 = 4ac$ ist, entsteht

$$\int\frac{\partial x}{R} = 4a\int\frac{\partial x}{(2a+bx^2)^2}$$

$$=\int\frac{2a-bx^2}{(2a+bx^2)^2}\cdot\partial x+\int\frac{\partial x}{2a+bx^2}$$

$$=\int\frac{(2a+bx^2\,\partial x-2bx^2\partial x}{(2a+bx^2)^2}+\frac{1}{\sqrt{2ab}}\,\mathrm{Arctg}\,x\sqrt{\frac{b}{2a}}$$

$$=\frac{x}{2a+bx^2}+\frac{1}{\sqrt{2ab}}\,\mathrm{Arc\,tg}\,x\sqrt{\frac{b}{2a}}+C.$$

Es ist also

XXXVII.

$$\int\frac{\partial x}{a+bx^2+cx^4} = \frac{1}{\sqrt{b^2-4ac}}\Big[\frac{1}{h}\,\mathrm{Arc\,tg}\frac{x}{h}-\frac{1}{e}\,\mathrm{Arc\,tg}\frac{x}{e}\Big]+C$$

reell, wenn $b^2 > 4ac$,

$$\int\frac{\partial x}{a+bx^2+cx^4} = \frac{1}{8ck^3\,\mathrm{Cos}\,\alpha}\Big[\ln\frac{x^2+2kx\,\mathrm{Cos}\,\alpha+k^2}{x^2+2kx\,\mathrm{Cos}\,\alpha+k^2}+2\,\mathrm{Cotg}\,\alpha\,\mathrm{Arc\,tg}\frac{2kx\,\mathrm{Sin}\,\alpha}{k^2-x^2}\Big]+C$$

reell, wenn $4ac > b^2$,

$$\int\frac{\partial x}{a+bx^2+cx^4} = \frac{x}{2a+bx^2}+\frac{1}{\sqrt{2ab}}\,\mathrm{Arc\,tg}\,x\sqrt{\frac{b}{2a}}+C$$

nur gültig, wenn $4ac = b^2$ ist.

2) Es ist $\int \frac{x\,\partial x}{R} = \frac{1}{2}\int \frac{\partial(x^2)}{a+b(x^2)+c(x^2)^2}$, folglich nach XXIII.

$$\text{XXXVIII.}\left\{\begin{array}{l}\int \frac{x\,\partial x}{a+bx^2+cx^4} \\ = \frac{1}{\sqrt{4ac-b^2}} \operatorname{Arc tg} \frac{b+2cx^2}{\sqrt{4ac-b^2}} + C \\ \text{reell, wenn } 4ac > b^2 \text{ ist,} \\ \int \frac{x\,\partial x}{a+bx^2+cx^4} \\ = \frac{1}{2\sqrt{b^2-4ac}} \ln \frac{b+2cx^2-\sqrt{b^2-4ac}}{b+2cx^2+\sqrt{b^2-4ac}} + C \\ \text{reell, wenn } b^2 > 4ac \text{ ist,} \\ \int \frac{x\,\partial x}{a+bx^2+cx^4} = -\frac{2a}{b(2a+bx^2)} + C \\ \text{nur gültig, wenn } b^2 > 4ac \text{ ist.}\end{array}\right\}$$

2) So, wie in 1; ist

$$\int \frac{x^2\partial x}{R} = \frac{1}{\sqrt{b^2-4ac}}\left[\int \frac{x^2\partial x}{x^2+h^2} - \int \frac{x^2\partial x}{x^2+e^2}\right]$$

$$= \frac{1}{\sqrt{b^2-4ac}}\left[\int \frac{x^2+h^2-h^2}{x^2+h^2}\partial x - \int \frac{x^2+e^2-e^2}{x^2+e^2}\partial x\right]$$

$$= \frac{1}{\sqrt{b^2-4ac}}\left[x - h^2\int \frac{\partial x}{h^2+x^2} - x + e^2\int \frac{\partial x}{e^2+x^2}\right]$$

$$= \frac{1}{\sqrt{b^2-4ac}}\left[e \operatorname{Arc tg} \frac{x}{e} - h \operatorname{Arc tg} \frac{x}{h}\right] + C,$$

welcher Ausdruck für $b^2 > 4ac$ reell ist.

Es ist aber auch, so wie in 1;

$$\int \frac{x^2\partial x}{R} = \frac{1}{4ck^3 \operatorname{Cos}\alpha} \cdot \left[2k \operatorname{Cos}\alpha \int \frac{x^2\partial x}{x^2+2kx\operatorname{Cos}\alpha+k^2}\right.$$

$$+ 2k\operatorname{Cos}\alpha . \int \frac{x^2\partial x}{x^2-2kx\operatorname{Cos}\alpha+k^2} + \int \frac{x^3\partial x}{x^2+2kx\operatorname{Cos}\alpha+k^2}$$

$$\left. - \int \frac{x^3\partial x}{x^2-2kx\operatorname{Cos}\alpha+k^2}\right].$$

Wird nun

$$x^2+2kx\,\mathrm{Cos}\,\alpha+k^2 = P \text{ und}$$
$$x^2-2kx\,\mathrm{Cos}\,\alpha+k^2 = Q$$

gesetzt, so ist

$$x^3+2kx^2\,\mathrm{Cos}\,\alpha = (P-k^2)\,x \text{ und}$$
$$x^3-2kx^2\,\mathrm{Cos}\,\alpha = (Q-k^2)\,x;$$

also

$$\int\frac{x^2\partial x}{R} = \frac{1}{4ck^3\mathrm{Cos}\,\alpha}\left[\int\frac{(P-k^2)\,x\,\partial x}{P}-\int\frac{(Q-k^2)\,x\,\partial x}{Q}\right]$$
$$= \frac{1}{4ck\,\mathrm{Cos}\,\alpha}\left[\int\frac{x\,\partial x}{Q}-\int\frac{x\,\partial x}{P}\right]$$
$$= \frac{1}{8ck\,\mathrm{Cos}\,\alpha}\left[\ln\frac{Q}{P}+2\,\mathrm{Cotg}\,\alpha\,\mathrm{Arc\,tg}\frac{2kx\,\mathrm{Sin}\,\alpha}{k^2-x^2}\right]+C,$$

welches Resultat, wegen $\mathrm{Cos}\,2\alpha = -\frac{1}{2\sqrt{ac}}$, nur reell ist, wenn $b^2 < 4ac$ ist.

Ist $b^2 = 4ac$, so wird

$$\int\frac{x^2\partial x}{R} = 4a\int\frac{x^2\partial x}{(2a+bx^2)^2} =$$
$$\frac{4a}{b}\int\frac{(2a+bx^2-2a)\,\partial x}{(2a+bx^2)^2}$$
$$= \frac{4a}{b}\left[\int\frac{\partial x}{2a+bx^2}-2a\int\frac{\partial x}{(2a+bx^2)^2}\right]$$
$$= \frac{2a}{b}\left[-\frac{x}{2a+bx^2}+\frac{1}{\sqrt{2ab}}\,\mathrm{Arc\,tg}\,x\sqrt{\frac{b}{2a}}\right]+C,$$

wie in 1.

Folglich ist also

XXXIX.

$$\int\frac{x^2\partial x}{a+bx^2+cx^4}$$
$$=\frac{1}{\sqrt{b^2-4ac}}\left[e\,\text{Arctg}\frac{x}{e}-h\,\text{Arctg}\frac{x}{h}\right]+C;$$

reell, für $b^2>4ac$

$$\int\frac{x^2\partial x}{a+bx^2+cx^4}$$
$$=\frac{1}{8ck\,\text{Cos}\,\alpha}\cdot\left[\ln\frac{x^2-2kx\,\text{Cos}\,\alpha+k^2}{x^2+2kx\,\text{Cos}\,\alpha+k^2}\right.$$
$$\left.+2\,\text{Cotg}\,\alpha\,\text{Arctg}\frac{2kx\,\text{Sin}\,\alpha}{k^2-x^2}\right]+C;$$

reell, für $4ac>b^2$,

$$\int\frac{x^2\partial x}{a+bx^2+cx^4}=\frac{2a}{b}\left[\frac{-x}{2a+bx^2}\right.$$
$$\left.+\frac{1}{\sqrt{2ab}}\,\text{Arctg}\,x\sqrt{\frac{b}{2a}}\right]+C;$$

nur gültig, wenn $4ac=b^2$ ist.

4) Zu Bestimmung von $\int\frac{x^3\partial x}{R}$ hat man

$$\partial R=2bx\partial x+4cx^3\partial x;\ \text{also}$$
$$x^3\partial x=\frac{\partial R-2bx\partial x}{4c};\ \text{also}$$
$$\int\frac{x^3\partial x}{R}=\frac{1}{4c}\left[\int\frac{\partial R}{R}-2b\int\frac{x\partial x}{R}\right];\ \text{oder}$$

XL. $$\int\frac{x^3\partial x}{a+bx^2+cx^4}=\frac{\ln(a+bx^2+cx^4)}{4c}-\frac{b}{2c}\int\frac{x\partial x}{a+bx^2+cx^4}$$

welches letzte Integral aus XXXVIII. bekannt ist.

5) Es ist $\frac{1}{xR}=\frac{1}{a}\left[\frac{1}{x}-\frac{bx+cx^3}{R}\right]$; daher

$$\int\frac{\partial x}{xR}=\frac{1}{a}\int\frac{\partial x}{x}-\frac{b}{a}\int\frac{x\partial x}{R}-\frac{c}{a}\int\frac{x^3\partial x}{R};$$

also nach XL ; folglich

XLI. $$\int\frac{\partial x}{x(a+bx^2+cx^4)}=\frac{1}{4a}\ln\frac{x^4}{a+bx^2+cx^4}-\frac{b}{2a}\int\frac{x\partial x}{a+bx^2+cx^4}.$$

§. 97.

§. 97. Zusatz. Für $a=0$; oder auch $c=0$ werden einzelne dieser Formeln unbestimmt; dann erhält man aber leicht:

1) für $a = 0$;

A. $$\int\frac{\partial x}{bx^2+cx^4} = \frac{1}{b}\left[\int\frac{\partial x}{x^2} - \int\frac{c\,\partial x}{b+cx^2}\right]$$
$$= -\frac{1}{bx} - \frac{\sqrt{c}}{b\sqrt{b}}\,\mathrm{Arc\,tg}\,x\sqrt{\frac{c}{b}} + C.$$

B. $$\int\frac{x\,\partial x}{bx^2+cx^4} = \frac{1}{b}\left[\int\frac{\partial x}{x} - c\int\frac{x\,\partial x}{b+cx^2}\right]$$
$$= \frac{1}{2b}\ln\frac{x^2}{b+cx^2} + C.$$

C. $$\int\frac{x^2\,\partial x}{bx^2+cx^4} = \frac{1}{\sqrt{bc}}\,\mathrm{Arc\,tg}\,x\sqrt{\frac{c}{b}} + C.$$

D. $$\int\frac{x^3\,\partial x}{bx^2+cx^4} = \frac{1}{2c}\ln(b+cx^2) + C.$$

E. $$\int\frac{\partial x}{x(bx^2+cx^4)} = \frac{1}{b^2}\int\left[\frac{b}{x^3} - \frac{c}{x} + \frac{cx^2}{b+cx^2}\right]\partial x$$
$$= -\frac{1}{2bx^2} + \frac{c}{2b^2}\ln\frac{b+cx^2}{x^2} + C.$$

2) für $c = 0$;

F. $$\int\frac{\partial x}{a+bx^2} = \frac{1}{\sqrt{ab}}\,\mathrm{Arc\,tg}\,x\sqrt{\frac{b}{a}} + C.$$

G. $$\int\frac{x\,\partial x}{a+bx^2} = \frac{1}{2b}\ln(a+bx^2) + C.$$

H. $$\int\frac{x^2\,\partial x}{a+bx^2} = \frac{1}{b}\int\frac{-a+a+bx^2}{a+bx^2}\,\partial x$$
$$= \frac{x}{b} - \frac{\sqrt{a}}{b\sqrt{b}}\,\mathrm{Arc\,tg}\,x\sqrt{\frac{b}{a}} + C.$$

I. $$\int\frac{x^3\,\partial x}{a+bx^2} = \frac{1}{b}\int\frac{x(-a+a+bx^2)}{a+bx^2}\,\partial x$$
$$= \frac{x^2}{2b} - \frac{a}{2b^2}\ln(a+bx^2) + C.$$

K. $$\int\frac{\partial x}{x(a+bx^2)} = \frac{1}{2a}\ln\frac{x^2}{a+bx^2} + C.$$

Beispiele.

1) $$\int\frac{\partial x}{1+x^2-x^4}=\frac{1}{\sqrt{5}}\left[\sqrt{\frac{1+\sqrt{5}}{2}}\,\mathrm{Arc\,tg}\,x\sqrt{\frac{1+\sqrt{5}}{2}}\right.$$
$$\left.-\sqrt{\frac{-1+\sqrt{5}}{2}}\,.\,i\,\mathrm{Arc\,tg}\,i\,x\sqrt{\frac{-1+\sqrt{5}}{2}}\right]+C$$
$$=\frac{1}{\sqrt{5}}\left[\sqrt{\frac{1+\sqrt{5}}{2}}\,\mathrm{Arc\,tg}\,x\sqrt{\frac{1+\sqrt{5}}{2}}\right.$$
$$\left.+\tfrac{1}{2}\sqrt{\frac{-1+\sqrt{5}}{2}}\ln\frac{\sqrt{2}+x\sqrt{-1+\sqrt{5}}}{\sqrt{2}-x\sqrt{-1+\sqrt{5}}}\right]+C$$

(Siehe §. 83. A.).

2) $$\int\frac{x^2\partial x}{1+x^2-x^4}=\frac{1}{\sqrt{5}}\left[\sqrt{\frac{1+\sqrt{5}}{2}}\,.\,\frac{1}{i}\,\mathrm{Arc\,tg}\,i\,x\sqrt{\frac{2}{1+\sqrt{5}}}\right.$$
$$\left.-\sqrt{\frac{-1+\sqrt{5}}{2}}\,\mathrm{Arc\,tg}\,x\sqrt{\frac{2}{-1+\sqrt{5}}}\right]+C$$
$$=\frac{1}{\sqrt{5}}\left[-\tfrac{1}{2}\sqrt{\frac{1+\sqrt{5}}{2}}\,.\,\ln\frac{\sqrt{2}-x\sqrt{-1+\sqrt{5}}}{\sqrt{2}+x\sqrt{-1+\sqrt{5}}}\right.$$
$$\left.-\sqrt{\frac{-1+\sqrt{5}}{2}}\,\mathrm{Arc\,tg}\,x\sqrt{\frac{1+\sqrt{5}}{2}}\right]+C.$$

(Siehe §. 83. A.)

3) $$\int\frac{\partial x}{1+x^2+x^4}=\tfrac{1}{4}\left[\ln\frac{1+x^2+x^4}{1-x^2+x^4}+\frac{2\sqrt{3}}{3}\,\mathrm{Arc\,tg}\,\frac{x\sqrt{3}}{1-x^2}\right]+C$$

Des dritten Abschnitts
2tes Kapitel.

Reductions-Formeln zu Bestimmung der Integrale algebraischer Ableitungs-Formeln.

§. 98. **Aufgabe.** Es bezeichne R den Ausdruck $a+bx+cx^2$; m eine positive ganze Zahl; n eine positive Zahl, ganz oder als Bruch, dessen Zähler eine ganze ungerade Zahl, dessen Nenner aber $=2$ ist; man soll für

$$\int\frac{\partial x}{R^n};\ \int\frac{x^m\partial x}{R^n};\ \int\frac{\partial x}{x R^n}\ \text{und}\ \int\frac{\partial x}{x^m R^n}$$

Reductions-Formeln bilden.

Auflösung. 1) Es ist $4cR-(b+2cx)^2 = 4ac-b^2$; also, $4ac-b^2$ durch k ausgedrückt,

$$\int\frac{\partial x}{R^n}=\frac{1}{k}\int\frac{4cR-(b+2cx)^2}{R^n}\partial x$$

$$=\frac{4c}{k}\int\frac{\partial x}{R^{n-1}}-\frac{1}{k}\int\frac{(b+2cx)\partial R}{R^n}$$

$$=\frac{4c}{k}\int\frac{\partial x}{R^{n-1}}+\frac{1}{k(n-1)}.\int(b+2cx).\partial R^{-n+1}$$

$$=\frac{4c}{k}\int\frac{\partial x}{R^{n-1}}+\frac{b+2cx}{k(n-1)R^{n-1}}-\frac{2c}{k(n-1)}\int\frac{\partial x}{R^{n-1}},$$

also

XLII. $$\int\frac{\partial x}{(a+bx+cx^2)^n}$$

$$=\frac{b+2cx}{k(n-1)R^{n-1}}+\frac{2c(2n-3)}{k(n-1)}\int\frac{\partial x}{(a+bx+cx^2)^{n-1}},$$

wodurch die Bestimmung auf XXIII. und XXVI. zurückgeführt ist.

2) Es ist $\partial\frac{x^{m-1}}{R^{n-1}}=\frac{(m-1)x^{m-2}.\partial x}{R^{n-1}}-\frac{(n-1)bx^{m-1}\partial x}{R^n}$ $-\frac{2c(n-1)x^m\partial x}{R^n}$ und hieraus

$$\int\frac{x^m\partial x}{R^n}=-\frac{x^{m-1}}{2c(n-1)R^{n-1}}+\frac{m-1}{2c(n-1)}\int\frac{x^{m-2}\partial x}{R^{n-1}}$$

$$-\frac{b}{2c}\int\frac{x^{m-1}\partial x}{R^n};$$

oder, wenn man im 2ten Glied rechter Hand, hinterm Integralzeichen, Zähler und Nenner mit R multiplicirt, im Zähler $a+bx+cx^2$ für R setzt, und dann $\int\frac{x^m\partial x}{R^n}$ aus der Gleichung entwickelt,

$$\int \frac{x^m \partial x}{R^n} = \frac{1}{c(2n-m-1)} \left[\frac{-x^{m-1}}{R^{n-1}} + (m-1) a \int \frac{x^{m-2} \partial x}{R^n} \right.$$

$$\left. + b(m-n) \int \frac{x^{m-1} \partial x}{R^n} \right];$$ also

XLIII.

$$\left\{ \begin{array}{l} 1) \int \frac{x^m \partial x}{(a+bx+cx^2)^n} = \frac{1}{2c(n-1)} \left[- \frac{x^{m-1}}{(a+bx+cx^2)^{n-1}} \right. \\ \left. - b(n-1) \int \frac{x^{m-1} \cdot \partial x}{(a+bx+cx^2)^n} + (m-1) \int \frac{x^{m-2} \partial x}{(a+bx+cx^2)^{n-1}} \right] \\ 2) \int \frac{x^m \partial x}{(a+bx+cx^2)^n} = \frac{1}{c(2n-m-1)} \cdot \left[- \frac{x^{m-1}}{(a+bx+cx^2)^{n-1}} \right. \\ \left. + b(m-n) \int \frac{x^{m-1} \partial x}{(a+bx+cx^2)^n} + (m-1) a \int \frac{x^{m-2} \partial x}{(a+bx+cx^2)^n} \right] \end{array} \right\}$$

wodurch die Bestimmung auf XLII. zurückgeführt ist; 1) ist anzuwenden, wenn $2n = m + 1$ ist, in den übrigen Fällen 1) oder 2).

3) Weil $\frac{\partial x}{x \cdot R^{n-1}} = \frac{R \cdot \partial x}{x \cdot R^n} = \frac{(a + bx + cx^2) \partial x}{x R^n}$

$= a \cdot \frac{\partial x}{x \cdot R^n} + b \cdot \frac{\partial x}{R^n} + c \cdot \frac{x \partial x}{R^n}$ ist, so ist auch

$$\int \frac{\partial x}{x \cdot R^n} = - \frac{b}{a} \int \frac{\partial x}{R^n} - \frac{c}{a} \int \frac{x \partial x}{R^n} + \frac{1}{a} \int \frac{\partial x}{x R^{n-1}}.$$

Aus XLIII. folgt aber, $m = 1$ gesetzt,

$$\int \frac{x \partial x}{R^n} = \frac{-1}{2c(n-1) R^{n-1}} - \frac{b}{2c} \int \frac{\partial x}{R^n},$$

und substituirt man diesen Werth, so folgt

XLIV. $$\int \frac{\partial x}{x \cdot (a + bx + cx^2)^n} = \frac{1}{2a(n-1)(a + bx + cx^2)^{n-1}}$$

$$- \frac{b}{2a} \int \frac{\partial x}{(a + bx + cx^2)^n} + \frac{1}{a} \int \frac{\partial x}{x(a + bx + cx^2)^{n-1}},$$

wodurch die Bestimmung aus XLII.; XXV. und XXX zurückzuführen ist.

4) Schreibt man in XLIII. 2) $-m$ für $m-2$; so entsteht

$$\int \frac{\partial x}{x^{m-2}R^n} = \frac{1}{c(2n+m-3)}\Big[-\frac{1}{x^{m-1}R^{n-1}}$$

$$-b(m+n-2)\int\frac{\partial x}{x^{m-1}R^n} - (m-1)a\int\frac{\partial x}{x^m R^n}\Big],$$

und hieraus

$$\text{XLV.}\ \int\frac{\partial x}{x^m(a+bx+cx^2)^n} = \frac{-1}{(m-1)ax^{m-1}.(a+bx+cx^2)^{n-1}}$$

$$-\frac{b(m+n-2)}{a(m-1)}\int\frac{\partial x}{x^{m-1}(a+bx+cx^2)^n}$$

$$-\frac{c(2n+m-3)}{a(m-1)}\int\frac{\partial x}{x^{m-2}(a+bx+cx^2)^n},$$

wodurch die Bestimmung auf XLIV. reducirt ist.

Beispiele.

$$1)\int\frac{\partial x}{(1+x+x^2)^3} = \frac{(1+2x)(3+2x+2x^2)}{6(1+x+x^2)^2}$$

$$+\frac{4}{3\sqrt{3}}\,\text{Arc tg}\,\frac{2x+1}{\sqrt{3}} + C.$$

$$2)\int\frac{x^2\,\partial x}{(4+5x+x^2)^2} = -\frac{20+17x}{9(4+5x+x^2)} - \frac{8}{27}\ln\frac{5+2x-3}{5+2x+3} + C.$$

§. 99. Zusatz. Aus dem vor. §. erhält man:

1) wenn $a = 0$ ist,

$$\text{A.}\ \int\frac{\partial x}{(bx+cx^2)^n} = -\frac{b+2cx}{(n-1)b^2.(bx+cx^2)^{n-1}}$$

$$-\frac{2c(2n-3)}{b^2(n-1)}\int\frac{\partial x}{(bx+cx^2)^{n-1}}\ \text{[aus XLII.]},$$

wodurch die Ausführung auf §. 82. A. und auf XXVI. reducirt ist.

$$\text{B.}\ \int\frac{x^m\,\partial x}{(bx+cx^2)^n} = \frac{1}{c(2n-m-1)}\Big[\frac{-x^{m-1}}{(bx+cx^2)^{n-1}}$$

$$+b(m-n)\int\frac{x^{m-1}\,\partial x}{(bx+cx^2)^n}\Big]\ \text{[aus XLIII. 2)]}$$

und auch aus XLIII. 1)

C. $$\int\frac{x^m\partial x}{(bx+cx^2)^n} = -\frac{x^{m-1}}{2c(n-1)(bx+cx^2)^{n-1}}$$
$$-\frac{b}{2c}\int\frac{x^{m-1}\partial x}{(bx+cx^2)^n}+\frac{m-1}{2c(n-1)}\int\frac{x^{m-2}\partial x}{(bx+cx^2)^{n-1}}.$$

Anmerkung. Diese Formel C. ist zu gebrauchen, wenn $2n-m-1$ gleich 0 ist; in den übrigen Fällen kann man B. oder C. anwenden.

Multiplicirt man XLIV. mit a; entwickelt $\int\frac{\partial x}{xR^{n-1}}$; setzt dann $a=0$ und schreibt n für $n-1$, so entsteht $bx+cx^2$ unter R verstanden:

$$\int\frac{\partial x}{xR^n} = -\frac{1}{2nR^n}+\frac{b}{2}\int\frac{\partial x}{R^{n+1}}.$$

Da nun, nach A.,

$$\int\frac{\partial x}{R^{n+1}} = -\frac{bx+2cx}{nb^2R^n}-\frac{2c(2n-1)}{b^2n}\int\frac{\partial x}{R^n}$$

ist, so folgt, wenn man diesen Werth substituirt,

D. $$\int\frac{\partial x}{x(bx+cx^2)^n} = -\frac{b+cx}{bnR^n}-\frac{c(2n-1)}{bn}\int\frac{\partial x}{R^n} \text{ oder}$$
$$= -\frac{1}{bnxR^{n-1}}-\frac{c(2n-1)}{bn}\int\frac{\partial x}{R^n}.$$

Multiplicirt man XLV. mit a; entwickelt $\int\frac{\partial x}{x^{m-1}R^n}$; setzt dann $a=0$ und schreibt m für $m-1$; so erhält man

E. $$\int\frac{\partial x}{x^m(bx+cx^2)^n} = \frac{-1}{b(m+n-1)x^m(bx+cx^2)^{n-1}}$$
$$-\frac{c(2n+m-2)}{b(n+m-1)}\int\frac{\partial x}{x^{m+1}(bx+cx^2)^n}.$$

2tens wenn $b=0$ ist.

F. $$\int\frac{\partial x}{(a+cx^2)^n} = \frac{x}{2a(n-1)(a+cx^2)^{n-1}}$$
$$+\frac{2n-3}{2a(n-1)}\int\frac{\partial x}{(a+cx^2)^{n-1}} \text{ [aus XLII.].}$$

$$\text{G. } \int \frac{x^m \partial x}{(a+cx^2)^n} = \frac{1}{2c(n-1)} \Big[-\frac{x^{m-1}}{(a+cx^2)^{n-1}}$$

$$+ (m-1) \int \frac{x^{m-2} \partial x}{(a+cx^2)^{n-1}} \Big] \text{ [aus XLIII. 1.]}$$

und

$$\text{H. } \int \frac{x^m \partial x}{(a+cx^2)^n} = \frac{1}{c(2n-m-1)} \Big[-\frac{x^{m-1}}{(a+cx^2)^{n-1}}$$

$$+ (m-1)\, a \int \frac{x^{m-2} \partial x}{(a+cx^2)^n} \Big] \text{ [aus XLIII. 2.]}.$$

$$\text{I. } \int \frac{\partial x}{x(a+cx^2)^n} = \frac{1}{2a(n-1)(a+cx^2)^{n-1}}$$

$$+ \frac{1}{a} \int \frac{\partial x}{x(a+cx^2)^{n-1}} \text{ [aus XLIV.]}.$$

$$\text{K. } \int \frac{\partial x}{x^m (a+cx^2)^n} = \frac{-1}{(m-1)\, a x^{m-1} (a+cx^2)^{n-1}}$$

$$- \frac{c(2n+m-3)}{a(m-1)} \int \frac{\partial x}{x^{m-2}(a+cx^2)^n} \text{ [aus XLV.]}$$

3tens wenn $c = 0$ ist.

$$\text{L. } \int \frac{\partial x}{(a+bx)^n} = \frac{-1}{b(n-1)(a+bx)^{n-1}} + C \text{ [aus XLII.]}.$$

$$\text{M. } \int \frac{x^m \partial x}{(a+bx)^n} = -\frac{x^m}{b(n-1)(a+bx)^{n-1}} + \frac{m}{b(n-1)} \int \frac{x^{m-1} \partial x}{(a+bx)^n}$$

[aus XLIII. 1) mit c multiplicirt, dann $c = 0$ gesetzt und m für $m - 1$ geschrieben].

$$\text{N. } \int \frac{x^m \partial x}{(a+bx)^n} = \frac{x^m}{b(m+1-n)(a+bx)^{n-1}}$$

$$- \frac{am}{b(m+1-n)} \cdot \int \frac{x^{m-1} \partial x}{(a+bx)^n}$$

[aus XLIII. 2) mit c multiplicirt, dann $c = 0$ gesetzt und m für $m - 1$ geschrieben].

$$\text{O. } \int \frac{\partial x}{x(a+bx)^n} = \frac{1}{2a(n-1)(a+bx)^{n-1}} - \frac{b}{2a} \int \frac{\partial x}{(a+bx)^n}$$

$$+ \frac{1}{a} \int \frac{\partial x}{x(a+bx)^{n-1}} \text{ [aus XLIV.]}.$$

P. $\int \frac{\partial x}{x^m (a+bx)^n} = \frac{-1}{(m-1)\, a x^{m-1} (a+bx)^{n-1}}$

$- \frac{b(m+n-2)}{a(m-1)} \int \frac{\partial x}{x^{m-1} (a+bx)^n}$ [aus XLV.].

Beispiele.

1) $\int \frac{x^2 \partial x}{(x+x^2)^{\frac{3}{2}}} = \frac{-2x}{\sqrt{x+x^2}} + \ln[1+2x+2\sqrt{x+x^2}] + C.$

2) $\int \frac{\partial x}{x^3 (2x+x^2)^{\frac{5}{2}}} = \frac{-7+6x-6x^2+8x^3-24x^4-48x^5-16x^6}{63 x^3 (2x+x^2)^{\frac{3}{2}}} + C.$

3) $\int \frac{x^2 \partial x}{(2-x^2)^{\frac{3}{2}}} = \frac{x}{\sqrt{2-x^2}} - \text{Arc Sin}\, x \sqrt{\tfrac{1}{2}} + C.$

§. 100. Aufgabe. Die Bedeutung der Buchstaben sei dieselbe wie in §. 98.; man soll für $\int R^n \partial x$; $\int x^m R^n \partial x$; $\int \frac{R^n \partial x}{x}$ und $\int \frac{R^n \partial x}{x^m}$ Reductions-Formeln herleiten.

Auflösung. 1) Schreibt man in XLII. $-n$ für $n-1$; und entwickelt dann $\int R^n . \partial x$; so entsteht

XLVI. $\int (a+bx+cx^2)^n \partial x$

$= \frac{1}{2c(2n+1)} . [(b+2cx)(a+bx+cx^2)^n$

$+ n(4ac-b^2) \int (a+bx+cx^2)^{n-1} . \partial x]$.

2) Wird in XLIII. 2) $-n$ für $+n$ geschrieben, so erhält man:

XLVII. $\int (a+bx+cx^2)^n x^m \partial x$

$= \frac{1}{c(2n+m+1)} [(a+bx+cx^2)^{n+1} x^{m-1}$

$- b(m+n) \int (a+bx+cx^2)^n x^{m-1} \partial x$

$- (m-1) a \int (a+bx+cx^2)^n x^{m-2} \partial x]$.

3) Aus XLIV. entspringt, $-n$ für $n-1$ gesetzt,

XLVIII. $$\int\frac{(a+bx+cx^2)^n\partial x}{x}=\frac{(a+bx+cx^2)^n}{2n}$$
$$+\frac{b}{2}\int(a+bx+cx^2)^{n-1}.\partial x+a\int\frac{(a+bx+cx^2)^{n-1}\partial x}{x}.$$

4) Aus XLV. entsteht, $-n$ für n geschrieben,

XLIX. $$\int\frac{(a+bx+cx^2)^n\partial x}{x^m}$$
$$=-\frac{(a+bx+cx^2)^{n+1}}{(m-1)ax^{m-1}}+\frac{b(n+2-m)}{a(m-1)}\int\frac{(a+bx+cx^2)^n\partial x}{x^{m-1}}$$
$$+\frac{c(2n+3-m)}{a(m-1)}\int\frac{(a+bx+cx^2)^n\partial x}{x^{m-2}}.$$

Beispiele.

1) $$\int(1+2x-3x^2)^{\frac{5}{2}}.\partial x=$$
$$\tfrac{1}{54}\Big[(3x-1)(18+22x-21x^2-36x^3+27x^4)\sqrt{1+2x-3x^2}$$
$$+\frac{40}{\sqrt{3}}\text{Arc Sin}\frac{1+3x}{2}\Big]+C.$$

2) $$\int\frac{\sqrt{1-x+x^2}.\partial x}{x^3}=\frac{(x-2)\sqrt{1-x+x^2}}{4x^2}$$
$$-\tfrac{3}{8}\ln\frac{2-x+2\sqrt{1-x+x^2}}{x}+C.$$

§. 101. Zusatz. Aus dem vorigen §. erhält man

1) für $a=0$;

A. $$\int(bx+cx^2)^n.\partial x=\frac{1}{2c(2n+1)}[(b+2cx)(bx+cx^2)^n$$
$$-nb^2\int(bx+cx^2)^{n-1}.\partial x].$$

B. $$\int(bx+cx^2)^n.x^m\partial x=\frac{1}{c(2n+m+1)}[(bx+cx^2)^{n+1}.x^{m-1}$$
$$-b(m+n)\int(bx+cx^2)^n.x^{m-1}.\partial x].$$

C. $$\int\frac{(bx+cx^2)^n\partial x}{x}=\frac{(bx+cx^2)^n}{2n}+\frac{b}{2}\int(bx+cx^2)^{n-1}\partial x$$

D. $$\int\frac{(bx+cx^2)^n\partial x}{x^m}=\frac{(bx+cx^2)^{n+1}}{b(n+1-m)x^m}$$
$$-\frac{c(2n+2-m)}{b(n+1-m)}\int\frac{(bx+cx^2)^n\partial x}{x^{m-1}}.$$

Anmerk. Ist $n+1=m$; so wird

$$\int\frac{(bx+cx^2)^n\partial x}{x^m}$$ einerlei mit

$$\int\frac{(b+cx)^{m-1}.\partial x}{x}$$ und die Bestimmung kann vollständig erfolgen, wenn $(b+cx)^{m-1}$ zuvor nach dem binomischen Satz entwickelt wird.

2) Für $b=0$;

E. $$\int(a+cx^2)^n\partial x=\frac{1}{2c(2n+1)}[2cx(a+cx^2)^n + 4acn\int(a+cx^2)^{n-1}.\partial x].$$

F. $$\int(a+cx^2)^n x^m\partial x=\frac{1}{c(2n+m+1)}[(a+cx^2)^{n+1}.x^{m-1} - (m-1)a\int(a+cx^2)^n.x^{m-2}\partial x].$$

G. $$\int\frac{(a+cx^2)^n\partial x}{x}=\frac{(a+cx^2)^n}{2n}+a\int\frac{(a+cx^2)^{n-1}.\partial x}{x}.$$

H. $$\int\frac{(a+cx^2)^n.\partial x}{x^m}=-\frac{(a+cx^2)^{n+1}}{(m-1)ax^{m-1}} + \frac{c(2n+3-m)}{a(m-1)}\int\frac{(a+cx^2)^n.\partial x}{x^{m-2}}.$$

3) Für $c=0$;

I. $$\int(a+bx)^n.\partial x=\frac{(a+bx)^{n+1}}{(n+1)b}+C.$$

K. $$\int(a+bx)^n x^m\partial x=\frac{1}{b(m+n+1)}[(a+bx)^{n+1}x^m - ma\int(a+bx)^n.x^{m-1}.\partial x].$$

L. $$\int\frac{(a+bx)^n\partial x}{x}=\frac{(a+bx)^n}{2n}+\frac{b}{2}\int(a+bx)^{n-1}.\partial x + a.\int\frac{(a+bx)^{n-1}.\partial x}{x}$$
$$=\frac{(a+bx)^n}{n}+a\int\frac{(a+bx)^{n-1}.\partial x}{x}.$$

M. $$\int\frac{(a+bx)^n.\partial x}{x^m}=\frac{-(a+bx)^{n+1}}{(m-1)ax^{m-1}} + \frac{b(n+2-m)}{a(m-1)}\int\frac{(a+bx)^n\partial x}{x^{m-1}}.$$

Beispiele.

1) $\int x^3 . \partial x . \sqrt{3x + x^2} = \frac{(16x^2 - 42x + 105)(3x + x^2)^{\frac{3}{2}}}{80}$

$- \frac{3^3.7(3 + 2x)\sqrt{3x + x^2}}{2^7} + \frac{21.3^4}{2^8} \ln(3 + 2x + 2\sqrt{3x + x^2}).$

2) $\int \frac{(1 + x)^{\frac{3}{2}}.\partial x}{x^2} = \frac{(2x - 1)\sqrt{1+x}}{x} - \frac{3}{2} \ln \frac{2 + x + 2\sqrt{1+x}}{x} + C.$

§. 102. Aufgabe. Es bezeichnen n und m ganze positive Zahlen; R den Ausdruck $a + bx^3$; man soll für $\int \frac{x^m \partial x}{R^n}$ und $\int \frac{\partial x}{x^m R^n}$ Reductionsformeln bilden.

Auflösung. 1) Aus $a + bx^3 = R$; folgt

$x^3 = \frac{R - a}{b}$; also

$x^m = \frac{R - a}{b} . x^{m-3}$; folglich

$\int \frac{x^m \partial x}{R} = \int \frac{R x^{m-3} \partial x - a x^{m-3} \partial x}{bR}$, daher

$$\text{L.} \int \frac{x^m \partial x}{a + bx^3} = \frac{x^{m-2}}{b(m-2)} - \frac{a}{b} \int \frac{x^{m-3} . \partial x}{a + bx^3},$$

wonach die Bestimmung von $\int \frac{x^m \partial x}{a + bx^3}$ auf §. 93. und 94. zurückgeführt ist.

2) Entwickelt man $\int \frac{x^{m-3} \partial x}{R}$ aus L., und schreibt dann $-m$ für $m - 3$, so entsteht

$$\text{LI.} \int \frac{\partial x}{x^m (a + bx^3)} = \frac{-1}{a(m-1)x^{m-1}} - \frac{b}{a} \int \frac{\partial x}{x^{m-3}(a + bx^3)},$$

so daß also diese Bestimmung auch auf §. 93. und 94. reducirt ist.

3) Es ist

$$\int\frac{\partial x}{R^n}=\frac{1}{a}\int\frac{R-bx^3}{R^n}\partial x$$

$$=\frac{1}{a}\int\frac{\partial x}{R^{n-1}}-\frac{1}{3a}\int x\,.\frac{\partial R}{R^n}$$

$$=\frac{1}{a}\int\frac{\partial x}{R^{n-1}}+\frac{1}{3a(n-1)}\int x\,.\,\partial R^{1-n}$$

$$=\frac{1}{a}\int\frac{\partial x}{R^{n-1}}+\frac{x}{3a(n-1)R^{n-1}}-\frac{1}{3a(n-1)}\int\frac{\partial x}{R^{n-1}},$$

also

LII. $$\int\frac{\partial x}{(a+bx^3)^n}=\frac{x}{3a(n-1)(a+bx^3)^{n-1}}+\frac{3n-4}{3a(n-1)}\int\frac{\partial x}{(a+bx^3)^{n-1}}$$

4) Es ist

$$\int\frac{x\partial x}{R^n}=\frac{1}{a}\int\frac{(R-bx^3)x\partial x}{R^n}$$

$$=\frac{1}{a}\int\frac{x\partial x}{R^{n-1}}+\frac{1}{3a(n-1)}\int x^2\,.\,\partial R^{1-n}$$

$$=\frac{1}{a}\int\frac{x\partial x}{R^{n-1}}+\frac{x^2}{3a(n-1)R^{n-1}}-\frac{2}{3a(n-1)}\int\frac{x\partial x}{R^{n-1}},$$

also

LIII. $$\int\frac{x\partial x}{(a+bx^3)^n}=\frac{x^2}{3a(n-1)(a+bx^3)^{n-1}}+\frac{3n-5}{3a(n-1)}\int\frac{x\partial x}{(a+bx^3)^{n-1}}.$$

5) Es ist

$$\int\frac{x^2\partial x}{(a+bx^3)^n}=\frac{1}{3b}\int\frac{\partial R}{R^n};\ \text{also}$$

$$\int\frac{x^2\partial x}{(a+bx^3)^n}=-\frac{1}{3b(n-1)(a+bx^3)^{n-1}}+C.$$

6) Es ist $\int\frac{x^m\partial x}{R^n}=\frac{1}{b}\int\frac{(R-a)x^{m-3}\partial x}{R^n}$; oder

LIV. $$\int\frac{x^m\partial x}{(a+bx^3)^n}=\frac{1}{b}\int\frac{x^{m-3}\partial x}{(a+bx^3)^{n-1}}-\frac{a}{b}\int\frac{x^{m-3}\partial x}{(a+bx^3)^n}.$$

7) Aus LIV. folgt, $m = 2$ gesetzt,

$$\int \frac{x^2 \partial x}{R^n} = \frac{1}{b}\int \frac{\partial x}{x R^{n-1}} - \frac{a}{b}\int \frac{\partial x}{x R^n},$$

also, nach 5),

$$\frac{1}{b}\int \frac{\partial x}{x R^{n-1}} - \frac{a}{b}\int \frac{\partial x}{x R^n} = -\frac{1}{3b(n-1)R^{n-1}}$$

und hieraus

$$\text{LV.} \int \frac{\partial x}{x(a+bx^3)^n} = \frac{1}{3a(n-1)(a+bx^3)^{n-1}} + \frac{1}{a}\int \frac{\partial x}{x(a+bx^3)^{n-1}}.$$

8) Entwickelt man aus LIV.

$\int \frac{x^{m-3}\partial x}{R^n}$ und schreibt dann $-m$ für $m-3$, so folgt

$$\text{LVI.} \int \frac{\partial x}{x^m(a+bx^3)^n} = \frac{1}{a}\int \frac{\partial x}{x^m(a+bx^3)^{n-1}} - \frac{b}{a}\int \frac{\partial x}{x^{m-3}(a+bx^3)^n}.$$

Beispiele.

$$1) \int \frac{x^7 . \partial x}{(1+x^3)^4} = \frac{(10x^6 - 13x^3 - 5).x^2}{162.(1+x^3)^3} + \frac{5}{486}\ln \frac{1-x+x^2}{(1+x)^2} + \frac{5}{81.\sqrt{3}}\operatorname{Arc tg}\frac{2x-1}{\sqrt{3}} + C.$$

$$2) \int \frac{\partial x}{x^3(1-x^3)^2} = -\frac{1}{2x^2} + \frac{x}{3(1-x^3)} - \frac{5}{18}\ln \frac{(1-x)^2}{1+x+x^2} + \frac{5\sqrt{3}}{9}\operatorname{Arc tg}\frac{2x+1}{\sqrt{3}} + C.$$

§. 103. **Aufgabe.** Es bezeichnen n und m ganze positive Zahlen, R den Ausdruck $a + bx^4$; man soll für $\int \frac{x^m \partial x}{R^n}$ und $\int \frac{\partial x}{x^m R^n}$ Reductionsformeln herleiten.

Auflösung. 1) Schreibt man $\frac{R-a}{b}x^{m-4}$ für x^m; so entsteht sogleich

LVII. $\int \frac{x^m \partial x}{a + b x^4} = \frac{x^{m-3}}{b(m-3)} - \frac{a}{b} \int \frac{x^{m-4} \partial x}{a + b x^4}$.

2) Aus LVII. folgt, $-m$ für $m-4$ geschrieben,

LVIII. $\int \frac{\partial x}{x^m (a + b x^4)} = - \frac{1}{a(m-1) x^{m-1}}$

$$- \frac{b}{a} \int \frac{\partial x}{x^{m-4} (a + b x^4)}.$$

3) $\int \frac{\partial x}{R^n} = \frac{1}{a} \int \frac{R - b x^4}{R^n} \partial x$

$$= \frac{1}{a} \int \frac{\partial x}{R^{n-1}} - \frac{1}{4a} \int \frac{x . \partial R}{R^n}$$

$$= \frac{1}{a} \int \frac{\partial x}{R^{n-1}} + \frac{1}{4a(n-1)} \int x \partial . R^{1-n}$$

$$= \frac{1}{a} \int \frac{\partial x}{R^{n-1}} + \frac{x}{4a(n-1) R^{n-1}} - \frac{1}{4a(n-1)} \int \frac{\partial x}{R^{n-1}},$$

also

LIX. $\int \frac{\partial x}{(a + b x^4)^n} = \frac{x}{4a(n-1)(a + b x^4)^{n-1}}$

$$+ \frac{4n-5}{4a(n-1)} \int \frac{\partial x}{(a + b x^4)^{n-1}}.$$

4) Es ist $\int \frac{x \partial x}{R^n} = \frac{1}{2} \int \frac{\partial (x^2)}{[a + b(x^2)^2]^n}$, also, nach §. 99. F.,

LX. $\int \frac{x \partial x}{(a + b x^4)^n} = \frac{x^2}{4a(n-1)(a + b x^4)^{n-1}}$

$$+ \frac{2n-3}{2a(n-1)} . \int \frac{x \partial x}{(a + b x^4)^{n-1}}.$$

5) Es ist

$$\int \frac{x^2 \partial x}{R^n} = \frac{1}{a} \int \frac{(R - b x^4) x^2 \partial x}{R^n}$$

$$= \frac{1}{a} \int \frac{x^2 \partial x}{R^{n-1}} + \frac{1}{4a(n-1)} \int x^3 . \partial R^{1-n}$$

$$= \frac{1}{a} \int \frac{x^2 \partial x}{R^{n-1}} + \frac{x^3}{4a(n-1) R^{n-1}}$$

$$- \frac{3}{4a(n-1)} . \int \frac{x^2 \partial x}{R^{n-1}};$$ also

LXI. $$\int\frac{x^2\partial x}{(a+bx^4)^n}=\frac{x^3}{4a(n-1)(a+bx^4)^{n-1}}+\frac{4n-7}{4a(n-1)}\int\frac{x^2\partial x}{(a+bx^4)^{n-1}}.$$

6) Da $x^3\partial x=\frac{\partial R}{4b}$; so ist

$$\int\frac{x^3\partial x}{(a+bx^4)^n}=-\frac{1}{4b(n-1)(a+bx^4)^{n-1}}+C.$$

7) Es ist $\int\frac{x^m\partial x}{R^n}=\frac{1}{b}\int\frac{(R-a)x^{m-4}\partial x}{R^n}$; also

LXII. $$\int\frac{x^m\partial x}{(a+bx^4)^n}=\frac{1}{b}\int\frac{x^{m-4}\partial x}{(a+bx^4)^{n-1}}-\frac{a}{b}\int\frac{x^{m-4}\partial x}{(a+bx^4)^n}.$$

8) Setzt man $m=3$; so folgt aus 6) und 7)

LXIII. $$\int\frac{\partial x}{x(a+bx^4)^n}=\frac{1}{4a(n-1)(a+bx^4)^{n-1}}+\frac{1}{a}\int\frac{\partial x}{x(a+bx^4)^{n-1}}.$$

9) Wird in LXII. $-m$ für $m-4$ geschrieben, so ergiebt sich

LXIV. $$\int\frac{\partial x}{x^m(a+bx^4)^n}=\frac{1}{a}\int\frac{\partial x}{x^m(a+bx^4)^{n-1}}-\frac{b}{a}\int\frac{\partial x}{x^{m-4}(a+bx^4)^n}.$$

Beispiele.

1) $$\int\frac{x^5\partial x}{(1-x^4)^3}=\frac{1}{32}\left[\frac{4x^2}{(1-x^4)^2}-\frac{2x^2}{1-x^4}-\ln\frac{1+x^2}{1-x^2}\right]+C.$$

2) $$\int\frac{\partial x}{x^3(1+4x^4)^4}=-\frac{1}{2x^2}-\frac{87+912x^8+544x^4}{24(1+4x^4)^3}.x^2-\frac{35}{8}\operatorname{Arc\,tg}2x^2+C.$$

§. 104. **Aufgabe.** Es bezeichnen n und m ganze positive Zahlen, und R den Ausdruck $a+bx^2+cx^4$; man soll für $\int\frac{x^m\partial x}{R^n}$ und $\int\frac{\partial x}{x^mR^n}$ Reductionsformeln bestimmen.

Auflösung. 1) Es ist

$$x^m = \frac{1}{c}(R - a - bx^2)x^{m-4}, \text{ also}$$

$$\int \frac{x^m \partial x}{R} = \frac{1}{c}\int x^{m-4}\partial x - \frac{a}{c}\int \frac{x^{m-4}\partial x}{R}$$

$$- \frac{b}{c}\int \frac{x^{m-2}\partial x}{R}; \text{ oder}$$

$$\text{LXV. } \int \frac{x^m \partial x}{a + bx^2 + cx^4} = \frac{x^{m-3}}{c(m-3)} - \frac{b}{c}\int \frac{x^{m-2}\partial x}{a + bx^2 + cx^4}$$

$$- \frac{a}{c}\int \frac{x^{m-4}\partial x}{a + bx^2 + cx^4}.$$

2) Wird aus LXV. $-m$ für $m-4$ geschrieben, so erhält man

$$\text{LXVI. } \int \frac{\partial x}{x^m(a + bx^2 + cx^4)} = - \frac{1}{a(m-1)x^{m-1}}$$

$$- \frac{b}{a}\int \frac{\partial x}{x^{m-2}(a + bx^2 + cx^4)} - \frac{c}{a}\int \frac{\partial x}{x^{m-4}(a + bx^2 + cx^4)}.$$

3) Es ist $4cR - (b + 2cx^2)^2 = 4ac - b^2$, und schreibt man k für $4ac - b^2$, so folgt

$$\int \frac{x^m \partial x}{R^n} = \frac{1}{k}\int \frac{4cR - (b + 2cx^2)^2}{R^n} x^m . \partial x$$

$$= \frac{4c}{k}\int \frac{x^m \partial x}{R^{n-1}} - \frac{1}{2k}\int \frac{b + 2cx^2}{R^n} . x^{m-1} . \partial R$$

$$= \frac{4c}{k}\int \frac{x^m \partial x}{R^{n-1}} + \frac{1}{2k(n-1)}\int (b + 2cx^2)x^{m-1} . \partial R^{1-n}$$

$$= \frac{4c}{k}\int \frac{x^m \partial x}{R^{n-1}} + \frac{(b + 2cx^2)x^{m-1}}{2k(n-1)R^{n-1}}$$

$$- \frac{1}{2k(n-1)}\int \frac{\partial(bx^{m-1} + 2cx^{m+1})}{R^{n-1}}$$

$$= \frac{(b + 2cx^2)x^{m-1}}{2k(n-1)R^{n-1}} + \frac{4c}{k}\int \frac{x^m \partial x}{R^{n-1}}$$

$$- \frac{b(m-1)}{2k(n-1)}\int \frac{x^{m-2}\partial x}{R^{n-1}} - \frac{c(m+1)}{k(n-1)}\int \frac{x^m \partial x}{R^{n-1}},$$

also

also

LXVII. $$\int\frac{x^m\,\partial x}{(a+bx^2+cx^4)^n}=\frac{(b+2cx^2)\,x^{m+1}}{2(4ac-b^2)(n-1)(a+bx^2+cx^4)^{n-1}}$$
$$+\frac{(4n-m-5)\,c}{(4ac-b^2)(n-1)}\int\frac{x^m\,\partial x}{(a+bx^2+cx^4)^{n-1}}$$
$$-\frac{b(m-1)}{2(4ac-b^2)(n-1)}\int\frac{x^{m-2}\,\partial x}{(a+bx^2+cx^4)^{n-1}}.$$

4) Schreibt man in LXVII. $-m$ für m, so erhält man

LXVIII. $$\int\frac{\partial x}{x^m(a+bx^2+cx^4)^n}$$
$$=\frac{b+2cx^2}{2(4ac-b^2)(n-1)\,x^{m+1}(a+bx^2+cx^4)^{n-1}}$$
$$+\frac{(4n+m-5)\,c}{(4ac-b^2)(n-1)}\int\frac{\partial x}{x^m(a+bx^2+cx^4)^{n-1}}$$
$$+\frac{b(m+1)}{2(4ac-b^2)(n-1)}\int\frac{\partial x}{x^{m+2}(a+bx^2+cx^4)^{n-1}}.$$

Beispiele.

1) $$\int\frac{x^3\,\partial x}{(1+x^2+x^4)^2}=\frac{(1+2x^2)^2}{6(1+x^2+x^4)}-\frac{\sqrt{3}}{9}.\,\mathrm{Arc\,tg}\,\frac{1+2x^2}{\sqrt{3}}+C.$$

2) $$\int\frac{\partial x}{(1+x^2-x^4)^3}=$$
$$\frac{(86+19x^2-83x^4+27x^6)x}{200.(1+x^2-x^4)^2}-\frac{27}{200}\int\frac{x^2\,\partial x}{1+x^2-x^4}+\frac{57}{100}\int\frac{\partial x}{1+x^2-x^4}.$$

(Siehe die Beispiele (§. 97.)

Des dritten Abschnitts
3tes Kapitel.

Integrale transcendenter Ableitungs-Formeln.

I. Trigonometrischer.

§. 105. Aufgabe. Man soll
$\int \operatorname{Sin} x \partial x$; $\int \operatorname{Cos} x \partial x$; $\int \operatorname{tang} x \partial x$; $\int \operatorname{Cotang} x \partial x$; $\int \operatorname{Sec} x \partial x$; $\int \operatorname{Cosec} x \partial x$; $\int \operatorname{Sinv} x \partial x$; $\int \operatorname{Cosinv} x . \partial x$ bestimmen.

Auflösung. Es ist

1) $\int \operatorname{Sin} x \partial x = - \operatorname{Cos} x + C$. (VIII.)

2) $\int \operatorname{Cos} x \partial x = \operatorname{Sin} x + C$. (VIII.)

3) $\int \operatorname{tang} x \partial x = - \ln \operatorname{Cos} x + C$. §. 76. 10.

Eben so

4) $\int \operatorname{Cotg} x \partial x = \ln \operatorname{Sin} + C$.

5) $\int \operatorname{Sec} x \partial x = \ln [\operatorname{Sec} x + \operatorname{tg} x] + C$. §. 79.

Setzt man $x + y = \frac{1}{2}\pi$; so folgt aus 5)

6) $\int \operatorname{Cosec} x \partial x = - \ln (\operatorname{Cosec} x + \operatorname{Cotg} x) + C$,

oder auch, wie in §. 79.,

$$= \ln \operatorname{tg} \frac{x}{2} + C.$$

Endlich folgt, weil $\operatorname{Sinv} x = 1 - \operatorname{Cos} x$; und $\operatorname{Cosinv} x = 1 - \operatorname{Sin} x$ ist,

7) $\int \operatorname{Sinv} x \partial x = x - \operatorname{Sin} x + C$.

8) $\int \operatorname{Cosinv} x \partial x = x + \operatorname{Cos} x + C$.

§. 106. Aufgabe. Es bezeichne n eine positive ganze Zahl; man soll für $\int \operatorname{Sin} x^n . \partial x$; $\int \operatorname{tang} x^n \partial x$; $\int \operatorname{Sec} x^n . \partial x$ Reductionsformeln herleiten.

Auflösung. 1) Für $\int \operatorname{Sin} x^n . \partial x$.

Es ist $\int \sin x^n \partial x = \int \sin x^{n-1} . \sin x \partial x$

$= -\int \sin x^{n-1} \partial \cos x = - \sin x^{n-1} . \cos x$
$+ \int \cos x \partial \sin x^{n-1}$

$= - \sin x^{n-1} \cos x + (n-1) \int \sin x^{n-2} \cos x^2 . \partial x$

$= - \sin x^{n-1} \cos x + (n-1) \int \sin x^{n-2} (1 - \sin x^2) \partial x$

$= - \sin x^{n-1} \cos x + (n-1) \int \sin x^{n-2} \partial x$
$- (n-1) \int \sin x^n \partial x$, also

LXIX. $\int \sin x^n \partial x = - \frac{\sin x^{n-1} \cos x}{n} + \frac{n-1}{n} \int \sin x^{n-2} \partial x.$

2) Für $\int tg x^n . \partial x$.

Es ist $\int tg x^n . \partial x = \int tg x^{n-2} . tg x^2 . \partial x$
$= \int tg x^{n-2} (\sec x^2 - 1) \partial x$
$= \int tg x^{n-2} \sec x^2 \partial x - \int tg x^{n-2} . \partial x$
$= \int tg x^{n-2} . \partial tg x - \int tg x^{n-2} . \partial x$,

also

LXX. $\int tg x^n \partial x = \frac{tg x^{n-1}}{n-1} - \int tg x^{n-2} . \partial x.$

3) Für $\int \sec x^n . \partial x$.

Es ist $\int \sec x^n \partial x = \int \sec x^{n-2} . \sec x^2 \partial x$

$= \int \sec x^{n-2} . \partial tg x$

$= \sec x^{n-2} tg x - (n-2) \int tg x \sec x^{n-3} \partial \sec x$

$= \sec x^{n-2} tg x - (n-2) \int tg x \sec x^{n-3} tg x \sec x \partial x$

$= \sec x^{n-2} tg x - (n-2) \int (\sec x^2 - 1) \sec x^{n-2} \partial x$

$= \sec x^{n-2} tg x - (n-2) \int \sec x^n \partial x$
$+ (n-2) \int \sec x^{n-2} \partial x$,

also

LXXI. $\int \sec x^n . \partial x = \frac{\sec x^{n-2} tg x}{n-1} + \frac{n-2}{n-1} \int \sec x^{n-2} . \partial x.$

§. 107. 1ster Zusatz. Mit Hülfe des Complements-Bogen y zu x ergeben sich aus den Reductionsformeln im vor. §. leicht die für $\int \cos x^n \partial x$; $\int \cot g x^n \partial x$; $\int \operatorname{cosec} x^n \partial x$; und nach dem binomischen Satz, die für

$\int \mathrm{Sinv}\, x^n \partial x$ und $\int \mathrm{Cosinv}\, x^n \partial x$ wenn man $1 - \mathrm{Cos}\, x$ für $\mathrm{Sinv}\, x$; $1 - \mathrm{Sin}\, x$ für $\mathrm{Cosinv}\, x$ schreibt. Man kann auch, mit Hülfe der goniometrischen Formeln $\mathrm{Sinv}\, x = 2\left(\mathrm{Sin}\,\frac{x}{2}\right)^2$; $\int \mathrm{Sinv}\, x^n \partial x$ auf die Form $2^{n+1}\int \left(\mathrm{Sin}\,\frac{x}{2}\right)^{2n}.\partial\,\frac{x}{2}$ bringen, also das Integral auch dann nach LXIX. bestimmen, wenn n ein positiver Bruch mit dem Nenner 2 ist.

Die entstehenden Reductionsformeln sind:

$$1)\ \int \mathrm{Cos}\, x^n . \partial x = \frac{\mathrm{Cos}\, x^{n-1}.\mathrm{Sin}\, x}{n} + \frac{n-1}{n}\int \mathrm{Cos}\, x^{n-2}.\partial x$$

$$2)\ \int \mathrm{Cotg}\, x^n . \partial x = -\frac{\mathrm{Cotg}\, x^{n-1}}{n-1} - \int \mathrm{Cotg}\, x^{n-2}.\partial x$$

$$3)\ \int \mathrm{Cosec}\, x^n . \partial x = -\frac{\mathrm{Cosec}\, x^{n-2}.\mathrm{Cotg}\, x}{n-1} + \frac{n-2}{n-1}\int \mathrm{Cosec}\, x^{n-2}.\partial x$$

$$4)\ \int \mathrm{Sinv}\, x^n . \partial x = -\frac{2^n.\mathrm{Sin}\,\frac{x}{2}^{2n-1}.\mathrm{Cos}\,\frac{x}{2}}{n} + \frac{2^n.(2n-1)}{n}\int \mathrm{Sin}\,\frac{x}{2}^{2(n-1)}.\partial\,\frac{x}{2}.$$

$$5)\ \int \mathrm{Cosinv}\, x^n . \partial x = -2^{n+1}.\int \mathrm{Sin}\left[\frac{\pi}{4} - \frac{x}{2}\right]^{2n}.\partial\left[\frac{\pi}{4} - \frac{x}{2}\right].$$

Beispiele.

$$1)\ \int \mathrm{Sin}\, x^2 \partial x = \tfrac{1}{2}[x - \mathrm{Sin}\, x\, \mathrm{Cos}\, x] + C$$

$$2)\ \int \mathrm{Sin}\, x^3 \partial x = -\tfrac{1}{3}\mathrm{Cos}\, x[2 + \mathrm{Sin}\, x^2] + C$$

$$3)\ \int \mathrm{Cos}\, x^2 \partial x = \tfrac{1}{2}[x + \mathrm{Sin}\, x\, \mathrm{Cos}\, x] + C$$

$$4)\ \int \mathrm{Cosec}\, x^4 \partial x = -\frac{\mathrm{Cos}\, x}{3\,\mathrm{Sin}\, x^3}(1 + 2\,\mathrm{Sin}\, x^2) + C$$

$$5)\ \int \mathrm{Sec}\, x^3 \partial x = \tfrac{1}{2}[\mathrm{tg}\, x\, \mathrm{Sec}\, x + \ln(\mathrm{tg}\, x + \mathrm{Sec}\, x)] + C$$

$$6)\ \int \mathrm{tg}\, x^3 \partial x = \tfrac{1}{2}\mathrm{tg}\, x^2 + \ln \mathrm{Cos}\, x + C$$

7) $\int \text{Cotg}\, x^4\, \partial x \quad = x + \text{Cotg}\, x - \frac{1}{3} \text{Cotg}\, x^3 + C$

8) $\int \text{Sinv}\, x^3\, \partial x \quad = \frac{5}{2} x$

$$- [22 - 9 \text{Cos}\, x + 2 \text{Cos}\, x^2] \cdot \frac{\text{Sin}\, x}{6} + C$$

9) $\int \text{Cosinv}\, x^2 . \partial x = \frac{3}{2} x + 2 \text{Cos}\, x - \frac{1}{4} \text{Sin}\, 2x + C$

10) $\int \text{Cosinv}\, x^{\frac{3}{2}} . \partial x = \frac{2}{3} (5 - \text{Sin}\, x) \left[\text{Cos} \frac{x}{2} + \text{Sin} \frac{x}{2}\right] + C.$

§. 108. **2ter Zusatz.** Es ergeben sich nun auch leicht folgende Integrale: $\int \frac{\partial x}{\text{Sin}\, x^n}$; $\int \frac{\partial x}{\text{Cos}\, x^n}$; $\int \frac{\partial x}{\text{tg}\, x^n}$; $\int \frac{\partial x}{\text{Cotg}\, x^n}$; $\int \frac{\partial x}{\text{Sec}\, x^n}$; $\int \frac{\partial x}{\text{Cosec}\, x^n}$; $\int \frac{\partial x}{\text{Sinv}\, x^n}$; $\int \frac{\partial x}{\text{Cosinv}\, x^n}$; wenn man Cosec für $\frac{1}{\text{Sin}}$; Sec für $\frac{1}{\text{Cos}}$; Cotg für $\frac{1}{\text{tg}}$; tg für $\frac{1}{\text{Cotg}}$; Cos für $\frac{1}{\text{Sec}}$; Sin für $\frac{1}{\text{Cosec}}$; $2 . \left(\frac{1}{\text{Cosec} \frac{x}{2}}\right)^2$ für Sinv x und $2 . \left[\frac{1}{\text{Cosec}\left(\frac{\pi}{4} - \frac{x}{2}\right)}\right]^2$ für Cosinv x schreibt.

Man erhält

1) $\int \frac{\partial x}{\text{Sin}\, x^n} \quad = \int \text{Cosec}\, x^n . \partial x$; (§. 107. 3.)

2) $\int \frac{\partial x}{\text{Cos}\, x^n} \quad = \int \text{Sec}\, x^n . \partial x$; (§. 106. LXXI.)

3) $\int \frac{\partial x}{\text{tg}\, x^n} \quad = \int \text{Cotg}\, x^n . \partial x$; (§. 107. 2.

4) $\int \frac{\partial x}{\text{Cotg}\, x^n} = \int \text{tg}\, x^n . \partial x$; (§. 106. LXX.)

5) $\int \frac{\partial x}{\text{Sec}\, x^n} \quad = \int \text{Cos}\, x^n . \partial x$; (§. 107. 1.)

6) $\int \frac{\partial x}{\text{Cosec}\, x^n} = \int \text{Sin}\, x^n . \partial x$; (§. 106. LXIX.)

7) $\int \frac{\partial x}{\text{Sinv}\, x^n} = \frac{1}{2^{n-1}} \int \left(\text{Cosec} \frac{x}{2}\right)^{2n} . \partial \frac{x}{2}$; (§. 107. 3.)

8) $\int \frac{\partial x}{\operatorname{Cosinv} x^n} = -$

$$\frac{1}{2^{n-1}} \int \left[\operatorname{Cosec}\left(\frac{\pi}{4} - \frac{x}{2}\right)\right]^{2n} . \partial\left(\frac{\pi}{4} - \frac{x}{2}\right)$$ (§. 107. 3.).

§. 109. **Aufgabe.** Es bezeichnen n und m positive oder negative, aber ganze Zahlen; man soll für $\int \operatorname{Sin} x^n \operatorname{Cos} x^m . \partial x$ Reductionsformeln darstellen.

Auflösung. Bezeichnet man $\operatorname{Sin} x^r . \operatorname{Cos} x^k . \partial x$ durch P; so ist $P = \frac{\operatorname{Cos} x^{k-1} . \partial \operatorname{Sin} x^{r+1}}{r+1}$; also

1) $\int P = \frac{\operatorname{Cos} x^{k-1} . \operatorname{Sin} x^{r+1}}{r+1} + \frac{k-1}{r+1} \int \operatorname{Sin} x^{r+2} . \operatorname{Cos} x^{k-2} . \partial x$

oder auch, $\operatorname{Sin} x^r . (1 - \operatorname{Cos} x^2)$ für $\operatorname{Sin} x^{r+2}$ geschrieben,

$$\int P = \frac{\operatorname{Cos} x^{k-1} . \operatorname{Sin} x^{r+1}}{r+1} + \frac{k-1}{r+1} \int \operatorname{Sin} x^r \operatorname{Cos} x^{k-2} . \partial x - \frac{k-1}{r+1} \int P;$$ also

2) $\int P = \frac{\operatorname{Cos} x^{k-1} \operatorname{Sin} x^{r+1}}{r+k} + \frac{k-1}{r+k} \int \operatorname{Sin} x^r \operatorname{Cos} x^{k-2} . \partial x$

und hieraus auch:

3) $\int \operatorname{Sin} x^r \operatorname{Cos} x^{k-2} . \partial x = - \frac{\operatorname{Cos} x^{k-1} . \operatorname{Sin} x^{r+1}}{k-1} + \frac{r+k}{k-1} \int \operatorname{Sin} x^r \operatorname{Cos} x^k . \partial x.$

Aus diesen 3 Formeln erhält man nun leicht:

LXXII. $\int \operatorname{Sin} x^n \operatorname{Cos} x^m \partial x = \frac{\operatorname{Cos} x^{m-1} \operatorname{Sin} x^{n+1}}{n+m} + \frac{m-1}{n+m} . \int \operatorname{Sin} x^n \operatorname{Cos} x^{m-2} . \partial x,$

in 2; n für r; m für k geschrieben.

LXXIII. $\int \operatorname{Sin} x^n . \operatorname{Cos} x^m \partial x = - \frac{\operatorname{Sin} x^{n-1} \operatorname{Cos} x^{m+1}}{n+m} + \frac{n-1}{n+m} \int \operatorname{Sin} x^{n-2} \operatorname{Cos} x^m \partial x$

in LXXIV. $\frac{1}{2}\pi - y$ für x gesetzt, dann wieder x für y geschrieben, und n mit m vertauscht.

LXXIV. $\int \frac{\text{Sin}\, x^n . \partial x}{\text{Cos}\, x^m} =$

$$\frac{\text{Sin}\, x^{n+1}}{(m-1)\,\text{Cos}\, x^{m-1}} + \frac{m-n-2}{m-1} \int \frac{\text{Sin}\, x^n\, \partial x}{\text{Cos}\, x^{m-2}}$$

in 3) n für r und 2 — m für k gesetzt,

LXXV. $\int \frac{\text{Cos}\, x^m\, \partial x}{\text{Sin}\, x^n} = -$

$$\frac{\text{Cos}\, x^{m+1}}{(n-1)\,\text{Sin}\, x^{n-1}} + \frac{n-m-2}{n-1} \int \frac{\text{Cos}\, x^m\, \partial x}{\text{Sin}\, x^{n-2}}$$

in LXXVI. $\frac{1}{2}\pi - y$ für x gesetzt, dann wieder x für y geschrieben, und n mit m verwechselt.

LXXVI. $\int \frac{\partial x}{\text{Sin}\, x^n\, \text{Cos}\, x^m} = -$

$$\frac{1}{(n-1)\,\text{Sin}\, x^{n-1}.\,\text{Cos}\, x^{m+1}} + \frac{m+1}{n-1} \int \frac{\partial x}{\text{Sin}\, x^{n-2}.\,\text{Cos}\, x^{m+2}}$$

in 1) — n für r und — m für k gesetzt.

LXXVII $\int \frac{\partial x}{\text{Sin}\, x^n\, \text{Cos}\, x^m} =$

$$\frac{1}{(m-1)\,\text{Sin}^{n+1}\,\text{Cos}\, x^{m-1}} + \frac{n+1}{m-1} \int \frac{\partial x}{\text{Sin}\, x^{n+2}\,\text{Cos}\, x^{m-2}}$$

in LXXVIII. $\frac{1}{2}\pi - y$ für x gesetzt, dann y mit x und n mit m verwechselt.

§. 110. Zusatz. In Beziehung auf den Gebrauch der sechs Formeln im vorig. §. ist folgendes zu bemerken, wobei unter n und m positive ganze Zahlen zu verstehen sind.

1) Hat man ein Integral von der Form $\int \text{Sin}\, x^n . \text{Cos}\, x^m\, \partial x$, so gebrauche man LXXII., wenn $n > m$, und LXXIII., wenn $n < m$ ist. Im ersten Fall kommt man, nach fortgesetzter Anwendung, zuletzt entweder: auf $\int \text{Sin}\, x^n . \text{Cos}\, x^0 . \partial x = \int \text{Sin}\, x^n\, \partial x$ (siehe LXIX.),

wenn m gerade ist, oder: auf $\int \operatorname{Sin} x^n \operatorname{Cos} x \, \partial x = \frac{\operatorname{Sin} x^{n+1}}{n+1}$ $+ C$, wenn m ungerade ist. Im 2ten Fall erhält man zuletzt, entweder: $\int \operatorname{Cos} x^m \, \partial x$ (siehe §. 107.) oder: $\int \operatorname{Sin} x \operatorname{Cos} x^m \, \partial x = - \frac{\operatorname{Cos} x^{m+1}}{m+1} + C.$

2) Hat man ein Integral von der Form $\int \frac{\operatorname{Sin} x^n \, \partial x}{\operatorname{Cos} x^m}$, so gebrauche man fortgesetzt LXXIV., und man kommt zuletzt, wenn m gerade ist, auf $\int \operatorname{Sin} x^n \, \partial x$ (s. LXIX.), und wenn m ungerade ist, auf $\int \frac{\operatorname{Sin} x^n \, \partial x}{\operatorname{Cos} x} = \int \operatorname{Sin} x^n \operatorname{Cos} x^{-1} . \partial x$; und dies Integral nach der Reductionsformel LXXIII. behandelt, führt zuletzt entweder auf $\int \operatorname{Sin} x^0 \operatorname{Cos} x^{-1} \, \partial x$ $= \int \frac{\partial x}{\operatorname{Cos} x} = \int \operatorname{Sec} x \, \partial x$ (siehe 5. §. 105.) oder auf $\int \operatorname{Sin} x \operatorname{Cos} x^{-1} \, \partial x = \int \operatorname{tg} x \, \partial x$ (siehe 3. §. 105.).

3) Hat man ein Integral von der Form $\int \frac{\operatorname{Cos} x^m . \partial x}{\operatorname{Sin} x^n}$, so führt die fortgesetzte Anwendung von LXXV. zuletzt auf $\int \operatorname{Cos} x^m \, \partial x$ (siehe §. 107.), wenn n gerade ist. Ist aber n ungerade, so kommt man zuletzt auf

$$\int \frac{\operatorname{Cos} x^m \, \partial x}{\operatorname{Sin} x} = \int \operatorname{Cos} x^m . \operatorname{Sin} x^{-1} . \partial x,$$

und dies Integral dann, nach LXXII. behandelt, so erhält man zuletzt entweder $\int \frac{\partial x}{\operatorname{Sin} x} = \int \operatorname{Cosec} x \, \partial x$ (siehe 6. §. 105.) oder $\int \operatorname{Cotg} x \, \partial x$ (siehe 4. §. 105.).

4) Hat man ein Integral von der Form $\int \frac{\partial x}{\operatorname{Sin} x^n \operatorname{Cos} x^m}$, so gebrauche LXXVI., wenn $n < m$, und LXXVII., wenn $n > m$ ist. Im 1sten Fall kommt man

zuletzt entweder auf $\int\frac{\partial x}{\mathrm{Cos}\,x^r} = \int \mathrm{Sec}\,x^r \partial x$ (s. LXXI.), oder auf $\int\frac{\partial x}{\mathrm{Sin}\,x\,\mathrm{Cos}\,x^r}$, welches nach LXXIV. behandelt, zuletzt auf $\int\frac{\partial x}{\mathrm{Sin}\,x}$ oder auf $\int\frac{\partial x}{\mathrm{Sin}\,x\,\mathrm{Cos}\,x} = \int\frac{\partial(2x)}{\mathrm{Sin}\,2x}$ führt.

Im 2ten Fall kommt man zuletzt auf $\int\frac{\partial x}{\mathrm{Sin}\,x^r} = \int \mathrm{Cosec}\,x^r\,\partial x$; oder auf $\int\frac{\partial x}{\mathrm{Sin}\,x^r\,.\,\mathrm{Cos}\,x}$, welches Integral, nach LXXV. behandelt, auf $\int\frac{\partial x}{\mathrm{Cos}\,x}$ oder ebenfalls auf $\int\frac{\partial x}{\mathrm{Sin}\,x\,\mathrm{Cos}\,x}$ führt.

Beispiele.

1) $\int \mathrm{Sin}\,x^2.\,\mathrm{Cos}\,x^3.\,\partial x = \frac{\mathrm{Sin}\,x^3}{15}[3\,\mathrm{Cos}\,x^2 + 2] + C.$

2) $\int\frac{\mathrm{Sin}\,x\,\partial x}{\mathrm{Cos}\,x^2} = \frac{1}{\mathrm{Cos}\,x} + C.$

3) $\int\frac{\mathrm{Cos}\,x^4\,\partial x}{\mathrm{Sin}\,x^6} = \frac{5\,\mathrm{Sin}\,x^2 - 2}{8\,\mathrm{Sin}\,x^4}\,\mathrm{Cos}\,x + \frac{3}{8}\ln \mathrm{tg}\frac{x}{2} + C.$

4) $\int\frac{\partial x}{\mathrm{Sin}\,x^3\,\mathrm{Cos}\,x^5} = \frac{1 - 3\,\mathrm{Cos}\,x^2\,\mathrm{Cos}\,2x}{4\,\mathrm{Sin}\,x^2\,\mathrm{Cos}\,x^4} + 3\,.\,\ln \mathrm{tg}\,x + C.$

§. 111. Aufgabe. Es bezeichne n und m positive ganze Zahlen; man soll $\int x^n\,\mathrm{Sin}\,x\,.\,\partial x$; $\int x\,.\,\mathrm{Sin}\,x^n.\,\partial x$ und $\int x^n\,\mathrm{Sin}\,x^m.\,\partial x$ bestimmen.

Auflösung. Es ist $\int x^n\,\mathrm{Sin}\,x.\,\partial x = -\int x^n.\,\partial\,\mathrm{Cos}\,x$

$$= -[x^n\,\mathrm{Cos}\,x - \int \mathrm{Cos}\,x\,.\,\partial(x^n)]$$
$$= -\,x^n\,\mathrm{Cos}\,x + n\int x^{n-1}\,\mathrm{Cos}\,x\,\partial x$$
$$= -\,x^n\,\mathrm{Cos}\,x + n\int x^{n-1}.\,\partial\,\mathrm{Sin}\,x$$
$$= -\,x^n\,\mathrm{Cos}\,x + n\,[x^{n-1}\,\mathrm{Sin}\,x - \int \mathrm{Sin}\,x\,.\,\partial x^{n-1}]$$
$$= -\,x^n\,\mathrm{Cos}\,x + n\,x^{n-1}\,\mathrm{Sin}\,x - n(n-1)\int x^{n-2}\,\mathrm{Sin}\,x\,\partial x$$
$$= -\,x^n\,\mathrm{Cos}\,x + n\,x^{n-1}\,\mathrm{Sin}\,x + n(n-1)\,[x^{n-2}\,\mathrm{Cos}\,x - (n-2)\int \mathrm{Cos}\,x\,.\,x^{n-3}\,\partial x]$$

u. s. f.; also

LXXVIII. $\int x^n \operatorname{Sin} x \partial x = - x^n \operatorname{Cos} x + n x^{n-1} \operatorname{Sin} x$
$+ n(n-1) x^{n-2} \operatorname{Cos} x - n(n-1)(n-2) x^{n-3} \operatorname{Sin} x$
$- n(n-1)(n-2)(n-3) x^{n-4} \operatorname{Cos} x + + - -$ etc.
welche Reductionsformel abbricht, wenn n eine positive ganze Zahl ist.

Ferner ist: $\int x \operatorname{Sin} x^n . \partial x =$
$\int x \operatorname{Sin} x^{n-1} \operatorname{Sin} x . \partial x =$
$\int \operatorname{Sin} x^{n-1} \partial [\int x \operatorname{Sin} x \partial x] =$
$\int \operatorname{Sin} x^{n-1} \partial [- x \operatorname{Cos} x + \operatorname{Sin} x] =$
$\operatorname{Sin} x^{n-1} . [- x \operatorname{Cos} x + \operatorname{Sin} x]$
$- (n-1) \int [- x \operatorname{Cos} x + \operatorname{Sin} x] \operatorname{Sin} x^{n-2} \operatorname{Cos} x \partial x =$
$\operatorname{Sin} x^n - x \operatorname{Cos} x \operatorname{Sin} x^{n-1} + (n-1) \int x \operatorname{Cos} x^2 \operatorname{Sin} x^{n-2} \partial x$
$- (n-1) \int \operatorname{Sin} x^{n-1} \partial \operatorname{Sin} x =$
$\operatorname{Sin} x^n - x \operatorname{Cos} x \operatorname{Sin} x^{n-1} + (n-1) \int x \operatorname{Sin} x^{n-2} \partial x$
$- (n-1) \int x \operatorname{Sin} x^n \partial x - \frac{n-1}{n} \operatorname{Sin} x^n,$
und hieraus

LXXIX. $\int x \operatorname{Sin} x^n \partial x = \frac{\operatorname{Sin} x^n}{n^2} - \frac{x \operatorname{Cos} x \operatorname{Sin} x^n}{n}$
$+ \frac{n-1}{n} \int x \operatorname{Sin} x^{n-2} \partial x.$

Diese Reductionsformel führt zuletzt entweder auf $\int x \partial x = \frac{x^2}{2}$; oder auf $\int x \partial x = - \int x \partial \operatorname{Cos} x$
$= - x \operatorname{Cos} x + \operatorname{Sin} x + C.$

Dann hat man noch:
$\int x^n \operatorname{Sin} x^m \partial x =$
$\int x^{n-1} \operatorname{Sin} x^{m-1} . \partial [\int x \operatorname{Sin} x . \partial x]$
$= \int x^{n-1} . \operatorname{Sin} x^{m-1} . \partial [- x \operatorname{Cos} x + \operatorname{Sin} x]$
$= [- x \operatorname{Cos} x + \operatorname{Sin} x] . x^{n-1} . \operatorname{Sin} x^{m-1}$
$- \int (- x \operatorname{Cos} x + \operatorname{Sin} x) [x^{n-1} . (m-1) \operatorname{Sin} x^{m-2} . \operatorname{Cos} x \partial x$
$+ \operatorname{Sin} x^{m-1} . (n-1) x^{n-2} . \partial x]$

$$= -x^n \operatorname{Cos} x \operatorname{Sin} x^{m-1} + x^{n-1} \operatorname{Sin} x^m$$
$$+ (m-1) \int x^n \operatorname{Sin} x^{m-2} (1 - \operatorname{Sin} x^2) \partial x$$
$$- (m-1) \int x^{n-1} \operatorname{Sin} x^{m-1} . \partial \operatorname{Sin} x$$
$$+ (n-1) \int x^{n-1} \operatorname{Sin} x^{m-1} \partial \operatorname{Sin} x - (n-1) \int x^{n-2} . \operatorname{Sin} x^m \partial x$$
$$= -x^n \operatorname{Cos} x \operatorname{Sin} x^{m-1} + x^{n-1} \operatorname{Sin} x^m$$
$$+ (m-1) \int x^n \operatorname{Sin} x^{m-2} \partial x - (m-1) \int x^n \operatorname{Sin} x^m \partial x$$
$$+ (n-m) . \frac{1}{m} \int x^{n-1} . \partial \operatorname{Sin} x^m - (n-1) \int x^{n-2} \operatorname{Sin} x^m \partial x,$$
daher
$$m \int x^n \operatorname{Sin} x^m \partial x = -x^n \operatorname{Cos} x \operatorname{Sin} x^{m-1}$$
$$+ x^{n-1} \operatorname{Sin} x^m + (m-1 \int x^n \operatorname{Sin} x^{m-2} \partial x$$
$$+ \frac{n-m}{n} x^{n-1} \operatorname{Sin} x^m - \frac{(n-m)(n-1)}{m} \int x^{n-2} . \operatorname{Sin} x^m \partial x$$
$$- (n-1) \int x^{n-2} \operatorname{Sin} x^m \partial x ;$$ folglich

LXXX. $$\int x^n \operatorname{Sin} x^m . \partial x = - \frac{x^n \operatorname{Cos} x \operatorname{Sin} x^{m-1}}{m}$$
$$+ \frac{n x^{n-1} \operatorname{Sin} x^m}{m^2} + \frac{m-1}{m} \int x^n \operatorname{Sin} x^{m-2} . \partial x$$
$$- \frac{n(n-1)}{m^2} \int x^{n-2} \operatorname{Sin} x^m \partial x.$$

§. 112. Zusatz. Eben so erhält man:

1) $$\int x^n \operatorname{Cos} x \partial x = x^n \operatorname{Sin} x + n x^{n-1} \operatorname{Cos} x$$
$$- n(n-1) x^{n-2} \operatorname{Sin} x - n(n-1)(n-2) x^{n-3} \operatorname{Cos} x$$
$$+ + - - \ldots \ldots$$

2) $$\int x \operatorname{Cos} x^n . \partial x = \frac{\operatorname{Cos} x^n}{n^2} + \frac{x \operatorname{Sin} x \operatorname{Cos} x^{n-1}}{n}$$
$$+ \frac{n-1}{n} \int x \operatorname{Cos} x^{n-2} . \partial x.$$

3) $$\int x^n \operatorname{Cos} x^m . \partial x = \frac{x^n \operatorname{Sin} x \operatorname{Cos} x^{m-1}}{m}$$
$$+ \frac{n x^{n-1} \operatorname{Cos} x^m}{m^2} + \frac{m-1}{m} \int x^n \operatorname{Cos} x^{m-2} \partial x$$
$$- \frac{n(n-1)}{m^2} \int x^{n-2} \operatorname{Cos} x^m . \partial x.$$

Beispiel.

Für $\varphi x = \int x^2 \operatorname{Sin} x^3 . \partial x$ erhält man

$$\varphi x = \tfrac{1}{27}[2\operatorname{Cos} x[20 + \operatorname{Sin} x^2] + 6x\operatorname{Sin} x[6 + \operatorname{Sin} x^2] - 9x^2 \operatorname{Cos} x . [2 + \operatorname{Sin} x^2]] + C$$

und hieraus

$$\varphi \frac{\pi}{2} = \frac{7\pi}{9} + C$$

$$\varphi = \tfrac{40}{27} + C.$$

§. 112* Zusatz. Folgende zwei Aufgaben sollen wegen ihres häufigen Gebrauchs hier noch aufgelöst werden: 1stens $\int \frac{\partial x}{(a + b \operatorname{Cos} x)^n}$; 2tens $\int \operatorname{Cos} n x . \operatorname{Sin} x \partial x$ zu bestimmen. Setzt man $a + b \operatorname{Cos} x = u$; so wird

$$\operatorname{Cos} x = \frac{u - a}{b}; \ \partial x = -\frac{\partial u}{b \operatorname{Sin} x}$$

$$= -\frac{\partial u}{b\sqrt{1 - \left(\frac{u-a}{b}\right)^2}} = -\frac{\partial u}{\sqrt{b^2 - a^2 + 2au - u^2}},$$

also

$$\text{A.} \int \frac{\partial x}{(a + b \operatorname{Cos} x)^n} = -\int \frac{\partial u}{u^n . \sqrt{b^2 - a^2 + 2au - u^2}}$$

wodurch die Bestimmung auf XLV. §. 98. reducirt ist.

Zu Bestimmung von $p = \int \operatorname{Cos} n x \operatorname{Sin} x \partial x$ für jeden Werth von n hat man leicht:

$$p = \frac{1}{n} \int \operatorname{Sin} x \partial \operatorname{Sin} n x$$

$$= \frac{1}{n} [\operatorname{Sin} x \operatorname{Sin} n x - \int \operatorname{Sin} n x \partial \operatorname{Sin} x], \text{ also}$$

$$n^2 . p = n \operatorname{Sin} x \operatorname{Sin} n x - n \int \operatorname{Sin} n x . \partial \operatorname{Sin} x$$

Es ist aber auch

$$p = -\int \operatorname{Cos} n x \partial \operatorname{Cos} x$$

$$= -\operatorname{Cos} x \operatorname{Cos} n x + \int \operatorname{Cos} x . \partial \operatorname{Cos} n x, \text{ oder}$$

$$p = -\operatorname{Cos} x \operatorname{Cos} n x - n \int \operatorname{Sin} n x \partial \operatorname{Sin} x,$$

daher

$$(n^2-1)p = n \operatorname{Sin} x \operatorname{Sin} n x + \operatorname{Cos} x \operatorname{Cos} n x,$$

folglich

B. $\int \operatorname{Cos} n x \operatorname{Sin} x \,\partial x = \frac{n \operatorname{Sin} x \operatorname{Sin} n x + \operatorname{Cos} x \operatorname{Cos} n x}{n^2-1}.$

Eben so erhält man allgemeiner

C. $\int \operatorname{Sin} n x \operatorname{Cos} m x \,\partial x = \frac{m \operatorname{Sin} n x \operatorname{Sin} m x + n \operatorname{Cos} n x \operatorname{Cos} m x}{m^2-n^2}.$

II. Logarithmischer.

§. 113. **Aufgabe.** Man soll $\int a^x . x^n \partial x$ bestimmen.

Auflösung. Es ist $\partial \frac{a^x}{\ln a} = a^x . \partial x$ (§. 57.) also

$$\int a^x . x^n . \partial x = \int x^n . \partial \frac{a^x}{\ln a} = \frac{x^n . a^x}{\ln a} - \frac{1}{\ln a} \int a^x . \partial (x^n)$$

oder

LXXXI. $\int a^x . x^n . \partial x = \frac{x^n . a^x}{\ln a} - \frac{n}{\ln a} \int a^x . x^{n-1} . \partial x.$

und bei wiederholtem Gebrauch dieser Reductionsformel kommt man zuletzt auf

$$\int a^x . \partial x = \frac{a^x}{\ln a} + C.$$

Ist $a = e =$ der Basis des natürlichen Logarithmen-Systems, so hat man

$$\int e^x . x^n . \partial x = x^n . e^x - n \int e^x . x^{n-1} . \partial x.$$

Beispiel.

$$\int e^x . x^3 . \partial x = e^x . [x^3 - 3x^2 + 6x - 6] + C.$$

§. 114. **Aufgabe.** Man soll für $\int x^n . (\ln x)^m . \partial x$ eine Reductionsformel herleiten.

Auflösung. Es ist

$$\int x^n . (\ln x)^m . \partial x = \int (\ln x)^m . \frac{1}{n+1} . \partial (x^{n+1})$$

$$= \frac{(\ln x)^m . x^{n+1}}{n+1} - \frac{1}{n+1} . \int x^{n+1} . m (\ln x)^{m-1} . \frac{\partial x}{x}$$

oder

LXXXII. $\int x^n . (\ln x)^m . \partial x$

$$= \frac{(\ln x)^m . x^{n+1}}{n+1} - \frac{m}{n+1} \int x^n . (\ln x)^{m-1} . \partial x.$$

Beispiele.

1) $\int x \ln x . \partial x, = \frac{x^2}{4} . [2 \ln x - 1] + C.$

2) $\int x^3 . (\ln x)^2 . \partial x = \frac{x^4}{32} [8 (\ln x)^2 - 4 \ln x + 1] + C.$

3) $\int (\ln \operatorname{Sin} x)^3 . \operatorname{Cos} x \partial x =$

$\operatorname{Sin} x [(\ln \operatorname{Sin} x)^3 - 3 (\ln \operatorname{Sin} x)^2 + 6 \ln \operatorname{Sin} x - 6] + C.$

4) $\int \ln x . \partial x = x (\ln x - 1) + C.$

Des dritten Abschnitts

4tes Kapitel.

Integration gegebener Ableitungsformeln durch Reihen.

§. 115. Wenn eine gegebene Ableitungsformel auf keine Gestalt, deren Stammfunction bekannt ist, zurückgeführt werden kann, so bleibt nichts anders übrig, als das Integral näherungsweise durch Reihen zu bestimmen. Die folgenden §§. enthalten die am häufigsten vorkommenden Methoden und Fälle.

§. 116. Aufgabe. Es sei $\int x^p . \varphi x . \partial x$ nach den bisherigen Formeln zu bestimmen. Man soll

$$\int [a + b x + c x^2 + \ldots]^n . \varphi x . \partial x$$

für jeden Werth von n angeben.

Auflösung. Man entwickle $[a + b x + c x^2 + \ldots]^n$ nach dem binomischen Satz in eine Reihe, und multiplicire jedes Glied mit $\varphi x . \partial x$, so erhält man lauter Integrale, die der Voraussetzung gemäß angebbar sind.

Beispiel. $\int \frac{\sqrt[3]{x}\, \partial x}{\sqrt{1+x}}$ durch eine Reihe zu bestimmen.

Es ist $\frac{1}{\sqrt{1+x}} = (1+x)^{-\frac{1}{2}}$ und

$$(1+x)^{-\frac{1}{2}} = 1 - \tfrac{1}{2}x + \tfrac{3}{8}x^2 - \tfrac{5}{16}x^3 + \tfrac{35}{128}x^4 - \ldots .$$

oder auch

$$(1+x)^{-\frac{1}{2}} = x^{-\frac{1}{2}} - \tfrac{1}{2}x^{-\frac{3}{2}} + \tfrac{3}{8}x^{-\frac{5}{2}} - \tfrac{5}{16}x^{-\frac{7}{2}} + \tfrac{35}{128}x^{-\frac{9}{2}} \ldots .$$

folglich

1stens $$\int \frac{\sqrt[3]{x} . \partial x}{\sqrt{1+x}} = \sqrt[3]{x}\,[\tfrac{3}{4}x - \tfrac{3}{14}x^2 + \tfrac{9}{80}x^3 - \tfrac{15}{208}x^4 + \tfrac{105}{2048}x^5 \ldots .]$$

2tens $$\int \frac{\sqrt[3]{x} . \partial x}{\sqrt{1+x}} = \frac{1}{\sqrt[6]{x}}\left[\tfrac{6}{5}x + 3 - \frac{9}{28x} + \frac{15}{108x^2} - \frac{105}{1216x^3} \ldots .\right]$$

Das erste Resultat kann brauchbar sein, wenn x einen ächten Bruch, das zweite, wenn x einen unächten Bruch oder eine ganze Zahl ausdrückt.

§. 117. Aufgabe. Man soll $\int \varphi x . \partial x$ durch φx und seine Ableitungen bestimmen.

Auflösung. 1ste. Es ist

$$\begin{aligned}
\int \varphi x . \partial x &= x\varphi x - \int x . \varphi' x \\
&= x\varphi x - \tfrac{1}{2}\int \varphi' x . \partial (x^2) \\
&= x\varphi x - \tfrac{1}{2}(x^2 \varphi' x - \int x^2 . \varphi'' x) \\
&= x\varphi x - \frac{x^2}{2}\varphi' x + \tfrac{1}{2} . \tfrac{1}{3}\int \varphi'' x . \partial (x^3) \\
&= x\varphi x - \frac{x^2}{2}\varphi' x + \frac{1}{(3)}(x^3 \varphi'' x - \int x^3 \varphi''' x)
\end{aligned}$$

u. s. f., also

LXXXIII. $\int \varphi x . \partial x = x \varphi x - \frac{x^2}{(2)} \varphi' x + \frac{x^3}{(3)} \varphi'' x$
$- \frac{x^4}{(4)} \varphi''' x + \frac{x^5}{(5)} \varphi'''' x - + \ldots\ldots$

Anmerk. Diese Reihe heißt die Bernoullische.

2te. Es ist, nach Maclaurins Reihe:

$$\varphi x = \varphi + x \varphi' + \frac{x^2}{(2)} \varphi'' + \frac{x^3}{(3)} \varphi''' + \ldots\ldots$$

und hieraus

LXXXIV. $\int \varphi x . \partial x = x \varphi + \frac{x^2}{(2)} \varphi' + \frac{x^3}{(3)} \varphi''$
$+ \frac{x^4}{(4)} \varphi''' + \ldots\ldots$

Beispiel. Man soll $\int \frac{1-x}{1+x} . \partial x$ bestimmen.

Die erste Reihe liefert

$$\int \frac{1-x}{1+x} . \partial x = x \frac{1-x}{1+x} + 2 . \left(\frac{x}{1+x}\right)^2 \left[\tfrac{1}{2} + \tfrac{1}{3} . \frac{x}{1+x} + \tfrac{1}{4} . \left(\frac{x}{1+x}\right)^2 + \tfrac{1}{5} . \left(\frac{x}{1+x}\right)^3 \ldots\ldots\right] + C.$$

Die zweite aber

$$\int \frac{1-x}{1+x} . \partial x = x - x^2 + 2x^3 \left[\tfrac{1}{3} - \tfrac{1}{4} x + \tfrac{1}{5} x^2 - \tfrac{1}{6} x^3 + \ldots\ldots\right] + C.$$

Vollständig hat man leicht:

$$\int \frac{1-x}{1+x} \partial x = 2 . \int \frac{1}{1+x} \partial x - \int \partial x$$
$$= 2 . \ln(1+x) - x + C.$$

Verschwindet nun etwa das Integral für $x = 0$; so werden die Constanten der 3 Resultate $= 0$; und jedes liefert, für $x = \frac{1}{2}$; den Werth 0,31 .....

§. 118. Aufgabe. Es soll $\int \frac{\partial x}{\ln x}$ durch eine Reihe bestimmt werden.

Auf=

Auflösung. Setzt man $x = e^y$; also $y = \ln x$, so wird $\int \frac{\partial x}{\ln x} = \int \frac{e^y}{y} \partial y$.

Es ist aber

$$e^y = 1 + y + \frac{y^2}{(2)} + \frac{y^3}{(3)} + \frac{y^4}{(4)} + \ldots\ldots$$

also

$$\int \frac{e^y . \partial y}{y} = \ln y + y + \frac{y^2}{2.(2)} + \frac{y^3}{3.(3)} + \ldots.$$

oder

$$\text{LXXXV.} \int \frac{\partial x}{\ln x} = \ln^2 x + \ln x + \frac{(\ln x)^2}{2.(2)} + \frac{(\ln x)^3}{3.(3)}$$
$$+ \frac{(\ln x)^4}{4.(4)} + \ldots\ldots + C.$$

Des dritten Abschnitts
5tes Kapitel.

Integrations-Methoden der einfachsten Differenzial-Gleichungen.

§. 119. Aufgabe. Es ist die Differenzial- oder Ableitungs-Gleichung

$$a + by + c\partial y = 0$$

gegeben, man soll die zugehörige Stammfunction bestimmen, d. h. man soll finden, welche Function y von x sein muß, um der gegebenen Gleichung zu genügen.

Auflösung. 1) Man setze $y = z + k$ und bestimme k so, daß die gegebene Gleichung ihr constantes Glied verliert. Es entsteht

$$a + bz + bk + c\partial z = 0,$$

folglich $bk + a = 0$; also $k = -\frac{a}{b}$;

2) Aus $bz + c\partial z = 0$ entsteht nun leicht:

$$\frac{\partial z}{z} = -\frac{b}{c}; \text{ oder}$$

$$\frac{\partial z}{z} = -\frac{b}{c}.\partial x$$

in welcher Gleichung die veränderlichen Größen abgesondert erscheinen. Integrirt man jetzt, so folgt

$$\log n\, z = -\frac{b}{c}x + C, \text{ oder,}$$

$$\log n\, z = \left[-\frac{b}{c}x + C\right]\log n\, e \text{ oder auch:}$$

$$\log n\, z = \log n\, e^{-\frac{bx}{c}+C}, \text{ daher}$$

$$z = e^{-\frac{bx}{c}+C}; \text{ oder auch}$$

$$z = e^{-\frac{bx}{c}}.e^{C}.$$

Setzt man den constanten, aber unbekannten Factor e^C, der in jeden besondern Fall der Anwendung aus der Natur der Aufgabe zu bestimmen ist, gleich A, so ist also

$$z = A.e^{-\frac{bx}{c}}; \text{ daher}$$

$$y = -\frac{a}{b} + A.e^{-\frac{bx}{c}},$$

welches die verlangte Stammfunction ist.

Beispiel. Die Summe y der unendlichen Reihe $x - \frac{x^2}{(2)} + \frac{x^3}{(3)} - \frac{x^4}{(4)} + \frac{x^5}{(5)}$ in inf. zu bestimmen.

Aus $y = x - \frac{x^2}{(2)} + \frac{x^3}{(3)} - \frac{x^4}{(4)}$ in inf. folgt

$$\partial y = 1 - x + \frac{x^2}{(2)} - \frac{x^3}{(3)} \text{ in inf., und also ist}$$

$$y + \partial y = 1; \text{ oder}$$

$$-1 + y + \partial y = 0; \text{ also}$$

$$y = 1 + A.e^{-x};$$

Nun ist für $x=0$ auch $y=0$; daher $A=-1$; folglich

$$y = 1 - \frac{1}{e^x}.$$

§. 120. Aufgabe. Zu der Differenzial-Gleichung

$$\varphi x + by + c\partial y = 0,$$

die Stammfunction $y = fx$ zu bestimmen.

Auflösung. Wählt man für die Stammgleichung die Form

$$e^{mx}[z + Ay] = B,$$

in welcher m, A, B unbekannte Größen bezeichnen, z aber eine Function von x vorstellt, so ist die dieser Stammgleichung zugehörige 1ste Ableitung

$$e^{mx}[\partial z + A\partial y + mz + mAy] = 0.$$

Bringt man nun die gegebene 1ste Ableitung auf die Gestalt

$$e^{mx}(\varphi x + by + c\partial y) = 0,$$

so werden beide 1sten Ableitungen identisch, wenn

1) $mz + \partial z = \varphi x$

2) $mA = b$

3) $A = c$ gemacht werden kann, welches ausführbar ist, weil diese 3 Gleichungen gerade auch 3 zu bestimmende Größen z, m, A enthalten, und diese 3 Gleichungen den Bedingungen, daß z eine Function von x; m und A aber constant sein sollen, entsprechen. Man erhält

aus 3) $A = c$

dann aus 2) $m = \frac{b}{c}$

und endlich aus 1) $e^{mx}(mz + \partial z) = e^{mx}.\varphi x$,

und diese Gleichung integrirt

$$e^{mx}.z = \int e^{mx}.\varphi x, \text{ oder}$$

$$e^{\frac{bx}{c}}.z = \int e^{\frac{bx}{c}}.\varphi x.$$

Kann man nun $\int e^{\frac{bx}{c}} . \varphi x$ bestimmen, und setzt das Resultat $= Fx$: so ist

$$z = \frac{Fx}{e^{\frac{bx}{c}}}$$

und man hat also zu der gegebenen Differenzial-Gleichung

$$\varphi x + by + c\partial y = 0$$

die verlangte Integral-Gleichung

$$Fx + e^{\frac{bx}{c}} . c . y = B; \text{ und hieraus}$$

$$y = fx = \frac{B - Fx}{c . e^{\frac{bx}{c}}}.$$

Beispiel. Zu $-x^2 + y + \partial y = 0$ die Integral Gleichung zu bestimmen, wenn gegeben ist, daß für $x = 0$ auch $y = 0$ wird.

Hier ist $\varphi x = -x^2$; $b = 1$; $c = 1$;
$Fx = -\int e^x . x^2 = -e^x (x^2 - 2x + 2)$ (§. 113.), daher

$$y = \frac{B + e^x (x^2 - 2x + 2)}{e^x}, \text{ also}$$

$$0 = B + 2; \text{ folglich}$$

$$y = \frac{-2 + e^x (x^2 - 2x + 2)}{e^x}.$$

§. 121. Aufgabe. Zu der 2ten Ableitungs-Gleichung

$$a + by + c\partial y + h . \partial^2 y = 0$$

die Stamm-Gleichung zu bestimmen.

Auflösung. Setzt man $y = z - \frac{a}{b}$, so entsteht

$$bz + c\partial z + h\partial^2 z = 0.$$

Wird nun $z = e^{\varphi x}$ angenommen; so erhält man für

$$bz + c\partial z + h\partial^2 z = 0;$$

die Gleichung

$$e^{\varphi x}[b + c\partial\varphi x + h\partial^2\varphi x + h[\partial\varphi x]^2] = 0$$

und dieser wird Genüge geleistet, wenn $\partial^2\varphi x = 0$; also $\partial\varphi x = \text{Const.}$, aber der Gleichung

$$b + c\partial\varphi x + h(\partial\varphi x)^2 = 0$$

entsprechend, bestimmt wird. Man erhält

$$\partial\varphi x = \frac{-c + \sqrt{c^2 - 4bh}}{2h} \text{ wofür } m'$$

und auch

$$\partial\varphi x = \frac{-c - \sqrt{c^2 - 4bh}}{2h} \text{ wofür } m''$$

geschrieben werden soll. Aus diesen Resultaten ist dann

$$\varphi x = m'x + C'; \text{ und auch}$$

$$\varphi x = m''x + C''; \text{ also}$$

$$z = e^{m'x+C'} = e^{m'x}.e^{C'} = A.e^{m'x} \text{ und auch}$$

$$z = e^{m''x+C''} = B.e^{m''x},$$

wo A und B die im Allgemeinen willkührliche, in besondern Fällen aber aus der Natur der Aufgabe zu bestimmenden Constant. bezeichnen.

Der 2ten Ableitungs-Gleichung

$$bz + c\partial z + h\partial^2 z = 0$$

genügt also $z = A.e^{m'x}$, wofür

$$e^{m'x}.A[b + cm' + h(m')^2] = 0$$

entsteht, und es genügt auch $z = Be^{m''x}$, wofür

$$e^{m''x}.B[b + cm'' + h(m'')^2] = 0$$

sich ergiebt. Da nun die Summe dieser beiden Gleichungen die Form

$$b[A.e^{m'x} + Be^{m''x}] + c.\partial[A.e^{m'x} + B.e^{m''x}] + h.\partial^2[Ae^{m'x} + Be^{m''x}] = 0$$

annimmt, so genügt also auch

$$z = Ae^{m'x} + Be^{m''x},$$

welches die verlangte Stamm-Gleichung mit den erforderlichen 2 Constanten ist. Es gehört also zu der gegebenen 2ten Ableitungs-Gleichung

$$a + by + c\partial y + h.\partial^2 y = 0$$

die Stammfunction

$$y = -\frac{a}{b} + Ae^{m'x} + Be^{m''x}.$$

§. 122. Zusatz. Zur Bestimmung der beiden Const. A und B in besondern Fällen muß aus der Aufgabe bekannt sein, was aus y und ∂y wird, wenn für x ein bestimmter Werth geschrieben wird. Gesetzt, für $x = r$; werde $y = p$; und $\partial y = q$; so hat man die beiden Gleichungen

$$p = -\frac{a}{b} + Ae^{m'r} + Be^{m''r} \text{ und}$$

$$q = Am'.e^{m'r} + Bm''.e^{m''r},$$

woraus A und B zu entwickeln sind.

Beispiele. 1) Die Summe y der unendlichen Reihe $x \operatorname{Sin}\alpha + \frac{x^2}{(2)}\operatorname{Sin}2\alpha + \frac{x^3}{(3)}\operatorname{Sin}3\alpha + \ldots\ldots$ zu bestimmen.

Aus $y = x\operatorname{Sin}\alpha + \frac{x^2}{(2)}\operatorname{Sin}2\alpha + \frac{x^3}{(3)}\operatorname{Sin}3\alpha + \ldots\ldots$ entsteht

$$\partial y = \operatorname{Sin}\alpha + x\operatorname{Sin}2\alpha + \frac{x^2}{(2)}\operatorname{Sin}3\alpha + \ldots\ldots$$

$$\partial^2 y = \operatorname{Sin}2a + x\operatorname{Sin}3\alpha + \frac{x^2}{(2)}\operatorname{Sin}4\alpha + \ldots\ldots$$

also

$$y + \partial^2 y = \operatorname{Sin}2\alpha + x(\operatorname{Sin}3\alpha + \operatorname{Sin}\alpha) + \frac{x^2}{(2)}(\operatorname{Sin}4\alpha + \operatorname{Sin}2\alpha) + \frac{x^3}{(3)}(\operatorname{Sin}5\alpha + \operatorname{Sin}3\alpha) + \ldots\ldots$$

$$= 2\operatorname{Sin}\alpha\operatorname{Cos}\alpha + 2x\operatorname{Sin}2\alpha\operatorname{Cos}\alpha + \frac{x^2}{(2)}.2\operatorname{Sin}3\alpha\operatorname{Cos}\alpha + \frac{x^3}{(3)}2\operatorname{Sin}4\alpha.\operatorname{Cos}\alpha + \ldots\ldots$$

$= 2\operatorname{Cos}\alpha.\partial y$ und es ist also

$$y - 2\,\mathrm{Cos}\,\alpha . \partial y + \partial^2 y = 0,$$

folglich
$$a = 0$$
$$b = 1$$
$$c = -2\,\mathrm{Cos}\,\alpha$$
$$h = 1$$

daher
$$m' = \mathrm{Cos}\,\alpha + i\,\mathrm{Sin}\,\alpha$$
$$m'' = \mathrm{Cos}\,\alpha - i\,\mathrm{Sin}\,\alpha,$$

demnach
$$y = A . e^{(\mathrm{Cos}\,\alpha + i\,\mathrm{Sin}\,\alpha)x} + B\,e^{(\mathrm{Cos}\,\alpha - i\,\mathrm{Sin}\,\alpha)x} \text{ und}$$
$$\partial y = A(\mathrm{Cos}\,\alpha + i\,\mathrm{Sin}\,\alpha)\,e^{(\mathrm{Cos}\,\alpha + i\,\mathrm{Sin}\,\alpha)x} + B(\mathrm{Cos}\,\alpha - i\,\mathrm{Sin}\,\alpha)\,e^{(\mathrm{Cos}\,\alpha - i\,\mathrm{Sin}\,\alpha)x}.$$

Nun ist aber für x gleich 0; $y = 0$; $\partial y = \mathrm{Sin}\,\alpha$; und es ergeben sich zu Bestimmung der beiden Const. A und B die Gleichungen

$$0 = A + B$$
$$\mathrm{Sin}\,\alpha = A(\mathrm{Cos}\,\alpha + i\,\mathrm{Sin}\,\alpha) + B(\mathrm{Cos}\,\alpha - i\,\mathrm{Sin}\,\alpha),$$

woraus man

$$A = \frac{1}{2i};\quad B = -\frac{1}{2i} \text{ erhält.}$$

Es ist demnach

$$y = \frac{e^{(\mathrm{Cos}\,\alpha + i\,\mathrm{Sin}\,\alpha)x}}{2i} - \frac{e^{(\mathrm{Cos}\,\alpha - i\,\mathrm{Sin}\,\alpha)x}}{2i}$$
$$= e^{x\,\mathrm{Cos}\,\alpha} . \frac{e^{i x\,\mathrm{Sin}\,\alpha} - e^{-i x\,\mathrm{Sin}\,\alpha}}{2i};$$

also nach §. 60.

$$y = e^{x\,\mathrm{Cos}\,\alpha} . \mathrm{Sin}\,[x\,\mathrm{Sin}\,\alpha].$$

2) Zu $3y + \partial^2 y = 0$; die Stamm-Gleichung anzugeben, wenn vorausgesetzt wird, daß mit $x = 0$; auch $y = 0$; aber $\partial y = \sqrt{3}$ werde.

Hier ist $a = 0$; $b = 3$; $c = 0$; $h = 1$; also

$$m' = i . \sqrt{3}$$
$$m'' = -i\sqrt{3}, \text{ folglich}$$

$$y = A . e^{xi\sqrt{3}} + B e^{-xi\sqrt{3}}$$ und also

$$\partial y = A . i\sqrt{3} . e^{xi\sqrt{3}} - B i\sqrt{3} . e^{-xi\sqrt{3}},$$

daher zu Bestimmung der beiden Const.

$$0 = A + B$$

$$\sqrt{3} = A i\sqrt{3} - B i . \sqrt{3},$$

woraus $A = \frac{1}{2i}$; $B = -\frac{1}{2i}$ folgt.

Es ist also $y = \frac{e^{ix\sqrt{3}} - e^{-ix\sqrt{3}}}{2i}$ oder, nach §. 60.,

$$y = \text{Sin}\,(x\sqrt{3}).$$

§. 123. **Aufgabe.** Zu der 2ten Ableitungs-Gleichung

$$\varphi x + by + c\partial y + h\partial^2 y = 0$$

die Stamm-Gleichung zu finden.

Auflösung. Versteht man unter m, A, B, C constante, aber unbekannte Zahlen, unter z aber eine Function von x, so kann als erste Ableitungs-Gleichung die Form

$$e^{mx}[z + Ay + B\partial y] = C$$

genügen. Es ist nemlich ihre Ableitungs-Gleichung:

$$e^{mx}[\partial z + A\partial y + B\partial^2 y + mz + mAy + mB\partial y] = 0,$$

und diese wird mit der gegebenen, wenn man dieselbe sich vorher mit e^{mx} multiplicirt denkt, einerlei, wenn

1) $mz + \partial z = \varphi x$
2) $mA = b$
3) $A + mB = c$
4) $B = h$ gemacht wird.

Aus diesen 4 Gleichungen findet man

$$B = h$$

$$A = \frac{c \pm \sqrt{c^2 - 4bh}}{2}$$

$$m = \frac{c \mp \sqrt{c^2 - 4bh}}{2h}$$

und, wie in §. 120.,

$$z = \frac{\int e^{mx} \cdot \varphi x}{e^{mx}}.$$

Ist also $\int e^{mx} \cdot \varphi x$ anzugeben, so hat man, unter A und m, die so eben gefundenen Werthe verstanden, die erste Ableitungs-Gleichung

$$\int e^{mx} \cdot \varphi x + e^{mx}[Ay + h\partial y] = C$$ oder auch

$$\frac{\int e^{mx} \cdot \varphi x - C}{e^{mx}} + Ay + h\partial y = 0,$$

oder, $\frac{\int e^{mx} \cdot \varphi x - C}{e^{mx}}$ durch fx ausgedrückt,

$$fx + Ay + h\partial y = 0,$$

wozu nach §. 120. die Stammfunction zu bestimmen ist.

Beispiel 1. Zu $2e^x + 2y + 2\partial y - \partial^2 y = 0$ die Stammfunction zu bestimmen, wenn vorausgesetzt wird, daß mit $x = 0$; auch y und ∂y zu Null wird.

Hier ist $\varphi x = 2 \cdot e^x$; $b = 2$; $c = 2$; $h = -1$; also $A = 1 + \sqrt{3}$; $m = -1 + \sqrt{3}$;

$$\begin{aligned} \int e^{mx} \cdot \varphi x &= \int e^{(-1+\sqrt{3})x} \cdot 2 \cdot e^x \\ &= 2\int e^{x\sqrt{3}} = \frac{2}{\sqrt{3}} \int e^{x\sqrt{3}} \cdot \partial(x\sqrt{3}) \\ &= \frac{2}{\sqrt{3}} \cdot e^{x\sqrt{3}} \end{aligned}$$

$$fx = \frac{\frac{2}{\sqrt{3}} \cdot e^{x\sqrt{3}} - C}{e^{(-1+\sqrt{3})x}};$$ also die erste Ableitungs-Gleichung

$$\frac{\frac{2}{\sqrt{3}} \cdot e^{x\sqrt{3}} - C}{e^{(-1+\sqrt{3})x}} + (1 + \sqrt{3})y - \partial y = 0.$$

Hieraus, der Voraussetzung gemäß, $C = \frac{2}{\sqrt{3}}$; also die vollständige 1ste Ableitungs-Gleichung:

$$\frac{2}{\sqrt{3}} \cdot \frac{e^{x\sqrt{3}-1}}{e^{(-1+\sqrt{3})x}} + (1 + \sqrt{3})y - \partial y = 0;$$ oder

$$\frac{2}{\sqrt{3}}[e^x - e^{(1-\sqrt{3})x}] + (1+\sqrt{3})y - \partial y = 0$$

und zu dieser nach §. 120. die Stammfunction

$$y = e^x\left[-B.e^{x\sqrt{3}} - \tfrac{2}{3} + \frac{1}{3.e^{x\sqrt{3}}}\right]$$

aber, der Voraussetzung gemäß,

$$B = -\tfrac{1}{3};\ \text{also}$$

$$y = e^x\left[\tfrac{1}{3}e^{x\sqrt{3}} - \tfrac{2}{3} + \frac{1}{3.e^{x\sqrt{3}}}\right]$$

oder auch

$$y = \tfrac{1}{3}[e^{(1+\sqrt{3})x} - 2e^x + e^{(1-\sqrt{3})x}].$$

2) $y = \frac{x^2}{(2)} + \frac{x^5}{(5)} + \frac{x^8}{(8)}$ in inf. zu bestimmen.

Es ist

$$\partial y = x + \frac{x^4}{(4)} + \frac{x^7}{(7)} + \ldots\ldots$$

$$\partial^2 y = 1 + \frac{x^3}{(3)} + \frac{x^6}{(6)} + \ldots\ldots$$

also $\qquad y + \partial y + \partial^2 y = e^x$ (§. 54.)

oder $- e^x + y + \partial y + \partial^2 y = 0$

und zu dieser 2ten Ableitungs-Gleichung die 1ste

$$\frac{3+i\sqrt{3}}{6}\left[e^{\frac{i\sqrt{3}-1}{2}x} - e^x\right] + \frac{1+i\sqrt{3}}{2}y + \partial y = 0.$$

Aus dieser ergiebt sich dann

$$y = \frac{e^x}{3} - \frac{e^{-\frac{x}{2}}}{3}\left[\sqrt{3}.\frac{e^{\frac{i\sqrt{3}}{2}x} - e^{-\frac{i\sqrt{3}}{2}x}}{2i} + \frac{e^{\frac{i\sqrt{3}}{2}x} + e^{-\frac{i\sqrt{3}}{2}x}}{2}\right]$$

$$= \tfrac{1}{3}\left[e^x - 2.e^{-\frac{x}{2}}\,\mathrm{Sin}\left[\frac{\pi}{6} + \frac{x\sqrt{3}}{2}\right]\right].$$

§. 124. **Aufgabe.** Es bezeichnen P, Q, R gegebene Functionen von x oder auch unveränderliche Ausdrücke; n eine constante Zahl; man soll aus der Differenzial-Gleichung

$$P.\partial y + Q.y.\partial x + Ry^n.\partial x = 0$$

bestimmen, wie y von x abhängt.

Auflösung. Man setze $y = z.u$, unter z und u noch unbekannte Functionen von x verstanden, so verwandelt sich die gegebene erste Ableitung in:

$$P.z\partial u + Pu\partial z + Qzu\partial x + Rz^n.u^n.\partial x = 0,$$

und dieser Gleichung geschieht Genüge, wenn

1) $Pz\partial u + Qzu\partial x = 0$; und

2) $Pu\partial z + Rz^n.u^n\partial x = 0$

gemacht wird.

Aus 1) folgt

$$\frac{\partial u}{u} = -\frac{Q}{P}\partial x;$$

und hieraus, wenn man integrirt,

$$\ln u = -\int\frac{Q}{P}\partial x.$$

Kann man nun $-\int\frac{Q\partial x}{P}$ bestimmen, und setzt das Resultat $= \varphi x$; so hat man $\ln u = \varphi x$; also auch $\ln u = \ln e^{\varphi x}$; folglich

$$u = e^{\varphi x}.$$

Wird nun dieser Werth in 2) gesetzt, so entsteht

$$\frac{\partial z}{z^n} = -\frac{R}{P}.e^{(n-1)\varphi x}.\partial x,$$

und integrirt man diese Gleichung, so ergiebt sich:

$$\frac{1}{(n-1)z^{n-1}} = \int\frac{R.e^{(n-1)\varphi x}}{P}.\partial x + C.$$

Kann nun $\int\frac{R e^{(n-1)\varphi x}}{P}.\partial x$ nach den früheren Zurückleitungsformeln bestimmt werden, und setzt man das Resultat $= Fx$; so hat man

$$\frac{1}{(n-1)z^{n-1}} = Fx + C$$ und hieraus

$$z = \frac{1}{\sqrt[n-1]{(n-1)(Fx+C)}}.$$

Es ist also, wegen $y = z.u$, die verlangte Function

$$y = \frac{e^{\varphi x}}{\sqrt[n-1]{(n-1).(Fx+C)}};$$

oder auch

$$y^{n-1} = \frac{e^{(n-1)\varphi x}}{(n-1).(Fx+C)},$$

worinnen

$$\varphi x = -\int\frac{Q\,\partial x}{P}$$ und

$$Fx = \int\frac{R\,e^{(n-1)\varphi x}}{P}\,\partial x$$ ist.

Man kann auch, da nur eine Constante statt finden kann,

$$y^{n-1} = \frac{e^{(n-1)(\varphi x+C)}}{[n-1].Fx}$$

setzen; wobei dann

$$Fx = \int\frac{R}{P}\,e^{(n-1)(\varphi x+C)}$$

ist, welche Bestimmung aber unbequemer ist.

Beispiele.

1) $x\partial y + 3.y + 2x - 5x^2 = 0.$

Hier ist $P = x$

$Q = 3$

$n = 0$

$R = 2x - 5x^2$; also

$$\varphi x = -\int\frac{3\,\partial x}{x} = -3\ln x$$

$$Fx = \int\frac{(2x-5x^2)\,e^{3\ln x}}{x}.\partial x$$

$$= \int \frac{(2x - 5x^2)\,x^3}{x}\,\partial x$$

$$= 2\int x^3\,\partial x - 5\int x^4\,\partial x$$

$$= \frac{x^4}{2} - x^5, \text{ und daher}$$

$$y = \frac{e^{-3\ln x}}{\sqrt[-1]{-1.\left[\frac{x^4}{2} - x^5 + C\right]}}$$

$$= \frac{x^{-3}}{\left(x^5 - \frac{x^4}{2} + C\right)^{-1}}$$

$$= \frac{C + x^5 - \frac{x^4}{2}}{x^3} = \frac{C}{x^3} + x^2 - \frac{x}{2} \text{ oder}$$

$$2y.x^3 = C + 2x^5 - x^4.$$

2) Die Summe der unendlichen Reihe

$$y = \frac{x}{2} + \frac{x^2}{2.3} + \frac{x^3}{3.4} + \frac{x^4}{4.5} + \text{in inf.}$$

zu bestimmen. Es entsteht

$$\partial y = \frac{1}{2} + \frac{x}{3} + \frac{x^2}{4} + \frac{x^3}{5} + \ldots\ldots \text{ also}$$

$$x\partial y = \frac{x}{2} + \frac{x^2}{3} + \frac{x^3}{4} + \frac{x^4}{5} + \ldots\ldots \text{ folglich}$$

$$y + x\partial y = x + \frac{x^2}{2} + \frac{x^3}{3} + \frac{x^4}{4} + \ldots\ldots \text{ daher}$$

$$\partial(y + x\partial y) = 1 + x + x^2 + x^3 + \ldots\ldots$$

Es ist aber

$$\frac{1}{1-x} = 1 + x + x^2 + x^3 + \ldots\ldots \text{ folglich}$$

$$\partial(y + x\partial y) = \frac{1}{1-x}; \text{ daher}$$

$$y + x\partial y = \int \frac{1}{1-x} = -\ln(1-x) + C,$$

wo die Const. $= 0$ ist.

Man hat daher:

$$x\partial y + y + \ln(1-x) = 0,$$

also $P = x$; $Q = 1$; $n = 0$; $R = \ln(1-x)$;

demnach $\varphi x = -\int \frac{\partial x}{x} = -\ln x$

$$Fx = \int \frac{\ln(1-x) \cdot e^{\ln x}}{x} \partial x$$

$= \int \ln(1-x) \cdot \partial x = -x - (1-x)\ln(1-x)$ (§. 114.),

folglich $$y = \frac{e^{-\ln x}}{[x + (1-x)\ln(1-x) - C]^{-1}}$$

$$= \frac{x + (1-x)\ln(1-x) - C}{x} \text{ oder}$$

$$yx = x + (1-x)\ln(1-x) - C.$$

Für $x = 0$ ist aber auch $y = 0$; folglich $C = 0$; daher vollständig

$$y = 1 + \frac{(1-x)\ln(1-x)}{x}.$$

3) $a \partial y + \frac{cy}{x} + by^n . x^m = 0.$

Man erhält $\varphi x = -\frac{c}{a} \ln x$, also

$$e^{\varphi x} = x^{-\frac{c}{a}}, \text{ ferner}$$

$$Fx = \frac{b}{a} \frac{x^{m-(n-1)\frac{c}{a}+1}}{m-(n-1)\frac{c}{a}+1}, \text{ folglich}$$

$$y^{n-1} = \frac{x^{-(n-1)\frac{c}{a}}}{(n-1)\left[\frac{b}{a} \cdot \frac{x^{m+1-(n-1)\frac{c}{a}}}{m+1-(n-1)\frac{c}{a}} + C\right]}$$

oder

$$y^{n-1}\left[bx^{m+1} + ax^{(n-1)\frac{c}{a}}\right] = \frac{(m+1)a - (n-1)C}{n-1},$$

wo A eine willkührliche Constante bezeichnet.

Vierter Abschnitt.

Die Curven-Lehre.

Des vierten Abschnitts
1stes Kapitel.
Allgemeine Gesetze für Curven einfacher Krümmung.

§. 125. Erklärungen. 1) Eine Linie heißt: eine Curve von einfacher Krümmung, wenn durch alle ihre Puncte eine Ebene zu legen ist; von doppelter Krümmung, wenn dies nicht der Fall ist. Hier ist nur von Curven einfacher Krümmung die Rede.

2) Eine Gleichung für irgend eine Curve c, wird jeder Ausdruck genannt, welcher die Lage jedes Puncts von c in Beziehung auf eine, in der Ebene durch c gegebene Linie l, angiebt.

3) Eine solche Gleichung heißt eine Coordinaten-Gleichung, wenn sie für jedes auf l, von einem willkührlichen aber unveränderlichen Anfangspunct aus, abgetragene Stück x, die Größe der geraden Linie y angiebt, welche, nach einer willkührlichen, aber in Beziehung auf l unveränderlichen Richtung abgetragen, den Endpunct von x mit dem Durchschnittspunct von c und der Rich-

tung von y verbindet. Man nennt l die Abscissenlinie, welche gewöhnlich gerade gewählt wird; jedes x eine Abscisse; y die zugehörige Ordinate; den willkührlichen, aber unveränderlichen Punct in l, von welchen aus die Abscissen auf l abgetragen worden, den Anfangspunct der Abscissen, und den Winkel, welchen jede Ordinate y mit der Abscissenlinie bildet, den Coordinaten-Winkel, welcher gewöhnlich gleich einem Rechten gewählt wird.

4) Eine Gleichung für irgend eine Curve c heißt eine Polar-Gleichung, wenn sie in Beziehung auf einen willkührlich in l gewählten Punct die Entfernung y dieses Punctes von jedem Punct in c als Function des Winkels x darstellt, dann dieses y mit l bildet.

5) Die in einer Gleichung für eine Curve c vorkommenden unveränderlichen Größen heißen die Parameter dieser Curve.

6) Eine Curve heißt algebraisch oder transcendent, je nachdem ihre Gleichung algebraisch oder transcendent ist; sie heißt, wenn sie algebraisch ist, vom nten Grade, so bald die höchste Exponenten-Summe von x und y, eines Gliedes der geordneten Coordinaten-Gleichung, gleich n ist.

7) Diejenige Abscissenlinie einer Curve, zu welcher zu beiden Seiten derselben nach entgegengesetzten Richtungen gleiche Ordinaten gehören, heißt ein Durchmesser der Curve. Ist der Coordinaten-Winkel ein Rechter, so heißt der Durchmesser insbesondere Achse der Curve. Der Durchschnittspunct der Achse und Curve heißt Scheitelpunct der Curve.

8)

8) Kann man neben einer Curve in ihrer Ebene eine gerade Linie so ziehen, daß sie sich der Curve immer mehr nähert, ohne sie je zu durchschneiden, so heißt diese gerade Linie, eine Asymptote der Curve.

9) Die Stelle, wo eine Curve aus concav in convex, oder umgekehrt, übergeht, heißt Wendungspunct der Curve.

10) Trifft eine Curve einen Punct zweimal, so nennt man diese Stelle einen Knoten.

§. 126. Aufgabe. Die Gleichung für die gerade Linie herzuleiten.

Auflösung.

1stens. Die Coordinaten=Gleichung.

Es sei AB (Fig. 1.) die gerade Linie, deren Coordinaten=Gleichung in Beziehung auf die Abscissenlinie CD dargestellt werden soll, E beider Durchschnittspunct; α der Winkel, den beide bilden; F der Anfangspunct der Abscissen x; $EF = e$; β der Coordinaten=Winkel; $GH = y$, die zu $FG = x$ gehörige Ordinate; so hat man die Coordinaten=Gleichung

$$e + x : y = \operatorname{Sin}(\beta - \alpha) : \operatorname{Sin}\alpha, \text{ oder}$$

$$y = \frac{(e + x)\operatorname{Sin}\alpha}{\operatorname{Sin}(\beta - \alpha)}.$$

Ist, wie gewöhnlich, $\beta = 90^\circ = \frac{\pi}{2}$; so wird

$$y = (e + x)\operatorname{tg}\alpha.$$

Die Form der Coordinaten=Gleichung für die gerade Linie ist also

$$y = a + bx$$

worinnen für rechtwinkligte Coordinaten, $a =$ der Normale $FK = e\operatorname{tg}\alpha$, und $b = \operatorname{tg}\alpha$ ist.

2tens. Die Polargleichung.

Man erhält für die gerade Linie AB in Beziehung auf die CD, bei der in (Fig. 2.) angegebenen Bedeutung der Zeichen, sehr leicht die Gleichung

$$e : y = \operatorname{Sin}(x - \alpha) : \operatorname{Sin}\alpha \text{ oder,}$$

$$y = \frac{e \operatorname{Sin}\alpha}{\operatorname{Sin}(x - \alpha)}.$$

Beispiele. In Beziehung auf eine gegebene, oder willkührlich gewählte Abscissenlinie l, die durch folgende Gleichungen bestimmten geraden Linien c, zu construiren.

1) $y = 3$.

Hier ist $a = 3$; $b = \operatorname{tg}\alpha = 0$; also läuft c mit l parallel, und zwar in der Entfernung $a = 3$.

2) $y = x$.

Hier ist a, also auch $e = 0$; $\operatorname{tg}\alpha = 1$; also $\alpha = 45°$, und es schneiden sich daher c und l im gewählten Anfangspunct der Abscissen, unter 45 Grad.

3) $y = 3 - 2x$.

4) $y = -2 + \frac{1}{\sqrt{3}} . x$.

5) $y = \frac{5}{\operatorname{Sin}(x - 20)}$.

6) $y = \frac{2}{\operatorname{Cos} x}$ oder $= \frac{-2}{\operatorname{Sin}(x - 90)}$.

§. 127. Aufgabe. Für einen gegebenen Kreis die Gleichung herzuleiten.

Auflösung.

1stens. Die Coordinaten-Gleichung.

Ist AB (Fig. 3) die Abscissenlinie; A der Anfangspunct; D der Mittelpunct des gegebenen Kreises; r sein Halbmesser; $AC = a$, die Abscisse des Mittelpuncts D desselben; CD = b die zugehörige Ordinate unter den Coordinaten-Winkel α; AF = x eine veränderliche Abscisse; FG = y; FH = z die zugehörigen Ordinaten unter den Winkel α; so ist, wenn man DG = r und DH = r zieht, und DE und CK normal auf FH fällt

$$DG^2 = DE^2 + GE^2, \text{ und auch}$$
$$DH^2 = DE^2 + HE^2.$$

Es ist aber

$$DG = DH = r;$$
$$DE = CK = CF \sin\alpha$$
$$= (a - x) \sin\alpha;$$
$$GE = FE - FG = FK + KE - y$$
$$= - CF . \cos\alpha + CD - y$$
$$= -(a - x) \cos\alpha + b - y;$$
$$HE = FH - FE = z - [(x - a) \cos\alpha + b];$$

folglich

$$r^2 = (a - x)^2 \sin\alpha^2 + [(x - \alpha) \cos a + b - y]^2$$

und auch

$$r^2 = (a - x)^2 \sin\alpha^2 + [-(x - a) \cos\alpha - b + z]^2;$$

oder:

$$y^2 - 2[(x - a) \cos\alpha + b] y + (a - x)^2$$
$$+ 2b(x - a) \cos\alpha + b^2 - r^2 = 0$$

und auch

$$z^2 - 2[(x - a) \cos\alpha + b] z + (a - x)^2$$
$$+ 2b(x - a) \cos\alpha + b^2 - r^2 = 0;$$

oder, man mag y oder z unter y verstehen

$$y^2 - 2 \cos\alpha . x y + x^2 + 2(a \cos\alpha - b) y$$
$$+ 2(b \cos\alpha - a) x + a^2 - 2 a b \cos\alpha + b^2 - r^2 = 0,$$

so daß also die beiden, zu demselben x gehörigen Ordinaten y und z aus derselben Gleichung hervorgehen, nemlich

$$\left.\begin{matrix} y \\ z \end{matrix}\right\} = (x - a) \cos\alpha + b \pm \sqrt{r^2 - (a - x)^2 . \sin\alpha^2}.$$

Ist, wie gewöhnlich $a = \frac{\pi}{2}$, so hat man, wenn y beide Ordinaten zu x bezeichnet, die Coordinaten-Gleichung

$$r^2 = (a - x)^2 + (b - y)^2 \text{ oder auch}$$
$$r^2 = (x - a)^2 + (b - y)^2; \text{ oder}$$
$$r^2 = (a - x)^2 + (y - b)^2; \text{ oder}$$
$$r^2 = (x - a)^2 + (y - b)^2; \text{ oder}$$
$$y^2 + x^2 - 2by - 2ax + a^2 + b^2 - r^2 = 0$$

und hieraus die Ordinaten als Functionen der Abscisse entwickelt

$$y = \varphi x = b \pm \sqrt{r^2 - (a - x)^2}.$$

2tens. Die Polar-Gleichung.

Ist (Fig. 4.) M der Mittelpunct des Kreises, sein Halbmesser $= r$; $MA = a$; $\angle MAB = \alpha$; für die unbestimmte Ordinate ACD, der Winkel mit $AB = x$; und bezeichnet y sowohl die Ordinate AC wie auch die AD, so erhält man sogleich die Gleichung:

$$r^2 = a^2 + y^2 - 2ay \operatorname{Cos}(\alpha - x);$$

und hieraus:

$$y = a \operatorname{Cos}(\alpha - x) \pm \sqrt{r^2 - a^2 \operatorname{Sin}(\alpha - x)^2}.$$

Das obere Zeichen liefert AD; das untere AC.

§. 128. Zusatz. Aus der rechtwinkligen Coordinaten-Gleichung erhält man

1) Für $b = 0$ und $a = r$;

$$y = \pm \sqrt{2rx - x^2}.$$

2) Für $b = 0$ und $a = 0$;

$$y = \pm \sqrt{r^2 - x^2}.$$

3) Für $x = a - r$;

$$y = b.$$

4) Für $x < a - r$, etwa

$$x = a - r - c;$$

$$y = b \pm i\sqrt{2rc + c^2}$$

unter i, wie immer $\sqrt{-1}$ verstanden.

5) Für $x = a + r$;

$$y = b$$

6) Für $x > a + r$; etwa

$$x = a + r + c;$$

$$y = b \pm i.\sqrt{2rc + c^2}.$$

7) Für $x = a$;

$$y = b \pm r.$$

Aus der Polar-Gleichung erhält man:

1) Für $a = 0$; $y = \pm r$.

2) Für $\alpha = 0$;

$$y = a \operatorname{Cos} x \pm \sqrt{r^2 - a^2 \operatorname{Sin} x^2}.$$

3) Die Werthe von x, für welche nur eine Ordinate existirt, aus der Gleichung

$$r^2 = a^2 \operatorname{Sin}(\alpha - x)^2;$$

nemlich $\operatorname{Sin}(\alpha - x) = \frac{r}{a}$

und $\operatorname{Sin}(x - \alpha) = \frac{r}{a}$

4) Für $\operatorname{Sin}(\alpha - x) > \frac{r}{a}$;

$$y = \text{imaginär},$$

und auch für $\operatorname{Sin}(x - \alpha) > \frac{r}{a}$

ebenfalls y imaginär.

5) Für $x = \alpha$;

$$y = a \pm r.$$

§. 129. **Aufgabe.** Es bezeichne $y = \varphi x$ die Coordinaten-Gleichung einer gegebenen Curve; $z = fx$ die einer andern in derselben Ebene gedachten Curve, in Beziehung auf dieselbe Abscissenlinie, denselben Anfangspunct der Abscissen, und denselben Coordinaten-Winkel. Man soll die Parameter in $z = fx$ folgenden Bedingungen gemäß bestimmen. 1stens. Es sollen beide Curven φx und fx den Endpunct p der zu einem bestimmten x gehörigen Ordinate gemeinschaftlich haben. 2tens. Beide Curven sollen sich in diesem Punct p nicht durchschneiden. 3tens. Es soll durch diesen gemeinschaftlichen Punct p, zwischen den Curven φx und fx, sonst keine von der Natur fx construirbar sein, so daß also die Curve fx, deren Parameter zu bestimmen sind, unter allen Curven derselben Natur, sich in p am innigsten an die Curve φx anschließt.

Auflösung. 1) Beide Curven φx und fx haben die zu x gehörigen Ordinaten-Endpuncte gemein, wenn die zu diesen x gehörigen Ordinaten y und z einander gleich sind; die erste Bedingung ist daher

$$fx = \varphi x.$$

2) Beide Curven schneiden sich in diesen ihnen gemeinschaftlichen Punct nicht, wenn, für einen sehr kleinen Zuwachs von x, welcher k heißen mag,

entweder: $\varphi(x+k) > f(x+k)$
und auch $\varphi(x-k) > f(x-k)$
oder: $\varphi(x+k) < f(x+k)$
und auch $\varphi(x-k) < f(x-k)$ ist.

3) Beide Curven schließen sich am innigsten an einander an, wenn die Parameter in fx so bestimmt sind, daß, in absoluter Größe,

$$\varphi(x \pm k) - f(x \pm k) \text{ oder}$$
$$f(x \pm k) - \varphi(x \pm k)$$

ein Minimum wird, so daß also, da die absolute Größe der Differenz kleinst möglichst werden muß, beide Darstellungen dasselbe ausdrücken. Die 2te und 3te Bedingung ist daher

$$\varphi(x \pm k) - f(x \pm k) = \text{Minimum};$$

oder, die Klammern nach der Taylorschen Reihe aufgelöst,

$$(\varphi x - f x).k^0 \pm (\varphi' x - f' x).k' + \frac{\varphi'' x - f'' x}{2}.k^2$$
$$\pm \frac{\varphi''' x - f''' x}{(3)}.k^3 + \frac{\varphi^{IV} x - f^{IV} x}{(4)}.k^4 \text{ etc.} = \text{Minimum}.$$

Da nun k immer so klein gedacht werden kann, daß jedes Glied dieser Reihe größer wird, wie die absolute Summe aller folgenden (§. 17.), so sind die Parameter, der Bedingung gemäß zu bestimmen, daß so viel als möglich, der erstern Glieder dieser Reihe, zu Null werden. Es können aber nur eben so viel Bedingungen erfüllt werden, als unbekannte Größen vorhanden sind. Enthält daher die Function fx, n Parameter, so kann man auch nicht mehr als die ersten n Glieder dieser Reihe zu Null machen, und die n Gleichungen, woraus die unbekannten n Parameter, der Forderung gemäß, entwickelt werden können, sind daher

$$\varphi x - f x = 0$$
$$\varphi' x - f' x = 0$$
$$\varphi'' x - f'' x = 0 \text{ etc.}$$
$$\varphi^{n-1} x - f^{n-1} x = 0$$

§. 130. Aufgabe. Für jeden Punct einer gegebenen Curve $y = \varphi x$ die geradlinigte Berührungslinie, d. h. die Tangente, zu bestimmen.

Auflösung. Hier ist $fx = a + bx$ (§. 126.) und es finden also, da nur 2 Parameter zu bestimmen sind, die beiden Gleichungen statt:

$$1)\quad \varphi x = a + b x$$

$$2)\quad \varphi' x = b,$$

woraus a und b zu entwickeln sind.

Für rechtwinklige Ordinaten ist aber $b = \operatorname{tg}\alpha$; und a die Normale auf die Abscissenlinie im Anfangspunct der Abscissen errichtet und bis zur geraden Linie verlängert, und man erhält

$$\operatorname{tg}\alpha = \varphi' x$$

$$a = \varphi x - x\varphi' x.$$

Beispiel. Ist $y = \varphi x = \sqrt{2rx - x^2}$ (§. 128. 1.), so erhält man:

$$\operatorname{tg}\alpha = \frac{r - x}{y}$$

$$a = \frac{rx}{y}.$$

§. 131. **Aufgabe.** Für jeden Punct einer Curve, deren rechtwinklige Coordinaten-Gleichung $y = \varphi x$ ist, die 3 Parameter a, b, r des Berührungs- oder Krümmungs-Kreises, d. h. desjenigen Kreises zu bestimmen, der sich in diesem zu x gehörigen Punct am innigsten an die Curve anschließt.

Auflösung. Nach §. 127. ist die rechtwinklige Coordinaten-Gleichung für den Kreis

$$y = fx = b \pm \sqrt{r^2 - (a - x)^2}$$

und hieraus folgt

$$f'x = \frac{a - x}{fx - b}$$

$$f''x = \frac{-r^2}{(fx - b)^3}.$$

Die Bedingungs-Gleichungen sind daher

$$1)\ fx = \varphi x;$$

$$2)\ \frac{a-x}{fx-b} = \varphi' x$$

$$3)\ \frac{-r^2}{(fx-b)^3} = \varphi'' x$$

oder

$$1)\ (\varphi x - b)^2 = r^2 - (a-x)^2$$

$$2)\ (\varphi x - b)^2 . (\varphi' x)^2 = (a-x)^2$$

$$3)\ (\varphi x - b)^3 . \varphi'' x = - r^2.$$

Die Summe dieser 3 Gleichungen giebt sogleich

$$\text{I.}\quad b = \varphi x + \frac{1+(\varphi' x)^2}{\varphi'' x};$$

dann folgt aus 2)

$$\text{II.}\quad a = x - \frac{1+(\varphi' x)^2}{\varphi'' x} . \varphi' x$$

und aus 3)

$$\text{III.}\quad r^2 = \frac{[1+(\varphi' x)^2]^3}{[\varphi'' x]^2}.$$

§. 132. Aufgabe. Den Wendungspunct einer Curve, wenn sie einen hat, anzugeben.

1ste Auflösung. Die Krümmungshalbmesser für Puncte der Curve rechts und links des Wendungspunctes liegen einander entgegengesetzt; für den Wendungspunct selbst aber muß also der Halbmesser der Krümmung $= \pm \infty$ sein, dasjenige x also, für welches $r^2 = \frac{[1+(\partial y)^2]^3}{(\partial^2 y)^2}$ unendlich groß, d. h. für welches der Nenner dieses Ausdrucks gleich Null wird, ist die Abscisse des Wendungspunctes.

Beispiel. $y = \varphi x = a + bx + cx^2 - ex^3$.

Hier ist $\partial y = b + 2cx - 3ex^2$ also

$$\partial^2 y = 2c - 6ex; \text{ folglich}$$

$$r^2 = \frac{[1+(b+2cx-3ex^2)^2]^3}{(2c-6ex)^2}$$

und es wird der Nenner gleich Null, für $x = \frac{c}{3e}$. Zu $x = \frac{c}{3e}$ gehört daher der Wendungspunct.

2te Auflösung. An der Stelle des Wendungspunctes wird der Winkel α, den die Tangente dieser Stelle mit der Abscissenlinie bildet, aufhören abzunehmen und wieder wachsen, oder aufhören zu wachsen und wieder abnehmen. Es ist aber allgemein für jede Stelle $\alpha = \mathrm{Arc}\,\mathrm{tg}\,\varphi' x$ (§. 130.), und es liefert daher dasjenige x die verlangte Stelle, für welches $\mathrm{Arc}\,\mathrm{tg}\,\varphi x$ ein Maximum oder ein Minimum wird.

§. 133. Erklärung. Denkt man sich für alle Puncte einer Curve durch die Mittelpuncte der zugehörigen Krümmungs-Kreise eine Curve gelegt, so heißt diese: die Curven der Mittelpuncte.

§. 134. Aufgabe. Die Curve der Mittelpuncte zu bestimmen.

Auflösung. Setzt man die Abscissen $= u$; die zugehörigen rechtwinkligen Ordinaten $= z$, so eliminire man aus den beiden Gleichungen

$$1)\quad u = x - \frac{1 + (\varphi' x)^2}{\varphi'' x} \cdot \varphi' x$$

$$2)\quad z = \varphi x + \frac{1 + (\varphi' x)^2}{\varphi'' x}$$

den Werth von x, und die entstehende Gleichung zwischen u und z ist die Verlangte.

Beispiel 1. Es sei $y = \sqrt{a x}$, so erhält man

$$u = 3x + \frac{a}{2};\quad z = -4x.\sqrt{\frac{x}{a}};\ \text{daher}$$

$$z^2 = \frac{2(2u - a)^3}{27a}.$$

Beispiel 2. Die Curve anzugeben, für welche der Halbmesser der Krümmung jedes Punctes, derselbe, also constant, und zwar $=r$ ist, d. h. für welche die Curve der Mittelpuncte ein Punct ist.

Es muß $\frac{[1+(\varphi'x)^2]^3}{(\varphi''x)^2}$ oder $\frac{[1+(\partial y)^2]^3}{(\partial^2 y)^2} = \text{Const.} = r^2$ werden.

Setzt man, um aus dieser Gleichung $y = \varphi x$ zu finden, $1+(\partial y)^2 = z$, so entsteht

$$\frac{2}{r} = \frac{\partial z}{z\sqrt{z^2-z}};$$

und hieraus, wenn man integrirt,

$$\frac{2}{r}x = \frac{2\sqrt{z^2-z}}{z} + C; \text{ oder } \frac{rC}{2} = a \text{ gesetzt}$$

$$(x-a)^2 = r^2 . \frac{z-1}{z} \text{ und hieraus}$$

$$z = 1+(\partial y)^2 = \frac{r^2}{r^2-(x-a)^2}, \text{ also}$$

$$\partial y = \frac{x-a}{\sqrt{r^2-(x-a)^2}}, \text{ folglich}$$

$$y = -\sqrt{r^2-(x-a)^2} + b; \text{ oder}$$

$$(y-b)^2 + (x-a)^2 = r^2,$$

welche Gleichung nach §. 127. den Kreis angiebt, welcher auch bekanntlich die verlangte Eigenschaft hat.

§. 135. Erklärung. Ist ABC (Fig. 5.) irgend eine Curve; $y = \varphi x$ ihre rechtwinklige Coordinaten-Gleichung in Beziehung auf die Abscissenlinie DE und den Anfangspunct F der Abscissen; BH die Tangente der Curve in B bis zum Durchschnittspunct H mit der Abscissenlinie verlängert, also tg BHG oder $\text{tg}\,\alpha = \varphi' x$ und die Normale $FP = \varphi x - x\varphi' x$ (§. 130.); I der Mittelpunct des Krümmungs-Kreisbogens MBN für den Punct B; also IK normal auf DE gedacht,

$$FK = a = x - \frac{1+(\varphi' x)^2}{\varphi'' x} \cdot \varphi' x;$$

$$KI = b = \varphi x + \frac{1+(\varphi' x)^2}{\varphi'' x}; \text{ und}$$

$$(IB)^2 = r^2 = \frac{[1+(\varphi' x)^2]^3}{[\varphi'' x]^2} \text{ (§. 131.)};$$

und man verlängert BI bis zum Durchschnittspunct L mit der Abscissenlinie, so heißt, in Beziehung auf den Punct B, dessen Abscisse FG = x und rechtwinklige Ordinate GB = y ist,

HG die Subtangente
BH die Tangente
GL die Subnormale
BL die Normale.

§. 136. **Aufgabe.** Für jeden Punct B einer Curve ABC (Fig. 5.), deren rechtwinklige Coordinaten-Gleichung $y = \varphi x$ gegeben ist, den Winkel β, welchen die Normale mit der Ordinate bildet, die Subt., Tang., Subnorm. und Norm. zu bestimmen.

Auflösung. Es ist $(BG - IK) \operatorname{tg} \beta = GK$; oder

$$(\varphi x - b) \operatorname{tg} \beta = a - x; \text{ also}$$

$$\operatorname{tg} \beta = \frac{a - x}{\varphi x - b}.$$

Nach §. 131. 2) ist aber auch

$$\varphi' x = \frac{a - x}{\varphi x - b}; \text{ folglich}$$

$$\operatorname{tg} \beta = \varphi' x = \frac{\partial y}{\partial x}.$$

Da nun aber $\varphi' x = \operatorname{tg} \alpha$ ist (§. 130. und 135.), so folgt $\operatorname{tg} \beta = \operatorname{tg} \alpha$; also

I. $\beta = \alpha$.

Es ist ferner $HG . \operatorname{tg} \alpha = y = \varphi x$ oder $\text{Subt.} \varphi' x = \varphi x$; daher

II. Subt. $= \frac{\varphi x}{\varphi' x} = \frac{y \cdot \partial x}{\partial y}$.

Nach dem pythag. Lehrs. folgt nun sogleich

$$\text{tang} = \sqrt{y^2 + HG^2} \text{ oder,}$$

III. $\text{tang} = \frac{\varphi x}{\varphi' x} \cdot \sqrt{1 + (\varphi' x)^2}$.

Ferner ist

$$y \,\text{tg}\, \beta = GL \text{ oder}$$

IV. $\text{Subn} = \varphi x \cdot \varphi' x = y \cdot \frac{\partial y}{\partial x}$,

und nun, wie in III.,

V. $\text{Norm} = \varphi x \cdot \sqrt{1 + (\varphi' x)^2}$.

Beispiel. Ist ABC ein Kreisbogen; L sein Mittelpunct; LF = r; also $y = \varphi x = \sqrt{2rx - x^2}$; so liefern die bisherigen Formeln

$$\text{tg}\,\alpha = \text{tg}\,\beta = \frac{r - x}{y}$$

$$a = r$$

$$b = 0$$

$$r = r$$

$$\text{Subt.} = \frac{y^2}{r - x}$$

$$\text{tang} = \frac{ry}{r - x}$$

$$\text{Subn.} = r - x$$

$$\text{Norm.} = r.$$

§. 137. **Aufgabe.** Aus der rechtwinkligen Coordinaten-Gleichung $y = \varphi x$ für eine Curve (ABC Fig. 5.) zu bestimmen, ob diese Curve eine Asymptote hat, und in dem Fall, wenn sie eine zuläßt, die Lage derselben anzugeben.

Auflösung. Insofern die Asymptote als Tangente eines unendlich weit entfernten Punctes der Curve anzusehen ist, kann man schließen, daß wenn $\text{tg}\,\alpha = \varphi' x$; und

$$\text{Subt} - x = \frac{\varphi x - x\varphi' x}{\varphi' x};$$

für ein unendlich großes x, bestimmte endliche Werthe liefern, die Curve eine Asymptote zuläßt, deren Lage sich durch

$$\operatorname{tg}\alpha = \varphi' x \text{ und}$$

$$\text{Subt} - x = \frac{\varphi x - x\varphi' x}{\varphi' x}$$

für $x = \infty$; bestimmt.

Beispiel. Es sei $y = \varphi x = \sqrt{ax + bx^2}$ unter a und b positive unveränderliche Zahlen verstanden, so ist

$$\operatorname{tg}\alpha = \varphi' x = \frac{a + 2bx}{2\sqrt{ax + bx^2}}$$

oder $\frac{1}{z}$ für x geschrieben,

$$\operatorname{tg}\alpha = \frac{az + 2b}{2\sqrt{az + b}}$$

woraus, für $x = \infty$; also $z = 0$ hervorgeht

$$\operatorname{tg}\alpha = \sqrt{b};$$

ferner ist $\text{Subt} - x = \frac{\varphi x - x\varphi' x}{\varphi' x} = \frac{ax}{a + 2bx}$; oder $\frac{1}{z}$ für x gesetzt; $\text{Subt} - x = \frac{a}{az + 2b}$, woraus für $x = \infty$, oder $z = 0$ sich ergiebt

$$\text{Subt} - x = \frac{a}{2b}.$$

Die Curve, deren Gleichung $y = \sqrt{ax + bx^2}$ ist, gestattet also eine Asymptote, und wenn ABC (Fig. 5.) diese Curve, und HB die Asymptote vorstellt, so ist

$$\operatorname{tg}\alpha = \sqrt{b} \text{ und } HF = \frac{a}{2b},$$

also die Normale FP

$$= \frac{a}{2\sqrt{b}},$$

aus welchen Werthen für HF und FP die Asymptote zu construiren ist.

§. 138. Aufgabe. Aus der rechtwinkligen Coordinaten-Gleichung [$y = \varphi x$] einer Curve die Länge [$v = Fx$] derselben, vom beliebigen Anfangspunct bis zu dem der Abscisse x zugehörigen Endpunct zu bestimmen.

Auflösung. Es sei ABC (Fig. 6. und 7.) die Curve, DE die Abscissenlinie, F der Anfangspunct der Abscissen; $FG = x$ eine Abscisse; $BG = y = \varphi x$ die zugehörige Ordinate; $AB = v = Fx$ die zu bestimmende Function; $GH = k$; also die Normale $HC = \varphi(x + k)$; und der Bogen $BC = F(x + k) - Fx$; k sei so klein gedacht, daß der zugehörige Bogen BC durchaus concav (Fig. 6.) oder durchaus convex (Fig. 7.) gegen die Abscissenlinie liege, und die Ordinaten zwischen $GB = \varphi x$; und $HC = \varphi(x + k)$ durchaus wachsen (Fig. 6.) oder auch durchaus abnehmen (Fig. 7.).

Man denke sich die bis zur Abscissenlinie und den beiden Ordinaten verlängerten Tangenten in B und C; nemlich KBN (Fig. 6.) oder KNB (Fig. 7.) und ILC (Fig. 6.) oder ICL (Fig. 7.), so ist in Beziehung auf beider Durchschnittspunct M;

$$MN > MC; \text{ weil } \angle MCN \text{ stumpf ist;}$$
$$BM = BM; \text{ also}$$
$$BN > BM + MC.$$

Es ist aber $BM + MC >$ Bogen BC; folglich auch $BN >$ Bogen BC. Ferner ist:

Sehne $BC > LC$, weil $\angle BLC$ stumpf ist; und
Bogen $BC >$ Sehne BC; folglich auch

$$LC < \text{Bogen } BC.$$

oder $BQ \mp AC$ bis zum Durchschnittspunct Q mit der Ordinate HC gezogen

$$F(x+k) - Fx < BN \text{ und}$$
$$F(x+k) - Fx > BQ.$$

Denkt man sich daher, zwischen BQ und BN, nach allen Puncten zwischen Q und N, aus B gerade Linien gezogen, so muß unter allen diesen Linien, von welchen jede auch $< BN$ und $> BQ$ ist, **eine sein**, welche eben so groß wie $F(x+k) - Fx$ ist. Bezeichnet daher BR diese Linie, so hat man die Gleichung $F(x+k) - Fx = BR$.

Es ist nun aber, $BW \# DE$ bis zum Durchschnittspunct W mit der Ordinate $\varphi(x+k)$ gezogen,

$$\angle RBW < NBW \text{ und}$$
$$\angle RBW > QBW; \text{ oder}$$
$$\angle RBW < BKG \text{ und}$$
$$\angle RBW > CIH; \text{ also auch}$$
$$\operatorname{tg} RBW < \operatorname{tg} BKG \text{ und}$$
$$\operatorname{tg} RBW > \operatorname{tg} CIH.$$

Nach §. 130. ist aber

$$\operatorname{tg} BKG = \varphi' x \text{ und}$$
$$\operatorname{tg} CIH = \varphi'(x+k), \text{ daher}$$
$$\operatorname{tg} RBW < \varphi' x \text{ und}$$
$$\operatorname{tg} RBW > \varphi'(x+k);$$

und es muß daher eine Linie $GQ' = k'$ existiren, die größer wie Null und kleiner wie k, gerade so groß ist, daß

$$\operatorname{tg} RBW = \varphi'(x+k') \text{ wird.}$$

Da nun $BR = BW . \operatorname{Sec} RBW$
$$= k . \sqrt{1 + (\operatorname{tg} RBW)^2}$$
$$= k . \sqrt{1 + [\varphi'(x+k')]^2} \text{ ist,}$$

so hat man also die Gleichung

$$F(x+k) - Fx = k . \sqrt{1 + [\varphi'(x+k')]^2}$$

oder,

oder, wenn man die Taylorsche Reihe anwendet,

$$k . F'x + \frac{k^2}{(2)} F''x + \frac{k^3}{(3)} F'''x + \ldots\ldots$$
$$= k . \sqrt{1 + [\varphi'(x + k')]^2},$$

woraus, wenn man mit k dividirt,

$$F'x + \frac{k}{(2)} F''x + \frac{k^2}{(3)} F'''x + \ldots\ldots = \sqrt{1 + [\varphi'(x + k')]^2}$$

hervorgeht.

Setzt man in diese letzte Gleichung Null für k, so wird auch $k' = 0$; uud es entsteht

$$F'x = \sqrt{1 + (\varphi' x)^2}; \text{ oder}$$
$$\frac{\partial v}{\partial x} = \sqrt{1 + \left(\frac{\partial y}{\partial x}\right)^2}; \text{ oder auch}$$
$$\partial v = \sqrt{(\partial x)^2 + (\partial y)^2}.$$

Es ist daher die allgemeine Rectificationsformel für alle Curven von einfacher Krümmung

$$v = Fx = \int \sqrt{(\partial x)^2 + (\partial y)^2} + C \text{ oder}$$
$$v = Fx = \int \sqrt{1 + (\varphi' x)^2} + C.$$

Für schiefwinklige Coordinaten, wie Fig. 9., erhält man hieraus leicht zu Darstellung der Integralformel für den zu x und y gehörigen Bogen v, die dem Endpunct C des Bogens v zugehörige rechtwinklige Ordinate $= y \operatorname{Sin} \alpha$ die zugehörige Abscisse $= x - y \operatorname{Cos} \alpha$; also

$$v = \int \sqrt{[\partial (x - y \operatorname{Cos} \alpha)]^2 + [\partial (y \operatorname{Sin} \alpha)]^2}; \text{ oder}$$
$$v = \int \sqrt{(\partial x)^2 + (\partial y)^2 - 2 \operatorname{Cos} \alpha . \partial x . \partial y} + C.$$

Beispiel. Ist $y = \varphi x = 3 + 2\sqrt{x}$ (Fig. 8.), so erhält man $v = \int \sqrt{1 + \frac{1}{x}} . \partial x$ oder, $\frac{1}{x}$ für x geschrieben,

$$v = -\int \frac{\sqrt{1+z}}{z^2} . \partial z = \frac{\sqrt{1+z}}{z} + \tfrac{1}{2} \ln \frac{2+z+2\sqrt{1+z}}{z} + C$$

(siehe §. 101. M., §. 92. XXXI. und XXX. und §. 89.)
oder auch:

$$v = \sqrt{x+x^2} + \tfrac{1}{2} \ln [2x+1+2\sqrt{x+x^2}] + C.$$

Für $x = 0$ ist auch $v = 0$; also

$$0 = 0 + \tfrac{1}{2} \ln 1 + C; \text{ daher } C = 0;$$

folglich vollständig

$$v = \sqrt{x+x^2} + \tfrac{1}{2} \ln (2x+1+2\sqrt{x+x^2}].$$

Für $x = 4$ wird $y = 7$ und $v = 5{,}91 \ldots\ldots$

§. 139. **Aufgabe.** Für irgend eine Curve ist die Coordinaten-Gleichung $y = \varphi x$ gegeben; man soll durch sie den von der Abscisse, Curve und Ordinate bestimmten ebenen Raum Fx ausdrücken.

Auflösung. Bezeichnet α den Coordinaten-Winkel (Fig. 9.), k einen Zuwachs von x, so klein gedacht, daß die Ordinaten zwischen φx und $\varphi (x+k)$ fortdaurend $\left\{ \begin{matrix} \text{wachsen} \\ \text{abnehmen} \end{matrix} \right\}$; so ist: $F(x+k) - Fx \left\{ \begin{matrix} > \\ < \end{matrix} \right\} k \operatorname{Sin} \alpha . \varphi x$ und zugleich auch:

$$F(x+k) - Fx \left\{ \begin{matrix} < \\ > \end{matrix} \right\} k \operatorname{Sin} \alpha \varphi (x+k),$$

und folglich liegt $F(x+k) - Fx$ zwischen $k \operatorname{Sin} \alpha . \varphi x$ und $k \operatorname{Sin} \alpha \varphi (x+k)$, so daß also zwischen Null und k eine Linie $= k'$ existiren muß, für welche

$$F(x+k) - Fx = k \operatorname{Sin} \alpha . \varphi (x+k') \text{ ist.}$$

Aus dieser Gleichung folgt, wie im vorig. §.,

$$F'x + \frac{k}{2} F''x + \frac{k^2}{(3)} F'''x + \ldots = \operatorname{Sin} \alpha . \varphi (x+k')$$

und hieraus für $k = 0$; also auch $k' = 0$;

$$F'x = \mathrm{Sin}\,\alpha \,.\, \varphi x \text{ oder}$$

$$\frac{\partial F x}{\partial x} = \mathrm{Sin}\,\alpha \,.\, \varphi x;$$

woraus die allgemeine Quadratur-Formel

$$F x = \mathrm{Sin}\,\alpha \int \varphi x \,.\, \partial x + C \text{ folgt.}$$

Ist $\alpha = 90^\circ$, so hat man bloß

$$F x = \int y \,.\, \partial x + C.$$

Beispiele. 1) Ist $y = \varphi x = 3 + 2\sqrt{x}$; $\alpha = 90^\circ$ (Fig. 8.); so erhält man vollständig

$$F x = 3x + \tfrac{4}{3} x \sqrt{x}.$$

2) Ist $\alpha = 30^\circ$ (Fig. 10.) und die zu diesem Winkel gehörige Coordinaten-Gleichung:

$$y^2 - 2xy + 3x^2 - 16x + 14 = 0; \text{ also}$$

$$y = x \pm \sqrt{-14 + 16x - 2x^2};$$

so ist das Stück der Ordinate zwischen den Aesten der Curve

$$= x + \sqrt{-14 + 16x - 2x^2} - [x - \sqrt{-14 + 16x - 2x^2}]$$

$$= 2\sqrt{-14 + 16x - 2x^2};$$

folglich der von der Curve und diesem Ordinatenstück eingeschlossene ebene Raum

$$F x = \mathrm{Sin}\,30^\circ \int 2 \,.\, \sqrt{-14 + 16x - 2x^2} \,.\, \partial x$$

$$= \frac{x-4}{2} \,.\, \sqrt{-14 + 16x - 2x^2} + \frac{9}{\sqrt{2}} \mathrm{Arc\,Sin} \frac{x-4}{3} + C$$

(siehe XXVII. und XXVI.).

Um die Const. bestimmen zu können, muß zuvörderst der Werth von x gesucht werden, für welchen die zugehörige Ordinate zur Tangente, also der ebene Raum zu Null wird, oder was dasselbe sagt: für welchen beide zugehörigen Ordinaten gleich groß werden, die Gleichung hierzu ist also:

$$x + \sqrt{-14 + 16x - 2x^2} = x - \sqrt{-14 + 16x - 2x^2},$$

und hieraus folgt:

$$x = 1 \text{ und auch } x = 7;$$

woraus, weil 2 Werthe für dieses x entstehen, hervorgeht daß die Curve 2 solche Stellen hat, also da zu allen Zahlen-Werthen für x zwischen 1 und 7 die Coordinaten-Gleichung zwei reelle Werthe für y liefert, wie der Kreis sich schließt. Dasjenige x, für welches Fx zu Null wird, ist daher = 1; folglich die Gleichung zu Bestimmung der Const.

$$F1 = 0 = \frac{9}{\sqrt{2}} \operatorname{Arc Sin}(-1) + C;$$

und hieraus folgt:

$$C = -\frac{9}{\sqrt{2}} \operatorname{Arc Sin}(-1).$$

Man hat daher vollständig

$$Fx = \frac{x-4}{2}\sqrt{-14+16x-2x^2} + \frac{9}{\sqrt{2}} \operatorname{Arc Sin} \frac{x-4}{3} - \frac{9}{\sqrt{2}} \operatorname{Arc Sin}(-1),$$

und hieraus für x = 7 den ganzen von der Curve eingeschlossenen ebenen Raum

$$= \frac{9}{\sqrt{2}}[\operatorname{Arc Sin} 1 - \operatorname{Arc Sin}(-1)]$$

$$= \frac{9}{\sqrt{2}}\left[\frac{\pi}{2} - \left[-\frac{\pi}{2}\right]\right] = \frac{9\pi}{\sqrt{2}}$$

beinahe = 20.

§. 140. **Aufgabe.** Für irgend eine Curve aus der rechtwinkligen Coordinaten-Gleichung $y = \varphi x$, die Größe der Oberfläche Fx zu bestimmen, welche der zu x gehörige Bogen der Curve bei der Umdrehung um die Abscissenlinie beschreibt.

Auflösung. Es sei ABC (Fig. 6. und 7.) die Curve; DE die Abscissenlinie, F der Anfangspunct der

Abscissen; $FG = x$ eine Abscisse; $GB = y = \varphi x$ die zugehörige Ordinate; $GH = k$ sei ein so kleiner Zuwachs der Abscisse, daß die Ordinaten zwischen $GB = \varphi x$ und $HC = \varphi(x + k)$ fortdauernd wachsen, oder anhaltend abnehmen, so daß das zu k gehörige Bogenstück BC durchaus concav oder durchaus convex gegen die Abscissenlinie liegt; in B und C sollen KBN und ILC die Tangenten vorstellen, so daß die trigonometrischen Tangenten ihrer Winkel gegen die Abscissenlinie $= \varphi' x$ und $\varphi'(x + k)$ sind. Nun ist für Fig. 6. ganz wie in §. 135.,

$BN >$ Bog. BC

$CL <$ Bog. BC; oder $BQ \mathrel{+\!\!\!\!|} CL$ gedacht

$BQ <$ Bog. BC; also auch die Oberfläche, welche BN bei der Umdrehung um die Abscissenlinie beschreibt $> F(x + k) - Fx$; und die, welche BQ erzeugt $< F(x + k) - Fx$; weil nicht nur $BN >$ Bog. BC und $BQ <$ Bog. BC, sondern auch: die Oberfläche zu BN die zu BC einschließt, und die zu BQ von der zu BC eingeschlossen wird.

Es ist aber die einen abgekürzten Kegelmantel bildende Oberfläche zu BN

$$= (BG + NH)\pi . BN$$

$$= [\varphi x + \varphi x + k\varphi' x]\pi . k . \sqrt{1 + (\varphi' x)^2}$$

und die ebenfalls einen abgekürzten Kegelmantel bildende Oberfläche zu BQ

$$= (BG + QH)\pi . BQ$$

$$= [\varphi x + \varphi x + k\varphi'(x + k)]\pi . k\sqrt{1 + [\varphi'(x + k)]^2};$$

folglich,

$$F(x+k) - Fx \begin{cases} < (2\varphi x + k\varphi' x)\pi . k . \sqrt{1 + (\varphi' x)^2} \text{ und} \\ > [2\varphi x + k\varphi'(x+k)]\pi . k . \sqrt{1 + [\varphi'(x+k)]^2}; \end{cases}$$

nothwendig muß daher ein Stück von k, welches k' heißen mag, existiren, für welches
$F(x+k) - Fx = [2\varphi x + k\varphi'(x+k')]\,\pi k\,.\sqrt{1+[\varphi'(x+k')]^2}$
wird.

Aus dieser Gleichung folgt, wenn man F(x + k) nach der Taylorschen Reihe entwickelt, dann mit k dividirt und zuletzt k = Null setzt, womit zugleich k', als zwischen Null und k fallend, nothwendig auch = 0 werden muß,

$$F'x = 2\pi\varphi x\,.\sqrt{1+(\varphi'x)^2};$$ und hieraus

$$Fx = 2\pi\int\varphi x\sqrt{1+(\varphi'x)^2};$$ oder auch

$$Fx = 2\pi\int y\sqrt{(\partial x)^2+(\partial y)^2}.$$

Eben so erhält man für die in Fig. 7. gewählte Lage, CV ‡ BN gezogen,

$$BN \text{ oder } CV > \text{Bogen } BC; \text{ und}$$
$$CL < \text{Bogen } BC;$$

daher, weil die Oberfläche, welche CV erzeugt, die F(x + k) — Fx einschließt, und die, welche CL hervorbringt, von F(x + k) — Fx eingeschlossen wird,

$$F(x+k) - Fx \begin{cases} < [CH + VG]\,\pi\,.\,CV \text{ und} \\ > [CH + GL]\,\pi\,.\,CL; \text{ oder} \end{cases}$$

$$F(x+k) - Fx \begin{cases} < [2\varphi(x+k) - k\varphi'x]\,\pi k\sqrt{1+(\varphi'x)^2} \text{ und} \\ > [2\varphi(x+k) - k\varphi'(x+k)]\,\pi k\sqrt{1+[\varphi'(x+k)]^2} \end{cases}$$

und es muß daher ein zwischen Null und k fallender Werth k' existiren, für welchen
$F(x+k) - Fx = [2\varphi(x+k) - k\varphi'(x+k')]\,\pi k\sqrt{1+[\varphi'(x+k')]^2}$
ist, woraus ebenfalls:

$$Fx = 2\pi\int\varphi x\,.\sqrt{1+(\varphi'x)^2} \text{ folgt.}$$

Für schiefwinklige Coordinaten (Fig. 9.) erhält man, ganz so wie in § 138.,

$$Fx = 2\pi \operatorname{Sin}\alpha\int y\sqrt{(\partial x)^2+(\partial y)^2 - 2\operatorname{Cos}\alpha\,.\,\partial x\,.\,\partial y}.$$

Beispiel. Ist $y = \varphi x = 5 + 3 . x^2$; so wird

$$Fx = 2\pi\int(5 + 3x^2)\sqrt{1 + 36x^2},$$

also, nach §. 101. F. und XXII.,

$$Fx = \frac{\pi}{288}\Big[2x[723 + 216x^2]\sqrt{1 + 36x^2} + 239 \ln(6x + \sqrt{1 + 36x^2})\Big] + C.$$

Verschwindet die gesuchte Oberfläche mit $x = 0$; so wird auch die Coust. $= 0$.

Für $x = \frac{2}{5}$ erhält man 21,3833 . . . . .

§. 141. Aufgabe. Bei einem Körper kann man allgemein jede Durchschnitts-Ebene nach irgend einer bestimmt gewählten Richtung, als Function einer Linie ausdrücken, welche von einem beliebigen Anfangspunct ihrer gewählten Richtung bis zu ihrem Durchschnittspunct mit der erwählten Durchschnitts-Ebene zu verstehen ist. Man soll dadurch den Cubic-Inhalt des Körpers bis zu einer solchen Durchschnitts-Ebene bestimmen.

Auflösung. Die veränderliche Länge der erwähnten Linie sei $= x$; die Größe der zu ihrem veränderlichen Endpunct gehörigen Durchschnitts-Ebene $= \varphi x$; der Winkel, welchen x mit φx bildet, $= \beta$; der zu bestimmende Inhalt des zu x und φx gehörigen Körpers $= Fx$. Man denke sich x um eine so kleine Linie k wachsend, daß die Durchschnitts-Ebenen, durch alle Puncte von k, parallel mit φx gelegt, durchaus wachsen, oder durchaus abnehmen, so ist im ersten Fall der, zwischen denen in der Entfernung $k \operatorname{Sin} \beta$ von einander entfernt liegenden Ebenen φx und $\varphi(x + k)$ befindliche Körper

$$F(x+k) - Fx \begin{cases} > k \operatorname{Sin}\beta . \varphi x \\ < x \operatorname{Sin}\beta . (\varphi(x + k), \end{cases}$$

im zweiten aber:

$$F(x+k) - Fx \begin{cases} < k \operatorname{Sin}\beta . \varphi x \\ > k \operatorname{Sin}\beta . \varphi(x+k), \end{cases}$$

so daß also in beiden Fällen die Größe von $F(x+k)-Fx$ zwischen $k \operatorname{Sin}\beta . \varphi x$ und $k \operatorname{Sin}\beta . \varphi(x+k)$ fällt, also ein Stück k' von k existiren muß, für welches

$$F(x+k) - Fx = k \operatorname{Sin}\beta . \varphi(x+k') \text{ ist.}$$

Aus dieser Gleichung folgt, wenn man $F(x+k)$ nach der Taylorschen Reihe entwickelt, dann durch k dividirt und zuletzt $k=0$ setzt, womit auch $k'=0$ werden muß,

$$F'x = \operatorname{Sin}\beta . \varphi x; \text{ woraus die Cubatur-Formel}$$

$$(I) \quad Fx = \operatorname{Sin}\beta . \int \varphi x . \partial x \text{ folgt.}$$

Ist der Körper durch Umdrehung einer Ebene um irgend eine Achse erzeugt und ist in Beziehung auf diese Achse als Abscissenlinie, die Gleichung zwischen Ordinaten y und Abscissen x für die Curve der erzeugenden Ebene, $y = fx$, so ist für rechtwinklige Coordinaten, ganz nach (I.)

$$(II) \quad Fx = \pi \int y^2 . \partial x.$$

Bilden aber die Coordinaten x, y irgend einen schiefen Winkel α, dreht sich etwa (Fig. 9.) die Ebene BDC um BD, so kann man, CE normal auf BD gefällt, den entstehenden Körper Fx aus 2 Theilen bestehend betrachten, nemlich 1stens aus dem Körper, welchen die Ebene BEC bei der Umdrehung um BE erzeugt, und 2tens aus dem normalen Kegel, welchen das Dreieck EDC bei der Umdrehung um ED hervorbringt. Der erste Theil ist (nach II.)

$$= \pi \int (CE)^2 . \partial (AE)$$

$$= \pi \int (y \operatorname{Sin}\alpha)^2 . \partial (x - y \operatorname{Cos}\alpha)$$

$$= \pi \operatorname{Sin}\alpha^2 \int y^2 (\partial x - \operatorname{Cos}\alpha \, \partial y)$$

$$= \pi \operatorname{Sin}\alpha^2 \int y^2 \partial x - \tfrac{1}{3} \pi \operatorname{Sin}\alpha^2 \operatorname{Cos}\alpha . y^3;$$

der 2te $= \frac{1}{3}(y \operatorname{Sin}\alpha)^2 \pi . y \operatorname{Cos}\alpha$; folglich die Summe: oder

$$(\text{III}) \quad Fx = \pi \operatorname{Sin}\alpha^2 . \int y^2 . \partial x.$$

Beispiele. 1) Den Inhalt des Kugel-Abschnitts (Fig. 11.) zu bestimmen.

Der Halbmesser der Kugel sei $= r$; die Höhe des Kugel-Abschnitts $= h$; also die ihn begrenzende Kreis-Ebene $= (2rh - h^2)\pi$, folglich, da hier $\beta = 90°$ ist, der Kugel-Abschnitt $= \int (2rh - h^2)\pi . \partial h$

$$= (rh^2 - \tfrac{1}{3}h^3)\pi + C,$$

für $h = 0$ ist auch der Körper $= 0$; also $0 = 0 + C$; folglich $C = 0$, daher vollständig der Kugel-Abschnitt

$$= \tfrac{1}{3}\pi h^2 [3r - h],$$

woraus für $h = 2r$ der Inhalt der ganzen Kugel $= \frac{4}{3} r^3 \pi$ folgt.

2) Der Kugel-Abschnitt ABC (Fig. 11.) wird durch die Ebene DEG, normal auf die Grundebene geschnitten, man soll den Inhalt jedes Stücks bestimmen. Nimmt man den Durchmesser $AC = 2b$ normal auf DG, so ist nach den in der Figur angegebenen Bedeutungen der Zeichen, der Körper Fx, von A bis zur Ebene DEG $= \int$ Ebene DEG $. \partial x$.

Man betrachte b und die Höhe h des Kugel-Abschnitts als gegeben, so ist auch der Radius der Kugel bekannt, nemlich $r = \frac{b^2 + h^2}{2h}$; so wie der Abstand $r - h = \frac{b^2 - h^2}{2h}$, welcher durch a bezeichnet werden soll. Der Halbmesser zum Abschnitt DEG ist $= a + z$, folglich Bogen $DE = EG = (a + z) \operatorname{Arc Cos} \frac{a}{a + z}$, also Abschnitt $DEG = (a + z)^2 . \operatorname{Arc Cos} \frac{a}{a + z} - ay$; oder weil

$(a+z)^2 + x^2 = r^2$; also $(a+z)^2 = r^2 - x^2$; und $y = \sqrt{b^2 - x^2}$ ist, Kreis-Abschnitt DEG =

$$(r^2 - x^2) \operatorname{Arc Cos} \frac{a}{\sqrt{r^2 - x^2}} - a\sqrt{b^2 - x^2}; \text{ daher}$$

$$Fx = \int \left[(r^2 - x^2) \operatorname{Arc Cos} \frac{a}{\sqrt{r^2 - x^2}} - a\sqrt{b^2 - x^2} \right] \partial x$$

$$= \int \operatorname{Arc Cos} \frac{a}{\sqrt{r^2 - x^2}} . \partial \left(r^2 x - \frac{x^3}{3} \right) - a \int \sqrt{b^2 - x^2} . \partial x.$$

Da nun aber

$$\int \operatorname{Arc Cos} \frac{a}{\sqrt{r^2 - x^2}} . \partial \left(r^2 x - \frac{x^3}{3} \right) =$$

$$\left[r^2 x - \frac{x^3}{3} \right] \operatorname{Arc Cos} \frac{a}{\sqrt{r^2 - x^2}} - \int \left(r^2 x - \frac{x^3}{3} \right) \partial \operatorname{Arc Cos} \frac{a}{\sqrt{r^2 - x^2}} =$$

$$= \tfrac{1}{3} [3r^2 - x^2] \, x \operatorname{Arc Cos} \frac{a}{\sqrt{r^2 - x^2}} + \frac{a}{3} \int \frac{3r^2 x^2 - x^4}{(r^2 - x^2)\sqrt{b^2 - x^2}} . \partial x,$$

$$\operatorname{Arc Cos} \frac{a}{\sqrt{r^2 - x^2}} = \operatorname{Arc tg} \frac{\sqrt{b^2 - x^2}}{a}; \text{ und}$$

$$\int \sqrt{b^2 - x^2} . \partial x = \frac{x\sqrt{b^2 - x^2}}{2} + \frac{b^2}{2} \operatorname{Arc Sin} \frac{x}{b}$$

(siehe XXII.) ist; so hat man:

$$Fx = \tfrac{1}{3} [3r^2 - x^2] \operatorname{Arc tg} \frac{\sqrt{b^2 - x^2}}{a} - \frac{ax\sqrt{b^2 - x^2}}{2}$$

$$- \frac{ab^2}{2} \operatorname{Arc Sin} \frac{x}{b} + \frac{a}{3} . \int \frac{(3r^2 - x^2)x^2 . \partial x}{(r^2 - x^2)\sqrt{b^2 - x^2}}.$$

Zu Bestimmung des letzten Gliedes bezeichne w den Ausdruck $\frac{x}{\sqrt{b^2 - x^2}}$, so wird

$$x^2 = \frac{b^2 w^2}{1 + w^2};$$

$$x \partial x = \frac{b^2 w \partial w}{[1 + w^2]^2};$$

$$3r^2 - x^2 = \frac{3r^2 + (3r^2 - b^2) w^2}{1 + w^2}$$

$$= \frac{3r^2 + (2r^2 - a^2) w^2}{1 + w^2},$$

$$r^2 - x^2 = \frac{r^2 + a^2 w^2}{1 + w^2}; \text{ und}$$

$$\sqrt{b^2 - x^2} = \frac{x}{w}; \text{ also}$$

$$\frac{a}{3}\int\frac{(3r^2 - x^2)\,x^2\,\partial x}{(r^2 - x^2).\sqrt{b^2 - x^2}} = \frac{ab^2}{3}.\int\frac{[3r^2 + (2r^2 + a^2)w^2]\,x}{[r^2 + a^2 w^2]\,[1 + w^2]^2.\frac{x}{w}}\,w\,\partial w$$

$$= \frac{ab^2}{3}.\int\frac{2r^2(1 + w^2) + r^2 + a^2 w^2}{[r^2 + a^2 w^2][1 + w^2]^2}\,w^2.\partial w$$

$$= \frac{2ab^2 r^2}{3}.\int\frac{w^2.\partial w}{(1 + w^2)(r^2 + a^2 w^2)} + \frac{ab^2}{3}\int\frac{w^2.\partial w}{[1 + w^2]^2}$$

$$= \tfrac{2}{3} a r^4 \int\frac{\partial w}{r^2 + a^2 w^2} - \tfrac{2}{3} a r^2 \int\frac{\partial w}{1 + w^2} + \tfrac{1}{3} ab^2 \int\frac{w^2.\partial w}{(1 + w^2)^2}.$$

Weil nun

$$\int\frac{\partial w}{r^2 + a^2 w^2} = \frac{1}{ra}\,\text{Arc tg}\,\frac{aw}{r} + C \;(\S.\ 82.\ B.)$$

$$\int\frac{\partial w}{1 + w^2} = \text{Arc tg}\,w + C \;(XV) \text{ und}$$

$$\int\frac{w^2\,\partial w}{[1 + w^2]^2} = \tfrac{1}{2}\left[-\frac{w}{1 + w^2} + \text{Arc tg}\,w\right] + C$$

(§. 99. G und XV) ist, so folgt

$$\frac{a}{3}\int\frac{(3r^2 - x^2)\,x^2.\partial x}{(r^2 - x^2).\sqrt{b^2 - x^2}} = \tfrac{2}{3} r^3\,\text{Arc tg}\,\frac{aw}{r} - \tfrac{2}{3} a r^2\,\text{Arc tg}\,w$$

$$- \tfrac{1}{6} ab^2.\frac{w}{1 + w^2} + \tfrac{1}{6} ab^2\,\text{Arc tg}\,w + C$$

$$= \tfrac{2}{3} r^3\,\text{Arc tg}\,\frac{ax}{r.\sqrt{b^2 - x^2}} - \tfrac{2}{3} a r^2\,\text{Arc tg}\,\frac{x}{\sqrt{b^2 - x^2}}$$

$$- \frac{ax\sqrt{b^2 - x^2}}{6} + \frac{ab^2}{6}\,\text{Arc tg}\,\frac{x}{\sqrt{b^2 - x^2}} + C$$

und es ist daher, weil $\text{Arc tg}\,\frac{x}{\sqrt{b^2 - x^2}} = \text{Arc Sin}\,\frac{x}{b}$;

$$Fx = \frac{x(3r^2 - x^2)}{3}\,\text{Arc tg}\,\frac{\sqrt{b^2 - x^2}}{a} + \frac{2r^3}{3}\,\text{Arc tg}\,\frac{ax}{r\sqrt{b^2 - x^2}}$$

$$- \frac{a(2r^2 + b^2)}{3}\,\text{Arc Sin}\,\frac{x}{b} - \frac{2ax\sqrt{b^2 - x^2}}{3} + C.$$

Für $x = -b$ wird $F(-b) = 0$; also

$$0 = \frac{2}{3}r^3 . \text{Arc tg}(-\infty) - \frac{a}{3}(2r^2 - b^2)\text{Arc Sin}(-1) + C$$

$$= -\frac{2}{3}r^3 . \frac{\pi}{2} + \frac{a}{3}(2r^2 + b^2) . \frac{\pi}{2} + C, \text{ folglich}$$

$$C = \frac{1}{3}r^3\pi - \frac{a\pi}{6}(2r^2 + b^2) \text{ oder}$$

$$C = \frac{1}{6}\pi h^2 (3r - h); \text{ daher vollständig}$$

$$Fx = \frac{\pi h^2}{6}[3r - h] - \frac{2ax\sqrt{b^2 - x^2}}{3} - \frac{a(2r^2 + b^2)}{3}\text{Arc Sin}\frac{x}{b}$$

$$+ \frac{2r^3}{3}\text{Arc tg}\frac{ax}{r\sqrt{b^2 - x^2}} + \frac{x(3r^2 - x^2)}{3}\text{Arc tg}\frac{\sqrt{b^2 - x^2}}{a},$$

woraus auch das bekannte Resultat:

$$Fb = \frac{\pi h^2}{3} . (3r - h) \text{ folgt.}$$

§. 142. **Aufgabe.** Durch die gegebene Polar-Gleichung die Formeln, für die Rectification, Quadratur und Cubatur zu bestimmen.

Auflösung. 1stens. Für die Rectification.

Es sei (Fig. 12.) für die Curve EF die Gleichung zwischen jeden Winkel ACD = x im Polarpunct C und der zugehörigen Ordinate CD = y gegeben, nemlich $y = \varphi x$, A sei ein beliebig gewählter Punct in der Abscissenlinie, und AC = a die Länge der Curve von einem beliebigen Anfangspunct bis zu D, etwa ED, = v = Fx; so ist, für den Punct D

die rechtwinklige Ordinate $= y \text{ Sin } x$ und

die zugehörige Abscisse $= a - y \text{ Cos } x$

folglich nach §. 138.

$$v = Fx = \int\sqrt{(\partial(a - y \text{ Cos } x))^2 + [\partial(y \text{ Sin } x)]^2} \text{ oder}$$

$$v = Fx = \int\sqrt{y^2 . \partial x^2 + (\partial y)^2}; \text{ oder auch}$$

$$v = Fx = \int\sqrt{(\varphi x)^2 + (\varphi' x)^2} . \partial x.$$

2tens. Für die Quadratur von Ebenen.

Es ist die Ebene GCD (Fig. 12.)

$$= \triangle CHD + \int DH \,.\, \partial(AH)$$
$$= \tfrac{1}{2} y^2 \operatorname{Sin} x \operatorname{Cos} x + \int y \operatorname{Sin} x \,.\, \partial(a - y \operatorname{Cos} x)$$
$$= \tfrac{1}{2} y^2 \operatorname{Sin} x \operatorname{Cos} x + \int y^2 \operatorname{Sin} x^2 . \partial x - \int \operatorname{Sin} x \operatorname{Cos} x \,.\, y\partial y$$
$$= \tfrac{1}{2} y^2 \operatorname{Sin} x \operatorname{Cos} x + \int y^2 \operatorname{Sin} x^2 \,.\, \partial x - \tfrac{1}{2} y^2 \operatorname{Sin} x \operatorname{Cos} x$$
$$+ \tfrac{1}{2} \int y^2 \,.\, \partial(\operatorname{Sin} x \operatorname{Cos} x)$$
$$= \int y^2 \operatorname{Sin} x^2 \, \partial x + \tfrac{1}{2} \int y^2 \operatorname{Cos} x^2 \, \partial x - \tfrac{1}{2} \int y^2 \operatorname{Sin} x^2 \, \partial x$$
$$= \tfrac{1}{2} \int y^2 \,.\, \partial x$$ oder auch

$$GCD = \tfrac{1}{2} \int (\varphi x)^2 \,.\, \partial x.$$

3tens. Für die Quadratur gewölbter Oberflächen, welche durch Umdrehung erzeugt werden.

Es ist die Oberfläche, welche der Bogen ED (Fig. 12.) bei der Umdrehung um AB beschreibt,

$$= 2\pi \int y \operatorname{Sin} x \sqrt{[\partial (y \operatorname{Sin} x)]^2 + [\partial (a - y \operatorname{Cos} x)]^2}$$

(§. 140.) oder

$$= 2\pi \int y \operatorname{Sin} x \,.\, \sqrt{(y \partial x)^2 + (\partial y)^2}.$$

4tens. Für die Cubatur.

Es ist (Fig. 12.) der Körper K, welchen die Ebene GCD bei ihrer Umdrehung um GC beschreibt

$$= \frac{(DH)^2 \pi \,.\, HC}{3} + \int (DH)^2 \pi \,.\, \partial(AH)$$
$$= \frac{\pi}{3} \,.\, y^3 \operatorname{Sin} x^2 \operatorname{Cos} x + \pi \int y^2 \operatorname{Sin} x^2 \,.\, \partial(a - y \operatorname{Cos} x)$$

und hieraus, wie in 2tens

$$K = \tfrac{2}{3} \pi \,.\, \int y^3 \operatorname{Sin} x \,.\, \partial x.$$

Anmerk. Mit Hülfe der Lehre vom Schwerpunct in der Statik, lassen sich die Formeln für die Quadratur und Cubatur durch die Guldinische Regel leichter und allgemeiner bilden.

1) Für die Quadratur von Ebenen.

Bezeichnet Fx die Ebene GCD (Fig. 12.), so fällt, weil der Schwerpunct einer geraden Linie in ihrer Mitte liegt, wenn x um den Bogen k wächst, $F(x+k) - Fx$ zwischen $y \cdot \frac{y}{2} k$ und $\varphi(x+k) \cdot \frac{\varphi(x+k)}{2} \cdot k$ ist also, wenn $k' < k$ und $>$ Null gedacht wird, durch $\varphi(x+k') \cdot \frac{\varphi(x+k')}{2} \cdot k$ auszudrücken. Aus $F(x+k) - Fx = \frac{1}{2} k \cdot [\varphi(x+k')]^2$ folgt aber sogleich

$$F'x = \tfrac{1}{2} y^2 \text{ und also ist}$$

$$Fx = \tfrac{1}{2} \int y^2 . \partial x.$$

2) Für die Quadratur der Flächen.

Es gehe die Ebene ACB (Fig. 13.) bei ihrer Drehung um AB allmählig nach einem gegebenen Gesetz in die Ebene AFB über; man soll die gewölbte Oberfläche bestimmen, welche die Curve ACB bis in AFB beschreibt

Bezeichnet x den veränderlichen Winkel der Ebenen ACB und ADB; φx die Länge der Curve ADB; fx die Entfernung ihres Schwerpunctes von AB; Fx die zwischen den Curven ACB und ADB liegende Oberfläche; und k den Winkel, welchen Ebene ADB mit Ebene AEB bildet, so ist die Oberfläche zwischen den Curven ADB und AEB $= F(x+k) - Fx$; die Länge der Curve AEB $= \varphi(x+k)$; und die Entfernung ihres Schwerpunctes von AB $= f(x+k)$. Es fällt demnach $F(x+k) - Fx$ zwischen

$$\varphi x . fx . k \text{ und } \varphi(x+k) . f(x+k) . k,$$

und es muß daher ein (wie immer im Längenmaaß für den Halbmesser 1 verstandener) Winkel k', größer wie Null und kleiner wie k existiren, für welchen

$$F(x+k) - Fx = k . \varphi(x+k') f(x+k')$$

ist, und aus dieser Gleichung folgt

$$Fx = \int \varphi x . fx . \partial x.$$

3) Für die Cubatur der Körper.

Es gehe die Ebene ACB (Fig. 13.) bei ihrer Drehung um AB allmählig nach einem gegebenen Gesetz in die Ebene AFB über; man soll den Körper bestimmen; welchen die Ebene ACB bis in AFB beschreibt.

Bezeichnet x den Winkel der Ebenen ACB und ADB; φx den Inhalt der Ebene ADB; fx die Entfernung ihres Schwerpunctes von AB; Fx den zwischen den Ebenen ACB und ADB liegenden Körper, so ist, ganz wie in 3),

$$F(x+k) - Fx = k.\varphi(k+k')\,f(x+k), \text{ also}$$

$$Fx = \int \varphi x . fx . \partial x.$$

Beispiele. 1) Ist $y = ax$, so erhält man

$$v = \frac{y.\sqrt{a^2+y^2}}{2a} + \frac{a}{2}\ln[y+\sqrt{a^2+y^2}] + C \text{ (s. XXII.)}.$$

Die Ebene

$$= \frac{y^3}{6a} + C$$

und den Körper

$$= \tfrac{2}{3}\pi \int a^3 x^3 \operatorname{Sin} x \,\partial x$$

$$= \frac{2\pi a^3}{3}.[-x^3 \operatorname{Cos} x + 3x^2 \operatorname{Sin} x + 6x \operatorname{Cos} x - 6 \operatorname{Sin} x] + C \text{ (siehe LXXVIII.)}.$$

Anmerk. Die Bestimmung der gewölbten Oberfläche führt auf ein zu verwickeltes Integral.

2) Es sei ABCD (Fig. 14.) ein rechtwinkliges Parallelogram; normal darauf in AB stehe das bei A und B rechtwinklige Trapez ABEF; die Linien CE und DF sind gerade; man soll den von ABCD, ABEF, den parallelen rechtwinkligen Dreiecken FAD und EBC und der windschiefen Fläche CDFE begrenzten Körper unter der Voraussetzung berechnen, das jede durch AB gelegte den Körper schneidende Ebene, wie ABHG, ein Trapez, also jede Linie HG gerade sei.

Bei den in der Figur angegebenen Bedeutungen der Zeichen ist

$$\varphi x = \frac{y+w}{2}.c;$$

$$fx = \frac{w.c.\frac{w}{2} + \frac{(y-w)c}{2}.\left[w + \frac{y-w}{3}\right]}{\frac{y+w}{2}.c}, \text{ also}$$

$$\varphi x . f x = \frac{c}{6} [w^2 + y^2 + y w]; \text{ folglich}$$

$$F x = \int \varphi x . f x . \partial x = \frac{c}{6} \int (y^2 + w^2 + y w) \partial x$$

oder, da $y = \frac{h \operatorname{Sin} \alpha}{\operatorname{Sin}(\alpha + x)}$; $w = \frac{h \operatorname{Sin} \beta}{\operatorname{Sin}(\beta + x)}$ ist,

$$F x = \frac{h^2 c}{6} \left[\operatorname{Sin} \alpha^2 \int \frac{\partial x}{\operatorname{Sin}(\alpha + x)^2} + \operatorname{Sin} \beta^2 \int \frac{\partial x}{\operatorname{Sin}(\beta + x)^2} \right.$$
$$\left. + \operatorname{Sin} \alpha \operatorname{Sin} \beta . \int \frac{\partial x}{\operatorname{Sin}(\alpha + x) \operatorname{Sin}(\beta + x)} \right].$$

Es ist aber

$$\int \frac{\partial x}{\operatorname{Sin}(\alpha + x)^2} = \int \operatorname{Cosec}(\alpha + x)^2 . \partial(\alpha + x) = - \operatorname{Cotg}(\alpha + x)$$

$$\int \frac{\partial x}{\operatorname{Sin}(\beta + x)^2} = - \operatorname{Cotg}(\beta + x)$$

und, weil $\operatorname{Sin}(\alpha + x) \operatorname{Sin}(\beta + x) =$
$\frac{1}{2} [\operatorname{Cos}(\alpha - \beta) - \operatorname{Cos}(\alpha + \beta + 2x)]$ ist,

$$\int \frac{\partial x}{\operatorname{Sin}(\alpha + x) \operatorname{Sin}(\beta + x)} = P = 2 \int \frac{\partial x}{\operatorname{Cos}(\alpha + \beta) - \operatorname{Cos}(\alpha + \beta + 2x)}.$$

Bezeichnet man nun $\alpha + \beta + 2x$ durch u; so entsteht

$$P = \int \frac{\partial u}{\operatorname{Cos}(\alpha - \beta) - \operatorname{Cos} u};$$

drückt man nun $\operatorname{Cos}(\alpha - \beta) - \operatorname{Cos} u$ durch z aus, so bildet sich

$$P = \int \frac{\partial z}{z . \sqrt{1 - [\operatorname{Cos}(\alpha - \beta) - z]^2}}$$

$$= \int \frac{\partial z}{z . \sqrt{\operatorname{Sin}(\alpha - \beta)^2 + 2 \operatorname{Cos}(\alpha - \beta) . z - z^2}}$$

$$= - \frac{1}{\operatorname{Sin}(\alpha - \beta)} . \ln \frac{2 \operatorname{Sin}(\alpha - \beta)^2 + 2 \operatorname{Cos}(\alpha - \beta) z + 2 \operatorname{Sin}(\alpha - \beta) \operatorname{Sin} u}{\operatorname{Cos}(\alpha - \beta) - \operatorname{Cos} u}$$

(siehe XXX.)

$$= - \frac{1}{\operatorname{Sin}(\alpha - \beta)} . \ln \frac{2 - 2 \operatorname{Cos} 2(\alpha + x)}{2 \operatorname{Sin}(\alpha + x) \operatorname{Sin}(\beta + x)}$$

$$= - \frac{1}{\operatorname{Sin}(\alpha - \beta)} . \ln \frac{2 \operatorname{Sin}(\alpha + x)^2}{2 \operatorname{Sin}(\alpha + x) \operatorname{Sin}(\beta + x)} + C$$

$$= - \frac{1}{\operatorname{Sin}(\alpha - \beta)} \ln \frac{\operatorname{Sin}(\alpha + x)}{\operatorname{Sin}(\beta + x)} + C.$$

Es ist daher

$$Fx = \frac{h^2 c}{6}\Big[-\operatorname{Sin}\alpha^2 \operatorname{Cotg}(\alpha + x) - \operatorname{Sin}\beta^2 \operatorname{Cotg}(\beta + x) - \frac{\operatorname{Sin}\alpha \operatorname{Sin}\beta}{\operatorname{Sin}(\alpha - \beta)} \ln \frac{\operatorname{Sin}(\alpha + x)}{\operatorname{Sin}(\beta + x)}\Big] + C.$$

Für $x = 0$; wird auch $F = 0$; daher

$$C = \frac{h^2 c}{6}\Big[\operatorname{Sin}\alpha \operatorname{Cos}\alpha + \operatorname{Sin}\beta \operatorname{Cos}\beta + \frac{\operatorname{Sin}\alpha \operatorname{Sin}\beta}{\operatorname{Sin}(\alpha - \beta)} \ln \frac{\operatorname{Sin}\alpha}{\operatorname{Sin}\beta}\Big],$$

also vollständig

$$Fx = \frac{h^2 c}{6}\Big[\operatorname{Sin}\alpha \operatorname{Cos}\alpha - \operatorname{Sin}\alpha^2 \operatorname{Cotg}(\alpha + x) + \operatorname{Sin}\beta \operatorname{Cos}\beta - \operatorname{Sin}\beta^2 \operatorname{Cotg}(\beta + x) + \frac{\operatorname{Sin}\alpha \operatorname{Sin}\beta}{\operatorname{Sin}(\alpha - \beta)} . \ln \frac{\operatorname{Sin}\alpha \operatorname{Sin}(\beta + x)}{\operatorname{Sin}\beta \operatorname{Sin}(\alpha + x)}\Big]$$

$$= \frac{h^2 c}{6}\Big[\frac{\operatorname{Sin}\alpha \operatorname{Sin}x}{\operatorname{Sin}(\alpha + x)} + \frac{\operatorname{Sin}\beta \operatorname{Sin}x}{\operatorname{Sin}(\beta + x)} + \frac{1}{\operatorname{Cotg}\beta - \operatorname{Cotg}\alpha} \ln \frac{\operatorname{Sin}\alpha \operatorname{Sin}(\beta + x)}{\operatorname{Sin}\beta \operatorname{Sin}(\alpha + x)}\Big];$$ oder auch

$$Fx = \frac{hc}{6}\Big[CH . \operatorname{Sin}\alpha + DG \operatorname{Sin}\beta + \frac{ab}{a-b} \ln \frac{a(h + b \operatorname{Cotg} x)}{b(h + a \operatorname{Cotg} x)}\Big].$$

Für $x = 90° = \frac{\pi}{2}$; entsteht hieraus $F\frac{\pi}{2}$; oder der ganze Körper

$$= \frac{hc}{6}\Big[a + b + \frac{ab}{a-b} \ln \frac{a}{b}\Big],$$

woraus, wie erforderlich, für $a = b$ mit Anwendung von §. 62.,

$$\frac{ahc}{2}$$ entsteht.

Macht man die Voraussetzung: daß jede parallel mit FAD und EBC gelegte Durchschnitts-Ebene, wie IKL, die windschiefe Fläche DFEC in einer geraden Linie KL durchschneidet, so ist bei den in der Figur angegebenen Bedeutungen der Zeichen, der Körper zwischen den Ebenen FAD und LIK, oder

$$Fv = \int \tfrac{1}{2} h z . \partial v.$$

Es ist aber, $v : z - b = c : a - b$, also

$$v = \frac{c}{a-b} \cdot (z - b), \text{ folglich}$$

$$\partial v = \frac{c}{a-b} \cdot \partial z; \text{ daher}$$

$$Fv = \frac{hc}{2(a-b)} \cdot \int z \cdot \partial z$$

$$= \frac{hcz^2}{4(a-b)} + C.$$

Für $z = b$ ist $v = 0$ und der Körper $= 0$; also

$$0 = \frac{hcb^2}{4(a-b)} + C; \text{ demnach}$$

$$C = -\frac{b^2ch}{4(a-b)}; \text{ also vollständig,}$$

$$Fv = \frac{hc(z^2 - b^2)}{4(a-b)}; \text{ und für } v = c; \text{ also}$$

$z = a$; der ganze Körper

$$= \frac{hc}{4}(a + b)$$

$$= \frac{\frac{ah}{2} + \frac{bh}{2}}{2} \cdot c.$$

Soll die windschiefe Fläche CDFE unter der Voraussetzung bestimmet werden, daß alle Linien, wie KL, gerade sind, so hat man

$$DFLK = \int u \cdot \partial v$$

$$= \int \sqrt{h^2 + z^2} \cdot \partial v$$

$$= \int \sqrt{h^2 + z^2} \cdot \frac{c}{a-b} \cdot \partial z$$

$$= \frac{c}{a-b}\left[\frac{z \cdot \sqrt{h^2+z^2}}{2} + \frac{h^2}{2} \ln(z + \sqrt{h^2+z^2})\right] + C \text{ (XXII.)}$$

und hieraus für $z = b$;

$$0 = \frac{c}{2(a-b)}[b \cdot \sqrt{b^2+h^2} + h^2 \ln(b + \sqrt{b^2+h^2})] + C, \text{ also}$$

$$C = -\frac{c}{2(a-b)}[b\sqrt{b^2+h^2} + h^2 \ln(b+\sqrt{b^2+h^2})],$$

daher vollständig

$$DFLK = \frac{c}{2(a-b)}\left[z\sqrt{z^2+h^2} - b\sqrt{b^2+h^2} + h^2 . \ln\frac{z+\sqrt{z^2+h^2}}{b+\sqrt{b^2+h^2}}\right],$$

also, $\sqrt{a^2+h^2}$ durch A und $\sqrt{b^2+h^2}$ durch B ausgedrückt,

$$CDFE = \frac{c}{2(a-b)}\left[aA - bB + h^2 \ln\frac{a+A}{b+B}\right],$$

woraus, nach §. 62., für $a = b$, $CDFE = cB$ oder cA hervorgeht.

Die Bestimmung der Fläche CDFE, wenn jede Linie GH gerade ist, führt auf ein höchst verwickeltes Integral.

3) Es sei ABDF (Fig. 15.) ein Quadrat, ABC ein bei B rechtw. gleichschenkliges Dreieck, beide Ebenen ABDF, ABC normal auf einander gedacht, DBC ein Quadrant; die Ebene ABGH bilde mit der ABDF den Winkel x und GH sei parallel mit AB, für jedes x, also ABGH ein bei B und G rechtwinkliges Trapez, so ist die Oberfläche

$$FDGH = \int HG . GB . \partial x$$

oder, $AB = BD = BC$ durch r ausgedrückt,

$$= \int(r - r \operatorname{Sin} x) . r . \partial x$$

$$= r^2(x + \operatorname{Cos} x) + C; \text{ also}$$

$$0 = r^2 1 + C; \text{ daher}$$

$$C = -r^2; \text{ folglich vollständig}$$

$$FDGH = r^2[x + \operatorname{Cos} x - 1]; \text{ demnach}$$

$$FDC = r^2\left[\frac{\pi}{2} - 1\right].$$

Ferner ist der Körper = K zwischen den Ebenen ABDF und ABGH

$$= \int \frac{AB + HG}{2} . BG . \frac{AB + 2HG}{AB + HG} . \frac{BG}{3} . \partial x,$$

aber $AB = r$; $HG = r - r \operatorname{Sin} x$, also

$$K = \frac{r^2}{6} . \int [r + 2(r - r \operatorname{Sin} x)] \partial x$$

$$= \frac{r^3}{6} [3x + 2 \operatorname{Cos} x] + C, \text{ folglich}$$

$$0 = \frac{r^3}{6} . 2 + C,$$

daher vollständig,

$$K = \frac{r^3}{6} [3x - 2 \operatorname{Sinv} x].$$

Hiernach erhält man den ganzen Körper für $x = \frac{\pi}{2}$; also

$$ABCDF = \frac{r^3}{6} . \left[\frac{3\pi}{2} - 2\right] = \frac{(3\pi - 4) r^3}{12}.$$

§. 143. Aufgabe. Für irgend eine Curve ist eine Gleichung, die ihren Fortgang bestimmt, gegeben; man soll aus ihr die Gleichung, in Beziehung auf eine andere gegebene Abscissenlinie ableiten.

Auflösung. 1) Reduction einer Coordinaten-Gleichung auf eine andere.

Für die Curve PQ (Fig. 16.) sei zwischen den Abscissen $AB = x$, und den Coordinaten $BC = y$ unter dem Coordinaten-Winkel α die Gleichung $y = \varphi x$ gegeben, man soll aus ihr für dieselbe Curve, die Coordinaten-Gleichung zwischen Abscissen $DE = u$; und Ordinaten $EC = z$, unter den Coordinaten-Winkel δ ableiten; die Lage der beiden Abscissenlinien AB, DE und ihrer Anfangspuncte A, D gegen einander ist gegeben, durch den Winkel BAD $= \beta$; $AD = a$ und $\angle ADE = \gamma$. Denkt man sich aus D und E parallele Linien mit AB und aus C, D, E darauf normale Parallelen, so erhält man leicht die beiden Gleichungen:

$y \operatorname{Sin}\alpha + a \operatorname{Sin}\beta + u \operatorname{Sin}(\gamma - \beta) = z \operatorname{Sin}(\delta + \gamma - \beta)$

und

$x - y \operatorname{Cos}\alpha - z \operatorname{Cos}(\delta + \gamma - \beta) = a \operatorname{Cos}\beta - u \operatorname{Cos}(\gamma - \beta)$,

woraus x und y durch u und z auszudrücken, und in $y = \varphi x$ zu substituiren sind, welche Gleichung dann die Verlangte ist.

2) Reduction einer Coordinaten-Gleichung auf eine Polar-Gleichung und umgekehrt.

Es sei (Fig 17.) $AB = x$; $BC = y$ und beider Winkel α; $\angle BAD = \beta$; $AD = a$; $\angle ADE = \gamma$; $\angle EDC = u$; $DC = z$. Von den beiden Gleichungen $y = \varphi x$; $z = Fu$ ist eine gegeben, und es soll die andere gefunden werden.

Denkt man sich aus D eine Parallele mit AB, und aus C und D Normalen darauf, so ergeben sich sogleich die beiden Gleichungen:

$y \operatorname{Sin}\alpha + a \operatorname{Sin}\beta = z \operatorname{Sin}(\beta + \gamma - u)$, und

$x = y \operatorname{Cos}\alpha + a \operatorname{Cos}\beta - z \operatorname{Cos}(\beta + \gamma - u)$,

und mit Hülfe derselben ist $y = \varphi x$ auf $z = Fu$, und umgekehrt, zu reduciren.

3) Reduction einer Polar-Gleichung auf eine andere.

Ist (Fig. 18.) Winkel $ABC = x$; $BC = y$; $y = \varphi x$; $\angle EDC = u$; $DC = z$; $z = Fu$; die Lage beider Polarpuncte B, D und der festen Richtungslinien BA, DE gegen einander, aber durch $\angle ABD = \alpha$; $BD = a$ und $\angle BDE = \beta$ gegeben, so hat man:

$$y \operatorname{Sin} x + a \operatorname{Sin}\alpha = z \operatorname{Sin}(u - \beta + \alpha)$$

$$a \operatorname{Cos}\alpha - y \operatorname{Cos} x = z \operatorname{Cos}(u - \beta + \alpha),$$

wodurch $y = \varphi x$ auf $z = Fu$ und umgekehrt, zu reduciren ist.

Des vierten Abschnitts 2tes Kapitel.

Anwendungen der allgemeinen Gesetze des vorigen Kapitels auf diejenigen Curven, welche man Kegelschnitte nennt.

I. Von den Kegelschnitten überhaupt.

§. 144. Erklärung. Durchschneidet man einen Kegel durch eine Ebene, so heißt die Curve, in welcher diese Ebene den Kegel=Mantel schneidet, ein Kegelschnitt.

§. 145. Aufgabe. Eine allgemeine Coordinaten=Gleichung für jeden Kegelschnitt eines unbegränzten normalen gemeinen Kegels herzuleiten.

Auflösung. Man durchschneide an einer beliebigen oder unbestimmten Stelle die Ebene der Curve oder des Kegelschnitts durch eine mit der Grund=Ebene des Kegels parallelen Ebene, also durch eine Kreis=Ebene; ziehe in dieser Kreis=Ebene den Durchmesser, welcher normal auf der Durchschnittslinie dieser Kreis=Ebene mit der Curven=Ebene ist, und lege dann durch diesen Durchmesser und die Achse des Kegels eine Ebene.

Es sei (Fig. 19.) DFE ein Theil der Curven=Ebene; BDCE eine mit der Grund=Ebene des Kegels parallele, die Curven=Ebene in DE durchschneidende Kreis=Ebene; BC ihr auf DE normaler Durchmesser; H ihr Mittelpunct; A die

Spitze des Kegels, folglich ABC eine Achsen-Durchschnitts-Ebene des Kegels, also ein gleichschenkliges Dreieck; so ist FG die Achse der Curve, weil, wo auch die mit der Grund-Ebene des Kegels parallele Ebene BDCE die Curve schneiden mag, immer DG = GE und DGF $= \frac{\pi}{2}$ wird. Man nehme FG als Abscissenlinie, den Scheitelpunct F als Anfangspunct der Abscissen, setze jede Abscisse, wie FG = x; die zugehörigen gleichen Ordinaten GD = GE = y; so hat man aus der Natur des Kreises:

$$y^2 = GC \,.\, GB.$$

Bezeichnet man nun die durch den gewählten Kegel und die Lage des Schnitts in denselben gegebenen, von x unabhängigen, also für diesen Schnitt constanten Größen folgendergestalt:

1) den Durchmesser FK der durch F gelegten mit der Grundebene des Kegels parallelen Kreis-Ebene durch b;
2) den Achsen-Durchschnitts-Winkel BAC mit 2α;
3) den Winkel GFC mit β,

so ist $GC = \frac{x \operatorname{Sin} \beta}{\operatorname{Cos} \alpha}$

und, GL ∓ BK gelegt,

$$GB = LK = FK - FL$$
$$= b - \frac{x \operatorname{Sin} FGL}{\operatorname{Sin} GLF}$$
$$= b - \frac{x \operatorname{Sin} (\beta - 2\alpha)}{\operatorname{Cos} \alpha}.$$

Werden diese Werthe in

$$y^2 = GC \,.\, GB \text{ gesetzt,}$$

so erhält man:

$$y^2 = \frac{b \operatorname{Sin} \beta}{\operatorname{Cos} \alpha} x - \frac{\operatorname{Sin} \beta \operatorname{Sin} (\beta - 2\alpha)}{\operatorname{Cos} \alpha^2} \,.\, x^2,$$

welches die Coordinaten-Gleichung für jeden Kegelschnitt

ist, wenn die Abscissen x auf der Achse, vom Scheitelpunct aus, die Ordinaten y aber normal auf x genommen werden.

§. 146. Zusatz. 1) Ist $\beta = 90^\circ + \alpha$, also die Ebene des Kegelschnitts ein Kreis, so ist aus §. 145. die Gleichung:

$$y^2 = bx - x^2.$$

2) Ist $\beta = 2\alpha$, also die Achse FG des Kegelschnitts ⫲ mit AB, so heißt derselbe eine Parabel, und die Gleichung ist:

$$y^2 = 2b \operatorname{Sin}\alpha . x$$

3) Ist $\beta > 2\alpha$, so heißt der Kegelschnitt eine Ellipse, und die Gleichung ist:

$$y^2 = \frac{b \operatorname{Sin}\beta}{\operatorname{Cos}\alpha} . x - \frac{\operatorname{Sin}\beta \operatorname{Sin}(\beta - 2\alpha)}{\operatorname{Cos}\alpha} . x^2.$$

4) Ist $\beta < 2\alpha$, so heißt der Kegelschnitt eine Hyperbel, und die Gleichung ist:

$$y^2 = \frac{b \operatorname{Sin}\beta}{\operatorname{Cos}\alpha} x + \frac{\operatorname{Sin}\beta \operatorname{Sin}(2\alpha - \beta)}{\operatorname{Cos}\alpha} . x^2.$$

Werden die absoluten Werthe der in diesen Gleichungen vorkommenden constanten Coefficienten oder Parameter durch einzelne Buchstaben ausgedrückt, so hat man

für die Parabel: $y^2 = Ax$,
für die Ellipse: $y^2 = Ax - Bx^2$,
für die Hyperbel: $y^2 = Ax + Bx^2$.

§. 147. Aufgabe. Für jeden Kegelschnitt die allgemeine Coordinaten-Gleichung, in Beziehung auf irgend eine in derselben Ebene liegende Abscissenlinie herzuleiten.

Auflösung. Ist PQ (Fig. 16.) ein Bogen eines Kegelschnitts, A der Scheitelpunct desselben, AB die Achse, $\angle ABC = \alpha = \frac{\pi}{2}$; DE die gegebene Abscissenlinie, D der Anfangspunct der Abscissen u, jede Ordinate $= z$; der Coordinaten-Winkel $= \delta$; $DA = a$; $\angle BAD = \beta$; $\angle ADE = \gamma$ ganz wie in §. 143. 1., so hat man nach §. 143. 1, die beiden Gleichungen:

1) $y \operatorname{Sin}\alpha + a \operatorname{Sin}\beta + u \operatorname{Sin}(\gamma-\beta) = z \operatorname{Sin}(\delta+\gamma-\beta)$,

2) $x - y \operatorname{Cos}\alpha - z \operatorname{Cos}(\delta+\gamma-\beta) = a \operatorname{Cos}\beta - u \operatorname{Cos}(\gamma-\beta)$

oder, da hier $\alpha = \frac{\pi}{2}$ ist, wenn man zugleich ϱ für $\gamma + \delta - \beta$ und μ für $\gamma - \beta$ schreibt, und y und x entwickelt,

$$y = z \operatorname{Sin}\varrho - u \operatorname{Sin}\mu - a \operatorname{Sin}\beta$$
$$x = z \operatorname{Cos}\varrho - u \operatorname{Cos}\mu + a \operatorname{Cos}\beta.$$

Setzt man diese Werthe nun in die Gleichung $y^2 = Ax$, so erhält man für die Parabel die allgemeine Coordinaten-Gleichung:

$$z^2 \operatorname{Sin}\varrho^2 - 2zu \operatorname{Sin}\varrho \operatorname{Sin}\mu + u^2 \operatorname{Sin}\mu^2 - (2a \operatorname{Sin}\beta \operatorname{Sin}\varrho + A \operatorname{Cos}\varrho)z$$
$$+ [2a \operatorname{Sin}\beta \operatorname{Sin}\mu + A \operatorname{Cos}\mu]u + a^2 \operatorname{Sin}\beta^2 - Aa \operatorname{Cos}\beta = 0.$$

Werden dieselben aber in $y^2 = Ax - Bx^2$ substituirt, so ergiebt sich für die Ellipse:

$$[\operatorname{Sin}\varrho^2 + B \operatorname{Cos}\varrho^2] z^2 - 2[\operatorname{Sin}\varrho \operatorname{Sin}\mu + B \operatorname{Cos}\varrho \operatorname{Cos}\mu] uz$$
$$+ [\operatorname{Sin}\mu^2 + B \operatorname{Cos}\mu^2] u^2$$
$$- [2a \operatorname{Sin}\beta \operatorname{Sin}\varrho + A \operatorname{Cos}\varrho - 2aB \operatorname{Cos}\beta \operatorname{Cos}\varrho] z$$
$$+ [2a \operatorname{Sin}\beta \operatorname{Sin}\mu + A \operatorname{Cos}\mu - 2aB \operatorname{Cos}\beta \operatorname{Cos}\mu] u$$
$$+ a^2 \operatorname{Sin}\beta^2 - Aa \operatorname{Cos}\beta + Ba^2 \operatorname{Cos}\beta^2 = 0.$$

Setzt man dieselben endlich in $y^2 = Ax + Bx^2$, so erhält man die allgemeine Coordinaten-Gleichung für die Hyperbel, nemlich:

$$[\operatorname{Sin}\varrho^2 - B \operatorname{Cos}\varrho^2] z^2 - 2[\operatorname{Sin}\varrho \operatorname{Sin}\mu - B \operatorname{Cos}\varrho \operatorname{Cos}\mu] zu$$
$$+ [\operatorname{Sin}\mu^2 - B \operatorname{Cos}\mu^2] u^2$$
$$- [2a \operatorname{Sin}\beta \operatorname{Sin}\varrho + A \operatorname{Cos}\varrho + 2aB \operatorname{Cos}\beta \operatorname{Cos}\varrho] z$$
$$+ [2a \operatorname{Sin}\beta \operatorname{Sin}\mu + A \operatorname{Cos}\mu + 2aB \operatorname{Cos}\beta \operatorname{Cos}\mu] u$$
$$+ a^2 \operatorname{Sin}\beta^2 - aA \operatorname{Cos}\beta - Ba^2 \operatorname{Cos}\beta^2 = 0.$$

§. 148. **Aufgabe.** Aus der allgemeinen Coordina-Gleichung für einen Kegelschnitt zu bestimmen, ob derselbe eine Parabel, Ellipse oder Hyperbel ist.

Auflösung. Der Form nach ist, dem vorig. §. gemäß, für jeden Kegelschnitt, die Coordinaten-Gleichung:

$$az^2 + bzu + cu^2 + dz + eu + f = 0,$$

in welcher a, b, c, d, e, f die Parameter bezeichnen.

Nun ist aber (§. 147.)

1stens für die Parabel:

$$a = \mathrm{Sin}\,\varrho^2$$
$$b = -2\,\mathrm{Sin}\,\varrho\,\mathrm{Sin}\,\mu$$
$$c = \mathrm{Sin}\,\mu^2, \text{ folglich}$$
$$b^2 = 4ac.$$

2tens. für die Ellipse:

$$a = \mathrm{Sin}\,\varrho^2 + B\,\mathrm{Cos}\,\varrho^2$$
$$b = -2\,\mathrm{Sin}\,\varrho\,\mathrm{Sin}\,\mu - 2B\,\mathrm{Cos}\,\varrho\,\mathrm{Cos}\,\mu$$
$$c = \mathrm{Sin}\,\mu^2 + B\,\mathrm{Cos}\,\mu^2, \text{ folglich}$$
$$4ac = 4\,\mathrm{Sin}\,\varrho^2\,\mathrm{Sin}\,\mu^2 + 4B^2\,\mathrm{Cos}\,\varrho^2\,\mathrm{Cos}\,\mu^2 + 4B\,\mathrm{Sin}\,\varrho^2\,\mathrm{Cos}\,\mu^2 + 4B\,\mathrm{Cos}\,\varrho^2\,\mathrm{Sin}\,\mu^2$$
$$b^2 = 4\,\mathrm{Sin}\,\varrho^2\,\mathrm{Sin}\,\mu^2 + 8B\,\mathrm{Sin}\,\varrho\,\mathrm{Cos}\,\varrho\,\mathrm{Sin}\,\mu\,\mathrm{Cos}\,\mu + 4B^2\,\mathrm{Cos}\,\varrho^2\,\mathrm{Cos}\,\mu^2, \text{ daher}$$
$$4ac - b^2 = 4B\,[\mathrm{Sin}\,\varrho\,\mathrm{Cos}\,\mu - \mathrm{Cos}\,\varrho\,\mathrm{Sin}\,\mu]^2 = 4B\,\mathrm{Sin}\,\delta^2$$

und also

$$b^2 < 4ac.$$

3tens für die Hyperbel:

$$a = \mathrm{Sin}\,\varrho^2 - B\,\mathrm{Cos}\,\varrho^2$$
$$b = -2\,\mathrm{Sin}\,\varrho\,\mathrm{Sin}\,\mu + 2B\,\mathrm{Cos}\,\varrho\,\mathrm{Cos}\,\mu$$
$$c = \mathrm{Sin}\,\mu^2 - B\,\mathrm{Cos}\,\mu^2 \text{ und hieraus}$$
$$b^2 - 4ac = 4B\,\mathrm{Sin}\,\delta^2, \text{ daher}$$
$$b^2 > 4ac.$$

Jeder Gleichung von der Form

$$az^2 + bzu + cu^2 + dz + eu + f = 0$$

entspricht also ein Kegelschnitt, und derselbe ist

eine Ellipse, wenn $b^2 < 4ac$,
eine Parabel, wenn $b^2 = 4ac$,
eine Hyperbel, wenn $b^2 > 4ac$ ist.

Beispiele. 1) $y^2 \pm 6xy + 9x^2 +$ etc. $= 0$ liefert eine Parabel, weil $4ac = 36$ und $b^2 = 36$, also $4ac = b^2$ ist.

2) $y^2 \pm 3xy - 10x^2$ etc. $= 0$ giebt eine Hyperbel, weil $b^2 = 9$; $4ac = -40$; also $b^2 > 4ac$ ist.

3) $2y^2 \pm 5xy + 4x^2$ etc. $= 0$ gehört einer Ellipse zu, weil $b^2 = 25$; $4ac = 32$, also $b^2 < 4ac$ ist.

§. 149. Zusatz. Für $B = 1$ geht die Gleichung für die Ellipse in die für den Kreis über (§. 146.). In diesem Fall wird aber $a = \mathrm{Sin}\,\varrho^2 + \mathrm{Cos}\,\varrho^2 = 1$ und $c = \mathrm{Sin}\,\mu^2 + \mathrm{Cos}\,\mu^2 = 1$, folglich $a = c$, und die Gleichung

$$ay^2 + bxy + cx^2 + \text{etc.} = 0$$

giebt also einen Kreis, wenn $b^2 < 4ac$ und zugleich $a = c$ ist.

Z. B. $3y^2 \pm 4xy + 3x^2 +$ etc. $= 0$ liefert einen Kreis, weil $16 < 36$ und die Coefficienten der Quadrate der Ordinaten einander gleich sind.

Anmerk. Bringt man die Gleichung für die Ellipse durch Division mit dem Coefficienten des Quadrats der Ordinate z auf die Form

$$z^2 + buz + cu^2 + dz + eu + f = 0,$$

so hat man zu Bestimmung der 6 Größen A, B, α, β, γ, δ durch Gleichsetzung dieser Coefficienten mit denen

$$\frac{-2(\text{Sin}\,\varrho\,\text{Sin}\,\mu + \text{B}\,\text{Cos}\,\varrho\,\text{Cos}\,\mu)}{\text{Sin}\,\varrho^2 + \text{B}\,\text{Cos}\,\varrho^2};\ \frac{\text{Sin}\,\mu^2 + \text{B}\,\text{Cos}\,\mu^2}{\text{Sin}\,\varrho^2 + \text{B}\,\text{Cos}\,\varrho^2};$$

u. s. w. (§. 147.) nur fünf Gleichungen, so daß also eine derselben, etwa der Coordinaten-Winkel δ, willkührlich anzunehmen ist. Ergiebt sich aber aus der Natur der gegebenen Gleichung, daß diese Curve ein Kreis ist, so ist hiedurch $B = 1$ bestimmt, es bleiben also nur fünf zu bestimmende Größen aus den erwähnten 5 Gleichungen, so daß keine derselben willkührlich zu wählen ist.

II. Von der Parabel insbesondere.

§. 150. Aufgabe. Für jeden Punct der Parabel die Subt., Subn., Tang., Norm. und den Mittelpunct der Krümmung zu bestimmen.

Auflösung. Ist A (Fig. 20.) der Scheitelpunct der Parabel, AB ihre Achse; C ein Punct der parabolischen Linie; $CD = y$ die zugehörige rechtwinklige Ordinate, $AD = x$ die Absciſſe, CE eine Tangente in C; CF normal auf CE; G der Mittelpunct der Krümmung für die Stelle C; GB normal auf AB, und bezeichnet p den Achsenparameter der Parabel, so ist $y^2 = p \,.\, x$ (§. 146.) also, $\partial y = \frac{p\,\partial x}{2y}$; folglich, nach §. 136.,

$$\text{Tang CED} = \frac{p}{2y} = \frac{y}{2x};$$

$$\text{Subt} = \text{ED} = \frac{y\,\partial x}{\partial y} = \frac{2y^2}{p} = 2x = 2\,.\,\text{AD},$$

$$\text{Subn} = \text{DF} = y\,.\,\frac{\partial y}{\partial x} = \frac{p}{2},$$

$$\text{Tang} = \text{CE} = \sqrt{4x^2 + y^2} = \sqrt{4x^2 + px}$$

$$\text{Norm} = \text{CF} = \sqrt{\left(\frac{p}{2}\right)^2 + y^2} = \tfrac{1}{2}\sqrt{p^2 + 4px},$$

ferner, nach §. 131.,

$$a = AB = x - \frac{1 + \left(\frac{\partial y}{\partial x}\right)^2}{\frac{\partial^2 y}{\partial x^2}} \cdot \frac{\partial y}{\partial x}$$

$$= 3x + \frac{p}{2}.$$

$$b = y + \frac{1 + \left(\frac{\partial y}{\partial x}\right)^2}{\frac{\partial^2 y}{\partial x^2}} = -\frac{4x^2}{y};\ \text{oder}$$

$$BG = \frac{4x^2}{y},$$

und entweder nach III. §. 131., oder nach dem pythagorischen Lehrsatz

$$r^2 = CG^2 = \frac{(4x + p)^2}{4p}.$$

Beispiele. 1) Für $x = 0$, also für den Scheitelpunct A, erhält man hieraus: $\angle CED = \frac{\pi}{2}$;

$$\text{Subt} = 0;\ \text{Subn} = \tfrac{1}{2}p$$
$$\text{Tang} = 0;\ \text{Norm} = \tfrac{1}{2}p$$
$$AB = \frac{p}{2};\quad BG = 0;\ r = \tfrac{1}{2}p.$$

2) Für $x = \frac{1}{4}p$, wird $\angle CED = \frac{\pi}{4}$;

$$ED = \tfrac{1}{2}p;\quad DF = \frac{p}{2};$$
$$CE = p \cdot \sqrt{\tfrac{1}{2}};\ CF = p \cdot \sqrt{\tfrac{1}{2}};$$
$$AB = \tfrac{5}{4}p;\quad BG = \tfrac{1}{2}p;\ GC = p\sqrt{2}.$$

3) Das Beispiel §. 134. 1. giebt die Mittelpuncts-Curve der Parabel an.

§. 151. Lehrsatz. Jede in der Ebene der Parabel mit der Achse parallele Linie l, ist ein Durchmesser der Parabel (§. 125. 7.): d. h. für jede in beliebiger Entfernung n, von der Achse, mit derselben parallel gezogenen

Linie l, giebt es einen Coordinaten-Winkel z. für welchen die beiden, zu jeden auf l genommenen x gehörigen Ordinaten y, einander gleich sind.

Beweis. 1) Aus der allgemeinen Coordinaten-Gleichung

$$ay^2 + bxy + cx^2 + dy + ex + f = 0$$

muß, wenn zu jeden Werth von n, einer für z sich ergeben soll, in Beziehung auf y eine reine quadratische werden, weil zu jedem x zwei gleiche y gehören sollen; Die Gleichung muß also sein:

$$ay^2 + cx^2 + ex + f = 0.$$

2) Da zu jedem y nur ein x gehören soll, so muß die Gleichung in Beziehung auf x vom 1sten Grad sein, sie muß also die Form haben:

$$ay^2 + ex + f = 0.$$

Die Nothwendigkeit, daß die Gleichung diese Form haben muß, erhellet auch aus der Bedingung $4ac = b^2$ (§. 148.).

3) Nimmt man den Anfangspunct der Abscissen im Durchschnittspunct t, der Curve mit l, so müssen für x = 0, beide zugehörige y auch zu Null werden, woraus folgt, daß f = 0 sein muß, so daß man also in Beziehung auf die Form, die Gleichung

$$ay^2 + ex = 0 \text{ hat.}$$

4) Die Normale n aus t auf die Achse gedacht, so ist die Entfernung des Schneidungspunctes vom Scheitelpunct durch r bezeichnet, nach §. 150.,

$$n^2 = p \cdot r, \text{ also } r = \frac{n^2}{p},$$

daher die von den Endpuncten zweier zu demselben x gehörigen Ordinaten y, auf die Achse gefällten Normalen $= y \operatorname{Sin} z \pm n$, und die zugehörigen Achsen-Abscissen, vom Scheitelpunct aus $= \frac{n^2}{p} + x \pm y \operatorname{Cos} z$, daher nach §. 150.

$$[y \operatorname{Sin} z \pm n]^2 = p\left[\frac{n^2}{p} + x \pm y \operatorname{Cos} z\right], \text{ oder}$$

$$y^2 \operatorname{Sin} z^2 \pm [2n \operatorname{Sin} z - p \operatorname{Cos} z] y - px = 0,$$

welche Gleichung mit der

$$ay^2 + ex = 0, \text{ identisch sein muß.}$$

5) Aus der Einerleiheit der beiden Gleichungen folgt:

$$2n \operatorname{Sin} z - p \operatorname{Cos} z = 0, \text{ und hieraus}$$

$$\operatorname{tang} z = \frac{p}{2n} = \frac{n}{2r},$$

aus welchem Resultat erhellet, 1stens, daß für jeden Werth von n in jeder Parabel, sich ein zugehöriger Werth für z ergiebt, wie zu beweisen war. 2tens, daß z zugleich der Winkel ist, welchen die Tangente in t mit der Achse bildet, so daß also die Ordinaten zum Durchmesser l mit dieser Tangente parallel sind.

§. 152. Zusatz. Aus der Einerleiheit der Gleichungen in Nro. 4. §. 151. folgt auch noch

$$a = \operatorname{Sin} z^2 \text{ und}$$

$e = -p$, daher ist die Gleichung für die Parabel, wenn die Abscissen x auf einem Durchmesser von seinem Schneidungspunct mit der Curve aus, die Ordinaten y aber unter den Winkel z, für welchen $\operatorname{tang} z = \frac{p}{2n}$ ist, genommen werden,

$$y^2 \operatorname{Sin} z^2 - px = 0, \text{ oder}$$

$$y^2 = \frac{p}{\operatorname{Sin} z^2} . x, \text{ oder auch}$$

$$y^2 = \frac{4n^2 + p^2}{p} . x.$$

§. 153. Aufgabe. Die Coordinaten-Gleichung für die Parabel herzuleiten, in welcher die Abscissen x auf einer Tangente derselben, vom Berührungspunct aus, die Ordinaten y aber parallel mit der Achse gedacht werden.

Auflösung. Ist C (Fig. 20.) der Berührungspunct der Tangente CE; AB die Achse; A der Scheitelpunct der Parabel; p ihr Achsen-Parameter; CH = x; HK ($\ddagger$ AB) = y; die rechtwinklige Achsen-Ordinate zu C nemlich CD = b; also die zugehörige Achsen-Abscisse $AD = \frac{b^2}{p}$, der Winkel CEB = β; so ist die Normale aus k auf AB, nemlich

$$KL = b - x \operatorname{Sin} \beta; \text{ und}$$

$$AL = AD - LD$$

$$= \frac{b^2}{p} - [x \operatorname{Cos} \beta - y];$$

folglich aus der Gleichung $(KL)^2 = p . AL$, hier

$$[b - x \operatorname{Sin} \beta]^2 = p \left[\frac{b^2}{p} + y - x \operatorname{Cos} \beta\right]; \text{ also}$$

$$- 2bx \operatorname{Sin} \beta + x^2 \operatorname{Sin} \beta^2 = py - px \operatorname{Cos} \beta; \text{ oder}$$

$$x^2 \operatorname{Sin} \beta^2 + [p \operatorname{Cos} \beta - 2b \operatorname{Sin} \beta] x = py; \text{ oder auch}$$

$$x^2 \operatorname{Sin} \beta^2 + [p - 2b \operatorname{tg} \beta] \operatorname{Cos} \beta . x = py.$$

Es ist aber $\operatorname{tg} \beta = \frac{CD}{2AD} = \frac{b}{2 . \frac{b^2}{p}} = \frac{p}{2b}$; daher

$p - 2b \operatorname{tg} \beta = 0$; folglich die verlangte Gleichung

$$x^2 \operatorname{Sin} \beta^2 = p . y; \text{ also}$$

$$y = \frac{\operatorname{Sin} \beta^2}{p} . x^2; \text{ oder auch}$$

$$y = \frac{p}{4b^2 + p^2} . x^2,$$

so daß also zu gleichen, aber entgegengesetzten Werthen von x, gleiche y gehören.

§. 154.

§. 154. Zusatz. Nimmt man die Normale CD = b (Fig. 20.) auf die Achse als Abscissenlinie, C als Anfangspunct der Abscissen x; die Ordinaten y rechtwinklig, so läßt sich die Coordinaten-Gleichung $y = \varphi x$ eben so wie im vorig. §. sehr leicht aus Betrachtung der Figur entnehmen. Sie ist aber auch, ähnlich der Ausführung in §. 151., aus der allgemeinen Gleichung

$$ay^2 + bxy + cx^2 + dy + ex + f = 0$$

herzuleiten.

Da nemlich für $x = 0$ auch $y = 0$ werden muß, so erhält man: $f = 0$.

Da ferner zu jedem x nur ein Werth für y statt finden kann, so muß die Gleichung in Beziehung auf y vom ersten Grad, also $a = 0$ sein, und die Gleichung bleibt daher:

$$bxy + cx^2 + dy + ex = 0$$

oder, der Bequemlichkeit wegen, mit c dividirt

$$x^2 + (Ay + B)x + Cy = 0, \text{ woraus}$$

$$x = -\frac{Ay+B}{2} \pm \sqrt{\left(\frac{Ay+B}{2}\right)^2 - Cy} \text{ folgt.}$$

Zu jedem y müssen aber die zugehörigen beiden Werthe von x die Summe 2b liefern, und hieraus folgt

$$-(Ay+B) = 2b \text{ oder}$$

$$B + 2b + Ay = 0,$$

und weil diese Gleichung für jeden Werth von y gültig bleiben muß, so muß nothwendig

nicht nur $B + 2b = 0$;

sondern auch $A = 0$ sein;

man hat demnach die Gleichung

$$x^2 - 2bx + Cy = 0.$$

Nun muß, wenn $x = CD = b$ ist, für y der Werth $AD = \frac{b^2}{p}$ sich aus dieser Gleichung ergeben, und aus dieser Bedingung folgt;

$$C = p.$$

Es ist also hiernach

$$x^2 - 2bx + py = 0, \text{ oder}$$

$$y = \varphi x = \frac{(2b - x)x}{p}.$$

Versteht man unter x die Abscissen von D aus auf DC, so wird

$$y = \varphi x = \frac{b^2 - x^2}{p}.$$

Anmerk. Die Bestimmung, nachdem man zuförderst zu der Form

$$bxy + cx^2 + dy + ex = 0$$

gelangt ist, kann auch auf folgenden Weg erfolgen.

Da für die Parabel $b^2 = 4ac$ ist (§. 148.), so muß, da $a = 0$; auch $b = 0$ sein, und man behält

$$cx^2 + dy + ex = 0; \text{ oder}$$

$$x^2 + Ay + Bx = 0.$$

Für $x = b$ muß $y = \frac{b^2}{p}$ und

für $x = 2b$; $y = 0$ werden.

Diese Bedingungen geben die Gleichungen:

$$1)\ b^2 + A\frac{b^2}{p} + Bb = 0,$$

$$2)\ 4b^2 + B2b = 0.$$

und aus ihnen folgt $B = -2b$, $A = p$; daher ist

$$x^2 + py - 2bx = 0$$

die verlangte Gleichung.

§. 155. Lehrsatz. Nimmt man auf der Achse AB der Parabel (Fig. 20.), vom Scheitelpunct A ab, AM $= \frac{1}{4}p$, verbindet M mit irgend einem Punct C der parabelischen Linie, legt durch C einen Durchmesser CN, und zieht in C die Normale CF, so ist allemal $\angle$ MCF $= \angle$ NCF.

Beweis. Bezeichnet p den Achsenparameter der Parabel, y die Ordinate CD, x die Absciſſe AD, so daß also $y^2 = px$ ist, so hat man

$$(MC)^2 = (MD)^2 + (CD)^2; \text{ oder}$$
$$(MC)^2 = (x - \tfrac{1}{4}p)^2 + y^2$$
$$= x^2 - \tfrac{1}{2}px + (\tfrac{1}{4}p)^2 + px$$
$$= (x + \tfrac{1}{3}p)^2, \text{ daher}$$
$$MC = x + \tfrac{1}{4}p.$$

Ferner

$$MF = AD + DF - AM$$
$$= x + \frac{p}{2} - \frac{p}{4} \text{ (§. 150.)}$$
$$= x + \tfrac{1}{4}p; \text{ folglich}$$
$$MC = MF, \text{ daher auch}$$
$$\angle MCF = MFC, \text{ aber}$$
$$\angle MFC = NCF, \text{ weil } CN \# AB, \text{ folglich}$$
$$\angle MCF = NCF.$$

§. 156. **Zusatz.** Wegen der im vorigen § erwiesenen Eigenschaft, heißt der Punct M der Achse, für welchen die Achsen-Absciſſe AM $= \frac{1}{4}p$, also die zugehörige rechtwinklige Ordinate $= \frac{1}{2}p$ ist, der **Brennpunct** der Parabel, und jede aus M nach irgend einem Punct der Parabel gezogene gerade Linie, wie MC $= x + \frac{1}{4}p$, ein **Brennstrahl.**

Nimmt man auf der verlängerten Achse AQ $=$ AM $= \frac{1}{4}p$, und zieht QR normal auf die Achse, so heißt QR die **Richtungslinie** der Parabel. Es wird nemlich, wenn man NC bis R in QR verlängert, CR $=$ DQ

$= x + \frac{1}{4}p$, also CM = CR und durch diese Eigenschaft der Parabel ist es leicht, vermittelst eines an QR fortzuschiebenden rechten Winkels, zu jedem Parameter p die Parabel mit Hülfe eines Fadens stetig zu zeichnen.

§. 157. Aufgabe. Die Parabel zu rectificiren, d. h. die Länge jedes Bogens derselben zu bestimmen.

Auflösung. Zur Abscisse x, auf der Achse vom Scheitelpunct aus genommen, gehöre die normale Ordinate y, und der zu bestimmende Bogen $v = \varphi x$, so ist $y^2 = px$; also

$$v = \int\sqrt{\partial x^2 + \partial y^2} \text{ (§. 138.)}$$

$$= \int\sqrt{\left(\frac{2y\partial y}{p}\right)^2 + \partial y^2} = \frac{1}{p}\int\sqrt{p^2 + 4y^2}\,.\,\partial y$$

$$= \frac{1}{4p}[2y\sqrt{p^2 + 4y^2} + p^2 \ln(2y + \sqrt{p^2 + 4y^2})] + C$$

(§. 80. XXII.).

Für $y = 0$ wird auch $v = 0$; daher

$$0 = \frac{1}{4p}[0 + p^2\,.\ln p] + C, \text{ also}$$

$$C = -\frac{1}{4p}\,.\,p^2\,.\ln p, \text{ folglich}$$

$$v = \frac{1}{4p}\left[2y\sqrt{p^2 + 4y^2} + p^2\,.\ln\frac{2y + \sqrt{p^2 + 4y^2}}{p}\right],$$

oder, durch p und x ausgedrückt,

$$v = \frac{1}{4}\left[2\sqrt{px + 4x^2} + p\ln\frac{2\sqrt{x} + \sqrt{p + 4x}}{\sqrt{p}}\right];$$

oder auch, durch x und y ausgedrückt,

$$v = \frac{1}{4x}\left[2x\sqrt{y^2 + 4x^2} + y^2\,.\ln\frac{2x + \sqrt{y^2 + 4x^2}}{y}\right].$$

Beispiel. Ist $x = 20$; $y = 30$; so findet man $v = 37, 36$; die Sehne dieses Bogens ist $= 36{,}05$ und der zugehörige Kreisbogen, den Mittelpunct desselben in der Achse der Parabel liegend gedacht, $= 38{,}22$.

§. 158. Zusatz. Daß der Kreisbogen zwischen denselben Endpuncten, den zugehörigen Mittelpunct in der Achse gedacht, allemal größer wie der parabolische Bogen ist, erhellet leicht folgendergestalt.

Es sei (Fig. 20.) CD = b, also AD = $\frac{b^2}{p} = a$; wenn nun zur Absciſſe $x < a$ in der Parabel die normale Ordinate = y, im Kreise die z gehört, so ist unter r den Halbmesser dieses Kreises verstanden, $a : b = b : 2r - a$; also $2r = \frac{a^2 + b^2}{a}$, folglich $z^2 = 2rx - x^2 = \frac{b^2}{a}x + (a-x)x$; aber $y^2 = px = \frac{b^2}{a}x$; daher $z^2 > y^2$; also auch $z > y$, d. h. der Kreisbogen schließt den parabolischen ein, ist also größer.

§. 159. Aufgabe. Die Parabel zu quadriren, d. h. den Inhalt jedes parabolischen Abschnitts zu bestimmen.

Auflösung. Bezeichnet x jede Absciſſe auf einen Durchmesser, den Schneidungspunct desselben mit der Curve als Anfangspunct der Absciſſen angenommen, y die beiden gleichen zugehörigen Ordinaten, β den Coordinaten-Winkel, so daß also $y = \frac{p}{\sin\beta^2} . x$ ist (§. 152.), so ist die von der Sehne 2y abgeschnittene Ebene

$$E = \sin\beta . \int 2y . \partial x \quad (\S.\ 139.)$$
$$= 2\sin\beta \int y . \frac{\sin\beta^2}{p} . 2y\,\partial y$$
$$= \frac{4\sin\beta^3 . y^3}{3p},$$

wo keine Const. hinzukommt, weil y und E zugleich verschwinden.

Die Formel $E = \frac{4\sin\beta^3 . y^3}{3p}$ kann auch in die Form $E = \frac{4}{3} xy \sin\beta$ gebracht werden. Für $\beta = \frac{\pi}{2}$, also, wenn x Achsen-Abscisse ist, entsteht

$$E = \tfrac{4}{3} x y.$$

§. 160. Aufgabe. Es drehe sich ein parabolischer Bogen um einen Durchmesser der Parabel, man soll die entstehende Calotte bestimmen.

Auflösung. Bei derselben Bezeichnung wie im vorig. §. ist (nach §. 140.) die Calotte

$$\varphi x = 2\pi \operatorname{Sin}\beta \int y . \sqrt{\partial x^2 + \partial y^2 - 2 \operatorname{Cos}\beta \partial x \partial y}$$

oder, durch y ausgedrückt,

$$\varphi x = \frac{2\pi \operatorname{Sin}\beta}{p} \int y . \sqrt{p^2 - 4p \operatorname{Sin}\beta^2 \operatorname{Cos}\beta . y + 4 \operatorname{Sin}\beta^4 . y^2} . \partial y.$$

Nach XXIX. folgt hieraus, die Wurzelgröße durch R ausgedrückt,

$$\varphi x = \frac{2\pi \operatorname{Sin}\beta}{p} \left[\frac{R^3}{12 \operatorname{Sin}\beta^4} + \frac{p \operatorname{Cos}\beta}{2 \operatorname{Sin}\beta^2} \int \sqrt{R} . \partial y \right]$$

und nach XXVII.

$$\int \sqrt{R} . \partial y = \frac{-4p \operatorname{Sin}\beta^2 \operatorname{Cos}\beta + 8 \operatorname{Sin}\beta^4 y}{16 \operatorname{Sin}\beta^4} . \sqrt{R}$$

$$+ \frac{16 p^2 \operatorname{Sin}\beta^4 - 16 p^2 \operatorname{Sin}\beta^4 . \operatorname{Cos}\beta^2}{32 \operatorname{Sin}\beta^4} \int \frac{\partial y}{\sqrt{R}};$$

nach XXVI. aber

$$\int \frac{\partial y}{\sqrt{R}} = \frac{1}{2 \operatorname{Sin}\beta^2} . \ln \left[\frac{-4p \operatorname{Sin}\beta^2 \operatorname{Cos}\beta + 8 \operatorname{Sin}\beta^4 . y}{4 \operatorname{Sin}\beta^2} + \sqrt{R} \right].$$

Substituirt man, so entsteht

$$\varphi x = \frac{\pi}{p \operatorname{Sin}\beta} \left[\frac{p^2(2 - 3\operatorname{Cos}\beta^2) - 2p \operatorname{Sin}\beta^2 \operatorname{Cos}\beta . y + 8 \operatorname{Sin}\beta^4 . y^2}{12 \operatorname{Sin}\beta^2} . \sqrt{R} \right.$$

$$\left. + \frac{p^3}{4} \operatorname{Cos}\beta . \ln[-p \operatorname{Cos}\beta + 2y \operatorname{Sin}\beta^2 + \sqrt{R}] \right] + C.$$

Es verschwinden aber x, y und φx zugleich, und hieraus ergiebt sich

$$C = -\frac{\pi}{p \operatorname{Sin}\beta} \left[\frac{p^3(2 - 3\operatorname{Cos}\beta^2)}{12 \operatorname{Sin}\beta^2} + \frac{p^3}{4} \operatorname{Cos}\beta \ln(p - p \operatorname{Cos}\beta) \right]$$

und substituirt man diesen Werth, so hat man φx vollständig.

Ist x Abscissen-Achse, also $\beta = \frac{\pi}{2}$; so folgt

$$\varphi x = \frac{\pi}{6p}[(p^2 + 4y^2)^{\frac{3}{2}} - p^3],$$

oder, durch p und x ausgedrückt,

$$\varphi x = \frac{\pi}{6p}[(p^2 + 4px)^{\frac{3}{2}} - p^3],$$

oder auch, durch x und y dargestellt,

$$\varphi x = \frac{\pi y}{6x^2}[(4x^2 + y^2)^{\frac{3}{2}} - y^3].$$

Beispiel. Ist $\beta = \frac{\pi}{2}$; $x = 20$; $y = 30$, so erhält man die Calotte $= 3848,46$; den Kegelmantel der Sehne $= 3398,11$ und die Kugel-Calotte, den Mittelpunct in der Achse gedacht, $= 4084,08$.

§. 161. Aufgabe. Es sei (Fig. 21.) CD ein parabolischer Bogen CA ≑ DB und AB auf beide normal; man soll den Inhalt K des Körpers bestimmen, welchen die Ebene ABCD bei der Umdrehung um AB beschreibt.

Auflösung. Wird AB durch x; BD durch y ausgedrückt, so ist die allgemeine Gleichung:

$$ay^2 + bxy + cx^2 + dy + ex + f = 0,$$

und aus ihr folgt, weil $b^2 = 4ac$ ist,

$$y = \frac{1}{2a}[-bx - d \pm \sqrt{2(bd - 2ae)x + d^2 - 4af}],$$

also

$$y^2 = \frac{1}{4a^2}[b^2x^2 + 4(bd - ae)x + 2(d^2 - 2af) \mp$$
$$2(bx + d)\sqrt{2(bd - 2ae)x + d^2 - 4af}],$$

wo das obere Zeichen zu nehmen ist, wenn CD concav, das untere, wenn CD convex ist.

Wird $2(bd-2ae)$ durch A und

d^2-4af durch B bezeichnet, so hat man nun nach §. 141.

$$K = \int y^2 \pi . \partial x: \text{ oder}$$

$$K = \frac{\pi}{4a^2}\int [b^2x^2 + 4(bd-ae)x + 2(d^2-2af) \mp 2(bx+d)\sqrt{Ax+B}]\,\partial x$$

$$= \frac{\pi}{4a^2}[\tfrac{1}{3}b^2x^3 + 2(bd-ae)x^2 + 2(d^2-2af)x \mp 2d\int\sqrt{Ax+B}\,\partial x \mp 2b\int x\sqrt{Ax+B}.\partial x]$$

$$= \frac{\pi}{4a^2}\left[\frac{b^2x^3}{3} + 2(bd-ae)x^2 + 2(d^2-2af)x \mp \frac{4d}{3.A}(Ax+B)^{\frac{3}{2}} \mp \frac{8b}{15A^2}[\tfrac{3}{2}Ax-B](Ax+B)^{\frac{3}{2}}\right] + C,$$

oder

$$\text{(I) } K = \frac{\pi}{4a^2}\left[\frac{b^2x^3}{3} + 2(bd-ae)x^2 + 2(d^2-2af)x \mp \frac{2}{15(bd-2ae)^2}.[4bd^2-10ade+4abf+3b(bd-2ae)x].[2(bd-2ae)x+d^2-4af]^{\frac{3}{2}}\right] + C$$

Verschwinden, wie in dem gewählten Fall x und K zugleich, so ist

$$C = \pm \frac{\pi}{15a^2(bd-2ae)^2}.[2bd^2-5ade+2abf](d^2-4af)^{\frac{3}{2}}.$$

In den Fällen der Anwendung, in welchen $a = 0$ ist, wird der Gebrauch dieser Formel (I) lästig, weil §. 62. wiederholt angewendet werden muß, um sie brauchbar zu machen. Bequemer ist es, für solche Fälle, aus der allgemeinen Coordinaten-Gleichung, nicht y sondern x zu entwickeln, daraus ∂x nach y zu bestimmen, und in $K = \pi\int y^2.\partial x$ zu substituiren. Man erhält, $4(be-c\partial)$ durch A und e^2-4cf durch B bezeichnet,

$$x = \frac{1}{2c}[-by-e\pm\sqrt{Ay+B}], \text{ also}$$

$$K = \frac{\pi}{2c} \cdot \int y^2 \cdot \left[- b \partial y \pm \frac{A \partial y}{2\sqrt{Ay + B}} \right] \text{ oder;}$$

$$\text{(II) } K = \frac{\pi}{6c} \left[-by^3 \pm \frac{3A^2y^2 - 4ABy + 8B^2}{5A^2} \sqrt{Ay + B} \right] + C.$$

Beispiele. 1) Ist AB ein Durchmesser der Parabel, in der Entfernung h von der Achse; A der Durchschnittspunct desselben mit der Curve (Fig. 22.), so ist die Gleichung, wenn p den gegebenen Achsenparameter ausdrückt,

$$(y + h)^2 = p\left(\frac{h^2}{p} + x\right); \text{ oder:}$$

$$y^2 + 2hy - px = 0; \text{ also}$$

$a = 1$; $b = 0$; $c = 0$; $d = 2h$; $e = -p$; $f = 0$; folglich

$$K = \frac{\pi}{4} \left[2px^2 + 8h^2x - \frac{16h}{3p} [px + h^2]^{\frac{3}{2}} \right] + \frac{4\pi h^4}{3p},$$

und hieraus nach gehöriger Reduction

$$K = \frac{\pi x y^2 [3y + 4h]}{6[y + 2h]}.$$

2) Nimmt man in der Formel des vorigen Beispiels h negativ, so erhält man den Körper, welchen die zwischen den parallelen Linien CA, FD liegende Ebene, CADF bei der Umdrehung CF beschreibt,

$$= \frac{\pi x y^2 (3y - 4h)}{6(y - 2h)},$$

wobei CF unter x und FD unter y zu verstehen ist.

3) Setzt man $h = 0$; so ergiebt sich der Körper, welchen die Ebene GHD bei der Umdrehung um die Achse GH erzeugt,

$$= \tfrac{1}{2} \pi y^2 x = \tfrac{1}{2} \pi . (DH)^2 . GH.$$

4) Will man den Körper, welchen die Ebene ABD, bei der Umdrehung um DB hervorbringt, so ist, DB durch

x und BA durch y ausgedrückt, wenn $DH = h$, also $GH = \frac{h^2}{p}$ gegeben sind, die Gleichung:

$$(h - x)^2 = p\left(\frac{h^2}{p} - y\right); \text{ oder}$$

$$x^2 + py - 2hx = 0.$$

also $a = 0$; $b = 0$; $c = 1$; $d = p$; $e = -2h$ und $f = 0$; man hat daher nach (II): $A = -4p$; $B = 4h^2$; folglich

$$K = \pm \frac{\pi}{15p^2}[3p^2y^2 + 4ph^2y + 8h^4]\sqrt{h^2 - py} + C.$$

Für $x = 0$ ist auch $y = 0$ und $K = 0$, daher $C = \mp \frac{\pi}{15p^2} . 8h^5$ dennoch vollständig:

$$K = \pm \frac{\pi}{15p^2}[(3p^2y^2 + 4ph^2y + 8h^4)\sqrt{h^2 - py} - 8h^5].$$

Für $x = DH = h$ entsteht, $y = GH = \frac{h^2}{p}$ und $K = \mp \frac{8}{15}\pi\frac{h^5}{p^2} = \frac{8}{15}.(GH)^2\pi . DH$, woraus erhellet, daß die untern Zeichen gelten, es ist daher

$$K = \frac{\pi}{15p^2}[8h^5 \pm (3p^2y^2 + 4h^2py + 8h^4)\sqrt{h^2 - py}];$$

wo das obere Zeichen für $x > h$; das untere für $x < h$ zu nehmen ist.

Drückt man K durch x aus, schreibt also $2hx - x^2$ für py und $x - h$ für $\pm\sqrt{h^2 - py}$, so erhält man den einfachen Ausdruck

$K = \frac{\pi x^3}{15p^2}[3x^2 - 15hx + 20h^2]$, und aus ihm, für $x = 2h$ den Körper, welchen die Ebene DGE bei der Umdrehung um DE beschreibt:

$$= \frac{8}{15}.(GH)^2 . \pi . DE.$$

5) Es sei $DN \mp HG$; $HN \mp GD \mp IR$; $DI = x$; $IR = y$; der Körper, welchen die Ebene DIR bei der

Umdrehung um DI erzeugt $= K$; $DH = h$ also $GH = \frac{h^2}{p}$, so ist die Gleichung:

$$(h - y)^2 = p . \left(\frac{h^2}{p} - x\right); \text{ oder}$$

$$y^2 - 2hy + px = 0,$$

also $a = 1$; $b = 0$; $c = 0$; $d = -2h$; $e = p$; $f = 0$; daher nach (I):

$$K = \frac{\pi}{6p}[-3p^2x^2 + 12h^2px + 2h(h^2 - px)^{\frac{3}{2}} - 8h^4],$$

und hieraus für $x = DN = \frac{h^2}{p}$, also $y = h$; der Körper, welchen die Ebene DNG bei der Umdrehung um DN erzeugt:

$$= \tfrac{1}{6}(NG)^2 \pi . DN.$$

6) Dreht sich die Ebene GQR um GQ (QR ∓ GH gedacht); so ist $GQ = x$; $QR = y$ gesetzt, die Gleichung:

$$x^2 = py, \text{ oder}$$

$$x^2 - py = 0,$$

und der Inhalt des Körpers nach (II)

$$= \tfrac{1}{5} y^2 . \pi . x.$$

Anmerk. Gewöhnlich wird die Arbeit leichter, wenn man keine der Formeln (I) oder (II) in Anwendung bringt, sondern $\pi \int y^2 . \partial x$ den Werth für y durch x, oder den für x durch y aus der Gleichung zwischen beiden substituirt, und dann für den besondern Fall integrirt.

III. Von der Ellipse ins besondere.

§. 162. **Aufgabe.** Die Länge der Achse der Ellipse zu bestimmen.

Auflösung. Die Gleichung für rechtwinklige Coordinaten auf der Achse, vom Scheitelpunct abgenommen, ist

$$y^2 = Ax - Bx^2 \text{ (§. 146.)}.$$

Bezeichnet man nun die gesuchte Achse durch $2a$, so muß diese Gleichung 0 für y liefern, wenn $x = 2a$ ist; man hat daher:

$$0 = 2Aa - 4Ba^2,$$

und hieraus $a = \frac{A}{2B}$; oder die Werthe für A und B aus §. 146. substituirt,

$$a = \frac{b.\mathrm{Cos}\,\alpha}{2\mathrm{Sin}\,(2\alpha - \beta)}.$$

Die Ellipse ist daher eine geschlossene Curve, wie auch schon aus ihrer Entstehung erhellet.

§. 163. **Aufgabe.** Die größte normale Ordinate auf der Achse $2a$ zu bestimmen.

Auflösung. Aus $y^2 = Ax - Bx^2$, folgt

$$\partial y = \frac{A - 2Bx}{2y}\,\partial x;$$

und es wird hiernach y ein Maximum für $x = \frac{A}{2B} = a$ (§. 162.).

Wird demnach die gesuchte größte Ordinate, durch c ausgedrückt, so hat man

$$c^2 = A.\frac{A}{2B} - B.\frac{A^2}{4B^2};\ \text{oder}$$

$$c^2 = \frac{A^2}{4B};\ \text{also}\ c = \pm\frac{A}{2\sqrt{B}}.$$

§. 164. **Zusatz.** Entwickelt man aus den beiden Gleichungen $a = \frac{A}{2B}$ und $c^2 = \frac{A^2}{4B}$ (§. 162. und 163.), die Werthe für A und B, und substituirt sie in die Gleichung $y^2 = Ax - Bx^2$; so erhält man

$$y^2 = \frac{c^2}{a^2}(2ax - x^2).$$

Nimmt man die Abscissen x' auf c; den Anfangspunct derselben im Durchschnittspunct von c mit der Curve;

die Ordinaten y^I normal, so erhält man die Gleichung zwischen x^I und y^I; wenn man in

$$y^2 = \frac{c^2}{a^2}[2ax - x^2];$$

für x den Werth $a - y^I$; für y den $c - x^I$ setzt, es entsteht

$$[y^I]^2 = \frac{a^2}{c^2} \cdot [2cx^I - (x^I)^2],$$

so daß also, weil in dieser Gleichung zwischen x^I und y^I ebenfalls wie in der zwischen x und y, zu jeder Abscisse zwei gleiche normale, aber entgegengesetzt liegende Ordinaten gehören, 2c auch eine Achse der Ellipse ist.

§. 165. Erklärung. Man nennt 2a und 2c die beiden Hauptachsen, und ihren Durchschnittspunct, den Mittelpunct der Ellipse.

§. 166. Lehrsatz. Die beiden Hauptachsen 2a und 2c theilen die Ellipse in 4 congruente Quadranten.

Beweis. Schreibt man $2a - x$ für x in

$y^2 = \frac{c^2}{a^2}(2ax - x^2)$, so entsteht wieder:

$$y^2 = \frac{c^2}{a^2}[2ax - x^2],$$

so daß also zu x und $2a - x$ gleiche Ordinaten gehören, woraus die Wahrheit der Behauptung erhellet.

§. 167. Zusatz. Bezeichnet man die Abscissen aus dem Mittelpunct auf 2a mit u; die zugehörigen normalen Ordinaten mit y, so erhält man die Gleichung zwischen u und y, wenn man in $y^2 = \frac{c^2}{a^2}(2ax - x^2)$; für x den Werth $a \pm u$ schreibt; es entsteht:

$$y^2 = \frac{c^2}{a^2}[a^2 - u^2].$$

Eben so, wenn man unter u' die Abscissen aus dem Mittelpunct auf $2c$, und unter y' die zugehörigen normalen Ordinaten versteht, am leichtesten durch bloße Vertauschung der Buchstaben a und c;

$$(y')^2 = \frac{a^2}{c^2}[c^2 - (u')^2].$$

§. 168. Zusatz. Giebt man der Gleichung $y^2 = \frac{c^2}{a^2}(2ax - x^2)$ in §. 164. die Form:

$$y^2 = \frac{2c^2}{a}\left[x - \frac{x^2}{2a}\right],$$

und bezeichnet den Factor $\frac{2c^2}{a}$ durch p, so hat man

$$y^2 = p\left(x - \frac{x^2}{2a}\right), \text{ und}$$

$$p = \frac{2c^2}{a}; \text{ also}$$

$$p : 2c = 2c : 2a.$$

Eben so erhält man:

$$[y']^2 = p'\left[x' - \frac{(x')^2}{2c}\right] \text{ und}$$

$$p' = \frac{2a^2}{c}; \text{ also}$$

$$p' ; 2a = 2a : 2c.$$

Aus der Vergleichung zwischen p und p', folgt dann auch noch

$$p : p' = c^3 : a^3.$$

Man nennt p den Parameter der Achse a, und p' den der Achse c.

§. 169. Zusatz. Versteht man die Abscissen auf der Achse 2a, die Ordinaten y normal darauf, so hat man also die Gleichungen:

$$\text{(I)} \quad y^2 = \frac{c^2}{a^2}[2ax - x^2];$$

$$\text{(II)} \quad y^2 = p\left(x - \frac{x^2}{2a}\right);$$

$$\text{(III)} \quad x^2 = \frac{c^2}{a^2}(a^2 - u^2).$$

Denkt man sich über 2a als Durchmesser, einen Halbkreis, und bezeichnet die normalen Ordinaten, zu den Abscissen x durch z, so ist bekanntlich

$$z^2 = 2ax - x^2,$$

und aus der Vergleichung dieser Formel mit der (I) folgt:

$$z : y = a : c,$$

welche Proportion eine leichte Methode zu Verzeichnung der Ellipse, deren Hauptachsen gegeben sind, an die Hand giebt.

§. 170. Lehrsatz. Jede durch den Mittelpunct der Ellipse gelegte Sehne ist ein Durchmesser derselben, d. h. für jede giebt es einen Coordinaten-Winkel, in Beziehung auf welchen zu jeder Abscisse auf dieser Sehne, beide zugehörigen Ordinaten einander gleich werden.

Beweis. Ist (Fig. 23.) M der Mittelpunct der Ellipse; AB = 2a; also AM = MB = a; CD eine durch M gelegte Sehne, welche mit AB den Winkel γ bildet; MG = u, jede Abscisse auf MC, von M ab genommen; $\angle CGH = z$ der Coordinaten-Winkel dessen Existenz unter der Bedingung behauptet wird, daß die zum Endpunct von u gehörigen beiden Ordinaten GH und GI, einander gleich werden. Man bezeichne jede dieser Ordinaten durch w, so ist die Normale IK aus I auf AB $= u \sin\gamma + w \sin(z - \gamma)$; die HL aus H auf AB $= u \sin\gamma - w \sin(z - \gamma)$; die Abscisse MK $= w \cos(z - \gamma) - u \cos\gamma$; die ML $= w \cos(z - \gamma) + u \cos\gamma$; daher nach der Gleichung (III) §. 169. für beide Paare Coordinaten gültig:

$$[u \operatorname{Sin}\gamma \pm w \operatorname{Sin}(z-\gamma)]^2$$
$$= \frac{c^2}{a^2}[a^2 - (w \operatorname{Cos}(z-\gamma) \mp u \operatorname{Cos}\gamma)^2],$$

oder $z-\gamma$ durch φ bezeichnet, und geordnet:

$$[a^2 \operatorname{Sin}\varphi^2 + c^2 \operatorname{Cos}\varphi^2]w^2 \pm 2[a^2 \operatorname{Sin}\gamma \operatorname{Sin}\varphi - c^2 \operatorname{Cos}\gamma \operatorname{Cos}\varphi]uw$$
$$+ [a^2 \operatorname{Sin}\gamma^2 + c^2 \operatorname{Cos}\gamma^2]u^2 - a^2c^2 = 0.$$

Nur derjenige Werth von z (wenn er immer existirt) liefert aber gleiche entgegengesetzte Werthe für w, für welchen diese Gleichung in Beziehung auf w, eine reine quadratische wird, und dieser Fall tritt nur dann immer ein, wenn aus der Gleichung

$$a^2 \operatorname{Sin}\gamma \operatorname{Sin}\varphi - c^2 \operatorname{Cos}\gamma \operatorname{Cos}\varphi = 0,$$

für jeden Werth von a, c und γ ein bestimmter zugehöriger Werth für z hervorgeht. Es ergiebt sich aber aus

$$a^2 \operatorname{Sin}\gamma \operatorname{Sin}\varphi - c^2 \operatorname{Cos}\gamma \operatorname{Cos}\varphi = 0$$

das Resultat:

$$\operatorname{tg}\varphi = \operatorname{tg}(z-\gamma) = \frac{c^2}{a^2}\operatorname{Cotg}\gamma,$$

und hieraus, wenn $\frac{\operatorname{tg}z - \operatorname{tg}\gamma}{1+\operatorname{tg}z\operatorname{tg}\gamma}$ für $\operatorname{tg}(z-\gamma)$ geschrieben, und tg z entwickelt wird,

$$\operatorname{tg}z = \frac{a^2 \operatorname{Sin}\gamma^2 + c^2 \operatorname{Cos}\gamma^2}{(a^2-c^2)\operatorname{Sin}\gamma \operatorname{Cos}\gamma},$$

welche Formel für alle reellen Werthe von a, c und γ allemal einen bestimmten Winkel z liefert.

§. 171. **Zusatz.** Aus dem vorigen §. erhält man nun auch:

1) $\operatorname{Sin}\varphi^2 = \operatorname{Sin}(z-\gamma)^2 = \frac{c^4 \operatorname{Cos}\gamma^2}{a^4 \operatorname{Sin}\gamma^2 + c^4 \operatorname{Cos}\gamma^2}$;

2) $\operatorname{Cos}\varphi^2 = \operatorname{Cos}(z-\gamma)^2 = \frac{a^4 \operatorname{Sin}\gamma^2}{a^4 \operatorname{Sin}\gamma^2 + c^4 \operatorname{Cos}\gamma^2}$;

dann, aus der Gleichung zwischen u und w, wenn man diese Werthe substituirt,

3) $w^2 = \frac{a^4 \operatorname{Sin}\gamma^2 + c^4 \operatorname{Cos}\gamma^2}{a^2 \operatorname{Sin}\gamma^2 + c^2 \operatorname{Cos}\gamma^2} - \frac{a^4 \operatorname{Sin}\gamma^2 + c^4 \operatorname{Cos}\gamma^2}{a^2 c^2} \cdot u^2$,

und hieraus für $w = 0$;

4) $MC^2 = MD^2 = \frac{a^2 c^2}{a^2 \operatorname{Sin}\gamma^2 + c^2 \operatorname{Cos}\gamma^2}$,

dann auch für $u = 0$;

5) $ME^2 = MF^2 = \frac{a^4 \operatorname{Sin}\gamma^2 + c^4 \operatorname{Cos}\gamma^2}{a^2 \operatorname{Sin}\gamma^2 + c^2 \operatorname{Cos}\gamma^2}$,

ferner, aus der Formel für $\operatorname{tg} z$;

6) $\operatorname{Sin} z^2 = \frac{[a^2 \operatorname{Sin}\gamma^2 + c^2 \operatorname{Cos}\gamma^2]^2}{a^4 \operatorname{Sin}\gamma^2 + c^4 \operatorname{Cos}\gamma^2}$.

Bezeichnet man $CM = MD$ durch α und $ME = MF$ durch β, so hat man aus den Formeln 4 und 5;

7) $\frac{\beta^2}{\alpha^2} = \frac{a^4 \operatorname{Sin}\gamma^2 + c^4 \operatorname{Cos}\gamma^2}{a^2 c^2}$,

und substituirt man die Werthe aus 5 und 7 in 3, so entsteht:

8) $w^2 = \frac{\beta^2}{\alpha^2} \cdot [\alpha^2 - u^2]$,

welche Gleichung für $\gamma = 0$ in die §. 169 (III) übergeht.

Werden die Abscissen aus einem der Endpuncte von 2α, auf 2α genommen, durch v bezeichnet, so erhält man die Gleichung zwischen v und w, wenn man in 8, $\alpha - v$ oder $v - \alpha$ für u schreibt. Es entsteht

9) $w^2 = \frac{\beta^2}{\alpha^2}(2\alpha v - v^2)$,

welche Gleichung für $\gamma = 0$ in die §. 169. (I) übergeht.

§. 172. **Erklärung.** Die Durchmesser $CD = 2\alpha$ und $EF = 2\beta$, heißen **coordinirte Durchmesser**, und z der zugehörige Coordinaten-Winkel.

§. 173. **Lehrsatz.** Das Product coordinirter Halbmesser in den Sinus des zugehörigen Coordinaten-Winkels ist constant, also $= ac$.

Beweis. Aus 4. §. 171. folgt:

$$a^2 \operatorname{Sin}\gamma^2 + c^2 \operatorname{Cos}\gamma^2 = \frac{a^2 c^2}{\alpha^2};$$ und aus 5.

$$a^4 \operatorname{Sin}\gamma^2 + c^4 \operatorname{Cos}\gamma^2 = \beta^2 . \frac{a^2 c^2}{\alpha^2}.$$

Setzt man diese Werthe in 6. (§. 171.), so entsteht

$$\operatorname{Sin} z^2 = \frac{a^4 c^4}{\alpha^4} : \frac{a^2 c^2 \beta^2}{\alpha^2};$$ und hieraus

$\alpha\beta \operatorname{Sin} z = a c$, wie zu beweisen war.

§. 174. Lehrsatz. Die Summe der Quadrate jeder zwei coordinirter Halbmesser ist constant, also $= a^2 + c^2$.

Beweis. Es ist nach §. 171.

$$\alpha^2 = \frac{a^2 c^2}{a^2 \operatorname{Sin}\gamma^2 + c^2 \operatorname{Cos}\gamma^2}; \quad \beta^2 = \frac{a^4 \operatorname{Sin}\gamma^2 + c^4 \operatorname{Cos}\gamma^2}{a^2 \operatorname{Sin}\gamma^2 + c^2 \operatorname{Cos}\gamma^2};$$

also $\alpha^2 + \beta^2 = \frac{a^4 \operatorname{Sin}\gamma^2 + a^2 c^2 + c^4 \operatorname{Cos}\gamma^2}{a^2 \operatorname{Sin}\gamma^2 + c^2 \operatorname{Cos}\gamma^2}$, und dividirt man wirklich, so entsteht:

$$\alpha^2 + \beta^2 = a^2 + c^2.$$

§. 175. Aufgabe. Für jeden Punct c der Ellipse, die Subt., Subn. und den Mittelpunct der Krümmung zu bestimmen.

Auflösung. Ist (Fig. 23.) $AB = 2a$; $BN = x$; die normale Ordinate $CN = y$; CQ die Tangente in C; CP die Normale in; R der Mittelpunct der Krümmung; ϱ der Winkel, den CQ mit 2a bildet, so erhält man nach den Formeln in §. 130. 131. und 136.

1) $\operatorname{tang}\varrho = \frac{c^2}{a^2} . \frac{a - x}{y} = \frac{c^2}{a^2} . \frac{u}{y}$ (§. 167.);

2) $\text{Subt} = NQ = \frac{a^2 y^2}{c^2 u} = \frac{a^2 - u^2}{u};$

3) $\text{Subn} = PN = \frac{c^2}{a^2}(a - x) = \frac{c^2 u}{a^2};$

4) Die Abscisse BT des Mittelpuncts R der Krümmung $= a - \frac{(a^2 - c^2) u^3}{a^4}$;

5) Die zugehörige Ordinate

$$TR = \frac{a^2 - c^2}{c^4} \cdot y^3;$$

und das Quadrat des Krümmungs-Halbmessers selbst, oder

6) $[RC]^2 = \frac{[a^4 y^2 + c^4 u^2]^3}{a^8 \cdot c^8}$.

Beispiele. 1) Für $x = 0$; also $u = a$ wird

$$\varrho = \frac{\pi}{2}; \ \text{Subt} = 0; \ \text{Subn} = \frac{c^2}{a}.$$

$$BT = \frac{c^2}{a} = \text{Subn}$$

$$TR = 0; \ RC = \frac{c^2}{a} = \text{Subn}.$$

2) Für $x = a$; also $u = 0$ und $y = c$ wird $\varrho = 0$; $\text{Subt} = \infty$; $\text{Subn} = 0$

$$BT = a; \ TR = \frac{a^2}{c} - c;$$

$$RC = \frac{a^2}{c}.$$

§. 176. Zusatz. Weil $u \tang \gamma = y$ ist (Fig. 23.), so ist also auch:

$$\tang \varrho = \frac{c^2}{a^2} \operatorname{Cotg} \gamma \ (\text{§. 175. 1.}).$$

Aus §. 170. ist aber auch:

$$\tang (z - \gamma) = \frac{c^2}{a^2} \operatorname{Cotg} \gamma,$$

folglich $\varrho = z - \gamma$, oder

$$z = \varrho + \gamma,$$

d. h. die Tangente CQ in C, läuft parallel mit dem Durchmesser EF, welcher dem durch C gelegten Durchmesser CD coordinirt ist (§. 172.).

Hieraus folgt dann auch, daß die gerade Verbindungslinie zweier Puncte der ellipt. Linie, deren Tangenten parallel laufen, allemal durch den Mittelpunct der Ellipse geht, und daß der, diesem Durchmesser coordinirte Durchmesser, den erwähnten Tangenten parallel liegt.

§. 177. Aufgabe. Es sind 2 coordinirte Halbmesser α, β und der Winkel z, welchen sie bilden, gegeben; man soll durch α, β und z die beiden Hauptachsen 2a und 2c ausdrücken.

Auflösung. Aus $\alpha^2 + \beta^2 = a^2 + c^2$ (§. 174.)
und $\alpha\beta \operatorname{Sin} z = ac$ (§. 173.),
erhält man sogleich, unter a die größere der beiden Hauptachsen verstanden:

$$\left.\begin{matrix}a\\c\end{matrix}\right\} = \frac{\sqrt{\alpha^2 + \beta^2 + 2\alpha\beta \operatorname{Sin} z} \pm \sqrt{\alpha^2 + \beta^2 - 2\alpha\beta \operatorname{Sin} z}}{2}.$$

§. 178. Zusatz. Sind a und c gefunden, so ergiebt sich nun auch leicht der Winkel γ, den a und α bilden, aus (§. 171. 4.)

$$\alpha^2 = \frac{a^2 c^2}{a^2 \operatorname{Sin} \gamma^2 + c^2 \operatorname{Cos} \gamma^2}.$$ Man erhält

$$\operatorname{Sin} \gamma^2 = \frac{c^2}{\alpha^2} \cdot \frac{a^2 - \alpha^2}{a^2 - c^2}.$$

Beispiel. Ist $\alpha = 10$; $\beta = 6$; $z = 30^\circ$ gegeben, so erhält man

$$a = 7 + \sqrt{19} = 11{,}358898 \ldots.$$

$$c = 7 - \sqrt{19} = 2{,}641101 \ldots.$$

$$\gamma = 7^\circ\ 24'.$$

§. 179. Aufgabe. Es ist für den Coordinaten-Winkel δ, die allgemeine Gleichung:

$$by^2 + eyx + fx^2 + gy + hx + k = 0,$$

für eine Ellipse gegeben; man soll durch δ und die gegebenen Coefficienten b, e, f, g, h, k die beiden Hauptachsen 2a, 2c und ihre Lage gegen die Absciſſenlinie bestimmen.

Auflösung. Ist AB (Fig. 24.) die Abſciſſenlinie, A der Anfangspunct der Abſciſſen x und bezeichnet y die zugehörigen Ordinaten unter den gegebenen Winkel δ, so müſſen die Werthe der Abſciſſen AC und AD bestimmt werden, für welches y nur einen Werth hat, d. h. für welche y = CI und y = DH als Tangenten der Ellipse erscheinen. Sind diese Abſciſſen und ihre Ordinaten gefunden, so ist dann, IN ∦ AB gedacht; IN = AD — AC und HN = DH — CI, und es bestimmt sich im Dreieck IHN, aus IN, δ und HN, der Werth des Durchmessers IH (§. 176.), und der des Winkels ϱ = IHN. Denkt man sich dann IH in M halbirt, so daß also M der Mittelpunct der Ellipse ist, und GFE durch M parallel mit IC und HD gezogen, so wird E die Mitte von CD treffen, so daß also $AE = AC + \frac{CD}{2} = \frac{AC + AD}{2}$ ist. Bestimmt man dann aus der gegebenen Gleichung zur Absciſſe AE die beiden zuhörigen Ordinaten EG und EF, so giebt ihre Differenz den coordinirten Durchmesser FG, zu den schon gefundenen IH. Aus $IH = 2\alpha$; $GF = 2\beta$ und $\angle IMF = \varrho$, erhält man nun zuletzt durch Anwendung der Formeln in §. 177. und 178. die beiden Hauptachsen 2a, 2c und den Winkel γ, welchen a mit α bildet.

Die Ausführung ist daher folgende:

1) Denkt man sich AC oder AD unter x, so muß die Gleichung:

$$by^2 + (ex+g)y + fx^2 + hx + k = 0,$$

jedesmal nur einen Werth für y liefern, d. h. es muß

$$(ex+g)^2 = 4b.(fx^2+hx+k) \text{ sein,}$$

und hieraus folgt:

$$AD = \frac{ge-2bh+\sqrt{(ge-2bh)^2+(g^2-4bk)(4bf-e^2)}}{4bf-e^2},$$

wofür m, und

$$AC = \frac{ge-2bh-\sqrt{(ge-2bh)^2+(g^2-4bk)(4bf-e^2)}}{4bf-e^2},$$

wofür n; dann

$$DH = -\frac{e.m+g}{2b}, \text{ wofür p, und}$$

$$CI = -\frac{e.n+g}{2b}, \text{ wofür r geschrieben werden soll.}$$

2) Im Dreieck IHN hat man nun $IN = CD = m-n$; $\angle INH = \delta$ und $HN = p-r$; folglich

$$IH = 2\alpha = \sqrt{(m-n)^2+(p-r)^2-2(m-n)(p-r)\,Cos\,\delta},$$

oder nach Substitution der Werthe für p und r

$$2\alpha = \frac{m-n}{2b}\sqrt{4b^2+e^2+4be\,Cos\,\delta},$$

ferner

$$tang\,\varrho = \frac{(m-n)\,Sin\,\delta}{p-r-(m-n)\,Cos\,\delta};$$

oder, wenn die Werthe für p und r gesetzt werden,

$$tang\,\varrho = \frac{-2b\,Sin\,\delta}{e+2b\,Cos\,\delta}; \text{ also auch}$$

$$Sin\,\varrho^2 = \frac{4b^2\,Sin\,\delta^2}{4b^2+e^2+4be\,Cos\,\delta}.$$

3) Es ist $AE = \frac{m+n}{2} = \frac{ge-2bh}{4bf-e^2}$, wofür μ geschrieben werden soll; und also aus der Coordinaten-Gleichung, wenn man in dieselbe μ für x schreibt:

$$EG = -\frac{e\mu+g}{2b} + \sqrt{\left[\frac{e\mu+g}{2b}\right]^2 - \frac{f\mu^2+h\mu+k}{b}}$$

$$EF = -\frac{e\mu+g}{2b} - \sqrt{\left[\frac{e\mu+g}{2b}\right]^2 - \frac{f\mu^2+h\mu+k}{b}},$$

folglich der Durchmesser $FG = EG - EF$, oder, wenn man den Werth für μ setzt:

$$2\beta = \frac{1}{b}\cdot\sqrt{\frac{[eg-2bh]^2}{4bf-e^2}+g^2-4bk}.$$

4) Aus α, β, ϱ ergeben sich nun nach §. 177. und 178. die Werthe für a, c und γ.

Auch die Ordinate EM des Mittelpuncts M, erhält man leicht, aus $EM = EF + \frac{FG}{2}$; oder $EM = \frac{EF+EG}{2}$ $= -\frac{e\mu+g}{2b}$; nemlich

$$EM = \frac{he-2fg}{4bf-e^2}.$$

Beispiele. 1) Es sei $\delta = 60^\circ = \frac{\pi}{3}$; und

$$y^2 - 4xy + 5x^2 - 6y - 3x + 35 = 0$$

die gegebene Gleichung, so erhält man:

$AD = m = 13$; $AC = n = 2$;
$DH = p = 29$; $CI = r = 7$;
$IH = 2\alpha = 11.\sqrt{3} = 19{,}052\ldots.$
$\angle IMF = \varrho = 30^\circ$
$GF = 2\beta = 11$; $AE = \mu = 7{,}5$
$EM = 18$; dann

$$\left.\begin{matrix}a\\c\end{matrix}\right\} = \tfrac{11}{4}.[\sqrt{4+\sqrt{3}} \pm \sqrt{4-\sqrt{3}}]$$
$$= \tfrac{11}{4}\sqrt{8 \pm 2\sqrt{13}};\text{ also}$$

$a = 10{,}725387\ldots.$
$c = 2{,}442547\ldots$; endlich auch
$\gamma = 6^\circ\ 56'\ 26''.$

2) Es sei $y^2 + xy + x^2 + 2y - 11x + 33 = 0$; so ist die zugehörige Curve ein Kreis, indem (§. 148.) 4ac

oder 4.1.1 größer wie b^2 oder 1.1, zugleich aber auch (§. 149.) die Quadrate der Coefficienten der Ordinaten einander gleich sind. Hieraus folgt: $B = 1$, und also ist für unser Beispiel (§. 147. Anmerk.)

$$1 = -2 . [\text{Sin}\,\varrho\,\text{Sin}\,\mu + \text{Cos}\,\varrho\,\text{Cos}\,\mu],$$

oder $\text{Cos}(\varrho - \mu) = -\frac{1}{2}$; oder nach der Bedeutung von ϱ und μ in §. 147.

$$\text{Cos}\,\delta = -\tfrac{1}{2};$$

also der Coordinaten-Winkel δ nicht willkührlich anzunehmen, sondern bestimmt, nemlich $= 120°$. Man erhält nun für diesen Kreis:

$$\begin{aligned}
AD &= m = 3 . \frac{3+\sqrt{3}}{3} \\
AC &= n = 8 . \frac{3-\sqrt{3}}{3}; \\
DH &= p = -\frac{15+4\sqrt{3}}{3} \\
CI &= r = -\frac{15-4\sqrt{3}}{3} \\
IH &= 2\alpha = 8 \\
\angle IMF &= \varrho = 90° \\
GF &= 2\beta = 11 \\
AE &= \mu = 8; \\
EM &= -5
\end{aligned}$$

$a = 4$; $c = 4$; und γ unbestimmt.

§. 180. Lehrsatz. Wenn man aus dem Mittelpunct M einer Ellipse auf der größeren der beiden Hauptachsen, auf $AB = 2a$; (Fig. 25.) $MC = MD = \sqrt{a^2 - c^2} = e$ macht, unter $2c$ die kleinere Hauptachse verstanden, so ist die Summe der beiden geraden Linien aus C und D nach jedem Punct E des Umfangs der Ellipse constant, also $= 2a$, und beide Linien CE, DE bilden mit der Tangente in E gleiche Winkel.

Beweis. 1) Man fälle die Ordinate EF $= y$ aus E auf AB, und setze die zugehörige Abscisse MF $= u$; so ist

$$(CE)^2 = y^2 + (e+u)^2$$
$$= \frac{c^2}{a^2}(a^2-u^2) + e^2 + 2eu + u^2$$
$$= a^2 + 2eu + \frac{e^2u^2}{a^2}, \text{ also}$$
$$CE = a + \frac{eu}{a}; \text{ ferner}$$
$$(DE)^2 = y^2 + (e-u)^2$$
$$= a^2 - 2eu + \frac{e^2u^2}{a^2}; \text{ daher}$$
$$DE = a - \frac{eu}{a}; \text{ oder auch} = \frac{eu}{a} - a;$$

wo, weil, wenn E in B angenommen, also $u = a$ gesetzt wird, DE $=$ DB $= a - e$ ist, nur das erste Resultat genügen kann, so daß also

$$DE = a - \frac{eu}{a} \text{ ist.}$$

Addirt man die Werthe für CE und DE, so entsteht:

$$CE + DE = 2a.$$

2) Ist EG die Normale in E, so ist nach §. 175.

$$\text{Subn.} = GF = \frac{c^2u}{a^2}, \text{ also}$$
$$CG = CM + MF - GF = e + u - \frac{c^2u}{a^2} = e + \frac{e^2u}{a^2}$$

und daher $GD = CD - CG = e - \frac{e^2u}{a^2}$, folglich

$$CG : GD = a^2 + eu : a^2 - eu.$$

Es folgt aber aus 1)

$$CE : ED = a^2 + eu ; a^2 - eu$$

und also ist

$$CG : GD = CE : ED, \text{ folglich}$$
$$\angle CEG = \angle GED,$$

daher auch ihre Complements-Winkel, d. h. die Winkel,

welche CE und DE mit der Tangente in E bilden, einander gleich.

§. 181. Zusatz. 1) Wegen der im vorig. §. bewiesenen Eigenschaft der beiden Puncte C und D nennt man dieselben die Brennpuncte der Ellipse. Jede gerade Linie von einem Punct der elliptischen Linie nach einem der beiden Brennpuncte heißt ein Brennstrahl, und zwei Linien aus einem Punct des Umfangs der Ellipse nach beiden Brennpuncten heißen zusammengehörige Brennstrahlen. Die Entfernung $e = \sqrt{a^2 - c^2}$ vom Mittelpunct nach jedem Brennpunct heißt die Excentricität.

Mit Hülfe der Gesetze in §. 180. ist es leicht, wenn 2a und 2c (Fig. 25.) gegeben sind, die Ellipse stetig zu construiren; man mache nemlich $AM = MB = a$; $MC = MD = e = \sqrt{a^2 - c^2}$; befestige einen Faden von der Länge 2a mit seinen Endpuncten in C und D, so giebt die Spitze jedes Winkels, dessen Schenkel Theile von 2a sind, einen Punct der Ellipse, und die den jedesmaligen Winkel halbirende Linie wird Normale dieses Punctes.

2) Wenn man (Fig. 26.) $MA = AD = \frac{a-c}{2}$ und $DE = c$ macht, den Punct M fest annimmt, und den Punct E so fortbewegt, daß der Punct D der Linie AE immer in der geraden Linie MF bleibt, so beschreibt E eine Ellipse, deren Mittelpunct M, deren große Hauptachse $= 2a$ und deren kleine $= 2c$ ist. Um sich hievon zu überzeugen, denke man sich irgend eine Lage, etwa die der Figur, fälle EG normal auf MF, setze $MG = u$; $GE = y$ und $\angle MDA = EDF = \alpha$; so hat man

$$y = c \operatorname{Sin} \alpha$$

$$u = 2 . \frac{a-c}{2} \operatorname{Cos} \alpha + c \operatorname{Cos} \alpha = a \operatorname{Cos} \alpha, \text{ alſo}$$

$$\frac{y^2}{c^2} + \frac{u^2}{a^2} = 1 \text{ und hieraus}$$

$$y^2 = \frac{c^2}{a^2}(a^2 - u^2) \quad (\text{§. 169. III.}).$$

§. 182. Aufgabe. Die Ellipſe zu rectificiren.

Auflöſung. Es ſey (Fig. 25.) AB die große Hauptachſe $= 2a$; M ihr Mittelpunct; 2c die kleine Hauptachſe; $MF = u$; die normale Ordinate $FE = y$; der zugehörige Bogen $AE = v$, ſo iſt

$$v = \int \sqrt{(\partial u)^2 + (\partial y)^2}; \text{ aber}$$

$$y^2 = \frac{c^2}{a^2}(a^2 - u^2); \text{ alſo } \partial y = -\frac{c^2}{a^2} . \frac{u \partial u}{y}; \text{ folglich}$$

$$v = \int \sqrt{1 + \frac{c^4 u^2}{a^4 y^2}} . \partial u$$

$$= \int \sqrt{1 + \frac{c^2 u^2}{a^2 (a^2 - u^2)}} . \partial u;$$

oder, u durch $a \operatorname{Sin} \beta$ ausgedrückt,

$$v = \int \sqrt{1 + \frac{c^2 \operatorname{Sin} \beta^2}{a^2 \operatorname{Cos} \beta^2}} . a \operatorname{Cos} \beta \partial \beta$$

$$= \int \sqrt{a^2 \operatorname{Cos} \beta^2 + c^2 \operatorname{Sin} \beta^2} . \partial \beta$$

$$= \int \sqrt{a^2 - (a^2 - c^2) \operatorname{Sin} \beta^2} . \partial \beta$$

$$= a \int \sqrt{1 - \left(\frac{e \operatorname{Sin} \beta}{a}\right)^2} . \partial \beta.$$

Dieſes Integral iſt nur annähernd zu beſtimmen. Nach dem binomiſchen Satz folgt, $\left(\frac{e}{a}\right)^2$ durch b bezeichnet,

$$y = a \int \Big[1 - \tfrac{1}{2} b \operatorname{Sin} \beta^2 - \frac{1}{2.2^2} b^2 \operatorname{Sin} \beta^4 - \frac{3}{2.3.2^3} b^3 \operatorname{Sin} \beta^6$$

$$- \frac{3.5}{2.3.4.2^4} . b^4 \operatorname{Sin} \beta^8 - \frac{3.5.7}{2.3.4.5.2^5} . b^5 \operatorname{Sin} \beta^{10}$$

$$- \frac{3.5.7.9}{2.3.4.5.6.2^6} b^6 \operatorname{Sin} \beta^{12} \ldots\ldots \Big]$$

oder, A für $\frac{1}{2}$b; B für $\frac{1}{2.2^2} . b^2$; C für $\frac{3}{2.3.2^3} b^3$; D für $\frac{3.5}{2.3.4.2^4} b^4$; u. s. w. geschrieben und integrirt,

$$v = a \Big[(1 - \tfrac{1}{2}A - \tfrac{1}{2}.\tfrac{3}{4}B - \tfrac{1}{2}.\tfrac{3}{4}.\tfrac{5}{6}.C - \tfrac{1}{2}.\tfrac{3}{4}.\tfrac{5}{6}.\tfrac{7}{8}D \ldots.)\beta$$
$$+ (A + \tfrac{3}{4}B + \tfrac{3}{4}.\tfrac{5}{6}C + \tfrac{3}{4}.\tfrac{5}{6}.\tfrac{7}{8}.D \ldots..) \frac{\text{Sin}\,\beta\,\text{Cos}\,\beta}{2}$$
$$+ (B + \tfrac{5}{6}C + \tfrac{5}{6}.\tfrac{7}{8}.D + \tfrac{5}{6}.\tfrac{7}{8}.\tfrac{9}{10}E \ldots..) \frac{\text{Sin}\,\beta^3\,\text{Cos}\,\beta}{4}$$
$$+ (C + \tfrac{7}{8}D + \tfrac{7}{8}.\tfrac{9}{10}E + \tfrac{7}{8}.\tfrac{9}{10}.\tfrac{11}{12}F \ldots..) \frac{\text{Sin}\,\beta^5\,\text{Cos}\,\beta}{6}$$
$$+ (D + \tfrac{9}{10}E + \tfrac{9}{10}.\tfrac{11}{12}F + \tfrac{9}{10}.\tfrac{11}{12}.\tfrac{13}{14}G \ldots..) \frac{\text{Sin}\,\beta^7\,\text{Cos}\,\beta}{8}$$
$$+ E + \tfrac{11}{12}F + \tfrac{11}{12}.\tfrac{13}{24}G + \ldots..) \frac{\text{Sin}\,\beta^9\,\text{Cos}\,\beta}{10} + \ldots. \Big] + C.$$

Für $u = -a$ wird $v = 0$; daher $\beta = -\frac{1}{2}\pi$, also

$$\text{Const} = a[1 - \tfrac{1}{2}A - \tfrac{1}{2}.\tfrac{3}{4}B - \tfrac{1}{2}.\tfrac{3}{4}.\tfrac{5}{6}.C \ldots.] \frac{\pi}{2}.$$

Für $u = 0$ erhält man den elliptischen Quadranten

$$= \frac{a\pi}{2}[1 - \tfrac{1}{2}A - \tfrac{1}{2}.\tfrac{3}{4}B - \tfrac{1}{2}.\tfrac{3}{4}.\tfrac{5}{6}C \ldots..].$$

Beispiel. Ist $a = 5$; $c = 3$, so erhält man den Quadranten $= 6{,}383 \ldots..$

§. 183. **Aufgabe.** Die Ellipse zu quadriren.

Auflösung. Der Coordinaten-Winkel sei $= \delta$; die gegebene allgemeine Coordinaten-Gleichung $by^2 + dxy + fx^2 + gy + hx + k = 0$; so ist $g^2 - 4bk$ durch A; $2(dg - 2bh)$ durch B und $4bf - d^2$ durch C ausgedrückt

$$y = \frac{-(dx + g) \pm \sqrt{A + Bx - Cx^2}}{2b};$$

also in Beziehung auf (Fig. 24), AK unter x verstanden,

$$KP = \frac{-dx + g) + \sqrt{A + Bx - Cx^2}}{2b};$$

$$KL = \frac{-(dx+g)-\sqrt{A+Bx-Cx^2}}{2b};$$ folglich

$$LP = \frac{1}{b}.\sqrt{A+Bx-Cx^2};$$

und also der zugehörige elliptische Abschnitt (§. 139.)

$$PIL = \mathrm{Sin}\,\delta\int PL.\partial x$$

$$= \frac{\mathrm{Sin}\,\delta}{b}\int\sqrt{A+Bx-Cx^2}.\partial x$$

$$= \frac{\mathrm{Sin}\,\delta}{b}\Big[\frac{(2Cx-B)\sqrt{A+Bx-Cx^2}}{4C}$$

$$+\frac{4AC+B^2}{8C\sqrt{C}}\,\mathrm{Arc\,Sin}\frac{2Cx-B}{\sqrt{4AC+B^2}}\Big]+\mathrm{Const.}$$

(XXVII. und XXVI.)

Für $x = AC$ (wenn CI als Tangente der Ellipse gedacht wird §. 179.) $= n$ wird der Abschnitt $= 0$; also

$$\mathrm{Const} = \frac{\mathrm{Sin}\,\delta}{b}\Big[-\frac{(2Cn-B)\sqrt{A+Bn-Cn^2}}{4C}$$

$$-\frac{4AC+B^2}{8C\sqrt{C}}\,\mathrm{Arc\,Sin}\frac{2Cn-B}{\sqrt{4AC+B^2}}\Big].$$

Für $x = AD = m$ (§. 179.) aber, erhält man die ganze Ebene der Ellipse

$$= \frac{\mathrm{Sin}\,\delta}{b}\Big[\frac{(2Cm-B)\sqrt{A+Bm-Cm^2}-(2Cn-B)\sqrt{A+Bn-Cn^2}}{4C}$$

$$+\frac{4AC+B^2}{8C\sqrt{C}}\Big[\mathrm{Arc\,Sin}\frac{2Cm-B}{\sqrt{4AC+B^2}}-\mathrm{Arc\,Sin}\frac{2Cn-B}{\sqrt{4AC+B^2}}\Big]\Big],$$

wo beim Gebrauch der Zeichen aus §. 179 bloß d für das dortige e zu setzen ist.

Beispiele. 1) Es sei AB (Fig. 24.) die Richtung des zu GF gehörigen Durchmessers, d. h. es falle AB in IH, und zwar A in M, und δ sei der Winkel den beide Durchmesser bilden; $IM = MH = \alpha$; $MG = MF = \beta$; so ist

$$y^2 = \frac{\beta^2}{\alpha^2}(\alpha^2 - x^2)$$ (§. 171. 8.) oder

$$y^2 + \frac{\beta^2}{\alpha^2} x^2 - \beta^2 = 0;$$ daher

$b = 1$; $d = 0$; $f = \frac{\beta^2}{\alpha^2}$; $g = 0$; $h = 0$; $k = -\beta^2$; und also $A = 4\beta^2$; $B = 0$; $C = \frac{4\beta^2}{\alpha^2}$; $m = ED = MH = \alpha$; $n = -EC = -MI = -\alpha$; folglich der Abschnitt $PIL =$

$$\text{Sin}\,\delta\left[\alpha\beta.\frac{\pi}{2} + \alpha\beta.\text{Arc Sin}\,\frac{x}{\alpha} + \frac{\beta x}{\alpha}\sqrt{\alpha^2 - x^2}\right]$$

$= \beta\,\text{Sin}\,\delta\left[\alpha.\text{Arc Cos}\,\frac{-x}{\alpha} + \frac{x}{\alpha}\sqrt{\alpha^2 - x^2}\right]$, welcher Ausdruck wie erforderlich für $x = -\alpha$ in Null übergeht. Für $x = -0$ erhält man die halbe elliptische Ebene:

$$GIF = \tfrac{1}{2}\pi\alpha\beta\,\text{Sin}\,\delta;$$ also die ganze

$$GIFHG = \pi\alpha\beta\,\text{Sin}\,\delta = \pi a c \quad (\S.\ 173.)$$

Ist $\delta = \frac{\pi}{2}$; und $IH = 2a$; so hat man also den Abschnitt

$$PIL = c\left[a\,\text{Arc Cos}\,\frac{-x}{a} + \frac{x}{a}\sqrt{a^2 - x^2}\right].$$

Ist $\delta = \frac{\pi}{2}$ und $IH = 2c$, so ist

$$PIL = a\left[c\,\text{Arc Cos}\,\frac{-x}{c} + \frac{x}{c}\sqrt{c^2 - x^2}\right],$$

in welchen beiden Formeln, wenn PL links GF liegt, der Werth von x negativ zu nehmen ist. Liegt etwa Q in der Mitte von IM, so geben beide

$$ac.\frac{4\pi - 3\sqrt{3}}{12}.$$

2) **Beispiel** 2. zu §. 139.

Anmerk. Die Anmerk. §. 161. paßt auch hieher.

§. 184. **Aufgabe.** Die gewölbte Oberfläche zu bestimmen, welche ein elliptischer Bogen bei der Umdrehung um eine der beiden Hauptachsen 2a, 2c beschreibt.

Auflösung. Ist (Fig. 25.) $AM = MB = a$; MH (normal auf AB) $= c$; $MF = u$; FE (normal auf AB $= y$; die Zone, welche der Bogen HE bei der Umdrehung um AB beschreibt, $= Fu$, so ist

$$y^2 = \frac{c^2}{a^2}(a^2 - u^2) \text{ und}$$

$$\begin{aligned} Fu &= 2\pi \int y \,.\, \sqrt{\partial u^2 + \partial y^2} \quad (\S.\ 240.) \\ &= 2\pi \int \sqrt{y^2 \partial u^2 + (y \partial y)^2} \\ &= 2\pi \int \sqrt{\frac{c^2}{a^2}(a^2 - u^2) + \left[-\frac{c^2}{a^2} u\right]^2} \,.\, \partial u \\ &= \frac{2\pi c}{a} \int \sqrt{a^2 - \frac{a^2 - c^2}{a^2} \,.\, u^2} \,.\, \partial u, \end{aligned}$$

oder, e^2 für $a^2 - c^2$ geschrieben,

$$\begin{aligned} Fu &= \frac{2\pi c}{a^2} \int \sqrt{a^4 - e^2 \,.\, u^2} \,.\, \partial u \\ &= \frac{\pi c}{a^2}\left[u \,.\, \sqrt{a^4 - e^2 u^2} + \frac{a^4}{e} \text{Arc Sin} \frac{e u}{a^2}\right] \quad \text{(XXII)}, \end{aligned}$$

wo keine Const hinzukommt, weil mit u der Ausdruck und auch die Zone zu Null wird.

Um die Zone φu zu erhalten, welche bei der Umdrehung um die kleine Achse $2c$ beschrieben wird, ist es nur nöthig in dem Ausdruck für Fu die Buchstaben a und c zu vertauschen. Es entsteht

$$\varphi u = \frac{\pi a}{c^2}\left[u . \sqrt{c^4 - (c^2 - a^2) u^2} + \frac{c^4}{\sqrt{c^2 - a^2}} \text{ArcSin} \frac{u . \sqrt{c^2 - a^2}}{c^2}\right]$$

oder, weil $a > c$ ist, wenn i für $\sqrt{-1}$ geschrieben wird,

$$\varphi u = \frac{\pi a}{c^2}\left[u \sqrt{c^4 + e^2 u^2} + \frac{c^4}{i e} \text{Arc Sin} \frac{u . i . e}{c^2}\right].$$

Es ist aber

$$\text{Arc Sin} \frac{u i e}{c^2} = \text{Arc tg} \frac{u . i . e}{\sqrt{c^4 + e^2 u^2}}$$

$$= \frac{1}{2.i} \ln \frac{1 - \frac{ue}{\sqrt{c^4 + e^2 u^2}}}{1 + \frac{eu}{\sqrt{c^4 + e^2 u^2}}} \quad (\text{§. 83. A.})$$

$$= -\frac{1}{2i} \ln \frac{\sqrt{c^4 + e^2 u^2} + eu}{\sqrt{c^4 + e^2 u^2} - eu}$$

$$= -\frac{1}{i} \ln \frac{eu + \sqrt{c^4 + e^2 u^2}}{c^2}; \text{ folglich}$$

$$\varphi u = \frac{\pi a}{c^2}\left[u\sqrt{c^4 + e^2 u^2} + \frac{c^4}{e} \ln \frac{eu + \sqrt{c^4 + e^2 u^2}}{c^2}\right].$$

Beispiele. Man erhält

1) $Fa = \pi c \left[c + \frac{a^2}{e} \operatorname{Arc\,Sin} \frac{e}{a}\right]$.

2) $\varphi c = \pi a \left[a + \frac{c^2}{e} \ln \frac{a+e}{c}\right]$.

3) Für $a = c$; $Fa = 2a^2\pi$.

4) Für $c = a$; $\varphi c = 2a^2\pi$.

Anmerk. Die Bestimmung der Zone, wenn die Drehung nicht um 2a oder 2c, sondern um irgend eine andere gerade Linie erfolgt, führt auf ein nur durch Reihen zu bestimmendes Integral.

§. 185. Zusatz. Für $a = c$; also $e = 0$: erhält man, sowohl aus

$$Fu = \frac{\pi c}{a^2}\left[u\sqrt{a^4 - e^2 u^2} + \frac{a^4}{e} \operatorname{Arc\,Sin} \frac{eu}{a^2}\right]$$

als auch aus

$$\varphi u = \frac{\pi a}{c^2}\left[u.\sqrt{c^4 + e^2 u^2} + \frac{c^4}{e} \ln \frac{eu + \sqrt{c^4 + e^2 u^2}}{c^2}\right],$$

die Kugelzone $= 2a\pi.u$, wenn man nach §. 62. den Werth von $\frac{\operatorname{Arc\,Sin} \frac{u}{a^2} . e}{e}$ und auch den von $\frac{\ln \frac{eu + \sqrt{c^4 + e^2 u^2}}{c^2}}{e}$ für $e = 0$ bestimmt.

§. 186.

§. 186. **Aufgabe.** Den Körper zu bestimmen, welchen eine elliptische Ebene bei der Umdrehung um irgend eine Achse erzeugt.

Auflösung. Es sei AB (Fig. 24.) die Abscissenlinie, A der Anfangspunct der Abscissen, jede Abscisse wie $AK = x$; δ der Coordinaten-Winkel, die größere Ordinate, wie $KP = y$; die kleinere, wie $KL = z$; CI zugleich als Ordinate, die Tangente der Ellipse in I; der Körper, welchen die Ebene CIPK bei der Umdrehung um CK erzeugt $= Fx$; der, welchen CILK erzeugt $= \varphi x$; also

$$Fx = \pi \operatorname{Sin} \delta^2 . \int y^2 \partial x; \quad \varphi x = \pi \operatorname{Sin} \delta^2 \int z^2 . \partial x$$

[§. 141. (III)].

Ist nun $by^2 + dxy + fx^2 + gy + hx + k = 0$, die allgemeine Coordinaten-Gleichung, so hat man, wie in §. 183. A für $g^2 - 4bk$; B für $2(dg - 2bh)$ und C für $4bf - d^2$ geschrieben,

$$y = \frac{-(dx+g) + \sqrt{A + Bx - Cx^2}}{2b}$$

$$z = \frac{-(dx+g) - \sqrt{A + Bx - Cx^2}}{2b}; \text{ folglich}$$

$$Fx = \frac{\pi \operatorname{Sin} \delta^2}{4b^2} \int [-(dx+g) + \sqrt{A + Bx - Cx^2}]^2 \partial x,$$

oder, $g^2 - 2bk$ durch D; $2(dg - bh)$ durch E und $d^2 - 2bf$ durch G ausgedrückt,

$$Fx = \frac{\pi . \operatorname{Sin} \delta^2}{2b^2} \int [D + Ex + Gx^2 - (dx+g) \sqrt{A + Bx - Cx^2}] \partial x,$$

woraus nach XXIX. XXVII. und XXVI. folgt:

$$\text{(I)}\ Fx = \frac{\pi . \operatorname{Sin} \delta^2}{2b^2} \Big[Dx + E\frac{x^2}{2} + G\frac{x^3}{3} + \frac{d(A + Bx - Cx^2)^{\frac{3}{2}}}{3C}$$

$$+ \frac{(dB + 2gC)(B - 2Cx)(A + Bx - Cx^2)^{\frac{1}{2}}}{8C^2}$$

$$- \frac{(dB + 2gC)(4AC + B^2)}{16C^2 . \sqrt{C}} \operatorname{Arc Sin} \frac{2Cx - B}{\sqrt{4AC + B^2}} \Big] + C.$$

Für $x = AC = n$ (§. 179. d für das dortig e geschrieben) wird $Fn = 0$; auch $A + Bn - Cn^2 = 0$ und es folgt:

$$C = -\frac{\pi . \operatorname{Sin} \delta^2}{2b^2}\left[Dn + E\frac{n^2}{2} + G\frac{n^3}{3}\right.$$

$$\left. - \frac{(dB + 2gC)(4AC + B^2)}{16C^2 . \sqrt{C}} \operatorname{Arc Sin} \frac{2Cn - B}{\sqrt{4AC + B^2}}\right].$$

Soll der ganze Körper bestimmt werden, welchen die Ebene CIGHD bei der Umdrehung um CD beschreibt, wobei DH als letzte Ordinate, also zugleich als Tangente der Ellipse zu verstehen ist, so setze man $AD = m$ (§. 179 d für das dortige e geschrieben) für x, und es ergiebt sich, weil $A + Bm - Cm^2 = 0$ ist,

$$F(m) = \frac{\pi . \operatorname{Sin}\delta^2}{2b^2}\left[D(m - n) + \frac{E}{2}(m^2 - n^2) + \frac{G}{3}(m^3 - n^3)\right)$$

$$- \frac{[dB + 2gC][4AC + B^2]}{16C^2 . \sqrt{C}}\left[\operatorname{Arc Sin} \frac{2Cm - B}{\sqrt{4AC + B^2}}\right.$$

$$\left.\left. - \operatorname{Arc Sin} \frac{2Cn - B}{\sqrt{4AC + B^2}}\right]\right].$$

Es ist aber nach §. 179.

$m = \frac{B + \sqrt{4AC + B^2}}{2C}$; $n = \frac{B - \sqrt{4AC + B^2}}{2C}$, folglich

$\frac{2Cm - B}{4AC + B^2} = +1$ und $\frac{2Cn - B}{\sqrt{4AC + B^2}} = -1$; und

$$\operatorname{Arc Sin}(+1) = \frac{\pi}{2}; \quad \operatorname{Arc Sin}(-1) = -\frac{\pi}{2};$$

also die Differenz $= +\pi$; ferner, die Ordinate des Mittelpuncts M, nemlich EM, durch z ausgedrückt (nach §. 179. 4.)

$z = \frac{dh - 2fg}{2bf - d^2}$; da nun aber $dB + 2gC$ $= -4b(dh - 2fg)$ ist, so folgt $z = -\frac{dB + 2gC}{4b . C}$ und man hat:

$$(II)\quad F(m) = \frac{\pi . \operatorname{Sin} \delta^2}{2b^2}\Big[D(m-n) + \frac{E}{2}(m^2-n^2)$$
$$+ \frac{G}{3}(m^3-n^3) + \frac{bz(4AC+B^2)}{4C\sqrt{C}}\pi\Big].$$

Nimmt man in (I) die 3 letzten Glieder entgegengesetzt, so erhält man φx, und daraus dann auch:

$$(III)\quad \varphi(m) = \frac{\pi . \operatorname{Sin} \delta^2}{2b^2}\Big[D(m-n) + \frac{E}{2}(m^2-n^2)$$
$$+ \frac{G}{3}(m^3-n^3) - \frac{bz(4AC+B^2)}{4C\sqrt{C}}\pi\Big].$$

Der Unterschied zwischen F(m) und φ(m), also der Körper R, welchen die ganze Ebene IGHFI bei der Umdrehung um die außerhalb liegende Linie AB beschreibt, ist demnach

$$= \frac{[4AC+B^2]\pi^2 . z \operatorname{Sin} \delta^2}{4bC.\sqrt{C}}$$

Da nun (nach §. 179.)

$$2\alpha = \frac{m-n}{2b}\sqrt{4b^2+d^2+4bd\operatorname{Cos}\delta}, \text{ also}$$

$$\alpha = \frac{\sqrt{4AC+B^2}}{4bC}\sqrt{4b^2+d^2+4bd\operatorname{Cos}\delta};$$

$$2\beta = \frac{1}{b}.\frac{\sqrt{4AC+B^2}}{2\sqrt{C}}, \text{ also}$$

$$\beta = \frac{\sqrt{4AC+B^2}}{4b\sqrt{C}}; \text{ ferner}$$

$$\operatorname{Sin}\varrho^2 = \frac{4b^2\operatorname{Sin}\delta^2}{4b^2+d^2+4bd\operatorname{Cos}\delta}, \text{ demnach}$$

$$\operatorname{Sin}\varrho = \frac{2b\operatorname{Sin}\delta}{\sqrt{4b^2+d^2+4bd\operatorname{Cos}\delta}}; \text{ folglich}$$

$$\alpha\beta\operatorname{Sin}\varrho = \frac{(4AC+B^2)\operatorname{Sin}\delta}{8bC\sqrt{C}}$$

ist, so hat man also:

$$(IV)\quad R = 2\alpha\beta\operatorname{Sin}\varrho . \pi^2 . z\operatorname{Sin}\delta;$$

oder auch, weil $\alpha\beta\operatorname{Sin}\varrho = ac$ ist (§. 173.),

$$R = ac\pi . 2\pi z \operatorname{Sin}\delta,$$

d. h. die elliptische Ebene $\alpha\gamma\pi$ multiplicirt mit der Peripherie $2\pi z \operatorname{Sin} \delta$, welche ihr Mittelpunct bei der Drehung um die außerhalb der Ebene liegende Linie beschreibt, giebt den Inhalt des entstehenden Körpers.

Anmerk. Dieses Resultat liefert die Guldinische Regel unmittelbar (§. 142. Anmerk.).

Beispiele. 1) In dem 1sten Beispiel zu §. 179. erhält man

$$R = \frac{3.1089.\pi^2}{4} = 8061 \text{ beinahe.}$$

2) Ist $y = p \pm \frac{\beta}{\alpha}\sqrt{2\alpha x - x^2}$, also AB (Fig 24.) parallel mit dem Durchmesser $IH = 2\alpha$, und δ das Supplement des Winkels ϱ, den α und $MF = \beta$ bilden, so daß also $p = CI = KQ = EM = DH$ und C der Anfangspunct der Abscissen ist (§. 171. 9.), so folgt aus der gegebenen Gleichung, wenn man sie ordnet,

$$\alpha^2 y^2 + \beta^2 x^2 - 2\alpha^2 p y - 2\alpha\beta^2 x + \alpha^2 p^2 = 0,$$

und es ist daher:

$$b = \alpha^2;\ d = 0;\ f = \beta^2;\ g = -2\alpha^2 p;$$
$$h = -2\alpha\beta^2;\ k = \alpha^2 p^2; \text{ ferner}$$

$A = 0$; $B = 8\alpha^3\beta^2$; $C = 4\alpha^2\beta^2$; $D = 2\alpha^4 p^2$;
$E = 4\alpha^3\beta^2$; $G = -2\alpha^2\beta^2$; also
$4AC + B^2 = [8\alpha^3\beta^2]^2$; $n = 0$; und es entsteht:

$$Fx = \frac{\pi \operatorname{Sin}\delta^2}{\alpha^2}\Big[\alpha^2 p^2 . x + \alpha\beta^2 x^2 - \tfrac{1}{3}\beta^2 x^3$$
$$- \alpha\beta p(\alpha - x)\sqrt{2\alpha x - x^2} + \alpha^3\beta p \operatorname{Arc Cos}\frac{\alpha - x}{\alpha}\Big],$$

$$\varphi x = \frac{\pi \operatorname{Sin}\delta^2}{\alpha^2}\Big[\alpha^2 p^2 x + \alpha\beta^2 x^2 - \tfrac{1}{3}\beta^2 x^3$$
$$+ \alpha\beta p(\alpha - x)\sqrt{2\alpha x - x^2} - \alpha^3\beta p \operatorname{Arc Cos}\frac{\alpha - x}{\alpha}\Big].$$

$$F(m) = F(2\alpha) = \pi\alpha \operatorname{Sin}\delta^2 [2p^2 + \tfrac{4}{3}\beta^2 + \beta p\pi]$$
$$\varphi(m) = \varphi(2\alpha) = \pi\alpha \operatorname{Sin}\delta^2 [2p^2 + \tfrac{4}{3}\beta^2 - \beta p\pi]$$

$$F(2\alpha) - \varphi(2\alpha) = \alpha\beta \mathrm{Sin}\,\delta\ \pi . 2\pi p \mathrm{Sin}\,\delta \text{ oder}$$
$$= a c \pi . 2\pi p \mathrm{Sin}\,\delta.$$

Dann, für $p = \beta$;

$$F(2\alpha) = \pi\alpha\beta^2 \mathrm{Sin}\,\delta^2 [\tfrac{10}{3} + \pi]$$
$$\varphi(2\alpha) = \pi\alpha\beta^2 \mathrm{Sin}\,\delta^2 [\tfrac{10}{3} - \pi],$$

ferner, für $p = 0$;

$$F(2\alpha) = \varphi(2\alpha) = \tfrac{4}{3}\alpha\pi\beta^2 \mathrm{Sin}\,\delta^2;$$

endlich, für $p = 0$ und $\delta = \frac{\pi}{2}$; also $\alpha = a$ und $\beta = c$;

$$F(2\alpha) = \varphi(2\alpha) = \tfrac{4}{3} a c^2 \pi.$$

IV. Von der Hyperbel insbesondere.

§. 187. Lehrsatz. Ein Kegel sei durch eine Hyperbel-Ebene geschnitten; man denke sich alle Seiten des Kegels über die Spitze desselben hinaus verlängert, so daß ein, mit dem ursprünglichen, congruenter Kegel entsteht, und verbreite nun auch die Schnitt-Ebene in den neu entstandenen Kegel, so entsteht eine, mit der ursprünglichen, congruente Hyperbel.

Beweis. Es sei KAF (Fig. 19. und 27.) der ursprüngliche Kegel; K'AF' (Fig. 27.) der neu entstandene; FG die Achse der Hyperbel in KAF; F'G' die Achse der Hyperbel in K'AF'; $FK = b$ (§. 145.); $F'K'$ ($\neq FK$) $= b'$; $\angle AFF' = \beta$ (§. 145); $AF'F = \beta'$; $\angle KAF = K'AF' = 2\alpha$; so hat man für die erste Hyperbel nach §. 146.

$$y^2 = \frac{b \mathrm{Sin}\,\beta}{\mathrm{Cos}\,\alpha} x + \frac{\mathrm{Sin}\,\beta \mathrm{Sin}(2\alpha - \beta)}{\mathrm{Cos}\,\alpha} . x^2$$

und eben so für die neue, unter x' die Abscissen von F'

aus, auf F'G', unter y' die zugehörigen normalen Ordinaten verstanden:

$$(y')^2 = \frac{b' \sin\beta'}{\cos\alpha}(x') + \frac{\sin\beta' \sin(2\alpha - \beta')}{\cos\alpha^2} . (x')^2.$$

Es ist aber

$$b : FF' = \sin\beta' : \cos\alpha$$
$$FF' : b' = \cos\alpha : \sin\beta; \text{ also}$$
$$b : b' = \sin\beta' : \sin\beta,$$

ferner $\beta' = 2\alpha - \beta$ und daher auch $2\alpha - \beta' = \beta$; demnach

$$\sin\beta' \sin(2\alpha - \beta') = \sin\beta \sin(2\alpha - \beta); \text{ folglich}$$

$$(y')^2 = \frac{b \sin\beta}{\cos\alpha} x' + \frac{\sin\beta \sin(2\alpha - \beta)}{\cos\alpha^2} (x')^2.$$

Nimmt man daher $x' = x$; so wird auch $y' = y$, woraus die Congruenz beider zusammengehörigen Hyperbeln folgt.

§. 188. Zusatz. Bezeichnet man die Linie FF' durch 2a; so folgt aus

$$b : FF' = \sin(2\alpha - \beta) : \cos\alpha, \text{ daß}$$
$$2a = \frac{b \cos\alpha}{\sin(2\alpha - \beta)} \text{ ist.}$$

Substituirt man hieraus den Werth für $\sin(2\alpha - \beta)$ in die Gleichung:

$$y^2 = \frac{b \sin\beta}{\cos\alpha} x + \frac{\sin\beta \sin(2\alpha - \beta)}{\cos\alpha^2} x^2, \text{ so entsteht}$$

$$y^2 = \frac{b \sin\beta}{\cos\alpha}\left[x + \frac{x^2}{2a}\right],$$

oder, den unveränderlichen Factor $\frac{b \sin\beta}{\cos\alpha}$ durch p ausgedrückt,

$$(I) \quad y^2 = p.\left(x + \frac{x^2}{2a}\right);$$

wo p der Achsen-Parameter der Hyperbel heißt.

§. 189. Zusatz. Versteht man, wie in §. 168., unter c die Linie, für welche

$p : 2c = 2c = 2a$ ist, so folgt

$$p = \frac{4c^2}{2a} = \frac{2c^2}{a},$$

und setzt man diesen Werth für p in die Gleichung (I) §. 188., so entsteht

$$\text{(II)} \quad y^2 = \frac{c^2}{a^2}(2ax + x^2).$$

Halbirt man FF′ in M (Fig. 27.), welcher Punct der **Mittelpunct** beider zusammengehörigen **Hyperbeln** heißt, und bezeichnet die Abscissen auf der Achse, zu welchen M der Anfangspunct ist, mit u, so ist $a + x = u$, und es entsteht, wenn $u - a$ für x in (II) gesetzt wird, die Gleichung für rechtwinklige Coordinaten:

$$\text{(III)} \quad y^2 = \frac{c^2}{a^2}[u^2 - a^2].$$

Soll c durch α, β und b bestimmt werden, so erhält man sogleich:

$$c = \frac{b}{2}\sqrt{\frac{\sin\beta}{\sin(2\alpha - \beta)}}.$$

§. 190. **Aufgabe.** Durch die Coordinaten-Gleichung §. 189. (III) für jeden Punct der hyperbolischen Linie die Subt., Subn. und den Krümmungskreis zu bestimmen.

Auflösung. Es sei (Fig. 28.) M der Mittelpunct der Hyperbeln, F der Scheitelpunct der einen, FI ihre Achse; DE normal durch FI; $MG = u$; $DG = GE = y$; DB die Tangente in D; DC die Normale, also BG = Subt.; GC = Subn. K der Mittelpunct des Krümmungs-Kreises für den Punct D; MH, HK seine normalen Coordinaten, so erhält man nach §. 136.

$$\text{Tg}\, DBG = \frac{\partial y}{\partial u} = \frac{c^2 u}{a^2 y}$$

$$\text{Subt.} = BG = \frac{u^2 - a^2}{u} = u - \frac{a^2}{u}$$

$$\text{Subn.} = GC = \frac{c^2 . u}{a^2},$$

ferner nach §. 131.

$$MH = \frac{a^2 + c^2}{a^4} . u^3$$

$$HK = \frac{a^2 + c^2}{c^4} . y^3$$

$$KD = \frac{[a^4 y^2 + c^4 u^2]^{\frac{3}{2}}}{a^4 c^4}.$$

§. 191. Aufgabe Zu bestimmen, ob und wie sich der Hyperbel Asymptoten construiren lassen.

Auflösung. Setzt man den Winkel, welchen eine Asymptote, wenn sie existirt, mit der Achse bildet, $= \delta$; so ist

$$\tang \delta = \frac{c^2 u}{a^2 y} \text{ (§. 190.) für } u = \infty$$

$$= \frac{c}{a} . \frac{1}{\sqrt{u^2 - a^2}} \text{ für } u = \infty$$

$$= \frac{c}{a} . \frac{1}{\sqrt{1 - \frac{a^2}{u^2}}} \text{ für } u = \infty, \text{ also}$$

1) $\tang \delta = \frac{c}{a}$.

Ferner ist

$$\text{Subt} - u = - \frac{a^2}{u} \text{ (§. 190.)},$$

also für ein unendlich großes u, d. h. für die Asymptote

$$\text{Subt} - u = 0; \text{ daher}$$

2) $\text{Subt} = u$

Es existirt also (Fig. 28.) eine Asymptote und sie schneidet die Achse im Mittelpunct M unter den Winkel δ, dessen Tangente $= \frac{c}{a}$ ist. Errichtet man daher im Scheitelpunct F, auf die Achse eine Normale, und trägt darauf FL = c ab, so ist ML die Asymptote des Astes FD der Hyperbel.

§. 192. **Lehrsatz.** Jede durch den Mittelpunct M der Hyperbeln gezogene gerade Linie, welche mit der Achse einen Winkel γ bildet, der kleiner wie der Asymptoten-Winkel δ (für welchen $\text{Tang}\,\delta = \frac{c}{a}$ §. 191.) ist, wird ein Durchmesser der Hyperbel, d. h. für jede solche Linie giebt es einen Coordinaten-Winkel z in Beziehung auf welchen zu jeder Abscisse auf dieser Linie beide zugehörige Ordinaten einander gleich werden.

Beweis. Ist MI (Fig. 29.) eine solche Linie, für welche $\gamma < \delta$ ist; wird jede Abscisse wie MC durch u, die zugehörige Ordinate durch y ausgedrückt, und bezeichnet z den Coordinaten-Winkel (dessen Existenz zu beweisen ist), für welchen CD = CE wird, so ist, wenn man die Normalen DG, EH auf die Achse fällt, und $\angle z + \gamma = w$ setzt,

$$DG = y \operatorname{Sin} w + u \operatorname{Sin} \gamma$$
$$MG = u \operatorname{Cos} \gamma + y \operatorname{Cos} w$$
$$EH = y \operatorname{Sin} w - u \operatorname{Sin} \gamma$$
$$MH = u \operatorname{Cos} \gamma - y \operatorname{Cos} w,$$

folglich, der Gleichung §. 189. III. gemäß,

$$[y \operatorname{Sin} w \pm u \operatorname{Sin} \gamma]^2 = \frac{c^2}{a^2}[(u \operatorname{Cos} \gamma \pm y \operatorname{Cos} w)^2 - a^2];$$

oder geordnet

$$[a^2 \operatorname{Sin} w^2 - c^2 \operatorname{Cos} w^2]\, y^2$$
$$\pm 2\,[a^2 \operatorname{Sin} \gamma \operatorname{Sin} w - c^2 \operatorname{Cos} \gamma \operatorname{Cos} w]\, u\, y$$
$$+ [a^2 \operatorname{Sin} \gamma^2 - c^2 \operatorname{Cos} \gamma^2]\, u^2 + a^2 c^2 = 0.$$

Nur derjenige Werth von z macht aber CD = CE, für welchen diese Gleichung in Beziehung auf y eine reine quadratische ist. Die Bedingungsgleichung zur Bestimmung von z ist daher

$$a^2 \operatorname{Sin} \gamma \operatorname{Sin} w - c^2 \operatorname{Cos} \gamma \operatorname{Cos} w = 0;$$

und hieraus folgt:

$$\text{(I)} \quad \tang w = \tang(z + \gamma) = \frac{c^2}{a^2} \cdot \operatorname{Cotg}\gamma;$$

also auch (wie §. 170.)

$$\text{(II)} \quad \tang z = \frac{c^2 \operatorname{Cos}\gamma^2 - a^2 \operatorname{Sin}\gamma^2}{(c^2 + a^2) \operatorname{Sin}\gamma \operatorname{Cos}\gamma},$$

welche Formel, für alle reellen Werthe die a, c und γ haben mögen, immer einen bestimmten Winkel z liefert. Aus ihr erhält man auch:

$$\text{(III)} \quad \operatorname{Sin} z^2 = \frac{[c^2 \operatorname{Cos}\gamma^2 - a^2 \operatorname{Sin}\gamma^2]^2}{a^4 \operatorname{Sin}\gamma^2 + c^4 \operatorname{Cos}\gamma^2}.$$

§. 193. Zusatz. 1) Zieht man durch den Anfangspunct A (Fig. 29.), des Durchmessers AI eine Tangente an die Hyperbel, und bezeichnet den Winkel den sie mit der Achse MG bildet, mit μ, so ist, AB normal auf AM gezogen,

$$\tang\mu = \frac{c^2 \cdot MB}{a^2 \cdot AB} \text{ (§. 190.), oder}$$

$$\tang\mu = \frac{c^2}{a^2} \operatorname{Cotg}\gamma.$$

Hieraus und aus (I) §. 192. folgt dann:

$$\mu = w = z + \gamma;$$

und also ist die Tangente der Hyperbel in A parallel mit DE

2) Aus $\operatorname{tg}\mu = \operatorname{tg} w = \frac{c^2}{a^2} \operatorname{Cotg}\gamma$ folgt leicht:

$$\operatorname{Sin} w^2 = \frac{c^4 \operatorname{Cos}\gamma^2}{a^4 \operatorname{Sin}\gamma^2 + c^4 \operatorname{Cos}\gamma^2}; \quad \operatorname{Cos} w^2 = \frac{a^4 \operatorname{Sin}\gamma^2}{a^4 \operatorname{Sin}\gamma^2 + c^4 \operatorname{Cos}\gamma^2}$$

und substit. man diese Werthe in die Coordinaten-Gleichung §. 192., so entsteht

$$\text{(I)} \quad y^2 = \frac{a^4 \operatorname{Sin}\gamma^2 + c^4 \operatorname{Cos}\gamma^2}{a^2 c^2} u^2 - \frac{a^4 \operatorname{Sin}\gamma^2 + c^4 \operatorname{Cos}\gamma^2}{c^2 \operatorname{Cos}\gamma^2 - a^2 \operatorname{Sin}\gamma^2}.$$

3) Diese Gleichung liefert, wenn man Null für y schreibt,

$$u^2 = (MA)^2 = \frac{a^2 c^2}{c^2 \operatorname{Cos}\gamma^2 - a^2 \operatorname{Sin}\gamma^2}.$$

Bezeichnet man diese Linie MA durch α, so hat man also:

$$(\text{II})\ \alpha^2 = \frac{a^2 c^2}{c^2 \operatorname{Cos}\gamma^2 - a^2 \operatorname{Sin}\gamma^2}.$$

§. 194. Lehrsatz. Die Tangente jedes Punctes der Hyperbel, verlängert bis zu beiden Asymptoten, wird in ihren Berührungspunct halbirt.

Beweis. Sind MN, MP (Fig. 29.) die Asymptoten, also $\operatorname{tang} NMG = \operatorname{tang} PMG = \operatorname{tang}\delta = \frac{c}{a}$ (§. 191.), A der Berührungspunct der Tangente LAK, MA $= \alpha$, so soll gezeigt werden, daß AK $=$ AL ist. Es verhält sich

$$\begin{aligned}\alpha : AK &= \operatorname{Sin} MKA : \operatorname{Sin} KMA\\ &= \operatorname{Sin}(\mu - \delta) : \operatorname{Sin}(\delta - \gamma)\ (\S.\ 193.)\end{aligned}$$

und

$$\begin{aligned}\alpha : AL &= \operatorname{Sin} MLA : \operatorname{Sin} LMA\\ &= \operatorname{Sin}(\mu + \delta) : \operatorname{Sin}(\delta + \gamma).\end{aligned}$$

Nun ist aber:

$$\frac{\operatorname{Sin}(\delta \pm \gamma)}{\operatorname{Sin}(\mu \pm \delta)} = \frac{\operatorname{Sin}\delta \operatorname{Cos}\gamma \pm \operatorname{Cos}\delta \operatorname{Sin}\gamma}{\operatorname{Sin}\mu \operatorname{Cos}\delta \pm \operatorname{Cos}\mu \operatorname{Sin}\delta}$$

$$= \frac{\operatorname{tang}\delta \operatorname{Cos}\gamma + \operatorname{Sin}\gamma}{\operatorname{Sin}\mu \pm \operatorname{tg}\delta \operatorname{Cos}\mu} = \frac{c \operatorname{Cos}\gamma \pm a \operatorname{Sin}\gamma}{a \operatorname{Sin}\mu \pm c \operatorname{Cos}\mu}\ (\S.\ 191.)$$

$$= \frac{[c \operatorname{Cos}\gamma \pm a \operatorname{Sin}\gamma] \operatorname{Sec}\mu}{a \operatorname{tg}\mu \pm c} = \frac{[c \operatorname{Cos}\gamma \pm a \operatorname{Sin}\gamma] \operatorname{Sec}\mu}{a \cdot \frac{c^2}{a^2} \operatorname{Cotg}\gamma \pm c}\ (\S.\ 192.)$$

$$= \frac{a \operatorname{Sin}\gamma [c \operatorname{Cos}\gamma \pm a \operatorname{Sin}\gamma] \operatorname{Sec}\mu}{c [c \operatorname{Cos}\gamma \pm a \operatorname{Sin}\gamma]} = \frac{a \operatorname{Sin}\gamma \operatorname{Sec}\mu}{c};$$ folglich

$$AK = \alpha \frac{a \operatorname{Sin}\gamma \operatorname{Sec}\mu}{c}$$ und auch

$$AL = \alpha \frac{a \operatorname{Sin}\gamma \operatorname{Sec}\mu}{c},$$ daher

$$AK = AL.$$

§. 195. Zusatz. Bezeichnet man AK$=$AL durch β, so hat man, wenn in dem Ausdruck für AK (§. 194.), der Werth für α und $\operatorname{Sec}\mu$ aus §. 194. substituirt wird:

$$(I) \quad \beta^2 = \frac{a^4 \operatorname{Sin}\gamma^2 + c^4 \operatorname{Cos}\gamma^2}{c^2 \operatorname{Cos}\gamma^2 - a^2 \operatorname{Sin}\gamma^2}.$$

Aus dieser Formel und der II in §. 193., folgt nun auch sogleich:

$$(II) \quad \frac{\beta^2}{\alpha^2} = \frac{a^4 \operatorname{Sin}\gamma^2 + c^4 \operatorname{Cos}\gamma^2}{a^2 c^2}.$$

Substituirt man diese Werthe in die Coordinaten-Gleichung (I) §. 193., so erhält man:

$$y^2 = \frac{\beta^2}{\alpha^2} u^2 - \beta^2; \text{ oder}$$

$$(III) \quad y^2 = \frac{\beta^2}{\alpha^2}(u^2 - \alpha^2);$$

und hieraus auch, AC = x gesetzt, und $\alpha + x$ für u geschrieben,

$$(IV) \quad y^2 = \frac{\beta^2}{\alpha^2}[2\alpha x + x^2],$$

welche Gleichungen (III) und (IV) mit denen (III) und (II) in §. 189. der Form nach vollkommen übereinstimmen.

§. 196. **Erklärung.** Es werden 2α und 2β **coordinirte Durchmesser**; 2a und 2c **coordinirte Achsen der Hyperbel**, und zwar ins besondere 2a **die Hauptachse**; 2c **die Zwergachse** genannt. Ist c = a, so heißt die Hyperbel **gleichseitig**.

§. 197. **Lehrsatz.** Das Product coordinirter Halbmesser, in den Sinus des Winkels z den sie bilden, ist constant, also = ac.

Beweis. Es ist, wie §. 173.

$$c^2 \operatorname{Cos}\gamma^2 - a^2 \operatorname{Sin}\gamma^2 = \frac{a^2 c^2}{\alpha^2} \text{ [§. 193. (II.)] und}$$

$$a^4 \operatorname{Sin}\gamma^2 + c^4 \operatorname{Cos}\gamma^2 = \frac{a^2 c^2}{\alpha^2} \cdot \beta^2 \text{ [§. 195. (I.)]}.$$

Setzt man diese Werthe in §. 192. (III), so entsteht:

$$\alpha \beta \operatorname{Sin} z = a c,$$

d. h. QR (Fig. 29.), normal durch F auf die Achse gedacht, so daß FQ = FR = c wird (§. 191.)

$$\triangle MLK = \text{constant} = \triangle MRQ.$$

§. 198. Lehrsatz. Die Differenz der Quadrate coordinirter Halbmesser α, β ist constant, und zwar:

$$\alpha^2 - \beta^2 = a^2 - c^2.$$

Beweis. Aus §. 195. (I) und §. 193. (II) folgt sogleich

$$\alpha^2 - \beta^2 = \frac{-a^4 \operatorname{Sin}\gamma^2 - c^4 \operatorname{Cos}\gamma^2 + a^2 c^2}{c^2 \operatorname{Cos}\gamma^2 - a^2 \operatorname{Sin}\gamma^2},$$

und dividirt man wirklich, so entsteht

$$\alpha^2 - \beta^2 = a^2 - c^2.$$

§. 199. Zusatz. 1) Sind α, β und z gegeben, so erhält man aus §. 197. und §. 198. leicht die Werthe für a und c, durch α, β und z ausgedrückt.

2) Sind a, c und der Winkel μ gegeben, den eine Sehne der Hyperbel mit der Achse bildet, so findet man aus den bisherigen Formeln bald den Winkel γ, des dieser Sehne zugehörigen Durchmessers mit der Achse aus

$$\operatorname{tang}\gamma = \frac{c^2}{a^2} \operatorname{Cotg}\mu \quad (\text{§. 192. I.})$$

ferner, den Coordinaten-Winkel z, aus

$$\operatorname{tang} z = \frac{a^2 \operatorname{Sin}\mu^2 - c^2 \operatorname{Cos}\mu^2}{(a^2 + c^2) \operatorname{Sin}\mu \operatorname{Cos}\mu} \quad (\text{§. 192. II}),$$

dann auch:

$$\alpha^2 = \frac{a^4 \operatorname{Sin}\mu^2 + c^4 \operatorname{Cos}\mu^2}{a^2 \operatorname{Sin}\mu^2 - c^2 \operatorname{Cos}\mu^2} \quad (\text{§. 193. II});$$

endlich

$$\beta^2 = \frac{a^2 c^2}{a^2 \operatorname{Sin}\mu^2 - c^2 \operatorname{Cos}\mu^2} \quad (\text{§. 195. I}).$$

§. 200. Lehrsatz. Ist M (Fig. 30.) der Mittelpunct zweier zusammengehöriger Hyperbeln; A, B die Scheitelpuncte derselben, also MA = MB = a, und man macht auf der Achse, $MC = MD = \sqrt{a^2 + c^2}$, so ist für jeden Punct E der hyperbolischen Linie, DE — CE constant, also $= 2a$, und der Winkel DEC wird durch die Tangente EF in E halbirt.

Beweis. 1) Wird die normale EG aus E auf die Achse durch y, die zugehörige Achsen-Abscisse MG durch u und $a^2 + c^2$ durch e^2 bezeichnet, so ist

$$DE^2 = (e + u)^2 + y^2$$
$$= e^2 + 2eu + u^2 + \frac{c^2}{a^2}(u^2 - a^2)$$
$$= a^2 + 2eu + \frac{e^2}{a^2}u^2; \text{ daher}$$
$$DE = \frac{eu}{a} + a = \frac{eu + a^2}{a}.$$

Ebenso ist

$$CE^2 = (u - e)^2 + y^2; \text{ und hieraus}$$
$$CE = \frac{eu - a^2}{a}; \text{ folglich}$$
$$DE - CE = 2a.$$

2) Es ist
$$DF = DM + MG - FG$$
$$= e + u - \text{Subt}$$
$$= e + u - \frac{u^2 - a^2}{u} \text{ (§. 190.)}$$
$$= \frac{eu + a^2}{u}; \text{ also}$$
$$FC = DC - DF = 2e - \frac{eu + a^2}{u}$$
$$= \frac{eu - a^2}{u}; \text{ folglich}$$
$$DF : FC = eu + a^2 : eu - a^2.$$

Es folgt aber aus 1)

$$DE : EC = eu + a^2 : eu - a^2,$$

und also ist

$$DF : FC = DE : EC, \text{ woraus}$$
$$\angle DEF = \angle FEC.$$

§. 201. Erklärung. Die Puncte C und D nennt man, wegen der im vorigen §. bewiesenen Eigenschaft, daß $\angle DEF = \angle FEC$ ist, die Brennpuncte der Hyperbeln und die Linien CE, DE werden zusammengehörige Brennstrahlen genannt.

§. 202. Lehrsatz. Verlängert man eine normale Achsen-Ordinate $GD = y$ (Fig. 29.), bis sie die Asymptote auf dieser Seite in N schneidet, und bezeichnet GN durch q, so ist für jede Stelle $q^2 - y^2$ constant, also $= (FQ)^2 = c^2$.

Beweis. Aus $MF : FQ = MG : GN$; oder

$$a : c = u : q \text{ folgt}$$

$$q^2 = \frac{c^2 u^2}{a^2}.$$

Es ist aber $y^2 = \frac{c^2}{a^2}(u - a^2)$, folglich

$$q^2 - y^2 = c^2.$$

§. 203. Lehrsatz. Zieht man aus D und F Parallelen mit der Asymptote MP (Fig. 29.), bis sie die Asymptote MN in V und W schneiden, so ist $MV . VD$ constant, also $= MW . WF$.

Beweis. Wird MV durch x; VD durch y, $MQ = MR = \sqrt{a^2 + c^2}$ durch e (§. 191. und 200.) bezeichnet, so ist, wegen Aehnlichkeit der Dreiecke NDV, QFW, QRM; $VN = VD = y$; $MW = WF = \frac{e}{2}$; und die Behauptung ist also

$$x . y = \frac{e^2}{4}.$$

Es ist $MN = x + y$; also, wenn δ den Winkel der Asymptote mit der Achse ausdrückt, für welchen $\operatorname{tg} \delta = \frac{c}{a}$ (§. 191.) ist, die Normale

$$NG = (x+y)\,\mathrm{Sin}\,\delta \text{ und die}$$
$$DG = (x+y)\,\mathrm{Sin}\,\delta - 2y\,\mathrm{Sin}\,\delta$$
$$= (x-y)\,\mathrm{Sin}\,\delta;\ \text{folglich}$$
$$NG^2 - DG^2 = 4xy\,\mathrm{Sin}\,\delta^2;\ (\S.\ 202.)\ \text{oder}$$
$$c^2 = 4xy\,.\,\frac{c^2}{e^2};\ \text{und hieraus}$$
$$xy = \frac{e^2}{4}.$$

Man nennt $(FM)^2$ oder $\frac{e^2}{4}$ die Potenz der Hyperbel, und $xy = \frac{e^2}{4}$ die Gleichung der Hyperbel zwischen ihren Asymptoten.

§. 204. Aufgabe. Die Hyperbel zu rectificiren.

Auflösung. Die Auflösung ist mit der im §. 182. ganz übereinstimmend.

§. 205. Aufgabe. Den ebenen Raum jedes hyperbolischen Segments zu bestimmen.

Auflösung. Die Ausführung kann ganz nach §. 183. erfolgen. Leichter ergiebt sich indessen der verlangte Inhalt auf folgendem Weg.

Es sei gegeben a, c und der Winkel μ, welchen die begrenzende Sehne mit der Achse bildet, so sind, wenn EFAD (Fig. 29.) die zu bestimmende Ebene vorstellt, der Winkel γ, welchen der, der Sehne ED zugehörige Durchmesser MC mit der Achse einschließt, ferner der zugehörige Coordinaten-Winkel z, und endlich auch die beiden coordinirten zugehörigen Halbmesser $MA = \alpha$ und $AL = AK = \beta$ durch die Formeln §. 199. bestimmt, also als bekannt anzusehen. Wird daher, wie bisher, MC durch u und $CD = CE$ durch y ausgedrückt, so ist die Ebene

EFAD

$$\text{EFAD} = \varphi u = 2 \operatorname{Sin} z \int y \, \partial u \quad (\S.\ 139.)$$

$$= 2 \frac{\beta}{\alpha} \operatorname{Sin} z \int \sqrt{u^2 - \alpha^2} . \partial u \quad [\S.\ 195.\ (\text{III})]$$

$$= \frac{\beta}{\alpha} \operatorname{Sin} z \left[u\sqrt{u^2 - \alpha^2} - \alpha^2 \ln(u + \sqrt{u^2 - \alpha^2}) \right] + C.$$

Für $u = \alpha$ wird $\varphi \alpha = 0$; also

$$C = \frac{\beta}{\alpha} \operatorname{Sin} z . \alpha^2 \ln \alpha, \text{ daher vollständig}$$

$$\varphi u = \frac{\beta}{\alpha} \operatorname{Sin} z \left[u\sqrt{u^2 - \alpha^2} + \alpha^2 \ln \frac{\alpha}{u + \sqrt{u^2 - \alpha^2}} \right] \text{ oder}$$

$$\varphi u = \frac{\beta}{\alpha} \operatorname{Sin} z \left[u\sqrt{u^2 - \alpha^2} + \alpha^2 \ln \frac{u - \sqrt{u^2 - \alpha^2}}{\alpha} \right].$$

Ist nun etwa bestimmt, daß die begrenzende Sehne FD die Achse in der Entfernung MT = b vom Mittelpunct schneidet, so hat man zur Bestimmung des zugehörigen Werthes von u die Gleichung

$$u : b = \operatorname{Sin} \mu : \operatorname{Sin} z, \text{ also}$$

$u = \frac{b \operatorname{Sin} \mu}{\operatorname{Sin} z}$, und substituirt man diesen Werth und zugleich die aus §. 199., so erhält man, durch a, c, μ und b ausgedrückt,

$$\varphi u = ac \left[\frac{b \operatorname{Sin} \mu \sqrt{(b^2 - a^2) \operatorname{Sin} \mu^2 + c^2 \operatorname{Cos} \mu^2}}{a^2 \operatorname{Sin} \mu^2 - c^2 \operatorname{Cos} \mu^2} \right.$$

$$\left. + \ln \frac{b \operatorname{Sin} \mu - \sqrt{(b^2 - a^2) \operatorname{Sin} \mu^2 + c^2 \operatorname{Cos} \mu^2}}{\sqrt{a^2 \operatorname{Sin} \mu^2 - c^2 \operatorname{Cos} \mu^2}} \right],$$

welcher Ausdruck für $b = MS = \frac{\sqrt{a^2 \operatorname{Sin} \mu^2 - c^2 \operatorname{Cos} \mu^2}}{\operatorname{Sin} \mu}$, wie erforderlich, verschwindet, und nur reelle Werthe liefert, wenn

$$b > \frac{\sqrt{a^2 \operatorname{Sin} \mu^2 - c^2 \operatorname{Cos} \mu^2}}{\operatorname{Sin} \mu} \text{ ist.}$$

Für $\mu = \frac{\pi}{2}$, also für eine auf die Achse normale, begrenzende Sehne, wird

$$\varphi u = ac\left[\frac{b\sqrt{b^2 - a^2}}{a^2} + \ln\frac{b - \sqrt{b^2 - a^2}}{a}\right].$$

§. 206. Zusatz. Soll die Hyperbel zwischen ihren Asymptoten quadrirt, also der Raum WFDV (Fig. 29.), in Beziehung auf welchen FW und DV parallel mit der andern Asymptote MP laufen, quadrirt werden, so ist

$$WFDV = \operatorname{Sin} DVN \int DV \,.\, \partial(MV),$$

oder nach der Bezeichnung §. 203.

$$\begin{aligned} WFDV &= \operatorname{Sin} 2\delta \int y\, \partial x \\ &= \frac{e^2}{4} \operatorname{Sin} 2\delta \int \frac{\partial x}{x} \\ &= \tfrac{1}{2} e \operatorname{Sin}\delta \,.\, e \operatorname{Cos}\delta \,.\, \ln x + C \\ &= \frac{ac}{2} \ln x + C. \end{aligned}$$

Für $x = MW = \frac{e}{2}$ (§. 203.) erhält man

$C = -\frac{ac}{2}\ln\frac{e}{2}$; daher vollständig

$$WFDV = \frac{ac}{2}\ln\frac{2x}{e}.$$

§. 207. Aufgabe. Es drehe sich der hyperbolische Bogen FD (Fig. 29.) um die Achse FG; man soll die entstehende gewölbte Oberfläche bestimmen.

Auflösung. Ist DG normal auf die Achse, MG $= u$, DG $= y$, also $y^2 = \frac{c^2}{a^2}(u^2 - a^2)$ (§. 189.), und bezeichnet Fu die zu bestimmende gewölbte Oberfläche, so ist

$$Fu = 2\pi \int y \sqrt{\partial u^2 + \partial y^2}.$$

Weil nun $y^2 = \frac{c^2}{a^2}(u^2 - a^2)$; also

$y\,\partial y = \frac{c^2}{a^2} u\,\partial u$ ist, so folgt

$$Fu = 2\pi \int \sqrt{\frac{c^2}{a^2}(u^2 - a^2) + \frac{c^4}{a^4}u^2} \, . \, \partial u$$

$$= \frac{2\pi c}{a^2} \int \sqrt{e^2 u^2 - a^4} \, . \, \partial u, \text{ also nach XXII.}$$

$$Fu = \frac{\pi c u \sqrt{e^2 u^2 - a^4}}{a^2} - \frac{\pi c a^2}{e} \ln(u e + \sqrt{u^2 e^2 - a^4}) + C,$$

daher

$$Fa = 0 = \pi c^2 - \frac{\pi c a^2}{e} \ln(a e + a c) + C,$$

folglich vollständig:

$$Fu = \pi c \left[\frac{u \sqrt{e^2 u^2 - a^4}}{a^2} - c - \frac{a^2}{e} \ln \frac{e u + \sqrt{e^2 u^2 - a^4}}{a(c + e)} \right].$$

§. 208. Zusatz. 1) Dreht sich der Bogen FD (Fig. 29.) um die Normale durch M auf die Achse, so ist die entstehende Oberfläche

$$Fy = 2\pi \int u \sqrt{\partial u^2 + \partial y^2},$$

woraus man erhält:

$$Fy = \pi a \left[\frac{y \sqrt{e^2 y^2 + c^4}}{c^2} + \frac{c^2}{e} \ln \frac{e y + \sqrt{e^2 y^2 + c^4}}{c^2} \right].$$

2) Dreht sich der Bogen FD um die Asymptote MN, so ist MV $= x$; VD $= y$ (§. 203.), den Winkel der Asymptote mit der Achse $= \delta$, und die gesuchte Oberfläche $= Fx$ gesetzt, nach §. 140.

$$Fx = 2\pi \operatorname{Sin} 2\delta \int y \sqrt{\partial x^2 + \partial y^2 + 2 \operatorname{Cos} 2\delta \, . \, \partial x \, . \, \partial y}.$$

Da nun $xy = \frac{e^2}{4}$ (§. 203.); also

$$y = \frac{e^2}{4x} \text{ und } \partial y = -\frac{e^2 \partial x}{4x^2}; \text{ ferner}$$

$\operatorname{Sin} 2\delta = 2 \operatorname{Sin} \delta \operatorname{Cos} \delta = 2 . \frac{ac}{e^2}$; $\operatorname{Cos} 2\delta = \operatorname{Cos} \delta^2 - \operatorname{Sin} \delta^2$ $= \frac{a^2 - c^2}{e^2}$, oder, b^2 für $a^2 - c^2$ geschrieben, $\operatorname{Cos} 2\delta = \frac{b^2}{e^2}$ ist, so erhält man:

$$Fx = \frac{\pi a c}{4}\int \frac{\sqrt{e^4 - 8b^2x^2 + 16x^4}}{x^3} . \partial x$$

oder, w für x^2 geschrieben,

$$Fx = \frac{\pi a c}{8}\int \frac{\sqrt{e^4 - 8b^2 w + 16w^2}}{w^2} . \partial w.$$

Wird R für $e^4 - 8b^2 w + 16w^2$ geschrieben, so ergiebt sich [nach XLIX. §. 100.]

$$Fx = \frac{\pi ac}{8}\left[-\frac{R^{\frac{3}{2}}}{e^4 . w} - \frac{4b^2}{e^4}\int \frac{\sqrt{R}}{w}\partial w + \frac{32}{e^4}\int \sqrt{R} . \partial w\right]$$

Es ist aber [nach XXXI. §. 92.]

$$\int \frac{\sqrt{R}}{w}\partial w = \sqrt{R} + e^4 . \int \frac{\partial w}{w\sqrt{R}} - 4b^2\int \frac{\partial w}{\sqrt{R}};$$

und [nach XXVII. §. 90.]

$$\int \sqrt{R} . \partial w = \frac{(-8b^2 + 32w)\sqrt{R}}{64} + \frac{e^4 - b^4}{2}\int \frac{\partial w}{\sqrt{R}},$$

folglich, wenn diese Werthe substituirt werden

$$Fx = \frac{\pi ac}{8e^4}\left[-\frac{e^4\sqrt{R}}{w} - 4b^2 e^4\int \frac{\partial w}{w\sqrt{R}} + 16e^4\int \frac{\partial w}{\sqrt{R}}\right]$$

Nach XXX. (§. 92.) ist nun

$$\int \frac{\partial w}{w\sqrt{R}} = -\frac{1}{e^2}\ln \frac{2e^4 - 8b^2 w + 2e^2\sqrt{R}}{w};$$

und nach XXVI. (§. 88.)

$$\int \frac{\partial w}{\sqrt{R}} = \frac{1}{4}\ln\left[\frac{-8b^2 + 32w}{8} + \sqrt{R}\right];$$ folglich

$$Fx = \frac{\pi ac}{8e^2}\left[-\frac{e^2\sqrt{R}}{w} + 4b^2\ln \frac{e^4 - 4b^2 w + e^2\sqrt{R}}{w}\right.$$
$$\left. + 4e^2\ln[-b^2 + 4w + \sqrt{R}]\right] + C.$$

Für $x = MW = \frac{e}{2}$ wird $w = \frac{e^2}{4}$; $R = 4c^2e^2$ und $F\left(\frac{e}{2}\right) = 0$; daher

$$C = \frac{\pi ac}{8e^2}\left[8ce - 4b^2\ln[8c(c + e)] - 4e^2\ln[2c(c + e)]\right].$$

also vollständig:

$$Fx = \frac{\pi a c}{8 e^2}\left[\frac{e[8 c x^2 - e\sqrt{R}]}{x^2} + 4 b^2 . \ln \frac{e^4 - 4 b^2 x^2 + e^2 \sqrt{R}}{8 c (c+e) x^2} + 4 e^2 \ln \frac{4 x^2 - b^2 + \sqrt{R}}{2 c (c+e)}\right],$$

in welcher Formel

$$a^2 + c^2 \text{ unter } e^2$$
$$a^2 - c^2 \text{ unter } b^2$$
$$e^4 - 8 b^2 x^2 + 16 x^4 \text{ unter } R$$

zu verstehen ist.

Ist die Hyperbel gleichseitig, also $a = c$; $e = a\sqrt{2}$; $b = 0$, so erhält man aus der letzten Formel:

$$Fx = \frac{\pi a^2}{4}\left[\frac{2x^2\sqrt{2} - \sqrt{a^4 + 4x^4}}{x^2} + 2 \ln \frac{2x^2 + \sqrt{a^4 + 4x^4}}{a^2 (1 + \sqrt{2})}\right].$$

§. 209. **Aufgabe.** Die Hyperbel zu cubiren.

Auflösung. Die allgemeine Auflösung ist vollkommen dieselbe, wie in §. 186. Es sollen deswegen nur einzelne besondere Fälle untersucht werden.

1) Es drehe sich die Ebene FGD (Fig. 29.) um die Achse FG; DG sei normal auf FG; M der Mittelpunct der Hyperbeln; $MG = u$; $GD = y$; der Inhalt des entstehenden Körpers $= \varphi u$; so ist

$$\varphi u = \pi \int y^2 \partial u = \frac{\pi c^2}{a^2} \int (u^2 - a^2) \partial u$$
$$= \frac{\pi c^2}{a^2}\left[\frac{u^3}{3} - a^2 u\right] + C$$
$$= \frac{\pi c^2}{a^2}\left[\frac{u^3}{3} - a^2 u\right] + \frac{\pi c^2}{a^2} \cdot \tfrac{2}{3} a^3$$
$$= \frac{\pi c^2}{3 a^2}[u^3 - 3 a^2 u + 2 a^3],$$

oder, $FG = u - a$ durch x bezeichnet,

$$\varphi u = \frac{\pi c^2}{3 a^2} x^2 (3a + x).$$

2) Es drehe sich die Ebene WFDV um die Asymptote MN (Fig. 29.), WF und VD parallel mit der an-

dern Asymptote MP gedacht; MV werde durch x: VD durch y, der entstehende Körper durch φx, und der Winkel welchen jede Asymptote mit der Achse bildet, durch δ ausgedrückt, so ist

$$\varphi x = \pi (\mathrm{Sin}\, 2\delta)^2 . \int y^2 . \partial x \text{ (§. 141. III.)}$$
$$= \pi \frac{a^2 c^2}{4} \int \frac{\partial x}{x^2} \text{ (§. 208.)}$$
$$= -\frac{\pi a^2 c^2}{4x} + C$$
$$= -\frac{\pi a^2 c^2}{4x} + \frac{\pi a^2 c^2}{2e}$$
$$= \pi . \frac{a^2 c^2}{4e} . \frac{2x - e}{x}$$
$$= \frac{\pi a^2 c^2}{2e^2} [e - 2y].$$

Für $y = 0$ ergiebt sich hieraus die Gränze, welche der Körper für ein unendlich großes x erreicht $= \frac{\pi a^2 c^2}{2e}$.

Des vierten Abschnitts
3tes Kapitel.

Anwendung der allgemeinen Gesetze im ersten Kapitel dieses Abschnittes auf noch einige andere Curven.

I. Von der Conchoide oder Muschellinie.

§. 210. Erklärung. Wählt man in einer Ebene eine gerade Linie, und außerhalb derselben einen Punct, zieht dann durch diesen unendlich viele gerade Linien, welche erstere durchschneiden, und macht jenseits derselben, diese Linien alle einander gleich, so heißt die Curve durch alle Endpuncte dieser Linien, die Conchoide.

§. 211. Aufgabe. Es sei AB (Fig. 31.) die gewölbte gerade Linie: C der außerhalb derselben angenommene Punct in der Entfernung CD = b von AB; DE = FG = HK = etc. = a; also EGK die Conchoide; man soll ihre Form durch eine Gleichung bestimmen.

Auflösung. 1) Bestimmung einer Polar-Gleichung.

Wird jeder Winkel, wie ECG = x; die Länge CG des zugehörigen Schenkels = y gesetzt, so ist

$$b \,\mathrm{Sec}\, x = CF = CG - GF = y - a; \text{ also}$$

$$\text{(I)} \quad y = a + b \,\mathrm{Sec}\, x.$$

2) Bestimmung einer Gleichung zwischen rechtwinkligen Coordinaten, die Absciffen von D aus auf DB genommen.

Bezeichnet man die Abscissen, wie etwa DL durch u, die zugehörige normale Ordinate LK durch z, so hat man

$$CD : DH = KL : LH, \text{ oder}$$

$$b : u - \sqrt{a^2 - z^2} = z : \sqrt{a^2 - z^2}; \text{ also}$$

$$\text{(II)} \quad u = \frac{(b + z)\sqrt{a^2 - z^2}}{z},$$

so daß hiernach die Conchoide eine Curve vom 4ten Grade ist.

§. 212. Aufgabe. Für jeden Punct der Conchoide die Subt., Subn. und den Mittelpunct der Krümmung zu bestimmen.

Auflösung. 1) Ist GI in G (Fig. 31.) Tangente, I ihr Durchschnittspunct mit der Achse ED; GN normal auf ED; α der Winkel GID, so ist

$$\mathrm{tang}\, \alpha = \frac{\partial (NG)}{\partial (EN)},$$

also [nach (I) vor. §.]

$$\mathrm{tang}\, \alpha = \frac{\partial (y \,\mathrm{Sin}\, x)}{\partial (a + b - y \,\mathrm{Cos}\, x)}.$$

woraus, nach Ausführung der Ableitungen und gehöriger Reduction:

$$\text{(I)}\quad \tang \alpha = \frac{b + a \operatorname{Cos} x^3}{a \operatorname{Sin} x \operatorname{Cos} x^2};$$

oder [nach (II) vor. §.]

$$\tang \alpha = \frac{\partial u}{\partial (a - z)}, \text{ woraus}$$

$$\text{(II)}\quad \tang \alpha = \frac{a^2 b + z^3}{z^2 . \sqrt{a^2 - z^2}} \text{ entsteht.}$$

2) Es ist $IN . \tang \alpha = NG$; oder Subt. $\tang \alpha = y \operatorname{Sin} x$ oder $= u$, und hieraus entsteht:

$$\text{(III)}\quad \text{Subt} = \frac{a \operatorname{Sin} x^2 \operatorname{Cos} x (a \operatorname{Cos} x + b)}{a \operatorname{Cos} x^3 + b}; \text{ oder}$$

$$\text{(IV)}\quad \text{Subt} = \frac{(b + z) z (a^2 - z^2)}{a^2 b + z^3}.$$

3) Es ist Subn $= NG . \tang \alpha$; also, entweder

$$\text{(V)}\quad \text{Subn} = \frac{(a \operatorname{Cos} x + b)(a \operatorname{Cos} x^3 + b)}{a \operatorname{Cos} x^3}; \text{ oder auch}$$

$$\text{(VI)}\quad \text{Subn} = \frac{(b + z)(a^2 b + z^3)}{z^2}.$$

Anmerk. Am leichtesten erhält man jedesmal die eine Formel aus der andern, wenn man $a \operatorname{Cos} x$ für z, oder $\frac{z}{a}$ für $\operatorname{Cos} x$ schreibt.

4) Nach §. 131. erhält man die Abscisse a' des Mittelpuncts der Krümmung von D aus, auf DB abgetragen, oder

$$\text{(VII)}\quad a' = u - \frac{[z^4 + 2bz^3 + a^2 b^2][a^2 b + z^3]}{z^3 [z^3 + 3bz^2 - 2a^2 b]},$$

die zugehörige normale Ordinate

$$\text{(VIII)}\quad b' = z - \frac{z^4 + 2bz^3 + a^2 b^2}{z^3 + 3bz^2 - 2a^2 b} . \frac{u}{b + z};$$

und den Halbmesser der Krümmung selbst, oder

$$\text{(IX)}\quad r = \frac{a (z^4 + 2bz^3 + a^2 b^2)^{\frac{3}{2}}}{z^3 (z^3 + 3bz^2 - 2a^2 b)}.$$

Beispiel. Für $a = b$ und $z = \frac{4}{5} a$ wird

$$u = \tfrac{27}{20} . a;$$

$$a' = -\frac{9783}{640} . a$$

$$b' = -\frac{137}{40} . a$$

$$r = \frac{2197}{128} . a.$$

§. 213. Aufgabe. Den Wendungspunct der Conchoide zu bestimmen.

1ste Auflösung. Nach (§. 132. 1.) ergiebt sich derselbe für denjenigen Werth von z, für welchen

$$z^3 + 3bz^2 - 2a^2 b = 0 \text{ wird.}$$

2te Auflösung. Nach (§. 132. 2.) erhält man denselben, für denjenigen Werth von z, für welchen

$$\alpha = \text{Arctg} \frac{a^2 b + z^3}{z^2 \sqrt{a^2 - z^2}}$$

ein Max. oder Min. wird.

Setzt man daher

$$Fz = \frac{a^2 b + z^3}{z^2 \sqrt{a^2 - z^2}}; \text{ so erhält man}$$

$$F'z = \frac{a^2 [z^3 + 3bz^2 - 2a^2 b]}{z^3 [a^2 - z^2]^{\frac{3}{2}}},$$

und es wird $F'z = 0$ für denjenigen Werth von z, der

$$z^3 + 3bz^2 - 2a^2 b \text{ zu Null macht.}$$

Beispiel. Es sei $b = a$.

Für $b = a$ verwandelt sich die Gleichung, welche die Ordinate z des Wendepunctes bestimmt, in die

$$z^3 + 3az^2 - 2a^3 = 0; \text{ oder}$$

$$z^3 + az^2 = 2a^3 - 2az^2; \text{ oder}$$

$$z^2 [a + z] = 2e [a^2 - z^2]; \text{ oder}$$

$$[a + z][z^2 - 2a(a - z)] = 0; \text{ oder}$$

$$[a + z][z^2 + 2az - 2a^2] = 0,$$

und hieraus erhält man den, der Natur der Curve entsprechenden Werth von z, aus $z^2 + 2az - 2a^2 = 0$, nemlich:

$$z = a[-1 + \sqrt{3}] = 0{,}732 \ldots . a,$$

für welches z sowohl r, als b' und a' unendlich groß wird.

§. 214. Aufgabe. Die Conchoide zu quadriren.

1ste Auflösung. Es ist, wenn GN normal auf ED steht (Fig. 31.), die Ebene

$$\begin{aligned}
ENG &= \int NG . \partial(EN) \\
&= \int y \operatorname{Sin} x . \partial[a + b - y \operatorname{Cos} x] \\
&= \int y \operatorname{Sin} x [y \operatorname{Sin} x \partial x - \operatorname{Cos} x \partial y] \\
&= \int y \operatorname{Sin} x [y \operatorname{Sin} x - b \operatorname{tg} x] \partial x \\
&= \int y \operatorname{Sin} x [a \operatorname{Sin} x] . \partial x \\
&= a^2 \int \operatorname{Sin} x^2 \partial x + ab \int \frac{1 - \operatorname{Cos} x^2}{\operatorname{Cos} x} . \partial x \\
&= \tfrac{1}{2} a^2 [x - \operatorname{Sin} x \operatorname{Cos} x] + ab \ln[\operatorname{Sec} x + \operatorname{tg} x] - ab \operatorname{Sin} x
\end{aligned}$$

2te Auflösung. Es ist die Ebene ECG $= \tfrac{1}{2}\int y^2 . \partial x = \tfrac{1}{2}[a^2 x + 2ab \ln(\operatorname{Sec} x + \operatorname{tg} x) + b^2 \operatorname{tg} x]$. Da nun CDF $= \tfrac{1}{2} b^2 \operatorname{tg} x$; so bleibt

$$EDFG = \frac{a}{2}[ax + 2b \ln(\operatorname{Sec} x + \operatorname{tg} x)].$$

§. 215. Aufgabe. Die Conchoide zu cubiren.

1ste Auflösung. Dreht sich die Ebene CEG um EC, so ist der entstehende Körper $K = \tfrac{2}{3}\pi \int y^3 \operatorname{Sin} x \partial x$, woraus man nach geschehener Integration und Constanten-Bestimmung erhält:

$$K = \tfrac{4}{3}\pi\left(\operatorname{Sin}\frac{x}{2}\right)^2 . \left[a^3 + 3ab^2 \operatorname{Sec} x + b^3 \operatorname{Sec} x^2 . \left(\operatorname{Cos}\frac{x}{2}\right)^2\right] - 2a^2 b \pi \ln \operatorname{Cos} x.$$

2te Auflösung. Es sei KL normal auf DL, und die Ebene EDLK drehe sich um DL, so ist der entstehende Körper, oder

$$Fz = \pi \int z^2 . \partial u \text{ (z und u wie in §. 211.)}$$

$$= - \pi \int \frac{a^2 b + z^3}{\sqrt{a^2 - z^2}} . \partial z$$

$$= - \pi a^2 b \int \frac{\partial z}{\sqrt{a^2 - z^2}} - \pi \int \frac{z^3 \partial z}{\sqrt{a^2 - z^2}}.$$

Nach §. 79. XXI. ist aber

$\int \frac{\partial z}{\sqrt{a^2 - z^2}} = \text{Arc Sin} \frac{z}{a}$; ferner ist

$$- \pi \int \frac{z^3 \partial z}{\sqrt{a^2 - z^2}} = - \frac{\pi}{2} \int \frac{z^2 . \partial (z^2)}{\sqrt{a^2 - z^2}};$$

$= \pi \int (a^2 - w^2) \partial w$, [$\sqrt{a^2 - z^2}$ unter w verstanden]

$$= \pi \left(a^2 w - \frac{w^3}{3} \right)$$

$$= \frac{\pi}{3} (3a^2 - w^2) w$$

$$= \frac{\pi}{3} (2a^2 + z^2) \sqrt{a^2 - z^2}; \text{ also}$$

$$Fz = \pi \left[\frac{2a^2 + z^2}{3} \sqrt{a^2 - z^2} - a^2 b \text{ Arc Sin} \frac{z}{a} \right] + C.$$

Für $z = a$ wird $Fa = 0$; also

$$0 = - \pi a^2 b \tfrac{1}{2} \pi + C; \text{ daher}$$

$$Fz = \pi \left[\frac{2a^2 + z^2}{3} \sqrt{a^2 - z^2} + \left[\tfrac{1}{2} \pi - \text{Arc Sin} \frac{z}{a} \right] a^2 b \right]$$

$$= \pi \left[\frac{2a^2 + z^2}{3} \sqrt{a^2 - z^2} + a^2 b \text{ Arc Cos} \frac{z}{a} \right].$$

Beispiel. Hat ein Faß im Boden den Halbmesser r, im Bauch den a, und ist seine Länge $= 2c$; so ist, die Krümmung der Dauben als conchoidisch betrachtet, aus der Coordinaten-Gleichung:

$$c = \frac{(b + r) \sqrt{a^2 - r^2}}{r};$$

$$b = \frac{cr}{\sqrt{a^2 - r^2}} - r;$$

und diesen Werth unter b verstanden, der Cubic-Inhalt des ganzen Fasses

$$= 2\pi\left[\frac{2a^2+r^2}{3}\sqrt{a^2-r^2} + a^2 b \operatorname{Arc}\operatorname{Cos}\frac{r}{a}\right]$$

(Siehe meine Aufgaben aus der Körperlehre. Berlin 1811).

II. Von der Neoide oder Spinnlinie.

§. 216. **Erklärung.** Verlängert man den Durchmesser AB = 2r (Fig. 32.) eines Halbkreises ACB um irgend eine Länge BD = a; denkt sich in diesem Halbkreis unendlich viele Halbmesser gezogen, und außerhalb der Peripherie verlängert, auf jeder Verlängerung aber, wie etwa auf der des Halbmessers MC, die Linie CE so groß gemacht, wie sie die Proportion:

Bogen ACB : Bogen AC = BD : CE

bestimmt, so geben die Endpuncte aller dieser Verlängerungen eine Curve AED, welche wegen ihrer Anwendbarkeit bei Spinnmaschinen, um eine gleichförmige Erhebung und Senkung der Spindel, also auch ein cylinderförmiges Aufwickeln des Fadens zu bewirken, die **Neoide** heißt.

§. 217. **Aufgabe.** Eine Gleichung für die Neoide herzuleiten.

Auflösung. Wird jeder Winkel, wie AMF (Fig. 32.) durch x, die zugehörige Ordinate MF durch y bezeichnet, so entspringt aus der Proportion §. 216.

$\pi : x = a : CE$; also ist

$CE = \frac{ax}{\pi}$; folgt die Polar-Gleichung

$$y = r + \frac{a}{\pi}x.$$

Fällt man die Normale FG, bezeichnet sie durch z: die zugehörige Absciſſe AG durch u, so hat man auch:

1) $z = Fx = y \operatorname{Sin} x = \left[r + \frac{a}{\pi} x\right] . \operatorname{Sin} x$ und

2) $u = fx = r - y \operatorname{Cos} x = r - \left[r + \frac{a}{\pi} x\right] \operatorname{Cos} x.$

Aus beiden entspringt:

$$z^2 + (r-u)^2 = \left[r + \frac{a}{\pi} x\right]^2 \text{ und auch}$$

$$\frac{z}{r-u} = \operatorname{tang} x; \text{ oder}$$

$$x = \operatorname{Arc} \operatorname{tg} \frac{z}{r-u};$$

daher, wenn man diesen Werth substituirt,

$$z^2 + (r-u)^2 = \left[r + \frac{a}{\pi} \operatorname{Arc} \operatorname{tg} \frac{z}{r-u}\right]^2,$$

welche transcendente Coordinaten-Gleichung aber nicht zur Entwicklung von z durch u oder u durch z zu gebrauchen ist. Bequemer sind die Gleichungen 1) und 2), welche z mit u mittelbar durch x vergleichen.

§. 218. **Zusatz.** Aus $z = Fx$ und $u = fx$ (§. 217.) folgt, $z = \varphi u$ gesetzt, nach §. 40.,

$$\frac{\partial z}{\partial u} = \frac{\partial z}{\partial x} : \frac{\partial u}{\partial x} = \frac{y \operatorname{Cos} x + \frac{a}{\pi} \operatorname{Sin} x}{y \operatorname{Sin} x - \frac{a}{\pi} \operatorname{Cos} x} = \frac{\pi y \operatorname{Cos} x + a \operatorname{Sin} x}{\pi y \operatorname{Sin} x - a \operatorname{Cos} x};$$

$$\frac{\partial^2 z}{\partial u^2} = \frac{\frac{\partial u}{\partial x} \cdot \frac{\partial^2 z}{\partial x^2} - \frac{\partial z}{\partial x} \cdot \frac{\partial^2 u}{\partial x^2}}{\left(\frac{\partial u}{\partial x}\right)^3} = - \frac{2a^2 + \pi^2 . y^2}{[\pi y \operatorname{Sin} x - a \operatorname{Cos} x]^3} \pi.$$

§. 219. **Aufgabe.** Die Subt., Subn. und den Mittelpunct der Krümmung für die Neoide zu bestimmen.

Auflösung Es ist

$$\text{Subt.} = z : \frac{\partial z}{\partial u} = \frac{z(\pi y \operatorname{Sin} x - a \operatorname{Cos} x)}{\pi y \operatorname{Cos} x + a \operatorname{Sin} x};$$

$$\text{Subn.} = z . \frac{\partial z}{\partial u} = \frac{z(\pi y \operatorname{Cos} x + a \operatorname{Sin} x)}{\pi y \operatorname{Sin} x - a \operatorname{Cos} x}$$

die Abscisse a' des Mittelpuncts der Krümmung für den Endpunct von z

$$= u - \frac{1 + \left(\frac{\partial z}{\partial u}\right)^2}{\frac{\partial^2 z}{\partial u^2}} \cdot \frac{\partial z}{\partial n}; \text{ oder,}$$

nach Substitution der Werthe,

$$a' = r + a \cdot \frac{[\pi^2 y^2 + a^2] \operatorname{Sin} x - \pi a y \operatorname{Cos} x}{[\pi^2 y^2 + 2a^2] \cdot \pi};$$

die zugehörige Ordinate $b' = z + \frac{1 + \left(\frac{\partial z}{\partial x}\right)^2}{\frac{\partial^2 z}{\partial u^2}}$ oder, die Werthe gesetzt,

$$b' = \frac{a}{\pi} \cdot \frac{[\pi^2 y^2 + a^2] \operatorname{Cos} x + \pi a y \operatorname{Sin} x}{\pi^2 y^2 + 2a^2},$$

endlich, der Halbmesser der Krümmung selbst, oder

$$r' = \frac{\left[1 + \left(\frac{\partial z}{\partial u}\right)^2\right]^{\frac{3}{2}}}{\frac{\partial^2 z}{\partial u^2}};$$

woraus, nach Einführung der Werthe, entspringt

$$r' = \frac{[\pi^2 y^2 + a^2]^{\frac{3}{2}}}{[\pi^2 y^2 + 2a^2] \cdot \pi}.$$

Beispiele. 1) Für $x = 0$ entspringt:

$$\text{Subt} = 0; \ \text{Subn} = 0; \ a' = r \cdot \frac{\pi^2 r^2 + a^2}{\pi^2 r^2 + 2a^2};$$

$$b' = \frac{a}{\pi} \cdot \frac{\pi^2 r^2 + a^2}{\pi^2 r^2 + 2a^2}; \ r' = \frac{(\pi^2 r^2 + a^2)^{\frac{3}{2}}}{[\pi^2 r^2 + 2a^2]\pi}.$$

2) Für $x = \frac{\pi}{2}$ wird

$$\text{Subt} = \frac{\pi(2r + a)^2}{4a}; \ \text{Subn} = \frac{a}{\pi}; \ y = r + \frac{a}{2};$$

$$a' = r + \frac{a}{\pi} \cdot \frac{\pi^2 y^2 + a^2}{\pi^2 y^2 + 2a^2}; \ b' = \frac{a^2 y}{\pi^2 y^2 + 2a^2};$$

$$r' = \frac{(\pi^2 y^2 + a^2)^{\frac{3}{2}}}{[\pi^2 y^2 + 2a^2]\pi}.$$

3) Für $x = \pi$ wird $y = r + a$

Subt $= 0$; Subn $= 0$; $a' = r + \frac{a^2 y}{\pi^2 y^2 + 2a^2}$;

$b' = -\frac{a}{\pi} \cdot \frac{\pi^2 y^2 + a^2}{\pi^2 y^2 + 2a^2}$.

§. 220. **Aufgabe.** Die Neoide zu rectificiren.

Auflösung. Es ist Bogen AE $= v$ (Fig. 32.)

$$= Fx$$

$$= \int\sqrt{y^2 + (\partial y)^2} \cdot \partial x \quad \text{(§. 142. und 217.)}$$

$$= \int\sqrt{y^2 + \left(\frac{a}{\pi}\right)^2} \cdot \frac{\pi}{2}\,\partial y = \int\sqrt{1 + \left(\frac{\pi y}{a}\right)^2} \cdot \partial y$$

$$= \frac{1}{a}\int\sqrt{a^2 + \pi^2 y^2} \cdot \partial y$$

$$= \frac{y\sqrt{a^2 + \pi^2 y^2}}{2a} + \frac{a}{2\pi}\ln\left[\pi y + \sqrt{a^2 + \pi^2 y^2}\right] + C \text{ (XXII).}$$

Für $y = r$ wird $v = 0$, und hieraus erhält man C. Dann für $y = r + a$ die ganze Linie

$$AED = \frac{(r+a)\sqrt{a^2 + \pi^2(r+a)^2} - r\sqrt{a^2 + \pi^2 r^2}}{2a}$$

$$+ \frac{a}{2\pi}\ln\frac{(a+r)\pi + \sqrt{a^2 + \pi^2(r+a)^2}}{r\pi + \sqrt{a^2 + \pi^2 r^2}}.$$

§. 221. **Aufgabe.** Die Neoide zu quadriren.

Auflösung. Es ist die Ebene AME $= \frac{1}{2}\int y^2 . \partial x$

$= \frac{1}{2}\int y^2 . \frac{\pi}{a}\,\partial y = \frac{\pi y^3}{6a} + C = \frac{\pi(y^3 - r^3)}{6a}$; daher

Ebene AED $= \frac{\pi((r+a)^3 - r^3)}{6a} = \frac{\pi}{6}[3r^2 + 3ra + a^2]$, folglich, weil die Halbkreis-Ebene ACB $= \frac{\pi r^2}{2}$ ist; der Raum

$$BCAED = \frac{\pi a}{6}(3r + a).$$

§. 222. **Aufgabe.** Die Neoide zu cubiren.

Auflösung. Es ist der Körper Fx, welchen die Ebene AME bei der Umdrehung um AM erzeugt

$$= \frac{2}{3}\pi \int y^3 \operatorname{Sin} x \,\partial x = -\frac{2}{3}\pi \int y^3 \,\partial \operatorname{Cos} x$$

$$= -\frac{2}{3}\pi \left[y^3 \operatorname{Cos} x - 3\int \operatorname{Cos} x \,.\, y^2 \,.\, \frac{a}{\pi}\,\partial x \right]$$

$$= -\frac{2}{3}\pi y^3 \operatorname{Cos} x + 2a \int y^2 \,.\, \partial \operatorname{Sin} x$$

$$= -\frac{2}{3}\pi y^3 \operatorname{Cos} x + 2a \left[y^2 \operatorname{Sin} x - 2\int \operatorname{Sin} x \,.\, y \frac{a}{\pi}\,\partial x \right]$$

$$= -\frac{2}{3}\pi y^3 \operatorname{Cos} x + 2a y^2 \operatorname{Sin} x + \frac{4a^2}{\pi}\int y \,\partial \operatorname{Cos} x$$

$$= -\frac{2}{3}\pi y^3 \operatorname{Cos} x + 2a y^2 \operatorname{Sin} x + \frac{4a^2}{\pi}\left[y \operatorname{Cos} x - \int \operatorname{Cos} x \,.\, \frac{a}{\pi}\,\partial x \right]$$

$$= -\frac{2}{3}\pi y^3 \operatorname{Cos} x + 2a y^2 \operatorname{Sin} x + \frac{4a^2}{\pi} y \operatorname{Cos} x - \frac{4a^3}{\pi^2} \operatorname{Sin} x + C.$$

Für $x = 0$ ist $y = r$ und $F = 0$; daher

$$C = \frac{2}{3}\pi r^3 - \frac{4a^2}{\pi} r;$$ also vollständig

$$F x = \frac{2}{3}\pi [r^3 - y^3 \operatorname{Cos} x] + 2a y^2 \operatorname{Sin} x - \frac{4a^2}{\pi}(r - y \operatorname{Cos} x) - \frac{4a^3}{\pi^2} \operatorname{Sin} x$$

Beispiele. 1) Für $x = \frac{1}{2}\pi$ wird

$$F \frac{\pi}{2} = \frac{2}{3} r^3 \pi + 2a \left(r + \frac{a}{2}\right)^2 - \frac{4a^2 r}{\pi} - \frac{4a^3}{\pi^2}.$$

2) Für $x = \pi$ wird

$$F \pi = \frac{2}{3}\pi [r^3 + (r + a)^3] - \frac{4a^2}{\pi}(2r + a).$$

III. Von den Evolventen oder Abwicklungs-Linien.

§. 223. Erklärung. Wenn man sich an eine beliebige Curve einen Faden angelegt, und an seinem einen Endpunct auf der Curve befestigt, vorstellt, und nun unter steter Anspannung den Faden abwickelt, so daß sein

gerade

gerade gewordener Theil, Tangente der Curve für die Ablösungsstelle wird, so beschreibt der andere sich immer von der Curve entfernende Endpunct, eine neue Curve, welche Evolvente heißt. Die Curve, von welcher abgewickelt wird, heißt die Evolute.

§. 224. Aufgabe. Gleichungen für die Evolvente, bestimmt durch die gegebene Gleichung der Evolute, herzuleiten.

Auflösung. Die Curve BH (Fig. 33.) sei in Beziehung auf den Punct A, als Polarecke, und die Anfangslinie AB, durch die Polar-Gleichung $y = \varphi x$ gegeben, und rectificirt; die Länge des zu x gehörigen Bogens:

$$BC = \int \sqrt{y^2 + (\partial y)^2} \, . \, \partial x \text{ sei } = v$$

An irgend einer Stelle H der Curve, sei der Faden befestigt, und von H bis B aufgelegt; die Abwicklung dieses Fadens sei so weit erfolgt, daß derselbe jetzt sich in C ablöst, so daß sein gerade gewordener Theil $CE = CB = v$ ist, und sein Endpunct E die Curve BE beschrieben hat. Man fälle EG normal auf AB; setze die Ordinate $EG = z$, die Abscisse $AG = u$, und denke sich aus C eine Normale auf AB, und auf sie aus E eine Normale, so ergeben sich leicht die beiden Gleichungen für die Evolvente BE, nemlich

1) $u = y \operatorname{Cos} x + v \operatorname{Sin} x$,

2) $z = y \operatorname{Sin} x - v \operatorname{Cos} x$,

wodurch, weil y und v Functionen von x sind, auch u und z als Functionen des Abwicklungswinkels x ausgedrückt sind.

§. 225. Aufgabe. Die Evolvente zu rectificiren.

Auflösung. Wird der Bogen $BE = v' = Fx$; der zugehörige bekannte Bogen BC (der Evolute) $= v = fx$

gesetzt, und denkt man sich nun den Polar-Winkel x um k wachsend, so daß die Ablösungsstelle des Fadens dann in D, der beschreibende Endpunct B aber in F ist, also DF als Tangente der Evolute in D erscheint, so ist

$$DE = f(x+k);\ EF = F(x+k) - Fx,$$

und der Winkel den CE und DF bilden $= k$. Nun ist aber der Bogen $EF > k.fx$ und zugleich:

Bogen $EF < kf(x+k)$; daher, wenn k' zwischen Null und k fällt,

$$EF = F(x+k) - Fx = kf(x+k')$$

zu setzen, und aus dieser Gleichung folgt auf dem gewöhnlichen Weg

$$Fx = \int fx.$$

Beispiel. Ist die Evolute ein Kreis zum Halbmesser r, also für jeden Werth von x, $y = r$ und $v = rx$, so hat man die Länge $v' = BE$ (Fig. 34.), der zu x gehörigen Evolvente $= \int rx = \frac{rx^2}{2}$, ferner ED als Tangente in E, also normal auf EC gedacht, und $= v' = BE = \frac{rx^2}{2}$ gemacht, die zu EB als Evolute gehörige Evolvente $BD = v'' = \int \frac{rx^2}{2} = \frac{rx^3}{2.3}$; dann $GD = BD = \frac{rx^3}{2.3}$ normal auf DE, also als Tangente der Curve DB in D gedacht, die zu DB als Evolute gehörige Evolvente

$$BG = v''' = \int \frac{rx^3}{2.3} = \frac{rx^4}{(4)} \text{ u. s. w.}$$

Es sind also die aufeinander folgenden Längen des Kreisbogens als Evolute, und der zugehörigen Kreis-Evolventen der 1sten, 2ten, 3ten u. s. w. Ordnung

$$= \frac{rx}{(1)};\ \frac{r.x^2}{(2)};\ \frac{rx^3}{(3)};\ \frac{rx^4}{(4)} \text{ u. s. w.}$$

§. 226. Aufgabe. Die Evolvente zu quadriren.

Auflösung. Bezeichnet Fx den Raum CBE (Fig. 33.), begränzt von dem Bogen BC der Evolute, der Tangente CE = BC in C, und dem Bogen BE der Evolvente; fx die Länge von v = CB = CE, so ist

$$F(x+k) - Fx = \text{dem Raum } ECDF, \text{ also}$$

$$F(x+k) - Fx > \tfrac{1}{2}(fx)^2 k \text{ und zugleich}$$

$$F(x+k) - Fx < \tfrac{1}{2}(f(x+k))^2 . k;$$

daher, wenn $k' > 0$ und $k' < k$ gedacht wird,

$$F(x+k) - Fx = \tfrac{1}{2} . k (f(x+k'))^2,$$

und hieraus

$$Fx = \tfrac{1}{2}\int (fx)^2 \text{ (s. §. 142. Anmerk. 1.)}.$$

Beispiel. Ist die Evolute ein Kreis, wie im Beispiel §. 225., so findet man

$$\text{Ebene } CBE = \tfrac{1}{2}\int (rx)^2 = \tfrac{1}{2} r^2 \frac{x^3}{3}$$

$$\text{Ebene } EBD = \tfrac{1}{2}\int \left(\frac{rx^2}{2}\right)^2 = \tfrac{1}{2} \cdot \frac{r^2}{2^2} \cdot \frac{x^5}{5}$$

$$\text{Ebene } DBG = \tfrac{1}{2}\int \left[\frac{rx^3}{2.3}\right]^2 = \tfrac{1}{2} \cdot \frac{r^2}{(2.3)^2} \cdot \frac{x^7}{7}$$

u. s. w.

IV. Von den Cycloiden oder Radlinien.

§. 227. Erklärung. Bewegt sich ein Kreis auf einer geraden Linie, immer in derselben Ebene bleibend, so beschreibt jeder Punct seiner Peripherie eine Curve, welche schlechthin Cycloide heißt. Liegt der beschreibende Punct in der verbreiteten Kreis-Ebene, außerhalb der Peripherie, so heißt die Cycloide verkürzt oder verschlungen; liegt er innerhalb, so heißt sie gestreckt oder verlängert.

Bewegt sich der Kreis auf einer andern Kreislinie, außerhalb derselben, jedoch mit ihr in einer Ebene, so beschreibt jeder Punct der Peripherie eine Curve, welche Epicycloide heißt, bewegt er sich innerhalb derselben, so wird die Curve Hypocycloide genannt. Beide können auch verkürzt oder gestreckt erzeugt werden.

a) Von der Cycloide.

§. 228. Aufgabe. Die Gestalt der Cycloide durch Gleichungen zu bestimmen.

Auflösung. Man nehme den entferntesten Punct der Cycloide von der geraden Linie, auf welcher der Kreis fortrollt, als Anfangspunct der Abscissen, die Normale aus ihn auf die erwähnte gerade Linie als Abscissenlinie, die Ordinate rechtw. darauf an, und bezeichne jene durch u, diese durch z. In (Fig. 35.) sei der beschreibende Punct A der Peripherie des erzeugenden Kreises jetzt in seiner größten Entfernung (= Durchmesser des erzeugenden Kreises) von der Bahn BC; B die Berührungsstelle, D der Mittelpunct des Kreises; es wälze sich der Bogen BE nun von B nach F auf BF ab, so wird, wenn man FG = EA macht, G der Ort sein, wo der beschreibende Punct A sich jetzt befindet; und es ist also G ein Punct der Cycloide, also GH normal auf AB = 2r gefällt, GH = z; AH = u. Wird nun der Wälzungswinkel BDE durch x ausgedrückt, so erhellet, weil Bogen FG = EA gemacht wurde, daß GI als Supplement = BE, also, weil GI = KA ist, auch BE = KA = rx, daher ∠KDA = BDE = x geworden ist. Hieraus folgt nun sogleich:

$$AH = AD - DH; \text{ oder}$$

1) $u = r - r \operatorname{Cos} x$; ferner

$GH = LH + GL = BF + KH$, oder

2) $z = rx + r \operatorname{Sin} x$, und aus beiden Gleichungen folgt auch:

3) $z = \sqrt{2ru - u^2} + r \operatorname{Arc Cos} \frac{r-u}{r}$.

§. 229. Zusatz. Wie in §. 218. folgt aus den beiden ersten Gleichungen (oder auch unmittelbar aus der 3ten) im vor. §. leicht:

$$\frac{\partial z}{\partial u} = \frac{r + r \operatorname{Cos} x}{r \operatorname{Sin} x} = \frac{1 + \operatorname{Cos} x}{\operatorname{Sin} x}, \text{ oder auch} = \frac{BH}{KH} = \frac{KH}{AH}$$

$$= \frac{\sqrt{2ru - u^2}}{u} = \sqrt{\frac{2r - u}{u}};$$

$$\frac{\partial^2 z}{\partial u^2} = - \frac{1 + \operatorname{Cos} x}{r \operatorname{Sin} x^3}, \text{ oder auch} = - r . \frac{BH}{KH^3}$$

$$= - r . \frac{KH}{AH . KH^3} = - \frac{r}{u . \sqrt{2ru - u^2}}.$$

§. 230. Aufgabe. Die Subt., Subn. und den Krümmungs-Kreis für jeden Punct G der Cycloide zu bestimmen.

Auflösung. Es ist

$$\text{Subt} = z : \frac{\partial z}{\partial u} = z . \sqrt{\frac{u}{2r - u}}, \text{ oder auch}$$

$$= z . \frac{AH}{KH} = r \frac{(x + \operatorname{Sin} x) \operatorname{Sin} x}{1 + \operatorname{Cos} x}.$$

$$\text{Subn} = z . \frac{\partial z}{\partial u} = z . \sqrt{\frac{2r - u}{u}} = z . \frac{KH}{AH};$$

$$\text{oder auch} = r(1 + \operatorname{Cos} x) . \frac{x + \operatorname{Sin} x}{\operatorname{Sin} x}.$$

Die Abscisse a' des Mittelpuncts der Krümmung in G

$$= 3r + r \operatorname{Cos} x, \text{ oder auch} = 4r - u.$$

Die zugehörige normale Ordinate

$$b' = rx - r \operatorname{Sin} x = KL,$$

und der Halbmesser r' selbst

$$= 4r \operatorname{Cos}\frac{x}{2} = 2.\,\text{Sehne BK} = 2.\,\text{Sehne GF}.$$

Beispiele. 1) Für $x = 0$; also auch $u = 0$; d. h. für den Punct A der Cycloide, ist

$$\text{Subt} = 0;\ \text{Subn} = 4r$$
$$a' = 4r;\ b' = 0;\ r' = 4r.$$

2) Für $x = \pi$; also $u = 2r$; $z = r\pi$, d. h. für den Punct C der Cycloide, wird

$$\text{Subt.} = \infty;\ \text{Subn} = 0;$$
$$a' = 2r;\ b' = r\pi;\ r' = 0.$$

§. 231. Zusatz. Denkt man sich für jeden Punct G der Cycloide, die Tangente und Normale construirt, und beide bis zur Abscissenlinie AB verlängert, bezeichnet ersteren Durchschnittspunct mit M; letzteren mit N, so ist $\text{tg GMB} = \frac{\partial z}{\partial u} = \frac{KH}{AH}$ (§. 229.). Es ist aber auch $\text{tg KAH} = \text{tg GIL} = \frac{KH}{AH}$, folglich $\angle \text{GMB} = \text{KAH} = \text{GIL}$; d. h. die tang in G, läuft parallel mit der Sehne KA, schneidet also den Endpunct I des auf BC normalen Durchmessers FI, so daß GI Richtung der Tangente in G ist. Da nun die Tang. und Norm. für jeden Punct der Curve einen rechten Winkel bilden, und auch $\angle \text{IGF} = \frac{\pi}{2}$ ist, so ist GF die Richtung der Normale GN, und in dieser Richtung liegt der Mittelpunct der Krümmung für G um KL von AB entfernt (§. 230.). Denkt man sich in G die Tangente GQ des erzeugenden Kreises, und auch den Halbmesser GP desselben, so ist

$$\angle QGF + FGP = \frac{\pi}{2}; \text{ und auch}$$

$$\angle IGP + FGP = \frac{\pi}{2}; \text{ also}$$

$$\angle QGF = \angle IGP = GIP = GMB = \frac{GPF}{2}$$
$$= \frac{KDB}{2} = \frac{EDA}{2} = \frac{\pi - x}{2},$$

d. h. der Winkel, welchen die Normale der Cycloide mit der Kreistangente in denselben (beschreibenden) Punct bildet, so wie der, den die Tangente der Cycloide für diesen Punct mit der Abscissenlinie bildet, ist gleich dem halben Supplement des Wälzungswinkels.

§. 232. Aufgabe. Die Cycloide zu rectificiren.

Auflösung. Es ist Bogen

$$AG = v = \int \sqrt{1 + \left(\frac{\partial z}{\partial u}\right)^2} . \partial u$$
$$= \int \sqrt{1 + \left[\frac{1 + \operatorname{Cos} x}{\operatorname{Sin} x}\right]^2} . r \operatorname{Sin} x . \partial x$$
$$= r \int \sqrt{2 + 2 \operatorname{Cos} x} . \partial x = r . \int \sqrt{4 \left(\operatorname{Cos} \frac{x}{2}\right)^2} . \partial x$$
$$= 4 r \int \operatorname{Cos} \frac{x}{2} . \partial \frac{x}{2} = 4 r \operatorname{Sin} \frac{x}{2}$$
$$= 2 . \text{Sehne } AK.$$

§. 233. Zusatz. Für $x = \pi$ wird daher

Bogen $AGC = 2 . AB = 4r$, folglich

$$\text{Bogen } GC = 4r - 4r \operatorname{Sin} \frac{x}{2} = 4r \left[1 - \operatorname{Sin} \frac{x}{2}\right].$$

Wird das Supplement zu x, also EDA, oder der Wälzungswinkel FPG zum Bogen GC durch δ bezeichnet, so ist also:

$$\text{Bogen } GC = 4r \left(1 - \operatorname{Cos} \frac{\delta}{2}\right) = 4r . 2 \left(\operatorname{Sin} \frac{\delta}{4}\right)^2$$
$$= 8r \left(\operatorname{Sin} \frac{\delta}{4}\right)^2.$$

Ist δ nur klein, so kann man für $\frac{\delta}{4}$ den Bogen für den Sinus setzen, und erhält also für solche Fälle:

Bogen $GC = \frac{r\delta^2}{2}$ (wie §. 225. Beisp. 1.).

§. 234. Aufgabe. Die Cycloide zu quadriren.

Auflösung. Es ist die Ebene $AHG = Fx$

$$= \int GH . \partial (AH) = \int z \partial u$$
$$= zu - \int u \partial z$$
$$= zu - \int (r - r \operatorname{Cos} x)(r + r \operatorname{Cos} x) . \partial x \text{ (§. 228.)}$$
$$= zu - r^2 \int \operatorname{Sin} x^2 . \partial x$$
$$= zu - \tfrac{1}{2} r^2 [x - \operatorname{Sin} x \operatorname{Cos} x], \text{ oder auch}$$
$$Fx = 2 . \triangle AHG - \text{Kreis-Abschnitt } AKH.$$

Für $x = \pi$ folgt hieraus:

$$F\pi = \text{Ebene } ABC = \tfrac{3}{2} r^2 \pi,$$

d. h. die ganze cycloidische Ebene, ist 3mal so groß wie die Ebene des erzeugenden Kreises.

§. 235. Aufgabe. Es drehe sich die Ebene AHG (Fig. 35.) um AH; man soll die Calotte bestimmen, welche der Bogen AG beschreibt.

Auflösung. Bezeichnet φx diese Calotte, so ist

$$\varphi x = 2\pi \int z \sqrt{1 + \left(\frac{\partial z}{\partial u}\right)^2} . \partial u$$
$$= 8 r \pi \int z \partial \operatorname{Sin} \frac{x}{2}$$
$$= 8 r \pi \left[z \operatorname{Sin} \frac{x}{2} - r \int \operatorname{Sin} \frac{x}{2} (1 + \operatorname{Cos} x) \partial x \right]$$
$$= 8 r \pi \left[z \operatorname{Sin} \frac{x}{2} + 2 r \int 2 \operatorname{Cos} \frac{x^2}{2} . \partial \operatorname{Cos} \frac{x}{2} \right]$$
$$= 8 r \pi \left[z \operatorname{Sin} \frac{x}{2} + \tfrac{4}{3} r \left(\operatorname{Cos} \frac{x}{2} \right)^3 \right] + C$$
$$= 8 r \pi \left[z \operatorname{Sin} \frac{x}{2} - \tfrac{4}{3} r \left[1 - \left(\operatorname{Cos} \frac{x}{2} \right)^3 \right] \right].$$

Für $x = \pi$ folgt hieraus

$$\varphi\pi = 8r\pi(r\pi - \tfrac{4}{3}r).$$

§. 236. Aufgabe. Die Cycloide zu cubiren.

Auflösung. Der Körper, welchen die Ebene AHG (Fig. 35.) bei der Umdrehung um AH erzeugt, sei $= fx$, so ist $fx = \pi \int z^2 . \partial u$, woraus man erhält

$$fx = \pi r^3 \Big[x^2 - x^2 \operatorname{Cos} x - x + 2 \operatorname{Sin} x + \operatorname{Cos} x - \operatorname{Sin} x \operatorname{Cos} x + \frac{\operatorname{Cos} x^3}{3} - \tfrac{4}{3}\Big].$$

Für $x = \pi$ wird

$$f\pi = \pi r^3 [2\pi^2 - \pi - \tfrac{8}{3}].$$

§. 237. Lehrsatz. Die Abwickelungs-Linie einer Cycloide ist mit der Evolute congruent.

Beweis. Es sei (Fig. 36.) die Cycloide AGC zum Wälzungswinkel π vom Halbkreis AKB beschrieben, von C bis A ein Faden gelegt, und derselbe abgewickelt, so daß der Punct A die Curve AQP gebildet hat, wenn CP $=$ CGA, also normal auf BC gedacht wird. Für irgend einen Punct Q der Evolvente, sei die normale Ordinate auf PC, nemlich $QR = y$; die zugehörige Abscisse PR $= x$; G der Ablösungspunct des Fadens, also die Tangente GQ $=$ Bogen GA $= 2 . AK$ (§. 232.) und auch $GQ \mathrel{+\!\!\!=} KA$ (§. 231.). Wird daher die Ordinate GH der Evolute $= z$; die zugehörige Abscisse $AH = u$, der Winkel $QGH = AKH = \alpha$; die Sehne $AK = w$; der Halbmesser des Erzeugungskreises $= r$ gesetzt, so ist

$$PC = CGA = 2 . AB = 4r;$$

$$\begin{aligned} PR \text{ oder } x &= 4r - GQ \operatorname{Sin}\alpha - BH \\ &= 4r - 2\,AK \operatorname{Sin}\alpha - BH \\ &= 4r - [AH + AB] = 4r - u - 2r; \text{ also} \end{aligned}$$

$$x = 2r - u.$$

Ferner QR = CB — GH + GQ Cos α; oder

$$y = r\pi - z + 2KH;$$

$$= r\pi + 2\sqrt{2ru - u^2} - \sqrt{2ru - u^2} - r\,\mathrm{Arc\,Cos}\,\frac{r-u}{r}$$

(§. 228. 3).

Aus $x = 2r - u$ folgt aber $u = 2r - x$, und setzt man diesen Werth in die letzte Gleichung, so entsteht:

$$y = \sqrt{2rx - x^2} + r\left[\pi - \mathrm{Arc\,Cos}\,\frac{x-r}{r}\right], \text{ oder}$$

$$y = \sqrt{2rx - x^2} + r\,\mathrm{Arc\,Cos}\,\frac{r-x}{r},$$

welche Gleichung mit der §. 228. 3. vollkommen übereinstimmt, woraus erhellet, daß Curve PQA $\cong$ AGC ist.

b. Von der verkürzten Cycloide.

§. 238. **Aufgabe.** Die Gestalt der verkürzten Cycloide durch Gleichungen zu bestimmen.

Auflösung. In Fig. 37., in welcher die Buchstaben größtentheils mit denen in Fig. 35. an der correspondirenden Stelle übereinstimmen, sei R in der Verlängerung von BA, der beschreibende Punct in seiner höchsten Stelle, BF = BE = rx; Bogen FG = EA; der Halbmesser PG verlängert, und PT = DR = a gemacht, also T ein Punct der verkürzten Cycloide; RW = u die zugehörige Abscisse; TW = z die normale Ordinate, so hat man wie in §. 228.

1) $u = a - a\,\mathrm{Cos}\,x,$

2) $z = rx + a\,\mathrm{Sin}\,x,$

und hieraus auch:

3) $z = \sqrt{2au - u^2} + r\,\mathrm{Arc\,Cos}\,\frac{a-u}{a}$

§. 239. Zusatz. Wie bei der gewöhnlichen Cycloide, erhält man auch hier leicht die Formeln für Subt., Subn. und die Coordinaten des Mittelpuncts der Krümmung; die Rectification aber führt auf unendliche Reihen, so wie die Bestimmung der gewölbten Oberfläche, dagegen ist die Quadratur, so wie die Cubatur ohne besondere Schwierigkeiten auszuführen. Man erhält

$$\text{Subt} = \frac{a z \operatorname{Sin} x}{r + a \operatorname{Cos} x},$$

$$\text{Subn} = \frac{z(r + a \operatorname{Cos} x)}{a \operatorname{Sin} x},$$

$$a' = u + \frac{(a^2 + r^2 + 2 a r \operatorname{Cos} x)(r + a \operatorname{Cos} x)}{a(a + r \operatorname{Cos} x)},$$

$$b' = r x - \frac{r \operatorname{Sin} x (r + a \operatorname{Cos} x)}{a + r \operatorname{Cos} x},$$

$$r' = \frac{(a^2 + r^2 + 2 a r \operatorname{Cos} x)^{\frac{3}{2}}}{a(a + r \operatorname{Cos} x)}$$

u. s. w.

Ferner findet man leicht:

für z ein Max. wenn $x = \pi - \operatorname{Arc Cos} \frac{r}{a}$ und $u = a + r$;

für z ein Min. wenn $x = \pi + \operatorname{Arc Cos} \frac{r}{a}$ und $u = a + r$ ist;

das größte z ist $= r\left(\pi - \operatorname{Arc Cos} \frac{r}{a}\right) + \sqrt{a^2 - r^2}$,

das kleinste z ist $= r\left(\pi + \operatorname{Arc Cos} \frac{r}{a}\right) - \sqrt{a^2 - r^2}$.

Die Ordinate des Knotens S ist $= r\pi$; den Halbmesser der Krümmung für die tiefste Stelle v, also für $x = \pi$, findet man $= \frac{(a-r)^2}{a}$; die zugehörige Abscisse $a' = 2a - \frac{(a-r)^2}{a}$, und die Ordinate $b' = r\pi$.

c. Von der gestreckten Cycloide.

§. 240. Für die gestreckte Cycloide RTW (Fig. 38.), vom Punct R, innerhalb der Peripherie des beschreibenden Kreises belegen, beschrieben, erhält man $DA = DB = r$; $DR = a$ und den Wälzungswinkel zum Punct $T = x$ gesetzt, ganz wie in §. 238.

Die Absciffe RW oder $u = a - a \operatorname{Cos} x$; und
die Ordinate WT oder $z = rx + a \operatorname{Sin} x$.

Es bleiben daher die Resultate für die verkürzte Cycloide, auch für die gestreckte gültig, und nur in sofern dieselben imaginär werden, finden Abweichungen statt. So existirt z. B. hier keine größte und kleinste Ordinate, weil hier $\sqrt{a^2 - r^2}$ imaginär ist. Dagegen existirt ein Wendungspunct V für den Wälzungsbogen x, für welchen $r' = \infty$; also $a + r \operatorname{Cos} x = 0$ wird; man erhält $\operatorname{Cos} x = -\frac{a}{r}$, also den zugehörigen Werth von $u = a + \frac{a^2}{r}$.

d. Von der Epicycloide.

§. 241. **Aufgabe.** Die Gestalt der Epicycloide durch Gleichungen auszudrücken.

Auflösung. Auf dem Grundkreis zum Mittelpunct M (Fig. 39.), und Halbmesser $MB = MC = a$, rolle der Kreis zum Mittelpunct D und Halbmesser $DA = DB = r$; der beschreibende Punct sei in A, jetzt in seiner entferntesten Stelle von M, in B berühre der beschreibende Kreis den Grundkreis, so daß ADBM eine gerade Linie ist, welche zur Abscissenlinie gewählt werden soll; A sei der Anfangspunct der Abscissen u, die Ordinaten z normal auf die Abscissenlinie genommen. Hat sich der Bogen BE $= rx$ abgewälzt, ist BF = BE, wird die gerade Linie MF verlängert auf der Verlängerung FP = PI = r gemacht, aus P mit r der Halbkreis FGI beschrieben, und und Bogen FG = Bogen EA abgetragen, so ist G ein Punct der Cycloide, und GH normal auf AM gefällt, GH = z; AH = u. Da nun GI = BE = rx ist, so wird, PL normal auf GH genommen,

$\angle IPL = \angle FMB = y$, also $PL = r \operatorname{Cos}(x + y)$;

$GL = r \operatorname{Sin}(x + y)$; $LH = (a + r) \operatorname{Sin} y$;

$MH = (a + r) \operatorname{Cos} y + PL$; folglich

Bogen BE = Bogen BF; oder

1) $rx = ay$; ferner

$AH = AN - MH$; oder

2) $u = 2r + a - (a + r) \operatorname{Cos} y - r \operatorname{Cos}(x + v)$;

dann $GH = LH + GL$, oder

3) $z = (a + r) \operatorname{Sin} y + r \operatorname{Sin}(x + y)$.

Durch diese 3 Gleichungen sind y, u und z als Functionen von x bestimmt. Substituirt man den Werth von y aus 1, in 2 und 3, schreibt b für $2r + a$, m für $1 + \frac{r}{a}$; n für $\frac{r}{a}$, so ergeben sich die folgenden beiden Gleichungen zu Bestimmung der Abscissen u und Ordinaten z, als unmittelbare Functionen von x; nemlich:

(I) $u = b - ma \operatorname{Cos} nx - r \operatorname{Cos} mx$

(II) $z = ma \operatorname{Sin} nx + r \operatorname{Sin} mx$.

§. 242. Zusatz. Wie in §. 218. folgt auch hier:

$$\frac{\partial z}{\partial u} = \frac{\operatorname{Cos} mx + \operatorname{Cos} nx}{\operatorname{Sin} mx + \operatorname{Sin} nx} = \operatorname{Cotg} \frac{b}{2a} x$$

$$\frac{\partial^2 z}{\partial u^2} = - \frac{n + m}{4mr \operatorname{Cos} \frac{x}{2} \cdot \left[\operatorname{Sin} \frac{bx}{2a}\right]^3}.$$

§. 243. **Aufgabe.** Den Winkel w, den die Tangente der Epicycloide mit der Abscissenlinie bildet, die Subt., Subn. und den Krümmungs-Kreis derselben zu bestimmen.

Auflösung. Es ist

$$\operatorname{tg} w = \frac{\partial z}{\partial u} = \operatorname{Cotg} \frac{b}{2a} x, \text{ oder}$$

$$\operatorname{Cotg}\left(\frac{\pi}{2} - w\right) = \operatorname{Cotg} \frac{b}{2a} x, \text{ also}$$

$$\frac{\pi}{2} - w = \frac{bx}{2a}; \text{ folglich}$$

$$\text{(I)} \quad w = \frac{\pi}{2} - \frac{bx}{2a}.$$

Ferner ist

$$\text{(II)} \quad \text{Subt} = z \operatorname{tang} \frac{bx}{2a}; \text{ dann auch}$$

$$\text{(III)} \quad \text{Subn} = z \operatorname{Cotg} \frac{bx}{2a};$$

die Abscisse des Mittelpuncts, oder

$$\text{(IV)} \quad a' = u + \frac{4mar}{b} \operatorname{Cos} \frac{x}{2} \operatorname{Cos} \frac{bx}{2a};$$

die zugehörige Ordinate

$$\text{(V)} \quad b' = z - \frac{4mar}{b} \operatorname{Cos} \frac{x}{2} \operatorname{Sin} \frac{bx}{2a};$$

und endlich der Halbmesser selbst, oder

$$\text{(VI)} \quad r' = \frac{4mar}{b} \operatorname{Cos} \frac{x}{2}.$$

Beispiel. Für $x = 0$; wird $u = 0$; $z = 0$; $w = \frac{\pi}{2}$; $\text{Subt} = 0$; $\text{Subn} = a' = r' = \frac{4mar}{b} = \frac{4r(a+r)}{a+2r}$; $b' = 0$.

§. 244. **Zusatz.** Denkt man sich die Sehne GI bis zur Abscissenlinie verlängert, und bezeichnet den Winkel, den beide bilden, mit μ, so ist

$$\angle GIM = \mu + IMA; \text{ oder}$$

$$\frac{\pi}{2} - \frac{x}{2} = \mu + y; \text{ also}$$

$$\mu = \frac{\pi}{2} - \frac{x + 2v}{2} = \frac{\pi}{2} - \frac{bx}{2a}.$$

Da nun nach §. 243. auch $w = \frac{\pi}{2} - \frac{bx}{2a}$ ist, so folgt $\mu = w$, d. h. **die Tangente der Epicycloide in G, fällt mit der Sehne GI zusammen.**

Weil nun die Normale mit der Tangente einen rechten Winkel bildet, und $\angle IGF = \frac{\pi}{2}$ ist, so **fällt die Normale in G mit der Sehne GF zusammen.**

Denkt man sich in G die Kreistangente GQ, so ist $\angle FGP$ gemeinschaftliches Complement zu FGQ und zu PGI, daher $\angle FGQ = \frac{\pi - x}{2}$ = **dem halben Supplement des Wälzungswinkels** (siehe §. 231.).

§. 245. **Aufgabe.** Die Epicycloide zu rectificiren.

Auflösung. Es ist Bogen

$$AG = v = \int\sqrt{1 + \left(\frac{\partial z}{\partial u}\right)^2}\,.\,\partial u$$

$$= \int \text{Cosec}\frac{bx}{2a}\,.\,mr[\text{Sin}\,mx + \text{Sin}\,nx]\,.\,\partial x$$

$$= 2mr\int \text{Cosec}\frac{bx}{2a}\,.\,\text{Sin}\frac{bx}{2a}\,.\,\text{Cos}\frac{x}{2}\,.\,\partial x; \text{ also}$$

$$v = 4mr\,\text{Sin}\frac{x}{2}.$$

Beispiel. Für $x = \pi$ wird

$$\text{Bogen } AC = 4mr = \frac{4(a+r)r}{a}.$$

Es ist also Bogen $GC = 4mr - 4mr\,\text{Sin}\frac{x}{2}$

$$= 4mr\left(1 - \text{Sin}\frac{x}{2}\right)$$

$$= 4mr\left(1 - \text{Cos}\frac{\pi - x}{2}\right)$$

$$= 8mr\left[\text{Sin}\frac{\pi - x}{4}\right]^2,$$

oder, das Supplement zu x mit δ bezeichnet,

$$\text{Bogen } GC = 8mr.\left(\text{Sin}\,\frac{\delta}{4}\right)^2.$$

Ist GC nur klein, also auch δ nur klein, kann man $\frac{\delta}{4}$ für $\text{Sin}\,\frac{\delta}{4}$ schreiben, und erhält für solche Fälle

$$GC = \frac{mr\delta^2}{2} = \frac{(a+r)r}{2a}\delta^2.$$

§. 246. Aufgabe. Die Ebene ABC (Fig. 39.) der Epicycloide zu bestimmen.

Auflösung. Man denke sich aus M mit MG den Kreisbogen GR beschrieben, setze den Winkel GMR $= \varrho = fx$; den Halbmesser MG $=$ MR $= t = \varphi x$, und die Ebene BCGR $= Fx$; so ist

$F(x+k) - Fx < \varphi x . fx . [\varphi(x+k) - \varphi x]$ und

$F(x+k) - Fx > \varphi(x+k) f(x+k) . [\varphi(x+k) - \varphi x]$,

also, k' zwischen 0 und k gedacht,

$F(x+k) - Fx = \varphi(x+k') f(x+k') [\varphi(x+k) - \varphi x]$,

woraus

$$Fx = \int \varphi x . fx . \varphi' x \text{ folgt.}$$

Es ist aber $MH . \text{tg}\,\varrho = GH$; also

$$\text{tg}\,\varrho = \frac{z}{b-u} \text{ (§. 241.) und}$$

$$fx = \varrho = \text{Arc tg}\,\frac{z}{b-u}; \text{ ferner}$$

$$t^2 = (\varphi x)^2 = z^2 + (b-u)^2, \text{ folglich:}$$

$$\begin{aligned} Fx &= \int t . \varrho . dt = \tfrac{1}{2}\int \varrho . \partial(t^2) \\ &= \tfrac{1}{2}\varrho t^2 - \tfrac{1}{2}\int t^2 . \partial\varrho \\ &= \tfrac{1}{2}[z^2 + (b-u)^2] . \varrho - \tfrac{1}{2}\int t^2 . \partial\,\text{Arc tg}\,\frac{z}{b-u}, \end{aligned}$$

oder, weil $\partial\,\text{Arc tg}\,\frac{z}{b-u} = \dfrac{\partial\frac{z}{b-u}}{1+\left(\frac{z}{b-u}\right)^2}$

$$= \frac{(b-u)\partial z + z\partial u}{t^2} \text{ ist,}$$

Fx

$$Fx = \tfrac{1}{2}t^2\varrho - \tfrac{1}{2}\int(b-u)\partial z + z\partial u.$$

Substituirt man im 2ten Gliede die Werthe für u, z, ∂u und ∂z, so entsteht

$$Fx = \tfrac{1}{2}t^2\varrho - \frac{mr}{2}(ma+r)\int(1+\mathrm{Cos}\,x)\partial x$$

$$= \tfrac{1}{2}t^2\varrho - \frac{mr(ma+r)}{2}(x+\mathrm{Sin}\,x) + C$$

$$= \tfrac{1}{2}[t^2\varrho - mbr(x+\mathrm{Sin}\,x)] + C.$$

Für $x = \pi$ wird $F = 0$; $t = a$; $\varrho = \frac{r\pi}{a}$; also

$$C = -\tfrac{1}{2}[ar\pi - mbr\pi]$$

$$= \frac{r^2\pi}{2a}[3a+2r]\text{; daher vollständig:}$$

$$Fx = \frac{r^2\pi}{2}\left[3+\frac{2r}{a}\right] + \tfrac{1}{2}[t^2\varrho - mbr(x+\mathrm{Sin}\,x)],$$

und hieraus für $x = 0$ die ganze Ebene

$$ABC = \frac{r^2\pi}{2}\left[3+\frac{2r}{a}\right],$$

woraus, wenn a unendlich groß ist, $ABC = \tfrac{3}{2}r^2\pi$ folgt, wie §. 234.

§. 247. **Zusatz.** 1) Daß $\varrho = \frac{r\pi}{a}$ ist, für $x = \pi$, erhellet unmittelbar aus der Figur, es ergiebt sich aber auch aus $\mathrm{tg}\,\varrho = \frac{z}{b-u}$, oder

$$\mathrm{tg}\,\varrho = \frac{ma\,\mathrm{Sin}\,nx + r\,\mathrm{Sin}\,mx}{ma\,\mathrm{Cos}\,nx + r\,\mathrm{Cos}\,mx},$$

woraus, für $x = \pi$ folgt:

$$\mathrm{tg}\,\varrho = \frac{ma\,\mathrm{Sin}\,n\pi + r\,\mathrm{Sin}\,(1+n)\pi}{ma\,\mathrm{Cos}\,n\pi + r\,\mathrm{Cos}\,(1+n)\pi}$$

$$= \frac{ma\,\mathrm{Sin}\,n\pi - r\,\mathrm{Sin}\,n\pi}{ma\,\mathrm{Cos}\,n\pi - r\,\mathrm{Cos}\,n\pi} = \mathrm{tg}\,n\pi.$$

Es ist also $\varrho = n\pi = \frac{r\pi}{a}$.

2) Soll die Ebene $AHG = \int z\,.\,\partial u$ bestimmt werden, so hat man im vor. §.

$$Fx = \tfrac{1}{2} t^2 \varrho - \tfrac{1}{2} \int (b - u) \partial z + z \partial u; \text{ also auch}$$

$$Fx = \tfrac{1}{2} t^2 \varrho - \tfrac{1}{2} \int b \partial z + \tfrac{1}{2} \int u \partial z - z \partial u$$

$$= \tfrac{1}{2} t^2 \varrho - \tfrac{1}{2} bz + \tfrac{1}{2} \int (u \partial z + z \partial u - 2 z \partial u)$$

$$= \tfrac{1}{2} t^2 \varrho - \tfrac{1}{2} bz + \tfrac{1}{2} zu - \int z \partial u; \text{ daher}$$

$$\int z \partial u = \tfrac{1}{2} t^2 \varrho - \tfrac{1}{2} bz + \tfrac{1}{2} zu - Fx$$

Es war aber

$$Fx = \tfrac{1}{2}[t^2 \varrho - mbr(x + \mathrm{Sin}\, x)] + C,$$

also, wenn dieser Werth substituirt wird,

$$\int z \partial u = -\tfrac{1}{2} z(b - u) + \frac{mbr}{2}(x + \mathrm{Sin}\, x) + C,$$

wo $C = 0$ ist. Daher vollständig:

$$\int z \partial u = \tfrac{1}{2}[mbr(x + \mathrm{Sin}\, x) - z(b - u)].$$

Beispiel. Für $x = \pi$ wird, CN normal auf AM gedacht,

$$\text{Ebene } ACN = \tfrac{1}{2}(mbr\pi - CN . MN), \text{ daher}$$

$$\text{Ebene } ACM = \tfrac{1}{2} mbr\pi = \frac{(a + r)(a + 2r)}{2a} r\pi$$

Subtrahirt man hiervon

$$\text{Ebene } BCM = \tfrac{1}{2} a^2 . \frac{r\pi}{a} = \tfrac{1}{2} ar\pi, \text{ so bleibt}$$

$$ABC = \frac{r^2 \pi}{2} . \left[3 + \frac{2r}{a}\right] \text{ wie §. 246.}$$

§. 248. **Aufgabe.** Es drehe sich die Ebene AHG um AH (Fig. 39.); man soll die Calotte Fx, welche der epicycloidische Bogen AG bei dieser Umdrehung beschreibt, bestimmen.

Auflösung. Es ist, bei der bisherigen Bezeichnung:

$$Fx = 2\pi \int z \sqrt{\partial z^2 + \partial u^2},$$

oder, nach Substitution der Werthe,

$$Fx = 8mr\pi \int z \partial \mathrm{Sin} \frac{x}{2}$$

$$= 8mr\pi \left[z\, \mathrm{Sin} \frac{x}{2} - \int \mathrm{Sin} \frac{x}{2} . \partial z\right]$$

$$= 8mr\pi\left[z \operatorname{Sin}\frac{x}{2} - mr\int \operatorname{Sin}\frac{x}{2}[\operatorname{Cos} mx + \operatorname{Cos} nx]\partial x\right]$$

$$= 8mr\pi\left[z \operatorname{Sin}\frac{x}{2} - 2mr\int \operatorname{Sin}\frac{x}{2}.\operatorname{Cos}\frac{bx}{2a}\operatorname{Cos}\frac{x}{2}.\partial x\right]$$

$$= 8mr\pi\left[z \operatorname{Sin}\frac{x}{2} - mr\int \operatorname{Cos}\frac{bx}{2a}\operatorname{Sin} x\,\partial x\right]$$

$$= 8mr\pi\left[z \operatorname{Sin}\frac{x}{2} - mr.\frac{\frac{b}{2a}\operatorname{Sin}\frac{bx}{2a}\operatorname{Sin} x + \operatorname{Cos}\frac{bx}{2a}\operatorname{Cos} x}{\left(\frac{b}{2a}\right)^2 - 1}\right]$$

$+ C$ (siehe §. 112*. B.)

$$= 8mr\pi\left[z \operatorname{Sin}\frac{x}{2} - \frac{2amr}{b^2 - 4a^2}\left[b \operatorname{Sin}\frac{bx}{2a}\operatorname{Sin} x + 2a \operatorname{Cos}\frac{bx}{2a}\operatorname{Cos} x\right]\right] + C.$$

Für $x = 0$ ist auch $F = 0$, und man erhält

$C = 8mr\pi.\frac{2amr}{b^2 - 4a^2}.2a$; daher vollständig:

$$Fx = 8mr\pi z \operatorname{Sin}\frac{x}{2}$$

$$+ \frac{16am^2.r^2\pi}{b^2 - 4a^2}\left[2a - b \operatorname{Sin}\frac{b}{2a}x \operatorname{Sin} x - 2a \operatorname{Cos}\frac{b}{2a}x \operatorname{Cos} x\right].$$

Beispiel. Für $x = \pi$ entsteht die Oberfläche, welche der ganze Bogen AC beschreibt, oder

$$F\pi = 8mr\pi a \operatorname{Sin}\frac{r\pi}{a} + \frac{32m^2a^2r^2\pi}{b^2 - 4a^2}\left[1 + \operatorname{Cos}\frac{b}{2a}\pi\right],$$

aber $\operatorname{Cos}\frac{b}{2a}\pi = \operatorname{Cos}\frac{a+2r}{2a}\pi = \operatorname{Cos}\left(\frac{\pi}{2} + \frac{r}{a}\pi\right)$

$= -\operatorname{Sin}\frac{r}{a}\pi$; daher

$$F\pi = 8mr\pi a\left[\frac{4mar}{b^2 - 4a^2} + \left[1 - \frac{4mar}{b^2 - 4a^2}\right]\operatorname{Sin}\frac{r\pi}{\alpha}\right],$$

oder, nach Substitution der Werthe für b und m,

$$F\pi = 8mr\pi a.\frac{4mar - 3a^2 \operatorname{Sin}\frac{r\pi}{a}}{b^2 - 4a^2}; \text{ oder auch}$$

$$F\pi = \frac{8(a+r)r\pi}{2r+3a}.\frac{4(a+r)r - 3a^2 \operatorname{Sin}\frac{r\pi}{a}}{2r-a}.$$

§. 249. Zusatz. Das 2te Glied der allgemeinen Formel für Fx in §. 249. wird unbestimmt für $r = \frac{a}{2}$ oder $a = 2r$. Bringt man dasselbe, um seinen Werth zu finden, durch Einführung der Werthe von b und m in die Form:

$$\frac{16(a+r)^2 r^3 \pi}{a(2r+3a)} \cdot \frac{2a - (2r+a) \operatorname{Sin} \frac{2r+a}{2a} x \operatorname{Sin} x - 2a \operatorname{Cos} \frac{2r+a}{2a} x \operatorname{Cos} x}{2r - a}$$

nimmt die Ableitung nach r im 2ten Bruch im Zähler und Nenner, und schreibt dann $\frac{a}{2}$ für r, so erhält man den verlangten Werth dieses Bruchs $= - \operatorname{Sin} x^2$, also das 2te Glied selbst

$= - 9r^2 \pi \operatorname{Sin} x^2$, daher, für $2r = a$; weil in diesen Fall

$$z = 3r \operatorname{Sin} \frac{x}{2} + r \operatorname{Sin} \tfrac{3}{2} x \text{ ist,}$$

$$Fx = 12 r \pi \left[3r \operatorname{Sin} \frac{x}{2} + r \operatorname{Sin} \frac{3x}{2}\right] \operatorname{Sin} \frac{x}{2} - 9r^2 \pi \operatorname{Sin} x^2$$

$$= 3r^2 \pi \left[12 \operatorname{Sin} \frac{x^2}{2} + 4 \operatorname{Sin} \frac{3x}{2} \operatorname{Sin} \frac{x}{2} - 3 \operatorname{Sin} x^2\right]$$

$$= 3r^2 \pi . [6(1 - \operatorname{Cos} x) + 2 . [\operatorname{Cos} x - \operatorname{Cos} 2x] - 3(1 - \operatorname{Cos} x^2)],$$

oder, $2 \operatorname{Cos} x^2 - 1$ für $\operatorname{Cos} 2x$ geschrieben,

$$Fx = 3r^2 \pi [5 - 4 \operatorname{Cos} x - \operatorname{Cos} x^2] \text{ oder auch:}$$

$$Fx = 2r^2 \pi (1 - \operatorname{Cos} x)(5 + \operatorname{Cos} x).$$

Beispiel. Ist $a = 2r$ und $x = \pi$; so folgt $F\pi = 6 . 4 r^2 \pi$ und dasselbe Resultat liefert auch das Beispiel im vor. §., wenn 2r für a gesetzt wird.

§. 250. Aufgabe. Die Epicycloide zu cubiren.

Auflösung. Bei der bisherigen Bezeichnung, ist der Körper Fx, welchen die Ebene AHG bei der Umdrehung um AH erzeugt $= \pi . \int z^2 . \partial u$, oder die Werthe aus §. 241. substituirt

$$Fx = \pi m r . \Big[\frac{m^2 a^2}{n} \int (\mathrm{Sin}\, n x)^3 . \partial (n x) + \frac{r^2}{m} \int (\mathrm{Sin}\, m x)^3 . \partial (m x)$$

$$+ m a (m a + 2 r) \int (\mathrm{Sin}\, n x)^2\, \mathrm{Sin}\, m x\, \partial x$$

$$+ r (2 a m + r) \int (\mathrm{Sin}\, m x)^2\, \mathrm{Sin}\, n x . \partial x \Big].$$

Die ersten beiden Integrale erhält man aus LXIX.. In Beziehung auf die beiden letzten hat man

$$\int (\mathrm{Sin}\, n x)^2\, \mathrm{Sin}\, m x\, \partial x = - \frac{1}{m} \int (\mathrm{Sin}\, n x)^2 \partial\, \mathrm{Cos}\, m x$$

$$= - \frac{1}{m} [(\mathrm{Sin}\, n x)^2\, \mathrm{Cos}\, m x - 2 n \int \mathrm{Cos}\, m x\, \mathrm{Sin}\, n x\, \mathrm{Cos}\, n x\, \partial x]$$

$$= - \frac{(\mathrm{Sin}\, n x)^2\, \mathrm{Cos}\, m x}{m} + \frac{n}{m} \int \mathrm{Cos}\, m x\, \mathrm{Sin}\, 2 n x . \partial x,$$

welches letzte Integral nach §. 112*. bestimmt werden kann. Eben so erhält man

$$\int (\mathrm{Sin}\, m x)^2\, \mathrm{Sin}\, n x\, \partial x.$$

e. Von der Hypocycloide.

§. 251. **Aufgabe.** Die Gleichungen für die Hypocycloide herzuleiten.

Auflösung. In dem Grundkreis zum Mittelpunct M und Halbmesser MB $= a$ (Fig. 40.) rolle in derselben Ebene der erzeugende Kreis zum Mittelpunct D und Halbmesser DA $=$ DB $= r$; A sei der beschreibende Punct, und befinde sich jetzt in der geraden Linie des Mittelpuncts M und des Berührungspunctes B; MB sei die Abscissenlinie, A ihr Anfangspunct, jede Abscisse u; die zugehörige normale Ordinate z und der entsprechende Wälzungswinkel $= x$, so erhält man, wie in § 241., unter y den Winkel FMB verstanden,

1) $r x = a y$,

2) $u = (a-r)\,\mathrm{Cos}\,y - r\,\mathrm{Cos}\,(x-y) - (a-2r)$,

3) $z = (a-r)\,\mathrm{Sin}\,y + r\,\mathrm{Sin}\,(x-y)$, oder,

b für $2r - a$; n für $\frac{r}{a}$; und m für $1 - \frac{r}{a}$ geschrieben,

$$(\mathrm{I})\quad u = b + ma\,\mathrm{Cos}\,nx - r\,\mathrm{Cos}\,mx,$$

$$(\mathrm{II})\quad z = ma\,\mathrm{Sin}\,nx + r\,\mathrm{Sin}\,mx.$$

§. 252. Zusatz. Aus der Uebereinstimmung dieser Gleichungen mit denen in §. 241. erhellet, daß die Untersuchungen über die Hypocycloide, mit denen für die Epicycloide ganz übereinstimmende, nur in den Vorzeichen einzelner Glieder abweichende Resultate liefern müssen, weshalb, um Wiederholungen zu vermeiden, die Bestimmungen der Subt., Norm. der Rectification, Quadratur u. s. w., übergangen werden sollen.

§. 253. Zusatz. Ist $2r = a$; so wird für jeden Werth von x, allemal $u = 0$ und $z = 2r\,\mathrm{Sin}\frac{x}{2}$, d. h. die Hypocycloide wird eine gerade Linie, und fällt in die Normale in M auf MB errichtet.

§. 254. Zusatz. Die Untersuchungen über die gestreckte und verkürzte Epi- und Hypocycloide, stimmen mit denen in b und c sehr überein, und werden deswegen hier weggelassen.

V. Von der logarithmischen Linie.

§. 255. Erklärung. Jede Curve, in welcher die aufeinander folgenden Abscissen eine arithmetische, die zugehörigen Ordinaten aber eine geometrische Reihe bilden, heißt eine logarithmische Linie.

§. 256. Aufgabe. Die Gleichung für eine logarithmische Linie zwischen rechtwinkligten Coordinaten herzuleiten.

Auflösung. Auf einer geraden Linie als Abscissenlinie, wähle man zwei Puncte A, B in der beliebig gewählten Entfernung a, errichte in ihnen auf die Abscissenlinie die Normalen AC und BD (Fig. 41.) von den willkührlichen Längen b, c und denke sich zu den aufeinander folgenden Abscissen:

$$0;\ a;\ 2a;\ 3a;\ \ldots\ldots\ (n-1)a\ \ldots$$

die zugehörigen normalen Ordinaten

$$b;\ c;\ \frac{c^2}{b};\ \frac{c^3}{b^2};\ \ldots\ldots\ \frac{c^{n-1}}{b^{n-2}}\ \ldots$$

abgetragen, so liegen die Endpuncte derselben in einer logarithmischen Linie, und es ist jede Abscisse durch x; die zugehörige normale Ordinate durch y ausgedrückt, für jeden Werth von n;

$$x = (n-1)a.$$

$$y = b\ \frac{c^{n-1}}{b^{n-1}},$$

also, n eliminirt die verlangte Gleichung:

$$\text{(I)}\quad y = b.\left(\frac{c}{b}\right)^{\frac{x}{a}}$$

aus welcher zugleich erhellet, daß die Abscissenlinie zugleich Asymptote ist.

§. 257. Zusatz. 1) Wählt man b als Einheit, setzt also b = 1; so wird

$$\text{(II)}\quad y = c^{\frac{x}{a}};\ \text{oder}$$

$$\text{(III)}\quad y^a = c^x,\ \text{woraus auch}$$

$$a \ln y = x \ln c, \text{ oder}$$
$$a : y = \ln c : \ln y \text{ folgt.}$$

Die Gleichung (II) soll in den folgenden §. in Anwendung gebracht werden.

2) Nimmt man AC als Richtung der Abscissenlinie, A als Anfangspunct, die Ordinaten normal (Fig. 41.), setzt jede Abscisse wie AG = u; die zugehörige Ordinate FG = z; so hat man die Gleichung

$$u = c^{\frac{z}{a}} \text{ aus (II) und hieraus}$$

$$\text{(IV) } z = \varphi u = \frac{a \ln u}{\ln c},$$

aus welcher Gleichung, wie erforderlich, für $u = b = 1$; $z = 0$ wird.

§. 258. Aufgabe. Aus der Gleichung $y = c^{\frac{x}{a}}$ den Winkel α, welchen jede Tangente mit der Abscissenlinie bildet, die Subt., Subn. und den Krümmungskreis der logarithmischen Linie zu bestimmen.

Auflösung. Es ist

$$\operatorname{tg}\alpha = \frac{\partial y}{\partial x} = \frac{\partial(c^{\frac{x}{a}})}{\partial x} = \frac{\ln c . c^{\frac{x}{a}} . \frac{1}{a} \partial x}{\partial x}, \text{ oder}$$

$$\operatorname{tg}\alpha = \frac{y \ln c}{a}; \text{ folglich}$$

$$\text{Subt} = \frac{a}{\ln c}, \text{ also constant; dann}$$

$$\text{Subn} = \frac{y^2 . \ln c}{a}; \text{ oder } \frac{\ln c}{a} \text{ durch n ausgedrückt,}$$

1) $\operatorname{tg}\alpha = n y$,

2) $\text{Subt} = \frac{1}{n}$,

3) $\text{Subn} = n y^2$.

Ferner, die Abscisse des Mittelpuncts der Krümmung, oder

4) $a' = x - \frac{1 + n^2 y^2}{n}$,

die zugehörige Ordinate, oder

5) $b' = y + \frac{1 + n^2 y^2}{n^2 y}$;

und den Halbmesser der Krümmung selbst, oder

6) $r' = \frac{[1 + n^2 y^2]^{\frac{3}{2}}}{n^2 y}$.

§. 259. **Aufgabe.** Die logarithmische Linie zu rectificiren.

Auflösung. Es ist jeder Bogen CF = v

$= \int \sqrt{\partial x^2 + \partial y^2} = \int \sqrt{1 + n^2 y^2} . \partial x$; aber

$\partial y = n y \partial x$, folglich

$v = \int \frac{\sqrt{1 + n^2 y^2}}{n y} . \partial y$, und hieraus, nach XXXI. und XXX. §. 92.,

$$v = \frac{1}{n}\left[\sqrt{1 + n^2 y^2} - \ln \frac{1 + \sqrt{1 + n^2 y^2}}{y}\right] + C.$$

Für y = b = 1 (§. 257.) wird v = 0, und man erhält C; daher vollständig

$$v = \frac{1}{n}\left[\sqrt{1 + n^2 y^2} - \sqrt{1 + n^2} + \ln \frac{y(1 + \sqrt{1 + n^2})}{1 + \sqrt{1 + n^2 y^2}}\right].$$

§. 260. **Aufgabe.** Die Ebene CAEF zu bestimmen.

Auflösung. Sie ist

$$= \int y \partial x = \int y . \frac{\partial y}{n y} = \frac{y}{n} + C = \frac{y - 1}{n}.$$

§. 261. **Aufgabe.** Die Oberfläche, welche der Bogen CF bei der Umdrehung um AE beschreibt, zu bestimmen.

Auflösung. Sie ist

$$= 2\pi \int y . \sqrt{1 + \left(\frac{\partial y}{\partial x}\right)^2} . \partial x$$

$$= \frac{2\pi}{n} . \int \sqrt{1 + n^2 y^2} . \partial y$$

$$= \frac{\pi}{n} \left[y\sqrt{1 + n^2 y^2} + \frac{1}{n} \ln\left[ny + \sqrt{1 + n^2 y^2}\right]\right] + C$$

(XXII)

$$= \frac{\pi}{n} \left[y\sqrt{1 + n^2 y^2} - \sqrt{1 + n^2} + \frac{1}{n} \ln \frac{ny + \sqrt{1 + n^2 y^2}}{n + \sqrt{1 + n^2}}\right].$$

§. 262. Aufgabe. Den Körper, welchen die Ebene ACFE, bei der Umdrehung um AE beschreibt, zu bestimmen.

Auflösung. Er ist

$$= \pi \int y^2 \partial x = \frac{\pi y^2}{2n} + C = \frac{\pi(y^2 - 1)}{2n}.$$

VI. Von den Spirallinien.

§. 263. Erklärung. Denkt man sich eine Curve $z = \varphi u$, unter u die Abscissen, und unter z die Ordinaten verstanden, versteht unter a einen bestimmten Werth von u, trägt für jeden Werth von u, an einer willkührlich gewählten geraden Linie, in einem beliebig angenommenen Punct derselben, nach unveränderter Richtung einen Bogen (für den Halbmesser = 1) = x ab, welcher der Gleichung

$$\varphi a : \varphi u = 2\pi : x$$

entspricht, und schneidet jedesmal auf den neuen Schenkel von der Spitze des Winkels ab, die Länge u ab, so liegen die Endpuncte aller dieser Schenkel in einer Curve, welche Spirallinie heißt. Die Curve $z = \varphi u$, heißt die erzeugende Curve; die Winkel zu x werden gewöhnlich an den Anfangspunct der Abscissen u, so angetragen gedacht, daß die Abscissenlinie selbst der unverän=

derliche eine Schenkel ist. Der Anfangspunct der Abscissen u heißt dann in Beziehung auf die erzeugte Spirallinie **der Pol**. Der Abstand vom Pol bis zum Endpunct der Abscisse a, also a selbst, **die Achse der Spirallinie**, und jeder Bogen der Spirallinie, von der Achse ab bis wieder zur Achse, eine **Windung**.

Die Spirallinie erhält ihren Namen von der erzeugenden Curve. Ist sie eine gerade Linie, eine Parabel u. s. w., so heißt die Spirallinie, eine **lineare**, **parabolische**, u. s. w.

a. Von der linearen oder archimedischen Spirallinie.

§. 264. **Aufgabe.** Die Gleichung für diese Curve anzugeben.

Auflösung. Nach §. 126. ist die Coordinaten-Gleichung der geraden Linie $z = \varphi u = b + cu$; daher nach §. 263. die verlangte Polar-Gleichung der archimedischen Spirale:

$$b + c.a : b + c.u = 2\pi : x, \text{ oder}$$

$$u = \frac{[b + ca]x}{2c\pi} - \frac{b}{c}.$$

§. 265. **Zusatz.** Aus der allgemeinen Gleichung im vor. §. entspringt für den einfachsten Fall, daß die erzeugende gerade Linie durch den Anfangspunct der Abscissen, also durch den Pol der erzeugten Curve, gehen soll, weil in diesen Fall $b = 0$ ist, die Gleichung

$$u = \frac{a}{2\pi} . x,$$

aus welcher folgt:

1) die Polar-Winkel x verhalten sich bei dieser gewöhnlichen archimedischen Spirallinie, wie die zugehörigen Polar-Abstände u;

2) diese gewöhnliche archimedische Spirallinie beginnt im Pol weil x und u zugleich verschwinden.

§. 266. Zusatz. Aus der vollkommenen Uebereinstimmung der allgemeinen Polar-Gleichung

$$u = -\frac{b}{c} + \frac{b + ca}{2c\pi} \cdot x,$$

für die archimedische Spirallinie, mit der Polar-Gleichung

$$y = r + \frac{a}{\pi} x,$$

für die Neoide (§. 217.) folgt, daß letztere ebenfalls eine lineare oder archimedische Spirallinie ist.

Es ist daher überflüssig weitere Untersuchungen über die lineare Spirallinie folgen zu lassen, indem man für sie die Resultate geradezu aus §. 218. bis §. 222. erhält, wenn $-\frac{b}{c}$ für das dortige r und $\frac{b+ca}{2c}$ für das dortige a gesetzt wird. Aus diesen entstehenden Resultaten ergeben sich dann die für die gewöhnliche archimedische Spirallinie, wenn in ihnen b = 0 angenommen wird.

b. Von der logarithmischen Spirallinie.

§. 267. Aufgabe. Die Gleichung für die logarithmische Spirallinie herzuleiten.

Auflösung. 1) Betrachtet man in der logarithmischen Linie CF (Fig. 41.), AE = u als Abscissen, und EF = z als normale Ordinaten, so daß nach §. 257. II. die Gleichung

$$z = \varphi u = e^{u}$$

statt findet, und denkt sich hiezu, für den Pol A die Achse AB = a, die Spirallinie, so ist nach §. 263 die verlangte Gleichung:

$$c : c^{\frac{u}{a}} = 2\pi : x, \text{ oder}$$

$$\text{(I)} \quad c^{\frac{u}{a}} = \frac{c}{2\pi} x,$$

in welcher x die Winkel (d. h. Bogen für den Halbmesser = 1) und u die Polar-Abstände bezeichnet.

2) Betrachtet man in der logarithmischen Linie CF (Fig. 41.); ACG als Abscissenlinie, AG = u als Abscissen; GF = z als normale Ordinaten, so daß nach §. 257. IV. die Gleichung

$$z = \varphi u = \frac{a}{\ln c} . \ln u$$

statt findet, und denkt sich hiezu für den Pol A und (DH normal auf AG gedacht), die Achse AH = c, die Spirallinie, so ist nach §. 263. die Gleichung:

$$\varphi c : \varphi u = 2\pi : x, \text{ oder}$$

$$a : \frac{a}{\ln c} \ln u = 2\pi : x, \text{ oder}$$

$$\text{(II)} \quad \ln u = \frac{\ln c}{2\pi} . x.$$

§. 268. Zusatz. Bildet man die Gleichung für die logarithmische Linie in Beziehung auf irgend eine willkührlich gewählte Abscissenlinie, einen beliebigen Anfangspunct in ihr, und einen beliebigen Coordinaten-Winkel, so ergiebt sich allemal, auf den in §. 263. angegebenen Weg, eine zugehörige logarith. Spirallinie, deren Anzahl also, zu jeder gewählten logarith. Linie, unendlich groß ist. In den folgenden §§. soll nur von der logarith. Spirallinie die Rede sein, die der Gleichung (II) §. 267.

$$\ln u = \frac{\ln c}{2\pi} . x$$

angehört, für welche da, wenn $u = b = 1$ (§. 257.) gesetzt wird, x verschwindet, C der Durchschnittspunct derselben mit der Achse $AH = c$ ist.

§. 269. **Aufgabe.** Für jeden Punct K der logarithmischen Spirallinie (Fig. 42.) den Winkel α, den die Tangente in K mit der Achse AH bildet, die Subt., Subn. und den Krümmungskreis zu bestimmen.

Auflösung. Ist (Fig. 42.) A der Pol; $AH = c$ die Achse; $AC = b = 1$; CK ein Bogen der logarith. Spirallinie zum Winkel x und Polarabstand u gehörig; KL die tang. in K bis zum Durchschnittspunct L, mit der nöthigenfalls verlängerten Achse; α der Winkel, welchen sie bilden, KN normal auf AH, so ist

$$\operatorname{tang}\alpha = \frac{\partial(KN)}{\partial(AN)} = \frac{\partial(u \operatorname{Sin} x)}{\partial(u \operatorname{Cos} x)} = \frac{u \operatorname{Cos} x . \partial x + \operatorname{Sin} x \partial u}{-u \operatorname{Sin} x \partial x + \operatorname{Cos} x . \partial u}.$$

Der Gleichung der vorausgesetzten logarith. Spirallinie: $\ln u = \frac{\ln c}{2\pi} . x$ entspricht aber $\frac{\partial u}{u} = \frac{\ln c}{2\pi} \partial x$, und hieraus folgt: $u \partial x = \frac{2\pi}{\ln c} . \partial u$. Setzt man nun diesen Werth in den Ausdruck für $\operatorname{tang}\alpha$, so entsteht

$$\operatorname{tang}\alpha = \frac{\operatorname{Cos} x . \frac{2\pi}{\ln c} + \operatorname{Sin} x}{-\operatorname{Sin} x . \frac{2\pi}{\ln c} + \operatorname{Cos} x}.$$

Für jeden Werth von c giebt es aber einen Winkel β, der

$$\operatorname{tg}\beta = \frac{2\pi}{\ln c}$$

macht; denkt man sich nun unter β diesen Winkel, so wird

$$\operatorname{tg}\alpha = \frac{\operatorname{Cos} x \operatorname{Sin}\beta + \operatorname{Sin} x \operatorname{Cos}\beta}{-\operatorname{Sin} x \operatorname{Sin}\beta + \operatorname{Cos} x \operatorname{Cos}\beta}, \text{ oder}$$

$\operatorname{tg}\alpha = \operatorname{tg}(\beta + x)$; folglich:

1) $\alpha = \beta + x$, oder

$$\alpha = x + \mathrm{Arc\,tg}\frac{2\pi}{\ln c}.$$

Nun ergiebt sich auch leicht

2) $\mathrm{Subt} = LN = \frac{u \sin x}{\mathrm{tg}(\beta + x)}$,

3) $\mathrm{Subn} = u \sin x \,\mathrm{tg}(\beta + x)$.

Ferner, wie in §. 219.,

die Abscisse des Mittelpuncts der Krümmung, oder

4) $a' = -\frac{\ln c}{2\pi} . u \sin x$,

die zugehörige Ordinate, oder

5) $b' = \frac{\ln c}{2\pi} . u \cos x$,

und der Halbmesser der Krümmung selbst, oder

6) $r' = u . \sqrt{1 + \left(\frac{\ln c}{2\pi}\right)^2}$.

§. 270. Zusatz. Aus $\alpha = \beta + x$ folgt, daß der Winkel LKA, welchen die Tangente KL mit dem Polar=Abstand KA bildet, constant, nemlich immer $= \beta = \mathrm{Arc\,tg}\frac{2\pi}{\ln c}$ ist.

§. 271. Aufgabe. Die logarith. Spirallinie zu rectificiren.

Auflösung. Es ist Bogen CK (Fig. 42.) = v

$$= \int \sqrt{u^2 . \partial x^2 + \partial u^2} \quad (§. 142.)$$

$$= \int \sqrt{\left[\frac{2\pi}{\ln c}\right]^2 + 1} . \partial u$$

$$= u . \sqrt{\left(\frac{2\pi}{\ln c}\right)^2 + 1} + C$$

$$= (u - 1) . \sqrt{\left(\frac{2\pi}{\ln c}\right)^2 + 1}.$$

§. 272. Aufgabe. Die logarithmische Spirallinie zu quadriren.

Auflösung. Es ist die Ebene

$$\text{ACK} = \tfrac{1}{2}\int u^2 . \partial x = \frac{\pi}{2 \ln c} . \int 2 u \partial u = \frac{\pi u^2}{2 \ln c} + C$$
$$= \frac{\pi (u^2 - 1)}{2 \ln c}.$$

§. 273. Aufgabe. Die Oberfläche, welche der Bogen CK bei der Umdrehung um AN beschreibt, zu bestimmen.

Auflösung. Bezeichnet F diese Oberfläche, so ist nach §. 142.

$$F = 2\pi \int u \operatorname{Sin} x \sqrt{u^2 \partial x^2 + \partial u^2}$$
$$= 2\pi \sqrt{\left[\frac{2\pi}{\ln c}\right]^2 + 1} . \int \operatorname{Sin} x . u . \partial u,$$

oder, $\pi . \sqrt{\left[\frac{2\pi}{\ln c}\right]^2 + 1}$ durch A ausgedrückt:

$$F = A \int \operatorname{Sin} x . \partial (u^2)$$
$$= A [u^2 \operatorname{Sin} x - \int u^2 . \partial \operatorname{Sin} x]; \text{ also}$$

$$1) \quad \frac{F}{A} = u^2 \operatorname{Sin} x - \int u^2 . \partial \operatorname{Sin} x.$$

Es ist aber auch, den Werth für ∂u sogleich gesetzt,

$$F = 2 A \int \operatorname{Sin} x . u . u . \frac{\ln c}{2\pi} . \partial x$$
$$= -\frac{A \ln c}{\pi} \int u^2 . \partial \operatorname{Cos} x$$
$$= -\frac{A \ln c}{\pi} [u^2 \operatorname{Cos} x - 2 \int \operatorname{Cos} x . u \partial u]$$
$$= -\frac{A \ln c}{\pi} u^2 \operatorname{Cos} x + \frac{2 A \ln c}{\pi} \int \operatorname{Cos} x . u . u \frac{\ln c}{2\pi} \partial x$$
$$= -\frac{A \ln c}{\pi} u^2 \operatorname{Cos} x + \frac{A (\ln c)^2}{\pi^2} \int u^2 . \partial \operatorname{Sin} x, \text{ also}$$

$$2) \quad \frac{\pi^2 . F}{A (\ln c)^2} = -\frac{\pi}{\ln c} u^2 \operatorname{Cos} x + \int u^2 . \partial \operatorname{Sin} x,$$

daher

daher, 1) und 2) addirt,

$$\frac{F}{A_{\cdot}}\left[1+\frac{\pi^2}{(\ln c)^2}\right] = u^2\left(\operatorname{Sin} x - \frac{\pi \operatorname{Cos} x}{\ln c}\right) + C, \text{ also}$$

$$F = \frac{\pi.\sqrt{4\pi^2+(\ln c)^2}}{\pi^2+(\ln c)^2}.[u^2(\operatorname{Sin} x \ln c - \pi \operatorname{Cos} x) + C]$$

$$= \frac{\pi\sqrt{4\pi^2+(\ln c)^2}}{\pi^2+(\ln c)^2}[\pi + u^2(\operatorname{Sin} x \ln c - \pi \operatorname{Cos} x)].$$

Beispiel. Für $x = \pi$ erhält man hieraus:

$$F = \frac{\pi^2(1+c)\sqrt{4\pi^2+(\ln c)^2}}{\pi^2+(\ln c)^2}.$$

§. 274. Aufgabe. Den Inhalt des Körpers zu bestimmen, welchen die Ebene ACK bei der Umdrehung um AC erzeugt.

Auflösung. Nach §. 142. ist dieser Körper, oder

$$K = \tfrac{2}{3}\pi\int u^3 \operatorname{Sin} x\, \partial x$$
$$= -\tfrac{2}{3}\pi\int u^3 . \partial \operatorname{Cos} x$$
$$= -\tfrac{2}{3}\pi u^3 \operatorname{Cos} x + 2\pi\int \operatorname{Cos} x . u^2 . \partial u,$$

also, $\frac{\ln c}{2\pi}$ durch h ausgedrückt und den Werth für ∂u, nemlich $u . h . \partial x$ (§. 269.), substituirt,

$$\int u^3 \operatorname{Sin} x\, \partial x = -u^3 \operatorname{Cos} x + 3h\int u^3 \partial \operatorname{Sin} x$$
$$= -u^3 \operatorname{Cos} x + 3hu^3 \operatorname{Sin} x - 9h\int \operatorname{Sin} x . u^2 . \partial u$$
$$= -u^3 \operatorname{Cos} x + 3hu^3 \operatorname{Sin} x - 9h^2\int u^3 \operatorname{Sin} x\, \partial x;$$

also

$$\int u^3 \operatorname{Sin} x\, \partial x = \frac{-u^3 \operatorname{Cos} x + 3hu^3 \operatorname{Sin} x}{1+9h^2} + C,$$

folglich

$$K = \frac{2\pi}{3(1+9h^2)}u^3[3h \operatorname{Sin} x - \operatorname{Cos} x] + C$$
$$= \frac{2\pi}{3(1+9h^2)}[1 + u^3(3h \operatorname{Sin} x - \operatorname{Cos} x)].$$

Beispiel. Für $x = \pi$ wird

$$K = \frac{2\pi}{3(1+9h^2)}.[1+u^3].$$

§. 275 Aufgabe. Den höchsten Punct der logarithmischen Spirallinie über der, durch A, normal auf die Achse AH gelegten Linie zu bestimmen.

Auflösung. Es sind die Werthe für u und x zu suchen, für welche p = u Cos x ein Max. wird. Aus p = u Cos x folgt:

$$\frac{\partial p}{\partial x} = - u \,\mathrm{Sin}\, x + \mathrm{Cos}\, x \cdot \frac{\partial u}{\partial x}$$

$$= - u \,\mathrm{Sin}\, x + h u \,\mathrm{Cos}\, x \quad (§.\ 274.)$$

$$= u\,[h \,\mathrm{Cos}\, x - \mathrm{Sin}\, x],$$

und dieser Ausdruck wird = 0; für

$$\mathrm{tg}\, x = h = \frac{\ln c}{2\pi}.$$

Da nun, für diesen Werth von x,

$$\frac{\partial^2 p}{\partial x^2} = u\,(- h \,\mathrm{Sin}\, x - \mathrm{Cos}\, x),$$

also negativ wird, so ist p ein Max. für

$$\mathrm{tg}\, x = h = \frac{\ln c}{2\pi}.$$

Vergleicht man dieses Resultat mit dem Ausdruck $\mathrm{tg}\,\beta = \frac{2\pi}{\ln c}$ (§. 269.), so folgt, daß das gefundene x das Complement zu β ist, daß also der Punct der höchste ist, für welchen die Tangente normal auf der Achse steht, wie auch aus der Natur der Curve erhellet.

VII. Von den berührenden Curven.

§. 276. Aufgabe. Auf den Schenkeln eines rechten Winkels ABC (Fig. 43.) sind von der Spitze B ab bestimmte Längen BA = a; BC = b abgetragen; man soll zwischen den Puncten A und C die Curve AEDC angeben, für welche, wenn Bogen AE = Bogen CD ist, die Summe der den Endpuncten E, D zugehörigen Abstände, von der Spitze des rechten Winkels als Pol, also die Summe $BE + BD$ constant, folglich $= BA + BC$ ist.

Auflösung. Bezeichnet man zum Winkel x (wie immer, Bogen in Längenmaaß für den Halbmesser $= 1$), von $BC = b$ aus gemessen, den Polar-Abstand BD mit y; zum Winkel u, von $BA = a$ aus genommen, den Polar-Abstand BE mit z, so ist nach §. 142.

$$\text{Bogen } CD = \int \sqrt{(y \partial x)^2 + (\partial y)^2} \text{ und}$$

$$\text{Bogen } AE = \int \sqrt{(z \partial u)^2 + (\partial z)^2}.$$

Die beiden Bedingungs-Gleichungen der Aufgabe sind daher:

1) $y + z = a + b$,

2) $(y \partial x)^2 + (\partial y)^2 = (z \partial u)^2 + (\partial z)^2$,

oder, $a + b$ durch c ausgedrückt und $\partial z = - \partial y$ aus 1) in 2) gesetzt:

3) $y + z = c$,

4) $y \partial x = z \partial u$.

Setzt man den Werth für z aus der ersten dieser beiden Gleichungen in die zweite, so ergiebt sich die, alle Bedingungen der Aufgabe in sich aufnehmende Gleichung:

5) $y \partial x = (c - y) \partial u$.

Die Aufgabe ist daher unbestimmt, weil diese eine Gleichung (Nro. 5.) drei von einander abhängige veränderliche Größen x, y und u enthält, und es existiren demnach unzählig viele Curven, welche den Bedingungen der Aufgabe genügen. Man setze daher, um eine dieser Curven zu erhalten, die Form der Abhängigkeit zweier dieser 3 Veränderlichen x, y, u von einander, nach Belieben fest, jedoch mit nicht weniger Constanten als die Aufgabe besondere Bedingungen liefert, welche zu Gleichungen gebildet, die Werthe dieser Constanten bestimmen. Diese besonderen Bedingungen sind:

1) für $x = 0$ muß $y = b$,

2) für $x = 0$ oder $y = b$ muß $u = 0$,

3) für $x = \frac{\pi}{2}$ muß $y = a$,

4) für $x = \frac{\pi}{2}$ oder $y = a$ muß $u = \frac{\pi}{2}$ werden.

Es sind also vier Constanten zu bestimmen, und da eine nach vielleicht auszuführender Integration aufzunehmen ist, so müssen in der gewählten Form der Abhängigkeit zwischen zweien der 3 Variablen x, y, u noch drei unbestimmte Constanten vorhanden sein, im Fall eine Integration vorkommt; kommt keine vor, so sind gleich vier Constanten zu wählen.

I. Es sei zwischen x und y die Form

$$1)\quad x = A + By + Dy^2$$

gewählt.

Nimmt man diese Form in der Bedingungs-Gleichung Nro. 5.

$$y\,\partial x = (c - y)\,.\,\partial u$$

auf, so entsteht:

$$\partial u = \frac{y(B + 2Dy)\partial y}{c - y}, \text{ und hieraus:}$$

$$2)\quad u = -[B + 2cD]\,c\ln(c - y) + [B + 4cD](c - y) - D(c - y)^2 + C.$$

Man hat demnach, zwischen x, y, u die beiden Gleichungen 1 und 2; und aus ihnen entspringen zu Bestimmung der vier Constanten A, B, C, D, nach der obigen Abzählung, die vier Gleichungen:

$$0 = A + Bb + Db^2$$

$$0 = -[B+2cD]c \ln a + [B+4cD]a - Da^2 + C$$

$$\frac{\pi}{2} = A + Ba + Da^2$$

$$\frac{\pi}{2} = -[B+2cD]c \ln b + [B+4cD]b - Db^2 + C,$$

aus welchen hervorgeht:

$$A = -\frac{b\pi(a+c)}{2c(a-b)}; \quad B = \frac{\pi}{a-b};$$

$$C = \frac{a\pi(b+c)}{2c(a-b)}; \quad D = -\frac{\pi}{2c(a-b)}.$$

Werden diese Werthe in 1) und 2) substituirt, so erhält man die Gleichungen:

$$y^2 - 2cy + b(a+c) + \frac{2c(a-b)x}{\pi} = 0 \text{ und}$$

$$y^2 - b^2 - \frac{2c(a-b)u}{\pi} = 0;$$

aus welchen auch noch folgt:

$$\frac{a-b}{2\pi}(x+u)^2 = au - bx.$$

II. Zwischen x und u sei die Form gewählt:

$\frac{\partial x}{\partial u} = A + Bu + Du^2$; so folgt hieraus:

1) $x = Au + \frac{1}{2}Bu^2 + \frac{1}{3}Du^3 + C,$

2) $y[A + Bu + Du^2] = c - y,$

welches die verlangten Gleichungen sind. Die 4 Constanten A, B, D, C ergeben sich nach der obigen Bestimmung; man erhält:

$$A = \frac{a}{b}; \quad B = -\frac{4(a-b)(2a-b)}{ab\pi}, \quad C = 0$$

$$D = \frac{12(a-b)^2}{ab\pi^2}.$$

III. Zwischen x und u sei die Form bestimmt:

1) $x = A + Bu + Cu^2 + Du^3,$

so ist ohne alle Integration die 2te Gleichung:

$$2)\quad y[B + 2Cu + 3Du^2] = c - y,$$

und man erhält für die Constanten

$$A = 0;\ B = \frac{a}{b};\ C = -\frac{2(a-b)(2a-b)}{ab\pi};$$

$$D = \frac{4(a-b)^2}{ab\pi^2}.$$

IV. Setzt man die Form:

$$1)\quad u = A + Bx + C\,\mathrm{Sin}(\alpha + x) \text{ fest,}$$

so erhält man sogleich als 2te Gleichung:

$$2)\quad \frac{y}{c-y} = B + C.\,\mathrm{Cos}(\alpha + x),$$

und hieraus, nach Bestimmung der vier Constanten A, B, C und α, wenn $\frac{a-b}{ab(4-\pi)}$ durch m ausgedrückt wird:

$$1)\quad u = m[2c - a\pi] + [2m(a-b) + 1]x$$
$$- m[2c - a\pi]\,\mathrm{Cos}\,x - m[2c - b\pi]\,\mathrm{Sin}\,x,$$

$$2)\quad \frac{y}{c-y} = 2m(a-b) + 1 - m(2c - b\pi)\,\mathrm{Cos}\,x$$
$$+ m(2c - a\pi)\,\mathrm{Sin}\,x$$

u. s. w.

In allen Fällen ergiebt sich für a = b, der Kreis-Quadrant, indem für jeden Werth von x oder u allemal y = a = b aus den Gleichungen hervorgeht.

§. 277. Zusatz. Bringt man 2 solche congruente Curven in die Lage Fig. 44., so werden beide, um ihre Pole gedreht, so daß die eine, die andere mit fort zieht, in fortwährender Berührung bleiben, welcher Eigenschaft gemäß diese Curven, berührende Curven genannt wurden.

VIII. Die Lauf-Curve.

§. 278. Aufgabe. Zwischen den Schenkeln eines gegebenen Winkels BAE $= 2\alpha$ (Fig. 45.); aus einem bestimmten Punct B des einen, die Curve BDF zu construiren, für welche das Verhältniß jedes Bogens BD $= v$ derselben, vom Punct B ab, gemessen, zu dem Stück AC des andern Schenkels, welches durch die Tangente HDC im Endpunct D des Bogens BD $= v$, abgeschnitten wird, constant, nemlich $= n$ ist.

Auflösung. Es sei AB $= a$; man nehme AE als die Abscissenlinie, A als Anfangspunct der Abscissen, und die Ordinaten parallel mit AB $= a$, setze erstere $= x$; letztere $= y$; so daß also, DG parallel BA gedacht, für den Punct D, AG $= x$; GD $= y$ ist; ferner bezeichne man den veränderlichen Winkel AHC, welchen die Tangente HDC in D mit AB bildet, durch $2z$, so ist, DK normal auf AB genommen,

$$\tan 2z = \frac{\partial(DK)}{\partial(BK)} = \frac{\partial(x \sin 2\alpha)}{\partial(a - y - x \cos 2\alpha)}$$

$$= -\frac{\sin 2\alpha \, \partial x}{\partial y - \cos 2\alpha . \partial x} \text{ und hieraus:}$$

$$1) \quad \sin(2\alpha + 2z)\partial x = -\sin 2z . \partial y.$$

Ferner ist

$$(\partial v)^2 = [\partial(DK)]^2 + [\partial(BK)]^2$$

$$= (\partial x)^2 + (\partial y)^2 + 2\cos 2\alpha . \partial y . \partial x,$$

und substituirt man in diese Gleichung den Werth für ∂y aus 1), so entsteht:

$$\partial v = \frac{\sin 2\alpha \, \partial x}{\sin 2z},$$

oder auch, wenn für ∂x sein Werth aus 1) gesetzt wird,

$$2) \quad \partial v = -\frac{\sin 2\alpha \, \partial y}{\sin(2\alpha + 2z)}$$

Nun ist aber

$$AC = x + \frac{y \operatorname{Sin} 2z}{\operatorname{Sin}(2\alpha + 2z)};$$

und also, der Bedingung der Aufgabe gemäß, $v = n.AC$, oder

$$v = nx + ny . \frac{\operatorname{Sin} 2z}{\operatorname{Sin}(2\alpha + 2z)},$$

und hieraus folgt:

$$3) \quad \partial v = 2ny \frac{\operatorname{Sin} 2\alpha . \partial z}{\operatorname{Sin}(2\alpha + 2z)^2}.$$

Setzt man die Werthe für ∂v aus 2) und 3) einander gleich, so entsteht

$$\frac{2ny\partial z}{\operatorname{Sin}(2\alpha + 2z)} = - \partial y, \text{ oder}$$

$$\frac{\partial y}{y} = - n \frac{\partial(2\alpha + 2z)}{\operatorname{Sin}(2\alpha + 2z)},$$

und hieraus, nach §. 105. 6) und XX.,

$$\ln y = - n . \ln \operatorname{tg}(\alpha + z) + C.$$

Es wird aber $y = a$ für $2z = 0$; daher

$$\ln a = - n \ln \operatorname{tg} \alpha + C, \text{ folglich}$$

$$C = \ln a + n \ln \operatorname{tg} \alpha,$$

daher vollständig:

$$\ln y = \ln a + n \ln \frac{\operatorname{tg} \alpha}{\operatorname{tg}(\alpha + z)}, \text{ oder}$$

$$\ln y = \ln \left[a \left(\frac{\operatorname{tg} \alpha}{\operatorname{tg}(\alpha + z)} \right)^n \right]; \text{ also}$$

$$4) \quad y = a . [\operatorname{tg} \alpha . \operatorname{Cotg}(\alpha + z)]^n.$$

Wird jetzt dieser Werth von y in 1) gesetzt, so erhält man, $\alpha + z$ durch u ausgedrückt:

$$\operatorname{Sin} 2u \, \partial x = - \operatorname{Sin}(2u - 2\alpha) a n \operatorname{tg} \alpha^n \operatorname{Cotg} u^{n-1} . \partial \operatorname{Cotg} u,$$

oder

$$\partial x =$$

$$- [\operatorname{Cos} 2\alpha - \operatorname{Sin} 2\alpha \operatorname{Cotg} 2u] a n \operatorname{tg} \alpha^n \operatorname{Cotg} u^{n-1} . \partial \operatorname{Cotg} u.$$

Es ist aber $\text{Cotg}\,2u = \frac{\text{Cotg}\,u^2 - 1}{2\,\text{Cotg}\,u}$; also

$$\partial x = -\, a\, n\, \text{tg}\,\alpha^n [\text{Cos}\,2\alpha\, \text{Cotg}\,u^{n-1} . \partial\, \text{Cotg}\,u$$
$$-\, \text{Sin}\,\alpha\, \text{Cos}\,\alpha\, \text{Cotg}\,u^n . \partial\, \text{Cotg}\,u$$
$$+\, \text{Sin}\,\alpha\, \text{Cos}\,\alpha\, \text{Cotg}\,u^{n-2}\, \partial\, \text{Cotg}\,u],$$ folglich

$$x = -\, a\, n\, \text{tg}\,\alpha^n \left[\frac{\text{Cos}\,2\alpha\, \text{Cotg}\,u^n}{n} - \text{Sin}\,\alpha\, \text{Cos}\,\alpha \frac{\text{Cotg}\,u^{n+1}}{n+1} + \text{Sin}\,\alpha\, \text{Cos}\,\alpha . \frac{\text{Cotg}\,u^{n-1}}{n-1}\right] + C.$$

Für $z = 0$ wird auch $x = 0$; daher

$$C = a\, n\, \text{tg}\,\alpha^n \left[\frac{\text{Cos}\,2\alpha\, \text{Cotg}\,\alpha^n}{n} - \frac{\text{Sin}\,\alpha\, \text{Cos}\,\alpha\, \text{Cotg}\,\alpha^{n+1}}{n+1} + \frac{\text{Sin}\,\alpha\, \text{Cos}\,\alpha\, \text{Cotg}\,\alpha^{n-1}}{n-1}\right]$$

$$= a\, n \left[\frac{\text{Cos}\,2\alpha}{n} - \frac{\text{Cos}\,\alpha^2}{n+1} + \frac{\text{Sin}\,\alpha^2}{n-1}\right]$$

$$= a\, n \left[\frac{\text{Cos}\,\alpha^2 - \text{Sin}\,\alpha^2}{n} - \frac{\text{Cos}\,\alpha^2}{n+1} + \frac{\text{Sin}\,\alpha^2}{n-1}\right]$$

$$= a \left[\frac{\text{Sin}\,\alpha^2}{n-1} + \frac{\text{Cos}\,\alpha^2}{n+1}\right].$$

Substituirt man diesen Werth, so hat man vollständig:

$$5)\quad x = a \left[\frac{\text{Sin}\,\alpha^2}{n-1}\left[1 - n.[\text{tg}\,\alpha\, \text{Cotg}\,(\alpha + z)]^{n-1}\right] + \frac{\text{Cos}\,\alpha^2}{n+1}\left[1 + n\,[\text{tg}\,\alpha\, \text{Cotg}\,(\alpha + z)]^{n+1}\right] - \text{Cos}\,2\alpha\,[\text{tg}\,\alpha\, \text{Cotg}\,(\alpha + z)]^n\right],$$

und wird in diese Gleichung der Werth für $\text{tg}\,\alpha\, \text{Cotg}\,(\alpha + z)$ aus 4) gesetzt, so entsteht die Gleichung zwischen x und y, nemlich:

$$6)\quad x = \frac{a\, \text{Sin}\,\alpha^2}{n-1}\left[1 - n\left(\frac{y}{a}\right)^{\frac{n-1}{n}}\right] + \frac{a\, \text{Cos}\,\alpha^2}{n+1}\left[1 + n\left(\frac{y}{a}\right)^{\frac{n+1}{n}}\right] - y\, \text{Cos}\,2\alpha.$$

§. 279. Zusatz. Für $n = 1$ erhält man aus den 3 Gleichungen 4, 5, 6 im vor. §.

$$y = a \operatorname{tg} \alpha . \operatorname{Cotg}(\alpha + z);$$

$$x = - a \operatorname{Sin} \alpha^2 [1 + \ln(\operatorname{tg} \alpha \operatorname{Cotg}(\alpha + z))] + \frac{a}{2} \operatorname{Cos} \alpha^2 [1 + (\operatorname{tg} \alpha \operatorname{Cotg}(\alpha + z))^2] - a \operatorname{Cos} 2\alpha \operatorname{tg} \alpha \operatorname{Cotg}(\alpha + z);$$

$$x = - a \operatorname{Sin} \alpha^2 \left[1 + \ln \frac{y}{a}\right] + \frac{a}{2} \operatorname{Cos} \alpha^2 \left[1 + \left(\frac{y}{a}\right)^2\right] - y \operatorname{Cos} 2\alpha,$$

und hieraus für $y = 0$; also für den Endpunct der Curve in AE

$$\alpha + z = \frac{\pi}{2}, \text{ oder } 2z = \pi - 2\alpha;$$

und $x = \infty$; so daß also, wenn $n = 1$ ist, AE die Asymptote der Curve wird.

§. 280. Zusatz. Für $n < 1$ geben die 3 Formeln (4, 5, 6 §. 278.) ebenfalls, wenn $y = 0$ werden soll; $2z = \pi - 2\alpha$ und $x = \infty$; so daß also AE ebenfalls Asymptote wird.

§. 281. Zusatz. Für $n > 1$ und $y = 0$ erhält man (aus 4, 5, 6 §. 278.)

$$2z = \pi - 2\alpha,$$

$$x = \frac{a \operatorname{Sin} \alpha^2}{n - 1} + \frac{a \operatorname{Cos} \alpha^2}{n + 1},$$

und in dieser Entfernung von A auf AE gemessen, schneidet die Curve sich mit der geraden Linie AE.

Ist $n > 1$; $y = 0$ und $2\alpha = \pi$, d. h. fallen BA und AE in eine gerade Linie, so wird

$$x = \frac{a}{n - 1},$$

welches Resultat sich auch sehr leicht aus der gemeinen Algebra ergiebt.

§. 282. Zusatz. Befindet sich in B ein Hund, in A sein Herr, und ruft dieser, während dem er in der Richtung AE fortgeht, den Hund an, so wird derselbe, wenn seine Bewegung n mal so schnell, wie die des Herrn ist, die Curve BDF durchlaufen, und den Herrn nie einholen, wenn $n \leqq 1$ ist, ihn aber, nachdem letzterer den Weg $\frac{a \operatorname{Sin} \alpha^2}{n-1} + \frac{a \operatorname{Cos} \alpha^2}{n+1}$ zurückgelegt hat, erreichen, wenn $n > 1$ ist. Dieser Weg wird $= \frac{a n}{n^2 - 1}$, wenn BAE ein rechter Winkel ist.

IX. Verschiedene Aufgaben mit kurzen Auflösungen zur eigenen Uebung.

§. 283. Aufgabe. Zwischen den Schenkeln eines gegebenen Winkels α, die Curve zu bestimmen, für welche die Tangente jedes Puncts von diesen Schenkeln begränzt, $=$ a wird.

Auflösung. Bei der in Fig. 46. angezeigten Bedeutung der Buchstaben ist, wenn EF die Tangente in D vorstellt:

1) $EF = a = \frac{y \operatorname{Sin} \alpha}{\operatorname{Sin} z} + \frac{x \operatorname{Sin} \alpha}{\operatorname{Sin} (\alpha + z)}$;

2) $\operatorname{tang} z = \frac{\partial (y \operatorname{Sin} \alpha)}{\partial (-x - y \operatorname{Cos} \alpha)}$,

und aus beiden folgt:

3) $[y \operatorname{Sin} (\alpha + z)^2 \operatorname{Cos} z + x \operatorname{Sin} z^2 \operatorname{Cos} (\alpha + z)] \partial z = 0$, welcher Gleichung Genüge geschieht, sowohl für $\partial z = 0$; also $z =$ Const, welches Resultat die gerade Linie giebt, als auch für:

4) $y \operatorname{Sin} (\alpha + z)^2 \operatorname{Cos} z + x \operatorname{Sin} z^2 \operatorname{Cos} (\alpha + z) = 0$.

Diese Gleichung mit der 1) verbunden, giebt

5) $x = \frac{a \operatorname{Sin}(\alpha + z)^2 \operatorname{Cos} z}{\operatorname{Sin} \alpha^2}$.

6) $y = - \frac{a \operatorname{Sin} z^2 \operatorname{Cos}(\alpha + z)}{\operatorname{Sin} \alpha^2}$.

Denkt man sich $\alpha \overline{\overline{>}} \frac{\pi}{2}$, so wird für $z = 0$; $y = +0$; $x = BC = a$, und für $z = \pi - \alpha$; $x = 0$ und $y = BA = a$; für $z = \frac{\pi}{2} - \frac{\alpha}{2}$; wird $x = y = \frac{a}{4 \operatorname{Sin} \frac{\alpha}{2}}$;

daher, wenn Bogen AM = Bogen CM genommen wird,

$$BM = \frac{a}{2} \operatorname{Cotg} \frac{\alpha}{2}; \text{ aber}$$

$$BN = a \operatorname{Cos} \frac{\alpha}{2}; \text{ folglich}$$

$$BC : BM = 2 \operatorname{Sin} \frac{\alpha}{2} : 1,$$

also, wenn $\alpha \overline{\overline{>}} \frac{\pi}{2}$ gedacht wird,

$$BN > BM.$$

In dem besondern Fall, wenn $\alpha = \frac{\pi}{2}$ ist, wird

$$x = a \operatorname{Cos} z^3; \; y = a \operatorname{Sin} z^3; \text{ also}$$

$$x^{\frac{2}{3}} + y^{\frac{2}{3}} = a^{\frac{2}{3}},$$

und man findet:

1) Bogen CD $= \frac{3}{2} a \operatorname{Sin} z^2$, also
Bogen CA $= \frac{3}{2} a$.

2) Ebene CGD =

$\frac{a^2}{2} \cdot [\operatorname{Sin} z^5 \operatorname{Cos} z - \frac{1}{4} \operatorname{Sin} z^3 \operatorname{Cos} z - \frac{3}{8} \operatorname{Sin} z \operatorname{Cos} z + \frac{3}{8} z]$,

also Ebene CBA $= \frac{3}{32} a^2 \pi$.

3) Oberfläche von CD bei der Umdrehung um CG beschrieben

$$= \frac{6}{5} a^2 \pi \operatorname{Sin} z^5,$$

also die ganze von CDA beschriebene

$$= \frac{6}{5} a^2 \pi.$$

4) Körper von CGD bei der Umdrehung um CG beschrieben

$$= \frac{\pi a^3}{105} \cdot [16 - 105 . \mathrm{Cos}\, z^3 + 189\, \mathrm{Cos}\, z^5 + 135\, \mathrm{Cos}\, z^7 - 35\, \mathrm{Cos}\, z^9],$$

also der ganze von CBA beschrieben

$$= \frac{16}{105} a^3 \pi.$$

Ist $\alpha < \frac{1}{2}\pi$, so nimmt die Curve einen eigenen Gang indem sie die Schenkel selbst und ihre Verlängerungen an verschiedenen Stellen durchschneidet.

§. 284. Aufgabe. Zwischen den Schenkeln eines gegebenen Winkels 2α die Curve zu bestimmen, für welche die Summe der Quadrate der Normalen aus jedem Punct derselben auf beide Schenkel $= b^2$ ist.

Auflösung. Es ist (Fig. 47.) $AB = x$; BC (normal auf AB) $= y$ gesetzt, die Gleichung

$$y^2 + [x \,\mathrm{Sin}\, 2\alpha - y \,\mathrm{Cos}\, 2\alpha]^2 = b^2 \text{ oder}$$

$$[1 + \mathrm{Cos} 2\alpha^2] y^2 - 2xy \,\mathrm{Sin} 2\alpha \,\mathrm{Cos} 2\alpha + x^2 \,\mathrm{Sin} 2\alpha^2 - b^2 = 0,$$

also die Curve eine Ellipse.

Für $y = x \,\mathrm{tg}\, 2\alpha$, also für den Punct E, wird $x = \frac{b}{\mathrm{tg}\, 2\alpha}$; also $AE = \frac{b}{\mathrm{Sin}\, 2\alpha}$.

Für $y = 0$; wird $x = AF = \frac{b}{\mathrm{Sin}\, 2\alpha}$.

Für $y = x \,\mathrm{tg}\, \alpha$, also für den Mittelpunct G der Curve EGF, wird $x^2 = \frac{b^2}{2\,\mathrm{tg}\, \alpha^2}$, also $AG^2 = \frac{b^2}{2\,\mathrm{Sin}\, \alpha^2}$.

Die Normale n aus A auf die Sehne EF ist $= \frac{b}{2\,\mathrm{Sin}\, \alpha}$; also $AG > n$.

Reducirt man obige Gleichung auf die zwischen den rechtw. Coordinaten u und z (siehe die Figur), so entsteht:

$$z^2 = \frac{\operatorname{Sin}\alpha^2}{\operatorname{Cos}\alpha^2}[AG^2 - u^2],$$

woraus erhellet, daß A der Mittelpunct der Ellipse; und ihre beiden halben Hauptachsen $= AG = \frac{b}{2\operatorname{Sin}\alpha}\sqrt{2}$ und $= \frac{b}{2\operatorname{Cos}\alpha}.\sqrt{2}$ sind.

Für $2\alpha = 90° = \frac{\pi}{2}$ wird die Curve ein Kreis zum Mittelpunct A und Halbmesser b.

§. 285. **Aufgabe.** Zwischen den Schenkeln eines Winkels 2α die Curve zu bestimmen, für welche die Normalen aus jedem Punct derselben auf beide Schenkel mit ihnen ein Viereck $= b^2$ einschließen.

Auflösung. Mit Beibehaltung von Fig. 47. und der Bezeichnung in §. 284. ist die Gleichung:

$$xy + [x\operatorname{Cos}2\alpha + y\operatorname{Sin}2\alpha][x\operatorname{Sin}2\alpha - y\operatorname{Cos}2\alpha] = 2b^2,$$

oder:

$$y^2 - 2xy\operatorname{tg}2\alpha - x^2 + \frac{2b^2}{\operatorname{Sin}2\alpha\operatorname{Cos}2\alpha} = 0,$$

also die **Curve eine Hyperbel.**

Man erhält ferner, wie §. 284.,

$$AF = AE = b.\sqrt{\frac{2}{\operatorname{Sin}2\alpha\operatorname{Cos}2\alpha}};$$

$$AG = b.\sqrt{\frac{2}{\operatorname{Sin}2\alpha}};$$

$$n = b.\sqrt{\frac{2}{\operatorname{Sin}2\alpha}.\frac{\operatorname{Cos}\alpha^2}{\operatorname{Cos}2\alpha}};\text{ also}$$

$$n > AG \text{ (die Curve concav),}$$

endlich auch noch:

$$z^2 = u^2 - AG^2,$$

folglich die Hyperbel gleichseitig und A ihr Mittelpunct.

Durch die Construction zweier Hyperbeln bestimmt sich hienach in ihrem Durchschnittspunct der Ort in einem gegebenen Dreieck, für welchen die Normalen aus ihm auf die 3 Seiten des Dreiecks dasselbe in 3 Vierecke theilen, deren Inhalte in einem festgesetzten Verhältniß stehen.

§. 286. Aufgabe. Zwischen den Schenkeln eines gegebenen Winkels 2α die Curve zu bestimmen, für welche das Product der Normalen aus jedem Punct derselben auf beide Schenkel $= b^2$ ist.

Auflösung. Mit Beibehaltung von Fig. 47. und der Zeichensprache in §. 284. ist die Gleichung:

$$y[x \operatorname{Sin} 2\alpha - y \operatorname{Cos} 2\alpha] = b^2 \text{ oder}$$

$$y^2 \operatorname{Cos} 2\alpha - xy \operatorname{Sin} 2\alpha + b^2 = 0,$$

also die Curve eine Hyperbel, deren Asymptoten die beiden Schenkel des Winkels 2α sind. Zwischen u und z entsteht die Gleichung

$$z^2 = \frac{\operatorname{Sin} \alpha^2}{\operatorname{Cos} \alpha^2}[u^2 - AG^2].$$

§. 287. Aufgabe. Die Fläche Fx der unteren Bekleidung einer Windung einer kreisförmigen Wendeltreppe zu bestimmen.

Auflösung. Ist h die Höhe einer Windung vom äußeren Halbmesser r und innern ϱ, so ist bei den in Fig. 48. angegebenen Bedeutungen der Zeichen

$$F(x+k) - Fx = k\varphi(x+k'), \text{ also}$$

$$Fx = \int\sqrt{h^2 + 4\pi^2 x^2}\,.\,\partial x$$

$$= \frac{xy}{2} + \frac{h^2}{4\pi}\ln(2\pi x + y) + C,$$

$$\text{aber } F\varrho = 0 = \frac{\alpha\varrho}{2} + \frac{h^2}{4\pi}\ln(2\pi\varrho + \alpha) + C,$$

daher vollständig:

$$Fx = \frac{xy - \alpha\varrho}{2} + \frac{h^2}{4\pi} . \ln \frac{2\pi x + y}{2\pi\varrho + \alpha}; \text{ daher}$$

$$Fr = \frac{ar - \alpha\varrho}{2} + \frac{h^2}{4\pi} \ln \frac{2\pi r + a}{2\pi\varrho + \alpha}.$$

Näherungsweise kann man auch die Formel anwenden:

$$Fr = \frac{a + \alpha}{2} . (r - \varrho).$$

§. 288. **Aufgabe.** Die Curve [Beaunische Curve] zu bestimmen, für welche sich, rechtw. Coordinaten vorausgesetzt, jede Ordinate y zur zugehörigen Subt $= \frac{y}{\partial y} \partial x$ verhält, wie eine constante Linie a zum Unterschied $y - x$ der Ordinate und Abscisse.

Auflösung. Aus der Gleichung

$$y : \frac{y \partial x}{\partial y} = a : y - x \text{ folgt,}$$

$y - x$ durch z ausgedrückt,

$$a \partial x = z \partial x + z \partial z; \text{ also}$$

$$\partial x = \frac{z \partial z}{a - z}; \text{ folglich}$$

$$x = a - z - a \ln (a - z) + C, \text{ oder}$$

$$x = a - y + x - a \ln (a - y + x) + C,$$

oder auch

$$y = a - a \ln (a + x - y) + C.$$

Ist der Anfangspunct der Abscissen im Durchschnittspunct der Curve und Abscissenlinie angenommen, so müssen x und y zugleich verschwinden, und es wird $c = -a + a \ln a$; daher vollständig:

$$y = a \ln \frac{a}{a + x - y} \text{ und hieraus}$$

$$x = \frac{a}{e^{\frac{y}{a}}} + y - a.$$

Man

Man erhält auch die Länge des Bogens =

$$a - \sqrt{a^2 + z^2} + a\sqrt{2}\,\ln\frac{z + \sqrt{a^2 + z^2}}{a - z} + a\ln\frac{\sqrt{a^2 + z^2} - z}{a}.$$

Den Inhalt der Ebene: (weil $x\partial y = y\partial y - a\partial x$ ist) $= x(a + y) - \frac{1}{2}y^2$,

$$\text{Subt} = \frac{y(y - x)}{a},$$

$$\text{Subn} = \frac{ay}{y - x}.$$

Den Körper, welchen die Ebene bei der Umdrehung um x beschreibt $= \pi[xy^2 - \frac{2}{3}y^3 + 2axy + 2a^2x - ay^2]$ u. s. w.

§. 289. Aufgabe. Es sei ein Parallelogramm ABCD (Fig. 49.) gegeben; $AD = BC = b$; $AB = DC = a$; man theile sowohl a von A nach B; als auch b von B nach C in p gleiche Theile, und verbinde den 0ten 1sten 2ten u. s. w. Theilpunct von a, mit dem 1sten 2ten 3ten u. s. w. Theilpunct von b, durch gerade Linien, so liegen die aufeinander folgenden Durchschnittspuncte in einer Curve, deren Gleichung bestimmt werden soll.

Auflösung. Es sei E der $n - 1$te; F der nte Theilpunct in AB; G der nte; H der $n + 1$te Theilpunct in BC; I der Durchschnittspunct der geraden Linien EG, FH, also I ein Punct der gesuchten Curve AIC; man ziehe IK parallel mit AD, setze die Ordinate $IK = y$; die Abscisse $CK = x$, so hat man, IL parallel AB gezogen,

$$HL : LI = HB : BF \text{ und}$$

$$GL : LI = GB : BE \text{ oder}$$

$$y - \frac{p - n - 1}{p}b : x = \frac{n + 1}{p}b \cdot \frac{p - n}{p}a \text{ und}$$

$$y - \frac{p - n}{p}b \cdot x = \frac{n}{p}b \quad \frac{p - n + 1}{p}a$$

Aus beiden Gleichungen n eliminirt, so folgt;

$$\frac{ay-bx}{2a} : x = \frac{2ab-bx-ay}{2a} : \frac{bx+ay}{.2b} + \frac{a}{p}$$

und hieraus, wenn p unendlich groß gedacht wird, so daß $\frac{a}{p} = 0$ ist

$$(ay+bx)^2 = 4ab^2x;$$

folglich die Curve eine Parabel (§. 148.).

Soll die Lage der Achse dieser Parabel bestimmt werden, so folgt, weil der Gleichung $(ay+bx)^2 = 4ab^2x$ gemäß, mit x zugleich auch y verschwindet, daß CB Tangente der Parabel in C ist, daß also die aus C gezogene, eine der ganzen Ordinaten IM halbirende Linie, alle parallelen Ordinaten halbirt, folglich ein Durchmesser der Parabel ist (§. 151.).

Nun folgt aber aus der Gleichung

$$(ay+bx)^2 = 4ab^2x;$$

$$y = -\frac{b}{a}x \pm 2b.\sqrt{\frac{x}{a}};$$ und also ist

$$HI = -\frac{b}{a}x + 2b.\sqrt{\frac{x}{a}};$$ und

$$HM = \frac{b}{a}x + 2b.\sqrt{\frac{x}{a}};$$ folglich

$$IM = 4b.\sqrt{\frac{x}{a}};$$

also, wenn N die Mitte von IM vorstellt,

$$IN = NM = 2b\sqrt{\frac{x}{a}}$$ und

$$KN = \frac{b}{a}x;$$ folglich

$$CN = \sqrt{x^2 + \frac{b^2}{a^2}x^2 + 2x.\frac{b}{a}x\,\mathrm{Cos}\,\alpha}$$

$$= \frac{x^2}{a}\sqrt{a^2+b^2+2ab\,\mathrm{Cos}\,\alpha},$$

daher, CN durch u; IN = NM durch z ausgedrückt,

$$z^2 = \frac{4b^2}{\sqrt{a^2+b^2+2ab\,\mathrm{Cos}\,\alpha}}\,.\,u.$$

Es ist aber, wenn der Coordinaten-Winkel INC von z und u durch ϱ ausgedrückt wird,

$$x\,\mathrm{Sin}\,\alpha = \left(\frac{b}{a}x + x\,\mathrm{Cos}\,\alpha\right)\mathrm{tg}\,\varrho;\ \text{also}$$

$$\mathrm{tg}\,\varrho = \frac{a\,\mathrm{Sin}\,\alpha}{b+a\,\mathrm{Cos}\,\alpha};\ \text{daher}$$

$$\mathrm{Sin}\,\varrho^2 = \frac{a^2\,\mathrm{Sin}\,\alpha^2}{a^2+b^2+2ab\,\mathrm{Cos}\,\alpha}.$$

Wird nun der Achsenparameter dieser Parabel durch p bezeichnet, so ist nach §. 152.

$$z^2 = \frac{p}{\mathrm{Sin}\,\varrho^2}\,.\,u;\ \text{daher}$$

$$\frac{p}{\mathrm{Sin}\,\varrho^2} = \frac{4b^2}{\sqrt{a^2+b^2+2ab\,\mathrm{Cos}\,\alpha}}\ \text{und hieraus}$$

$$p = \frac{4a^2b^2\,\mathrm{Sin}\,\alpha^2}{[a^2+b^2+2ab\,\mathrm{Cos}\,\alpha]^{\frac{3}{2}}}.$$

Ferner ist nach §. 151. hier

$\mathrm{tg}\,\varrho = \frac{p}{2n}$, unter n den Abstand der Achse vom Durchmesser CN auf der Seite von CN verstanden, wo der Coordinaten-Winkel ϱ ein spitzer Winkel ist, und aus dieser Gleichung folgt

$$n = \frac{2ab^2\,\mathrm{Sin}\,\alpha\,(b+a\,\mathrm{Cos}\,\alpha)}{[a^2+b^2+2ab\,\mathrm{Cos}\,\alpha]^{\frac{3}{2}}}.$$

Wird also in dieser Entfernung n, PQ parallel CN gelegt, so ist PQ die Achse, P der Scheitelpunct.

Es ergiebt sich auch noch aus der Achsen-Ordinate n, und zugehörigen Achsen-Abscisse $\frac{n^2}{p}$, die Sehne

$$CP = \frac{b^2(b+a\,\mathrm{Cos}\,\alpha)\sqrt{4a^2\,\mathrm{Sin}\,\alpha^2+(b+a\,\mathrm{Cos}\,\alpha)^2}}{[a^2+b^2+2ab\,\mathrm{Cos}\,\alpha]^{\frac{3}{2}}},\ \text{ferner}$$

$$\operatorname{tg} CPQ = \frac{2a \operatorname{Sin} \alpha}{b + a \operatorname{Cos} \alpha} \text{ und}$$

$$\operatorname{tg} PCD = -\operatorname{tg}(CPQ + \alpha - \varrho$$

$$= -\frac{[2a^2 + b^2 + 3ab \operatorname{Cos} \alpha] \operatorname{Sin} \alpha}{[a^2 + b^2 + 2ab \operatorname{Cos} \alpha] \operatorname{Cos} \alpha - ab \operatorname{Sin} \alpha^2}.$$

Ist α ein rechter Winkel, so ist also

$$\operatorname{tg} \varrho = \frac{a}{b};$$

$$p = \frac{4a^2 b^2}{[a^2 + b^2]^{\frac{3}{2}}}$$

$$n = \frac{2ab^3}{[a^2 + b^2]^{\frac{3}{2}}}$$

$$CP = \frac{b^3 \sqrt{4a^2 + b^2}}{[a^2 + b^2]^{\frac{3}{2}}}$$

$$\operatorname{tg} CPQ = \frac{2a}{b}$$

$$\operatorname{tg} PCD = \frac{2a^2 + b^2}{ab}.$$

§. 290. **Aufgabe.** Aus dem Mittelpunct A (Fig. 50.) denke man sich mit dem Halbmesser $AB = a$ einen Kreisboden BC, und mit diesen, innerhalb, mehrere concentrische, wie EF, beschrieben; man soll die Polargleichung der durch B gelegten Curve BND bestimmen, für welche in jeden Punct N derselben, die Tangente HG derselben in diesen Punct, mit der Tangente IK des Kreisbogens EF in derselben, einen unveränderlichen Winkel α bildet.

Auflösung. Liegt H in der Verlängerung von AB; so ist $\angle NHA = NIA - HNI = \frac{\pi}{2} - x - \alpha$ und NE normal auf HBIA gedacht

$$\operatorname{tg} NHA = \frac{\partial (NP)}{\partial (BP)}; \text{ oder}$$

$$\operatorname{Cotg}(\alpha + x) = \frac{\partial (y \operatorname{Sin} x)}{\partial (a - y \operatorname{Cos} x)}; \text{ woraus folgt}$$

$$y \operatorname{Sin} \alpha \partial x + \operatorname{Cos} \alpha . \partial y = 0;$$ also

$$\frac{\partial y}{y} = - \operatorname{tg} \alpha . \partial x;$$ daher

$$\ln y = - x \operatorname{tg} \alpha + C,$$ und hieraus

$$\ln \frac{a}{y} = x \operatorname{tg} \alpha;$$ so wie auch

$$y = \frac{a}{e^{x \operatorname{tg} \alpha}},$$

und aus dieser Gleichung erhellet, daß erst, für $x = \infty$, y in Null übergeht.

Die Länge des Bogens BN ist

$$= \int \sqrt{(y \partial x)^2 + (\partial y)^2} \quad (§. 142.)$$

$$= \int \sqrt{[- \operatorname{Cotg} \alpha \partial y]^2 + \partial y^2}$$

$$= \int \sqrt{[\operatorname{Cotg} (-\alpha) \partial y]^2 + (\partial y)^2}$$

$$= \operatorname{Cosec} (-\alpha) . y + C$$

$$= - \operatorname{Cosec} \alpha . y + \operatorname{Cosec} \alpha . a$$

$$= \frac{a - y}{\operatorname{Sin} \alpha},$$

folglich der nie zu erreichende Gränzwerth der Länge des Bogens (für $y = 0$)

$$= \frac{a}{\operatorname{Sin} \alpha}.$$

Die Ebene BNA erhält man leicht

$$= \tfrac{1}{2} \int y^2 \partial x = \tfrac{1}{2} \int y [- \operatorname{Cotg} \alpha \partial y]$$

$$= \frac{a^2 - y^2}{4} \operatorname{Cotg} \alpha.$$

§. 291. **Zusatz.** Wickelt man um einen normalen Kegel, dessen Seite $= a$ ist, einen mathematischen Faden, unter den unveränderlichen Winkel α mit der Peripherie der Grund-Ebene, so ist nach dem vor. §. seine ganze Länge bis zur Spitze des Kegels $= \frac{a}{\operatorname{Sin} \alpha}$.

Die Länge der ersten Windung, wenn r der Halbmesser der Grund-Ebene ist, beträgt

$$= \frac{a - \frac{a}{e^{\frac{2r\pi}{a}\operatorname{tg}\alpha}}}{\operatorname{Sin}\alpha},$$

die Länge der 2ten

$$= \frac{a - \frac{a}{e^{\frac{4r\pi}{a}\operatorname{tg}\alpha}}}{\operatorname{Sin}\alpha} - \frac{a - \frac{a}{e^{\frac{2r\pi}{a}\operatorname{tg}\alpha}}}{\operatorname{Sin}\alpha}$$

$$= \frac{a}{\operatorname{Sin}\alpha}\cdot\left[\frac{1}{e^{\frac{2r\pi}{a}\operatorname{tg}\alpha}} - \frac{1}{e^{\frac{4r\pi}{a}\operatorname{tg}\alpha}}\right]$$

u. s. w.

§. 292. Aufgabe. Den Cubic-Inhalt des Körpers Fig. 51. zu berechnen, wenn vorausgesetzt wird, daß die 3 Ebenen ADC, EHG und IML, und alle mit ihnen parallele Durchschnittsebenen zwischen ADC und IML Parabeln zu einerlei Achsenparameter p sind, deren Scheitelpuncte alle in der Curve DHM, und deren Achsen in der auf sie normalen Ebene DBKM liegen; die auf alle jene Ebenen normale Ebene ACLI bestehe aus den beiden congruenten Parabelstücken CBKL und ABKI, zu welchen C und A die Scheitelpuncte, und CB, AB die Achse sind.

Auflösung. Wird $AB = BC = a$; $IK = KL = b$; $BD = h$; $BK = l$; $BF = x$; $EF = FG = y$ gesetzt, so ist $a^2 = ph$; also $p = \frac{a^2}{h}$; ferner $y^2 = p.FH$; also $FH = \frac{y^2 h}{a^2}$; dann, den Achsenparameter der Ebenen CBKL und ABKI durch P ausgedrückt, $l^2 = P(a - b)$ und $x^2 = P(a - y)$, folglich $\frac{l^2}{x^2} = \frac{a-b}{a-y}$; daher

$y = a - \frac{a-b}{l^2} x^2$, folglich $FH = \frac{h}{a^2}\left[a - \frac{a-b}{l^2} x^2\right]^2$; also Ebene $EHG = \frac{4}{3} . y . FH$ (§. 159.)

$$= \frac{4h}{3a^2} . \left[a - \frac{a-b}{l^2} x^2\right]^3 .$$

Man hat daher den Körper zwischen den parallelen Ebenen ADC und EHG

$$= \int \frac{4h}{2a^2} \left[a - \frac{a-b}{l^2} x^2\right]^3 . \partial x$$

und hieraus den ganzen Körper

$$= \frac{4hl}{105a^3} [16a^3 + 8a^2 b + 6ab^2 + 5b^3].$$

§. 293. **Aufgabe.** Es sei ABC (Fig. 52.) eine parabolische Ebene; A ihr Scheitelpunct, AB = b ihre Achse; die normale Ordinate CB = a; CD ǂ BA; AD ǂ BC; die Ebene CDA drehe sich um CD, und der entstehende Körper sei an irgend einer bestimmten Stelle, normal auf die Ebene ECA durch die Ebene GHF geschnitten, so daß beider Durchschnittslinie HI mit CD parallel liegt; man soll die Größe der Ebene GHF, so wie auch die des Körpers von A bis GHF bestimmen.

Auflösung. Es sei DP = x und durch P die mit der Kreisebene EGAF parallele Kreisebene QMNL gelegt, welche die Ebene GHF in ML scheidet; ∠MPK = KPL sei $= \beta$ und ∠GDI = IDF $= \alpha$; MK = KL = y; $\frac{a^2}{b} = p$; so ist DI = PK $= a \operatorname{Cos} \alpha$; also

$$MK = KL = y = a \operatorname{Cos} \alpha \operatorname{tg} \beta \text{ und}$$

$$[DA - PN]^2 = p . DP \text{ oder}$$

$$[a - a \operatorname{Cos} \alpha \operatorname{Sec} \beta]^2 = \frac{a^2}{b} x = px;$$

folglich die Ebene GFLM =

$$2 \int y \partial x = \frac{2a \operatorname{Cos} \alpha}{p} \int \operatorname{tg} \beta \partial (a - a \operatorname{Cos} \alpha \operatorname{Sec} \beta)^2$$

woraus man erhält:

$$GFLM = -\frac{4a^3 \operatorname{Cos}\alpha^2}{p}[\tfrac{1}{2}\operatorname{Sec}\beta \operatorname{tg}\beta - \tfrac{1}{3}\operatorname{Cos}\alpha \operatorname{tg}\beta^3 - \tfrac{1}{2}\ln(\operatorname{Sec}\beta + \operatorname{tg}\beta)] + C$$

$$= 4ab\operatorname{Cos}\alpha^2\left[\tfrac{1}{2}\operatorname{Sec}\alpha \operatorname{tg}\alpha - \tfrac{1}{2}\operatorname{Sec}\beta \operatorname{tg}\beta - \tfrac{1}{3}\operatorname{Cos}\alpha \operatorname{tg}\alpha^3 + \tfrac{1}{3}\operatorname{Cos}\alpha \operatorname{tg}\beta^3 + \tfrac{1}{2}\ln\frac{\operatorname{Sec}\beta + \operatorname{tg}\beta}{\operatorname{Sec}\alpha + \operatorname{tg}\alpha}\right];$$

und hieraus für $\beta = 0$; die ganze Ebene

$$GHF = \tfrac{2}{3}ab\left[3\operatorname{Sin}\alpha - 2\operatorname{Sin}\alpha^3 - 3\operatorname{Cos}\alpha^2 \ln\frac{1+\operatorname{Sin}\alpha}{\operatorname{Cos}\alpha}\right].$$

Nun ist der Körper von A bis GHF

$$= \int GHF \,.\, \partial(AI)$$

$$= \tfrac{2}{3}a^2b\int\left[3\operatorname{Sin}\alpha - 2\operatorname{Sin}\alpha^3 - 3\operatorname{Cos}\alpha^2\ln\frac{1+\operatorname{Sin}\alpha}{\operatorname{Cos}\alpha}\right]\operatorname{Sin}\alpha\,\partial\alpha,$$

woraus man

$$\tfrac{1}{6}a^2b\left[\alpha + 2\operatorname{Sin}\alpha^3\operatorname{Cos}\alpha - 5\operatorname{Sin}\alpha\operatorname{Cos}\alpha + 4\operatorname{Cos}\alpha^3\ln\frac{1+\operatorname{Sin}\alpha}{\operatorname{Cos}\alpha}\right]$$

erhält.

Für $\alpha = \frac{\pi}{2}$ wird, weil $z \ln z = \ln(z^z)$ wenn $z = 0$ ist, in $\ln 1 = 0$ übergeht, die Ebene $= \frac{2}{3}ab$; der Körper $= \frac{1}{12}a^2 b\pi$.

§. 294. **Aufgabe.** Es sei A der Scheitelpunct; AB = x eine Abscisse auf der Achse dieser Parabel, BC = y die zugehörige normale Ordinate; p der Parameter, also $y^2 = px$ (Fig. 53.), man denke sich diese parabolische Ebene ABC um die Achse AB gedreht, und den entstehenden Körper durch eine Ebene aus C normal auf die Ebene ABC durchschnitten; CD sei die Durchschnittslinie dieser beiden Ebenen, und bilde mit CB den bestimmten Winkel β; man soll den Cubic-Inhalt des (in der Figur links) abgeschnittenen Körpers berechnen.

Auflösung. Aus

$$[y - CD \operatorname{Sin}\beta]^2 = p[x - CD \operatorname{Sin}\beta] \text{ folgt}$$

$$CD = \frac{2y \operatorname{Cos}\beta - p \operatorname{Sin}\beta}{\operatorname{Cos}\beta^2}, \text{ also}$$

$$CE = ED = \frac{2y \operatorname{Cos}\beta - p \operatorname{Sin}\beta}{2 \operatorname{Cos}\beta^2}.$$

Nimmt man nun EH $\ddagger$ AB, so ist

$$(DE)^2 = \frac{p}{\operatorname{Cos}\beta^2} . EH; \text{ also}$$

$$EH = \frac{[2y \operatorname{Cos}\beta - p \operatorname{Sin}\beta]^2}{4p \operatorname{Cos}\beta^2}; \text{ ferner ist}$$

$$(FG)^2 = p\left[x - \frac{CD \operatorname{Sin}\beta}{2}\right]$$

$$= \frac{2y^2 \operatorname{Cos}\beta^2 + p^2 \operatorname{Sin}\beta^2 - 2py \operatorname{Sin}\beta \operatorname{Cos}\beta}{2 \operatorname{Cos}\beta^2}; \text{ und}$$

$$(FE)^2 = (y - CE \operatorname{Cos}\beta)^2$$

$$= \frac{p^2 \operatorname{Sin}\beta^2}{4 \operatorname{Cos}\beta^2}; \text{ daher}$$

$$FG^2 - FE^2 = \frac{[2y \operatorname{Cos}\beta - p \operatorname{Sin}\beta]^2}{4 \operatorname{Cos}\beta^2}$$

= dem Quadrat der Ordinate z in der Schnitt-Ebene durch E normal auf CD. Da nun diese Schnitt-Ebene, wie leicht erhellet, eine Ellipse ist, so ist ihr Inhalt oder

$$P = CE . z . \pi = \frac{[2y \operatorname{Cos}\beta - p \operatorname{Sin}\beta]^2 \pi}{4 \operatorname{Cos}\beta^3},$$

also der Inhalt K des verlangten Körpers

$$= \operatorname{Cos}\beta \int P . \partial(HE) \text{ (§. 141.)}$$

$$= \frac{\pi(2y \operatorname{Cos}\beta - p \operatorname{Sin}\beta)^4}{32p \operatorname{Cos}\beta^4}, \text{ oder auch}$$

$K = P \operatorname{Cos}\beta . \frac{EH}{2}$ = der Projection der Durchschnitts-Ebene P auf $y^2 \pi$ multiplicirt mit $\frac{EH}{2}$ (S. §. 161.).

§. 295. Aufgabe. Ein Kegel, dessen Grundebene dem Halbmesser r angehört, und dessen Höhe = H ist, wird durch eine Ebene S geschnitten. Es soll der Cubic-Inhalt des abgeschnittenen Theils bestimmet werden.

Auflösung. Man denke sich die Durchschnittslinie FG (Fig. 24.) der Ebene S oder FHG mit der Grundebene oder mit einer ihr parallelen Kreisebene des Kegels, in R halbirt, und durch R einen Durchmesser CD in dieser Kreisebenen gezogen, lege durch CD den Achsen-Durchschnitt CAD des Kegels, und durchschneide S an einer beliebigen Stelle, in LM, durch die mit der Grundebene parallele Kreisebene QMNL, welche die Achse AE des Kegels in P schneidet, so bildet FG mit CD, so wie auch LM mit QN rechte Winkel, und es ist, die Normale von H auf die Grundebene CGDF durch h; die aus H auf QMNL durch x, DR durch B; und $\angle LPN = NPM$ durch z ausgedrückt,

$$H : r = H - h + x : PN (= PM) \text{ und}$$

$$h : B = x : PN - PI; \text{ hieraus folgt}$$

$$PM = \frac{(H-h)r}{H} + \frac{r}{H}x \text{ und}$$

$$PI = \frac{(H-h)r}{H} + \left(\frac{r}{H} - \frac{B}{h}\right)x,$$

folglich, weil $PM \operatorname{Cos} z = PI$ ist, wenn man die Werthe für PM und PI setzt,

$$x = \frac{hr(H-h)(1-\operatorname{Cos} z)}{BH - hr + hr \operatorname{Cos} z}; \text{ dann}$$

$$PM = \frac{r(H-h)B}{BH - hr + hr \operatorname{Cos} z};$$

oder, $BH - hr$ durch a; hr durch b ausgedrückt,

$$x = \frac{hr(H-h)(1-\operatorname{Cos} z)}{a + b \operatorname{Cos} z}$$

$$PM = \frac{r(H-h)B}{a + b \operatorname{Cos} z};$$

also der Kreisabschnitt LMN

$$= (PM)^2 [z - \mathrm{Sin}\, z \,\mathrm{Cos}\, z]$$

$$= \frac{r^2 B^2 (H-h)^2}{(a+b\,\mathrm{Cos}\, z)^2} . [z - \mathrm{Sin}\, z\,\mathrm{Cos}\, z],$$

folglich der Körper HLMN oder $K = \int LMN . \partial x$; also, $r^3 B^3 Hh (H-h)^3$ durch A bezeichnet,

$$K = A \int \frac{z - \mathrm{Sin}\, z\,\mathrm{Cos}\, z}{[a+b\,\mathrm{Cos}\, z]^4} \mathrm{Sin}\, z\, \partial z,$$

$$= A \int \left[\frac{z\,\mathrm{Sin}\, z\, \partial z}{(a+b\,\mathrm{Cos}\, z)^4} + \int \frac{\mathrm{Sin}\, z\,\mathrm{Cos}\, z\, \partial\, \mathrm{Cos}\, z}{(a+b\,\mathrm{Cos}\, z)^4} \right].$$

Es ist aber, $a + b\,\mathrm{Cos}\, z = w$ gesetzt,

$$\int \frac{z\,\mathrm{Sin}\, z\,\partial z}{w^4} = \frac{1}{3b} \int z . \partial \frac{1}{w^3} = \frac{z}{3bw^3} - \frac{1}{3b} \int \frac{\partial z}{w^3}$$

$$= \frac{z}{3bw^3} + \frac{1}{3b} \int \frac{\partial w}{w^3 . \sqrt{b^2 - a^2 + 2aw - w^2}} \text{ (§. 112.*)},$$

also nach §. 98. XLV.

$$\int \frac{z\,\mathrm{Sin}\, z\,\partial z}{w^4} = \frac{z}{3bw^3} + \frac{\mathrm{Sin}\, z}{6(a^2 - b^2) w^2} + \frac{a\,\mathrm{Sin}\, z}{2(a^2 - b^2)^2 w}$$

$$- \frac{2a^2 + b^2}{6b(a^2 - b^2)^2} \int \frac{\partial z}{w}; \text{ ferner}$$

$$\int \frac{\mathrm{Sin}\, z\,\mathrm{Cos}\, z\, \partial\, \mathrm{Cos}\, z}{(a+b\,\mathrm{Cos}\, z)^4} = \frac{1}{b^3} \int \frac{(w-a)\sqrt{b^2 - a^2 + 2aw - w^2}}{w^4} \partial w$$

$$= - \frac{a\,\mathrm{Sin}\, z^3}{3(a^2 - b^2) w^3} - \frac{b^2\,\mathrm{Sin}\, z^3}{2(a^2 - b^2)^2 w^2} - \frac{ab^2\,\mathrm{Sin}\, z^3}{2(a^2 - b^2)^3 w} + \frac{b^2\,\mathrm{Sin}\, z}{2(a^2 - b^2)^3}$$

$$- \frac{ab\,\mathrm{Sin}\, z\,\mathrm{Cos}\, z}{2(a^2 - b^2)^3} + \frac{b}{2(a^2 - b^2)^3} . \int \frac{\partial z}{w}$$

(XLIX und XXXI), also, c^2 für $a^2 - b^2$ geschrieben,

$$K = \frac{A}{2} \left[\frac{z}{bw^3} - \frac{a\,\mathrm{Sin}\, z^3}{c^2 w^3} + \frac{2\,\mathrm{Sin}\, z}{c^2 w^2} - \frac{1}{bc^2} \int \frac{\partial z}{w} \right],$$

in welchen Ausdruck, nach XXX,

$$\int \frac{\partial z}{w} = - \int \frac{\partial w}{w . \sqrt{b^2 - a^2 + 2aw - w^2}}$$

$$= + \frac{1}{\sqrt{b^2 - a^2}} \ln \frac{b + a\,\mathrm{Cos}\, z + \sqrt{b^2 - a^2} . \mathrm{Sin}\, z}{a + b\,\mathrm{Cos}\, z} + C;$$

oder auch

$$= -\frac{1}{\sqrt{a^2-b^2}}\,\mathrm{Arc\,tg}\,\frac{b+a\,\mathrm{Cos}\,z}{\mathrm{Sin}\,z\sqrt{a^2-b^2}}$$

$$= +\frac{1}{\sqrt{a^2-b^2}}\,\mathrm{Arc\,Cotg}\,\frac{b+a\,\mathrm{Cos}\,z}{\mathrm{Sin}\,z\sqrt{a^2-b^2}}$$

$$= +\frac{1}{\sqrt{a^2-b^2}}\,\mathrm{Arc\,Cos}\,\frac{b+a\,\mathrm{Cos}\,z}{a+b\,\mathrm{Cos}\,z}+C \text{ ist.}$$

Mit $z = 0$ verschwindet der Körper und auch die für ihn gefundene Formel, und es ist also $C = 0$.

Man hat also in reeller Form:

1) wenn $b > a$; also $B < \frac{2rh}{H}$, folglich die Schnitt-Ebene eine Hyperbel ist,

$$\text{(I)}\quad K = \frac{r^3B^3Hb(H-h)^3}{3}\left[\frac{z}{b(a+b\,\mathrm{Cos}\,z)^3}+\frac{a\,\mathrm{Sin}\,z^3}{(b^2-a^2)(a+b\,\mathrm{Cos}\,z)^3}\right.$$

$$\left.-\frac{2\,\mathrm{Sin}\,z}{(b^2-a^2)(a+b\,\mathrm{Cos}\,z)^2}+\frac{1}{b(b^2-a^2)^{\frac{3}{2}}}\ln\frac{b+a\,\mathrm{Cos}\,z+\sqrt{b^2-a^2}.\mathrm{Sin}\,z}{a+b\,\mathrm{Cos}\,z}\right];$$

2) wenn $b < a$, also $B > \frac{2rh}{H}$, also die Schnitt-Ebene einer Ellipse ist,

$$\text{(II)}\quad K = \frac{r^3B^3Hh(H-h)^3}{3}.\left[\frac{z}{b(a+b\,\mathrm{Cos}\,z)^3}-\frac{a\,\mathrm{Sin}\,z^3}{(a^2-b^2)(a+b\,\mathrm{Cos}\,z)^3}\right.$$

$$\left.+\frac{2\,\mathrm{Sin}\,z}{(a^2-b^2)(a+b\,\mathrm{Cos}\,z)^2}-\frac{1}{b(a^2-b^2)^{\frac{3}{2}}}\,\mathrm{Arc\,Cos}\,\frac{b+a\,\mathrm{Cos}\,z}{a+b\,\mathrm{Cos}\,z}\right];$$

3) für $b = a = hr$, also $B = \frac{2hr}{H}$; d. h. wenn die Schnitt-Ebene eine Parabel ist, erhält man durch theilsweise 2 malige Anwendung von §. 62. die Summe der 3 letzten Glieder in den Klammern, sowohl in I als II,

$$= -\frac{(2-2\,\mathrm{Cos}\,z^2+3\,\mathrm{Cos}\,z)\,\mathrm{Sin}\,z}{3\,a^4(1+\mathrm{Cos}\,z)^3};$$

daher wenn $b = a$ ist

$$\text{(III)}\quad K = \frac{8r^2(H-h)^3}{9H^2(1+\mathrm{Cos}\,z)^3}[3z-(1+2\,\mathrm{Cos}\,z)(2-\mathrm{Cos}\,z)\,\mathrm{Sin}\,z].$$

§. 296.

§. 296. **1ster Zusatz.** Für $x = h$; also $\mathrm{Cos}\,z = \frac{r-B}{r}$; folglich $\mathrm{Sin}\,z = \frac{\sqrt{2Br-B^2}}{r}$; und $a + b\,\mathrm{Cos}\,z = B(H-h)$, so wie $b + a\,\mathrm{Cos}\,z = \frac{B}{r}[r(H+h) - BH]$ entsteht; 1stens, wenn $b > a$ also $B < \frac{2rh}{H}$ ist, aus I. im vor. §., der ganze Körper HFGD oder:

$$(\mathrm{IV})\quad T = \frac{r^3 H h}{3}\left[\frac{z}{b} + \frac{a\,\mathrm{Sin}\,z^3}{b^2-a^2} - \frac{2B[H-h]\,\mathrm{Sin}\,z}{b^2-a^2} + \frac{B^3(H-h)^3}{b(a^2-b^2)^{\frac{3}{2}}}\ln\frac{b + a\,\mathrm{Cos}\,z + \mathrm{Sin}\,z\sqrt{b^2-a^2}}{B(H-h)}\right],$$

2tens, wenn $b < a$ also $B > \frac{2rh}{H}$ ist, der ganze Körper HFGD, oder

$$(\mathrm{V})\quad T = \frac{r^3 H h}{3}\left[\frac{z}{b} - \frac{a\,\mathrm{Sin}\,z^3}{a^2-b^2} + \frac{2B(H-h)\,\mathrm{Sin}\,z}{a^2-b^2} - \frac{B^3(H-h)^3}{b(a^2-b^2)^{\frac{3}{2}}}\,\mathrm{Arc\,Cos}\,\frac{Br(H+h) - B^2 H}{rB(H-h)}\right]$$

(aus II im vor. §.)

3tens, wenn $b = a = hr$; also $B = \frac{2rh}{H}$ ist, der ganze Körper HFGD, oder

$$(\mathrm{VI})\quad T = \frac{r^2 H}{9}\left[3\,\mathrm{Arc\,Cos}\,\frac{H-2h}{H} - \frac{2(3H-4h)(H+2h)\sqrt{hH-h^2}}{H^3}\right]$$

(aus III im vor. §.).

§. 297. **2ter Zusatz.** Für $B = r$ folgt aus (IV) §. 296.

$$(\mathrm{VII})\quad T = \frac{r^2}{3}\left[\frac{\pi H}{2} - \frac{h(H-h)}{2h-H} + \frac{H(H-h)^3}{(2hH-H^2)^{\frac{3}{2}}}\,.\ln\frac{h+\sqrt{2hH-H^2}}{H-h}\right],$$

aus (V) §. 296.

$$(VIII)\quad T = \frac{r^2}{3}\left[\frac{\pi H}{2} + \frac{h(H-h)}{H-2h} - \frac{H(H-h)^3}{(H^2-2Hh)^{\frac{3}{2}}}\,\mathrm{Arc\,Cos}\,\frac{h}{H-h}\right]$$

und aus (VI) §. 296.

$$(IX)\quad T = \frac{3\pi-4}{18}\,r^2 . H.$$

§. 298. 3ter Zusatz. Für B=2r folgt aus (IV) §. 296. wenn zugleich H = h ist:

$$(X)\quad T = \frac{r^2\pi H}{3};$$

ferner für B = 2r aus (V) §. 296.

$$(XI)\quad T = \frac{r^2\pi H}{3}\left[1-\left(\frac{H-h}{H}\right)^{\frac{3}{2}}\right];$$

dann, für B=2r, also auch H=h aus (VI) §. 296.

$$(XII)\quad T = \frac{r^2\pi H}{3}.$$

(Mehrere Uebungen findet man, in meinen Aufgaben aus der Körperlehre. Berlin 1811).

Verbesserungen.

Seite 5	Zeile 5	v. o.	lies	erzeugt statt erzeigt
— 8	— 3	⸗ ⸗	l.	$\frac{a-b}{b^4}$ st. $\frac{a-b}{b^2}$
— 10	— 11	⸗ ⸗	l.	$\alpha+\beta x+\gamma x^2+ . . +\varrho x^{m-1}$ statt $\alpha+\beta y+\gamma y^2+ . +\varrho x^{n-1}$
— 10	— 1	v. u.	l.	Gleichungen st. Gleichung
— 12	— 8	⸗ ⸗	l.	$a\beta$ st. $\alpha\beta$
— 24	— 2	v. o.	l.	$2x^2$ st. $2x$
— 24	— 2	⸗ ⸗	l.	für $x =$ st. für $=$
— 25	— 2	v. u.	l.	$\frac{Fx}{\varphi x}$ st. $\frac{Fa}{\varphi x}$
— 39	— 7	⸗ ⸗	l.	Ableitung st. Abtheilung
— 40	— 1	v. o.	l.	Ableitung st. Abtheilung
— 50	— 10	v. u.	l.	Maclaurinsche Reihe st. Maclaurinsche
— 51	— 6	⸗ ⸗	l.	x st. y
— 53	— 10	⸗ ⸗	l.	$n x^{n-1}$ st x^{n-1}
— 55	— 11	v. o.	l.	$\frac{\partial x}{\partial y}$ st. $\frac{\partial y}{\partial x}$
— 63	— 7	⸗ ⸗	l.	bezeichne st. bezeichnen
— 64	— 8	⸗ ⸗	l.	bezeichne st. bezeichnen
— 66	— 9	⸗ ⸗	l.	Functionen st. Function
— 89	— 14	v. u.	l.	$\varphi' x = 0$ st. $\varphi x = 0$
— 90	— 3	v. o.	l.	wenn st. von
— 100	— 4	v. u.	l.	$F x \partial x$ st. $F \partial x$
— 102	— 7	⸗ ⸗	l.	Cos x st. Cox s
— 106	— 5	v. o.	l.	$\sqrt{1+tg x^2}$ st. $\sqrt{4+tg x^2}$
— 112	— 11	⸗ ⸗	l.	$a+bx$ st. $a+hx$
— 116	— 5	v. u.	l.	$2(x+r)$ st. $(2x+r)$
— 117	— 2	⸗ ⸗	l.	XXXI st. XXX
— 118	— 8	⸗ ⸗	l.	$\int\frac{\partial x}{a+bx^3}$ st. $\frac{\partial x}{a+bx^3}$

Seite 120	Zeile 3	v. o.	l. XXIV st. XXIII
— 134	— 11	= =	l. $b+2cx$ st. $bx+2cx$
— 174	— 1	v. u.	l. C st. A
— 176	— 14	v. o.	l. den st. dann
— 180	— 1	= =	l. α st. a
— 186	— 13	v. u.	l. Curve st. Curven
— 191	— 2	= =	l. LC st. AC
— 199	— 1	= =	l. $k \operatorname{Sin}\beta$ st. $x \operatorname{Sin}\beta$
— 208	— 11	v. o.	l. $\operatorname{Cos}(\alpha-\beta)$ st. $\operatorname{Cos}(\alpha+\beta)$
— 224	— 11	= =	l. K st. k
— 224	— 11	v. u.	l. b^2 st. h^2
— 227	— 9	v. o.	l. $\frac{1}{4}$ st. $\frac{1}{3}$
— 234	— 10	= =	l. demnach st. dennoch
— 236	— 7	= =	l. $\frac{b}{2\operatorname{Sin}(\beta-2\alpha)}$ st. $\frac{b \operatorname{Cos}\alpha}{2\operatorname{Sin}(2\alpha-\beta)}$
— 242	— 6	v. u.	l. in C st. in
— 252	— 8	v. o.	l. $\frac{1}{1}\frac{3}{4}$ st. $\frac{1}{2}\frac{3}{4}$
— 276	— 5	v. u.	l. e^2 st. e^1
— 279	— 4	v. o.	l. wählte st. wölbte
— 281	— 4	v. u.	l. $2a^3$ st. $2a^2$
— 281	— 3	= =	l. a st. e
— 300	— 2	v. o.	l. RTV st. RTVV
— 304	— 13	= =	l. $\varphi(x+k)$ st. $\varphi(x+x)$

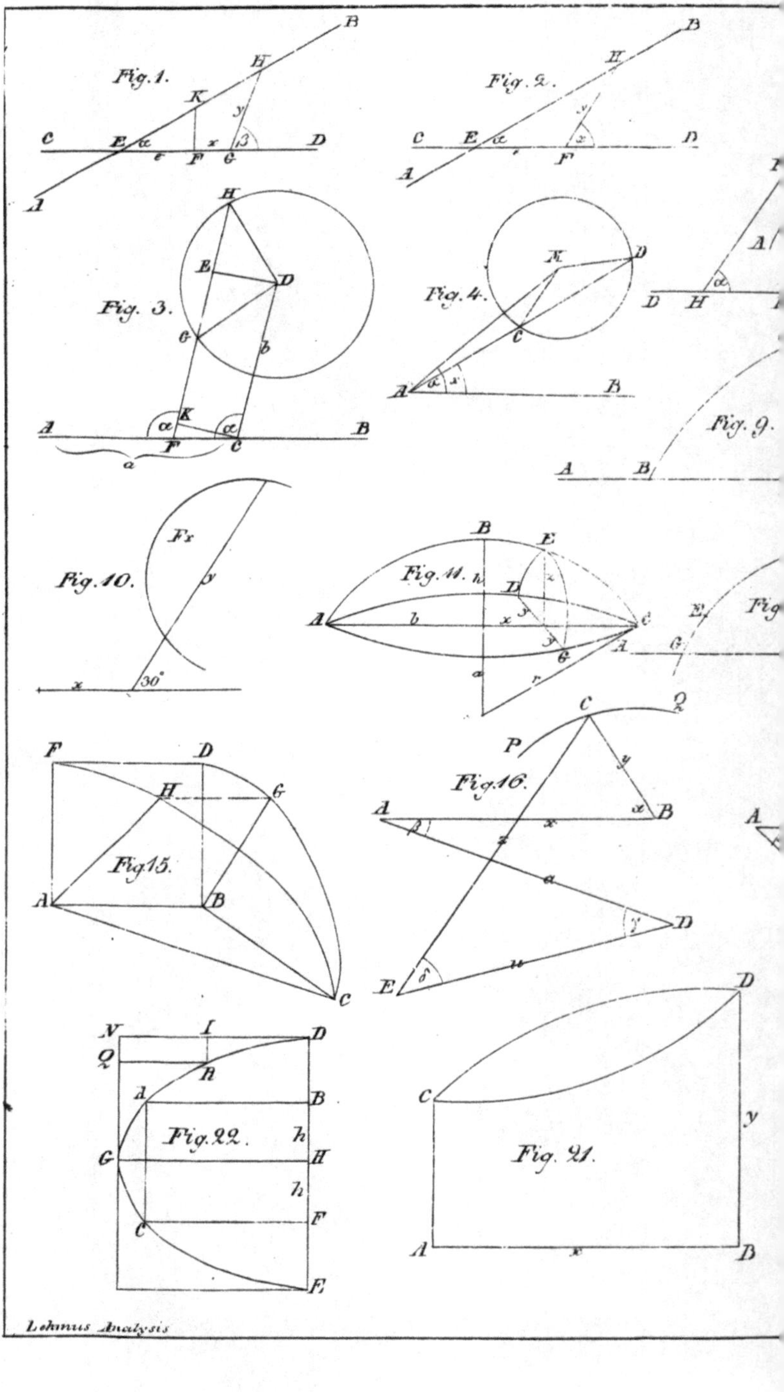
Fig. 1.
Fig. 2.
Fig. 3.
Fig. 4.
Fig. 9.
Fig. 10.
Fig. 11.
Fig. 15.
Fig. 16.
Fig. 21.
Fig. 22.
Lehmus Analysis

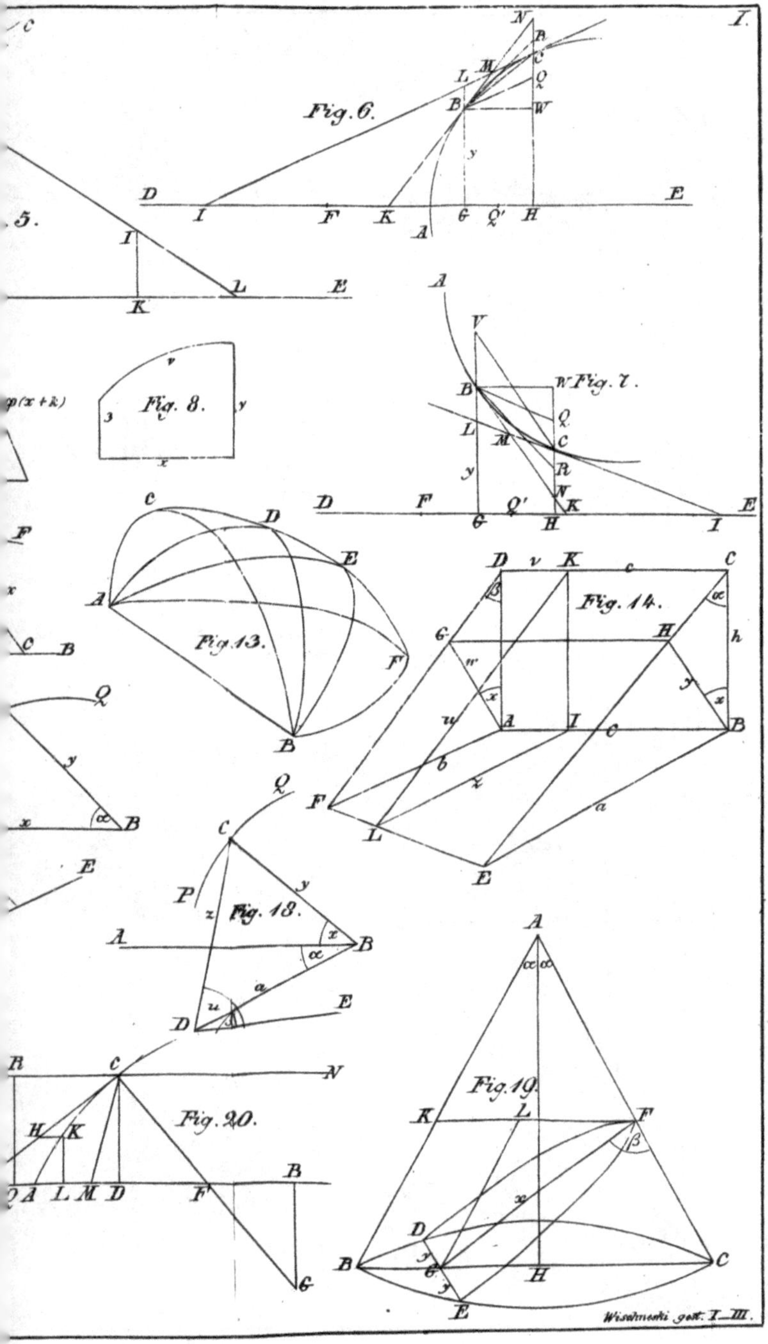
I.
Fig. 6.
Fig. 7.
Fig. 8.
Fig. 13.
Fig. 14.
Fig. 18.
Fig. 19.
Fig. 20.

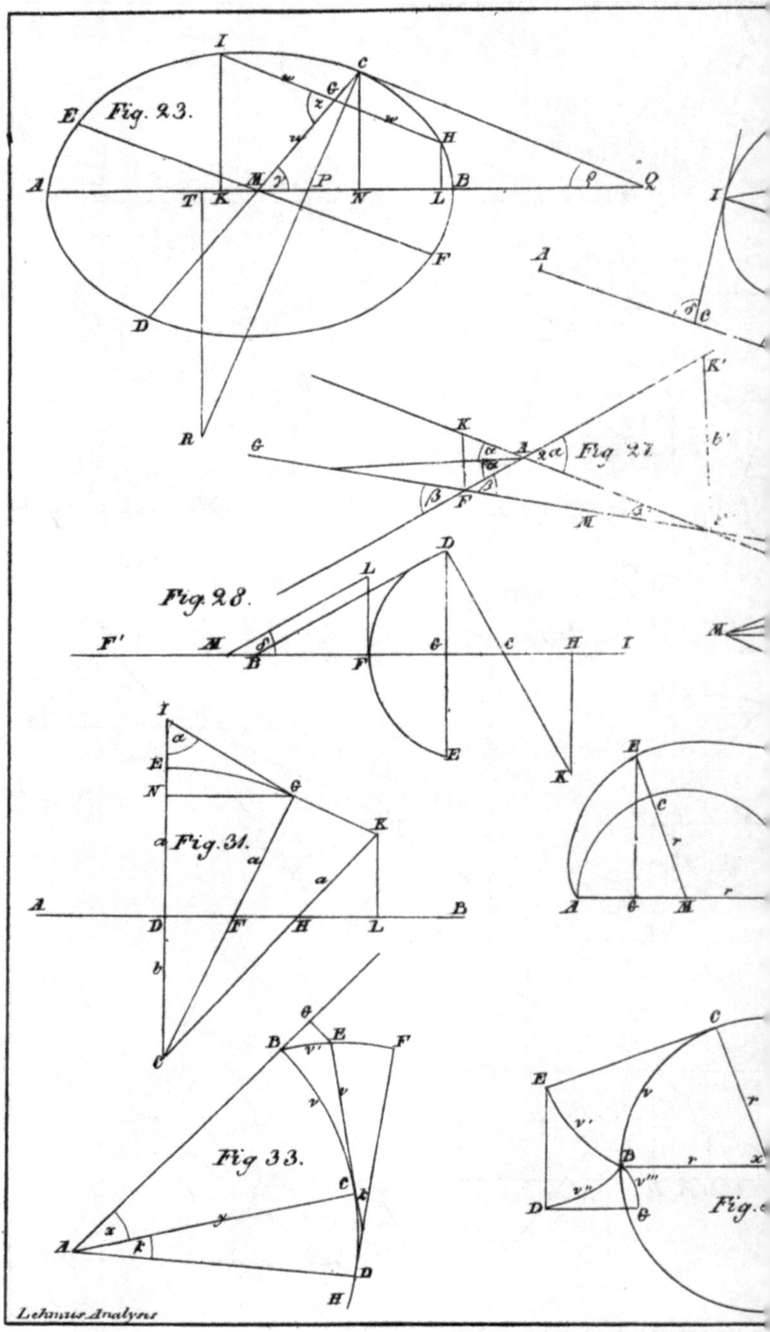
Fig. 23.
Fig. 27.
Fig. 28.
Fig. 31.
Fig 33.

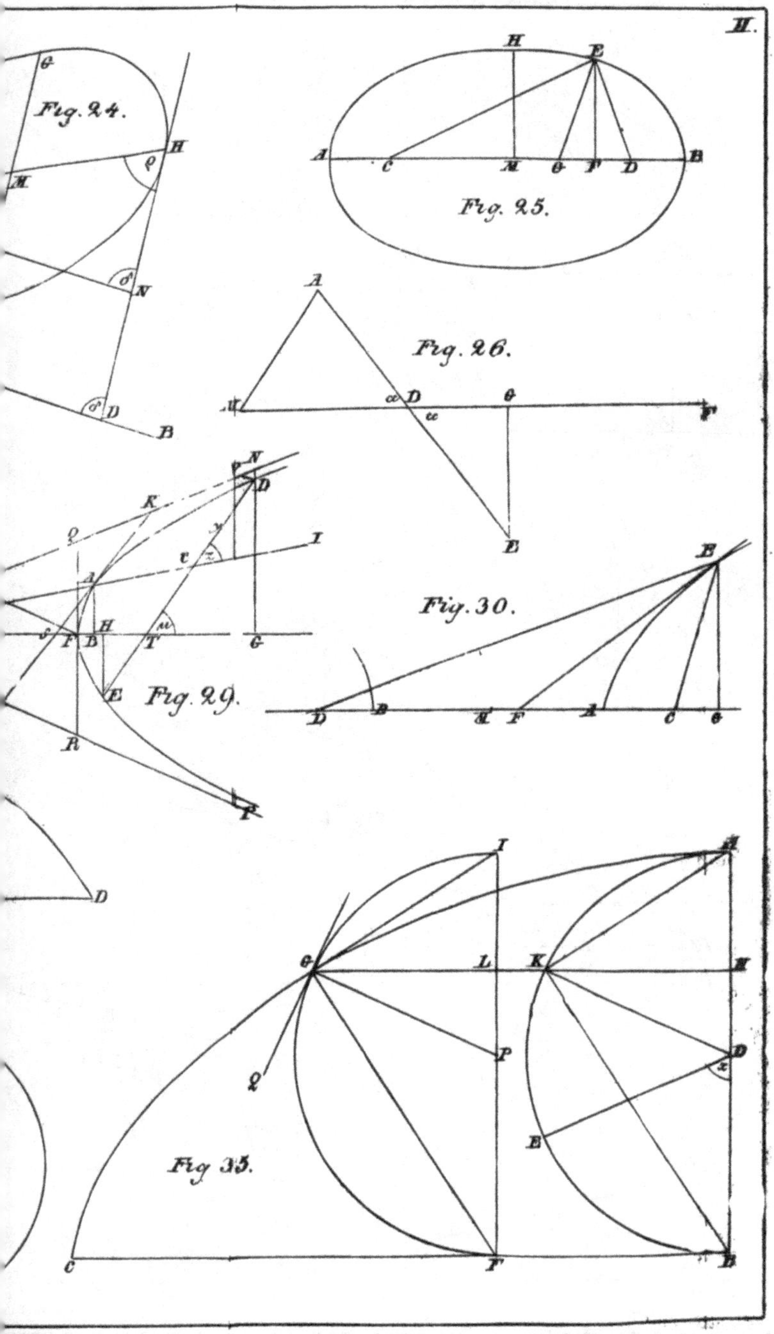
II.
Fig. 24.
Fig. 25.
Fig. 26.
Fig. 29.
Fig. 30.
Fig 35.

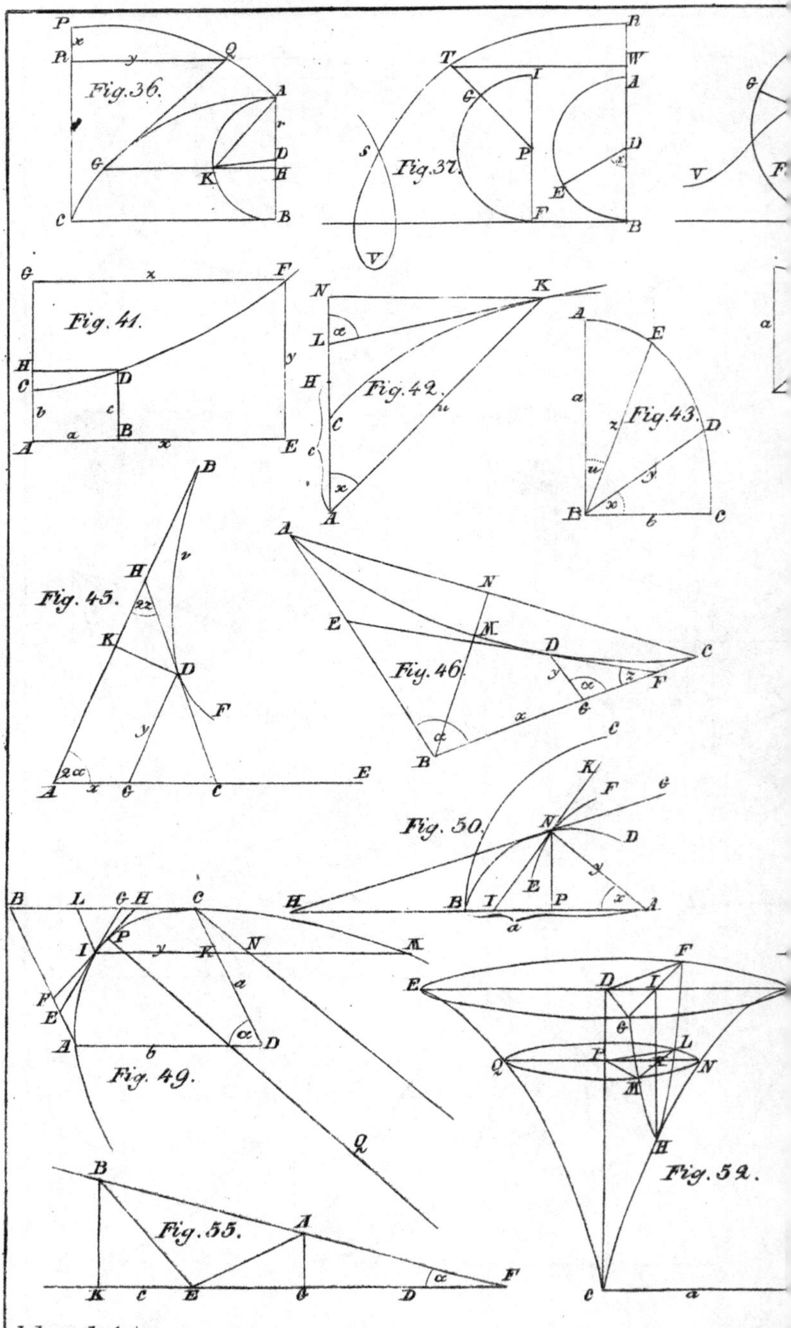
Fig. 36.
Fig. 37.
Fig. 41.
Fig. 42.
Fig. 43.
Fig. 45.
Fig. 46.
Fig. 49.
Fig. 50.
Fig. 52.
Fig. 55.
Lehmus Analysis.

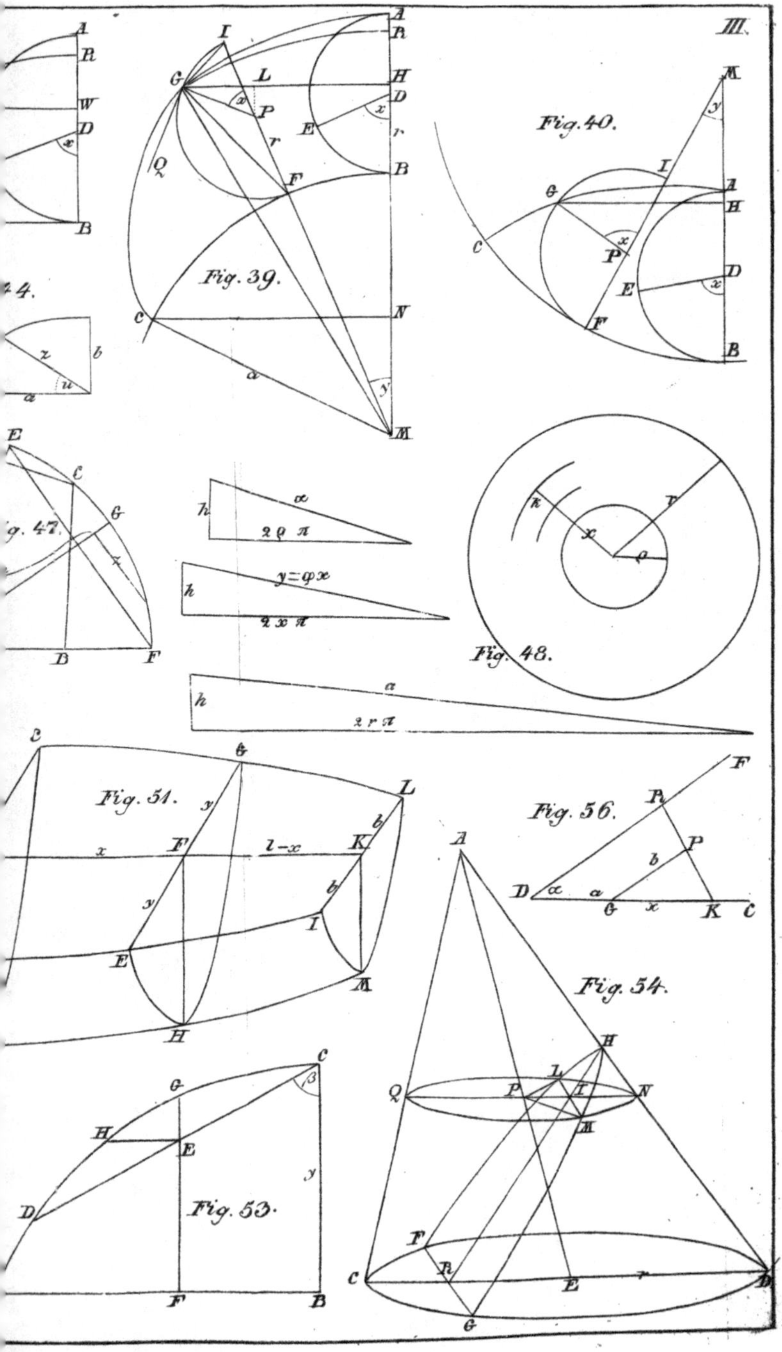
III.
Fig. 39.
Fig. 40.
Fig. 47.
Fig. 48.
Fig. 51.
Fig. 53.
Fig. 54.
Fig. 56.

FSC
www.fsc.org
MIX
Papier | Fördert
gute Waldnutzung
FSC® C083411

Kolibri 360 GmbH
Ferdinand-Jühlke-Straße 7
99095 Erfurt, Deutschland
produktsicherheit@kolibri360.de